Funktionalanalysis

Siegfried Großmann

Funktionalanalysis

im Hinblick auf Anwendungen
in der Physik

5., vollständig überarbeitete und erweiterte Auflage

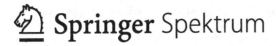 Springer Spektrum

Siegfried Großmann
Marburg, Deutschland

ISBN 978-3-658-02401-7   ISBN 978-3-658-02402-4 (eBook)
DOI 10.1007/978-3-658-02402-4

Die Deutsche Nationalbibliothek verzeichnet diese Publikation in der Deutschen Nationalbibliografie; detaillierte bibliografische Daten sind im Internet über http://dnb.d-nb.de abrufbar.

Springer Spektrum
1. bis 3. Auflage 1970, 1972, 1975: Akademische Verlagsgesellschaft, Wiesbaden,
4. Auflage 1988: AULA-Verlag GmbH
© Springer Fachmedien Wiesbaden 2014
Springer Spektrum ist eine Marke von Springer DE. Springer DE ist Teil der Fachverlagsgruppe Springer Science+Business Media
www.springer-spektrum.de

Vorwort

Seit der Ausarbeitung eines neuen Studienplanes für die Studenten der Physik in Marburg vor einigen Jahren habe ich regelmäßig eine Vorlesung angeboten, die die Studenten mit dem Gebrauch eines mächtigen, aus der modernen Physik heute nicht mehr wegzudenkenden Werkzeugs vertraut machen soll, nämlich der funktionalanalytischen Betrachtungsweise. Beim Aufbau der Vorlesung bin ich von folgenden Überlegungen ausgegangen.

Die allen Handwerkern geläufige Erkenntnis, dass man zu jeder Arbeit immer das angemessene Werkzeug verwenden muss, hat auch für den Physiker volle Gültigkeit. Daher sollte dem Studium der Physik und erst recht der physikalischen Praxis das Erlernen der angemessenen Werkzeuge vorhergehen. Als *ein* solches sehe ich die Verwendung funktionalanalytischer Methoden an. Ihre von allen unwesentlichen Einzelheiten oder konkreten Erscheinungsformen absehende, zusammenschauende und vereinheitlichende Kraft macht sie hervorragend geeignet zur Formulierung physikalischer Theorien.

Während sich bezüglich anderer mathematischer Verfahren analoge Erkenntnisse längst durchgesetzt haben – man denke z. B. an die Vektorrechnung, die Differentialgleichungen oder die Gruppentheorie –, ist das bezüglich funktionalanalytischer Methoden leider noch nicht so selbstverständlich. Deuten nicht die zahlreichen mathematischen Einschübe und Anhänge in Physikbüchern darauf hin? Wie oft verwechselt der Lernende dann mathematische Sprechweise und Naturerkenntnis.

Mit dieser Vorlesung hoffe ich, den Studenten möglichst früh mit nützlichen mathematischen Verfahren vertraut zu machen, die er in praktisch allen Gebieten der modernen Physik immer wieder anwenden kann. Dabei sind nicht nur die Quantentheorie und alle Gebiete zu nennen, in denen man sie benötigt – Kernphysik, Festkörperphysik, Elementarteilchenphysik usw. –, auch Elektrodynamik, Statistische Physik usw. benutzen gern funktionalanalytische Ergebnisse. Man sollte sie also zweckmäßigerweise möglichst schon vom 3. bis 4. Semester an zur Verfügung haben. Andererseits wird man im Laufe des Studiums auch weitergehende Kenntnisse benötigen. Daher ist die Vorlesung so aufgebaut, dass sie für Physiker und Mathematiker früher Semester verständlich formuliert ist, jedoch an manchen Stellen erst im Laufe des späteren Studiums voll genutzt werden wird.

Die mathematischen Voraussetzungen sind die Elemente der Analysis, die analytische Geometrie im R^n und hinreichende Übung in mathematisch einwandfreier logischer Kleinarbeit. Denn diese soll hier nicht mehr vermittelt werden, sondern ich möchte gerade durch Absehen von allzu nüchternen, rein logisch angeordneten, womöglich völlig redundanzfreien Formulierungen dem Physiker die Anwendbarkeit der vielen nützlichen mathematischen Ergebnisse erleichtern. Diese Bemerkung ist selbstverständlich nur methodisch zu verstehen; der Sache nach wird stets mathematisch sauber begründet. Denn ein weiterer Zweck einer solchen Vorlesung liegt m. E. darin, dass die oft nur als Ergebnis verwendeten Sätze hier vom Studenten einmal in ihrer mathematischen Begründung erlebt werden. Deshalb vielleicht wurde die Vorlesung auch von zahlreichen Studenten der Mathematik besucht.

Die physikalischen Voraussetzungen sind äußerst gering. Denn gerade dem Training von Methoden für den Gebrauch in der Physik soll die Vorlesung dienen. Oft sind jedoch Hinweise eingestreut, in welcher Form die gerade untersuchten mathematischen Ergebnisse physikalische Anwendung finden. Sie wenden sich an den Studenten höherer Semester, um ihm die Verknüpfung von Physik und Funktionalanalysis zu erleichtern; der Anfänger wird sie als Ausblick auf die Zukunft zur Kenntnis nehmen. Das Erlernen der mathematischen Methode durch das Medium eines physikalischen Problems selbst halte ich für wenig zweckmäßig. Überlässt es doch einerseits die erst fruchtbringende, zunächst aber mit Abstraktion verbundene Übertragung auf andere Fälle dem Studenten, vermengt andererseits die physikalisch neue Erkenntnis mit der mathematischen; und vergrößert schließlich den stofflichen Umfang unnötig. Es ist Inhalt der Physikvorlesungen, unter Anwendung der gelernten mathematischen Verfahren Naturerkenntnisse zu vermitteln.

Dem diskutierten Zweck der Vorlesung und dem vorgestellten Hörerkreis entsprechend ist die Vorlesungsreihe im Wesentlichen mathematischer Natur, jedoch mannigfach in Auswahl des Stoffes, in den Beispielen und insbesondere in der Darstellung an der Physik orientiert. Was die Auswahl allerdings angeht, so ist sie stets ein Wagnis: Was heute noch mathematischer Selbstzweck erscheint – und daher nicht in die Vorlesung aufgenommen wurde – kann morgen wichtige Anwendung finden (oder umgekehrt). Sie ist so getroffen, dass dem Hörer der Zugang zu der umfangreichen weiterführenden Literatur eröffnet wird. Denn ein bedauerlicher Trend ist die zunehmende Auseinanderentwicklung der mathematisch erarbeiteten Erkenntnisse und die wachsende Beschwernis ihrer Kenntnisnahme durch die Physiker. Auch dies ist ein Grund, weshalb die Vorlesung im Studienplan für Physiker, insbesondere aber für zukünftige Theoretiker, enthalten ist.

Die Darstellung des Buches soll dem Studenten ermöglichen, die Vorlesung nachzuarbeiten und sich den Stoff zum Gebrauch anzueignen. Um diesen Gebrauchswert noch zu erhöhen, sind einige Erkenntnisse auch ohne Beweise dargestellt (welche man bei Bedarf aus der Literatur entnehmen kann). Dies ist dann geschehen, wenn die Aussage von großem Nutzen, der Beweis aber ohne (im gegebenen Zusammenhang) weitergehenden Erkenntniswert ist. Meines Erachtens ist es heute kein sinnvoller Standpunkt mehr, nur Aussagen zu achten, die man bewiesen hat: Kennt man erst einmal die typischen Eigenarten eines Gebietes, so wäre es dumm, sich nicht so viel Ergebnisse wie möglich zu erschließen, ohne den oft mühsamen Weg dorthin erst nachzuvollziehen.

Schließlich sei auf die Auswahl an bequem zugänglicher weiterführender Literatur hingewiesen sowie auf ein möglichst ausführlich gehaltenes Stichwortverzeichnis. Es soll den

Gebrauch des Buches während des Studiums erleichtern, indem es jederzeit Bezeichnungen und Begriffsdefinitionen aufzufinden gestattet.

Allen Mitarbeitern am Lehrstuhl V für Theoretische Physik zu Marburg möchte ich für ihre Mithilfe bei der Korrektur des Manuskriptes und manche Verbesserungsvorschläge danken. Besonders Herr Dr. V. Lehmann hat mir beim Entstehen der Urfassung durch viele Diskussionen, wertvolle Anregungen und kritisches Lesen geholfen; dafür danke ich ihm sehr. Ebenfalls sei Herrn Dr. W. Rosenhauer besonders für die Aufstellung eines ausführlichen Stichwort-Verzeichnisses gedankt.

Marburg (Lahn), den 15. März 1968 Der Verfasser

Vorwort zur 4., korrigierten Auflage

Die ersten drei Auflagen dieses Studientextes haben viel Zustimmung gefunden und offenbar meine Hoffnung erfüllt, Interesse für dieses wichtige Gebiet der Funktionalanalysis zu wecken. Zahlreiche Leser, Studenten und Kollegen haben mir geschrieben oder im Gespräch teilweise detaillierte Verbesserungen vorgeschlagen. Die meisten dieser und eine Reihe weiterer Verbesserungen, aber auch die Ausmerzung von Druckfehlern oder unscharfer Formulierungen, sind in dieser 4. Auflage ausgeführt worden. Das bewährte Grundkonzept wurde dabei beibehalten.

Ich bin froh, dass nach längerer Zeit der vergeblichen Nachfrage, in der das Buch vergriffen war, es jetzt als verbesserte Neuauflage wieder zur Verfügung steht, und nunmehr in einem Band, wie ursprünglich auch konzipiert.

Marburg, d. 30. Juli 1988   Siegfried Großmann

Vorwort zur (nominal) 5. Auflage

Die vorige Auflage der „Funktionalanalysis – im Hinblick auf Anwendungen in der Physik" ist mehrfach nachgedruckt, dann aber durch eine andere Interessenentwicklung des Verlages nicht mehr weitergeführt worden. Sie war dann bald vergriffen. Nunmehr erlebt dieses Lehr- und Studienbuch mit seiner Übernahme durch den Springerverlag eine gründlich überarbeitete Neuauflage.

Die Vorworte solch langlebiger Lehrbücher spiegeln neben der wissenschaftlichen auch ein Stück gesellschaftliche Entwicklung wider: Aus den Studenten sind Studierende geworden, aus einer neuen Studienordnung inzwischen Legionen weiterer erwachsen und anderes mehr. Der mathematische und physikalische Inhalt aber lebt! Natürlich hat sich die mathematische Forschung auch auf diesem Gebiet rasant weiter entwickelt, doch die für den Gebrauch durch Physiker, anwendungsorientierte Mathematiker und andere wichtigen Grundlagen der Funktionalanalysis müssen nach wie vor erlernt werden, quasi wie eine einschlägige Sprache.

Mehr denn je ist die Sprache der Hilbert- und Banachräume, sind selbstadjungierte und vollstetige Operatoren, sind Eigenwertspektren und Spektraldarstellungen, sind die linearstetigen Funktionale usw. unverzichtbares und wichtiges Rüstzeug für die Physik und ihre quantitative Beschreibung der Natur. (Wie froh wären wir, wenn wir eine ähnlich gut ausgearbeitete nichtlineare Mathematik hätten!)

Die Breite und Verschiedenheit der physikalischen Gebiete, in denen funktionalanalytische Fähigkeiten und Kenntnisse dringend gebraucht werden, ist bereits im ersten Vorwort dargestellt worden. Sie hat sich inzwischen noch erweitert. Das einführende Kapitel soll davon zeugen, soll motivieren, sich mit Funktionalanalysis zu beschäftigen. Diese bestimmt die Erkenntnisse und Strukturen weit über die Quantenphysik hinaus, ist dort aber besonders typisch und wesentlich.

Hinzu kommt nun noch, dass mit der Bologna-Reform die Studiengänge kondensiert worden sind und kaum noch alles abdecken, was man eigentlich zum tieferen Verständnis lernen möchte. Außerdem haben sich die Studieninhalte enorm vergrößert. Deshalb ist dieses Buch bewusst auch als ein (Selbst-)Studienbuch konzipiert worden: Darstellung wie Stoffauswahl sollen es ermöglichen, dass man daraus lernen kann, was man jeweils aktuell braucht, in den Lehrveranstaltungen und der Arbeit antrifft, was man besser verstehen muss oder möchte, was Anregungen, Einsicht, Hilfe geben kann.

Diese Neuauflage ist sehr gründlich überarbeitet, in ihrer Lesbarkeit wesentlich verbessert sowie inhaltlich an vielen Stellen erweitert worden. Möge es Spaß machen, daraus zu lernen, auch dazu anregen, aus der (angegebenen) Spezialliteratur weitere Einsichten zu holen und die wunderbare Befriedigung zu gewähren, die Physik – aber auch die Mathematik selbst – mit all dem Gelernten besser, tiefer zu verstehen.

Marburg, Frühjahr 2014   Siegfried Großmann

Inhaltsverzeichnis

Verwendete Bezeichnungen

$=:$	definierende Gleichung
$\Rightarrow, \Leftrightarrow$	Schlussfolgerungen
$\mathcal{H}$	Hilbertraum; $f, g, \ldots, \varphi, \psi, \ldots \in \mathcal{H}$
$\mathcal{M}$	allgemeiner Raum, $\mathcal{M}^*$ dualer Raum, $\mathcal{M}'$ Bildraum
$\mathcal{N} \subseteq \mathcal{M}$	enthalten sein
$\subset$	echt enthalten sein
$\overline{\mathcal{N}}$	abgeschlossene Hülle einer Teilmenge $\mathcal{N}$
A auf $\mathcal{D}_A$	Operator (Operationsvorschrift A auf dem Definitionsbereich $\mathcal{D}_A$)
$\langle f \vert g \rangle$	Inneres Produkt
$\Vert f \Vert$	Norm
$\rho(f, g)$	Metrik
$\rightharpoonup, \Rightarrow \underset{\text{Norm}}{\Longrightarrow}$	schwache, starke, Norm-Konvergenz
$\rightarrow$	Zahlenkonvergenz
d. u. n. d.	dann und nur dann $\equiv$ genau dann
f. ü.	fast überall, d. h. bis auf eine Menge vom Maß Null
v. o. n. S.	vollständiges Orthonormalsystem
q. e. d.	quod erat demonstrandum (was zu beweisen war)

Physikalisch-heuristische Einleitung

Wir wollen zunächst einige physikalische Beispiele unter dem Gesichtspunkt betrachten, welche typischen mathematischen Fragen bei ihrer Untersuchung entstehen. Sie werden uns später auch oft als Anwendungsbeispiele mathematischer Sätze und Erkenntnisse dienen.

1.1 Systeme von Massenpunkten

Es mögen sich N Teilchen in einem Volumen V an den Orten $\mathbf{r}_i$ befinden und sich mit Impulsen $\mathbf{p}_i$ bewegen; $i = 1, 2, \ldots, N$. Die $\mathbf{r}_i(t)$ und $\mathbf{p}_i(t)$ verändern sich zeitlich wegen der Wechselwirkung v_{ij} der Teilchen untereinander und u_i jedes Teilchens mit der Wand. Diese Bewegung wird durch Extremalprinzipien oder Bewegungsgleichungen beschrieben, etwa durch die Lagrange-Gleichungen

$$\frac{\partial L}{\partial \mathbf{r_i}} - \frac{\mathrm{d}}{\mathrm{d}t} \frac{\partial L}{\partial \dot{\mathbf{r}}_\mathbf{i}} = 0. \tag{1.1}$$

Die Zusammenhänge zwischen verschiedenen Formen von Bewegungsgleichungen für die Funktionen $\mathbf{r}_i(t)$, $\mathbf{p}_i(t)$ sind mathematische Beziehungen, die uns später als Anwendungen der Funktionalableitung begegnen werden.

Für Vielteilchensysteme sind die Bewegungsgleichungen i. Allg. nur näherungsweise zu behandeln. So kann man z. B. einen Festkörper in grober Vereinfachung so verstehen, dass die N Teilchen bei ganz tiefen Temperaturen nur kleine Auslenkungen $\mathbf{x}_i$ aus ihren Ruhelagen $\mathbf{R}_i$ machen. Die $\mathbf{R}_i$ sind definiert als diejenigen Orte, für die die potentielle Energie des Systems minimal ist. Deshalb fehlen in der Taylorentwicklung nach den $\mathbf{x}_i$ die linearen Glieder.

$$E_{\mathrm{pot}}(\mathbf{r}_1, \ldots, \mathbf{r}_N) = E_{\mathrm{pot}}(\mathbf{R}_1, \ldots, \mathbf{R}_N) + \frac{1}{2} \sum_{i,j} \frac{\partial^2 E_{\mathrm{pot}}(\mathbf{R}_1, \ldots, \mathbf{R}_N)}{\partial \mathbf{R}_i \partial \mathbf{R}_j} \mathbf{x}_i \mathbf{x}_j + \ldots.$$

S. Großmann, *Funktionalanalysis*, DOI 10.1007/978-3-658-02402-4_1,
© Springer Fachmedien Wiesbaden 2014

In dieser „harmonischen Näherung" für den festen Körper bekommt man aus (1.1) ein gekoppeltes System von $3N$ linearen Differential-Gleichungen für die Koordinaten $\rho_1 \equiv x_{1,x}, \rho_2 \equiv x_{1,y}, \ldots, \rho_{3,N} \equiv x_{N,z}$:

$$-\sum_\mu w_{\nu\mu}\rho_\mu - \frac{\mathrm{d}}{\mathrm{d}t}m\dot{\rho}_\nu = 0, \quad \nu = 1, \ldots, 3N. \tag{1.2}$$

Die Kopplungskräfte $w_{\nu\mu}$ sind die Abkürzung für $\frac{1}{2}\partial^2 E_{\mathrm{pot}}/\partial R_\nu \partial R_\mu$. Zur Lösung benutzt man bekanntlich den Ansatz

$$\rho_\nu(t) = a_\nu \sin \omega t.$$

Die im Festkörper möglichen kleinen Auslenkungen a_ν bestimmt man folglich aus der Matrixgleichung

$$\sum_\mu \left(\omega^2 m\delta_{\nu\mu} - w_{\nu\mu}\right) a_\mu = 0. \tag{1.3}$$

Es gibt nur Lösungen $(a_1, \ldots, a_{3,N}) \neq (0, \ldots, 0)$, wenn die Systemdeterminante Null ist,

$$\left| m\omega^2 \delta_{\nu\mu} - w_{\nu\mu} \right| = 0. \tag{1.4}$$

Da die reelle Matrix $w_{\nu\mu}$ aus ihrer Definition als symmetrisch zu erkennen ist, kann man schließen (wie man in der analytischen Geometrie lernt), dass es $3N$ *Eigenfrequenzen* ω_λ geben muss; einige können gleich sein: *Entartung*. Der zu jedem ω_λ gehörige Satz von Auslenkungen $\left(a_1^\lambda, \ldots, a_{3N}^\lambda\right)$ bildet mathematisch einen Vektor aus dem $3N$-dimensionalen reellen Vektorraum $\mathcal{R}^{3N}$: einen *Eigenvektor*. Jede allgemeinere Bewegung kann man als Linearkombination aus den Eigenlösungen $\lambda = 1, \ldots, 3N$ zusammensetzen.

Das adäquate Werkzeug ist also der $3N$-dimensionale Vektorraum mit Matrizen, die in ihm operieren wie etwa die Wechselwirkungsmatrix $(w_{\nu\mu})$ oder die Drehmatrix, mit der man das System (1.2) entkoppeln kann. Bei Systemen mit wenigen Freiheitsgraden verwendet man Kenntnisse aus der analytischen Geometrie. Bei makroskopischen Körpern ist aber N so groß, dass es naheliegt, $N \to \infty$ zu betrachten. So erhebt sich die Frage nach der Möglichkeit, unendlich-dimensionale Vektorräume zu definieren. Welche Rechenregeln gelten dort? Wie z. B. kann man verschiedene Lösungen überlagern? Gibt es dort Matrizen, wie $\left(w_{\nu\mu}\right)$? Haben sie auch Eigenwerte ω_λ und wie bestimmt man sie? Kann man Sätze aus dem R^n übertragen? Gibt es eventuell allgemeinere Möglichkeiten?

Die Antworten auf alle diese Fragen werden durch die Funktionalanalysis gegeben. Der unendlich-dimensionale Vektorraum mit Begriffsbildungen wie Länge, Winkel, usw. wird mit dem Namen *Hilbertraum* bezeichnet. Damit ist andererseits dessen Bedeutung etwa im gerade diskutierten Beispiel klar geworden. Überall jedoch, wo in der Physik Eigenwert-Aufgaben auftreten, wird man nach Analogien zu dem vorliegenden Beispiel fragen, um mathematische Erkenntnisse fruchtbar zu machen. So zeigt die Natur z. B.

auch diskrete Energiemöglichkeiten in atomaren Systemen. Es liegt deshalb nahe, diese auch in einem Vektorraum zu untersuchen. Es erweist sich, dass dies in der Tat möglich ist, wenn man nur den unendlich-dimensionalen Vektorraum heranzieht, also den Hilbertraum. In der Quantentheorie des atomaren Geschehens ist er schlechterdings unentbehrlich!

1.2 Durchbiegung eines elastischen Stabes

Oft treten in physikalischen Überlegungen Differentialgleichungen auf. Als ein typisches Beispiel betrachten wir die Form eines verbogenen elastische Stabes der Länge l und des Querschnittes F unter dem Einfluss einer äußeren Kraft **K**. (Analog behandelt man z. B. die Form einer schwingenden Saite, usw.) Durch die Formveränderung behält nur die neutrale Faser die Länge l; wegen der Längenänderung aller anderen Längsfasern entstehen elastische Kräfte. Diese trachten, die Formveränderung durch ein Drehmoment um den neutralen Punkt eines jeden Querschnittes rückgängig zu machen, siehe Abb. 1.1. Es stellt sich schließlich diejenige Form ein, in der das elastische Drehmoment und das der äußeren Kräfte miteinander im Gleichgewicht sind.

Soweit die physikalische Beschreibung der Aufgabe; nun zur Umsetzung in eine quantitative, wenn auch vereinfachte mathematische Form (*Bernoulli*). Dazu benutzen wir die Bezeichnungen gemäß Abb. 1.2. Wir setzen die Unabhängigkeit von z voraus.

a) Elastisches Drehmoment
Solange das hookesche Gesetz gilt, ist die elastische Kraft, d. h. Spannung mal Flächenelement, proportional zur relativen Längenänderung

$$\mathrm{d}K = \mathrm{d}z\mathrm{d}\eta \cdot E \cdot \frac{(\rho + \eta)\mathrm{d}\varphi - \rho\mathrm{d}\varphi}{\rho\mathrm{d}\varphi}. \tag{1.5}$$

Die Proportionalitätskonstante ist der Elastizitätsmodul E. Also lautet das Drehmoment auf den Querschnitt an der Stelle x

$$\int \eta\mathrm{d}K(\eta) = \int_F \eta\frac{\eta}{\rho}\mathrm{d}\eta\mathrm{d}zE \equiv \frac{EI}{\rho}. \tag{1.6}$$

Nicht nur die Krümmung $1/\rho \approx y''$, sondern eventuell auch E und das Flächenträgheitsmoment I hängen von x ab.

b) Äußeres Drehmoment
Es lautet offenbar $K \cdot \sin(\angle\,\text{Kraft, Stab}) \cdot (\text{Aufpunkt} - \text{freies Stabende}), \approx K \cdot \sin\alpha \cdot l$, also

$$K(a - y). \tag{1.7}$$

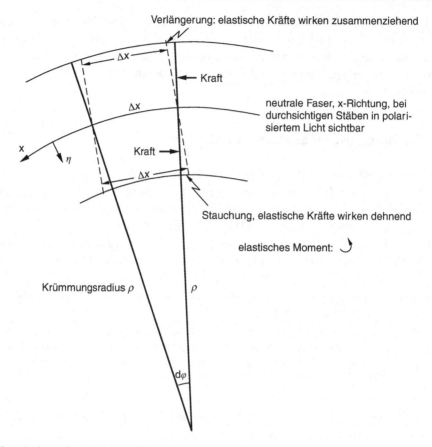

Abb. 1.1 Elastisches Moment bei Verformung eines Stabes

Die Gleichgewichtsbedingung heißt folglich (Vorzeichen der Drehmomente beachten!)

$$EIy'' = K(a - y).$$

Mit der Substitution $y - a := y$ (siehe Abb. 1.3) und $\lambda^2 := K/EI$ muss die Form $y(x)$ des elastischen Stabes also der Gleichung genügen

$$y'' = -\lambda^2 y. \tag{1.8}$$

Augenscheinlich gelten die Randbedingungen

$$y(0) = -a \tag{1.9a}$$

$$y(-l) = 0 \tag{1.9b}$$

$$y'(0) = 0, \text{ weil der Stab eingespannt ist.} \tag{1.9c}$$

Abb. 1.2 Koordinatenwahl
bei einem elastisch verformten
Stab, der einseitig eingespannt
ist

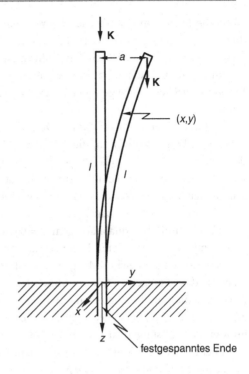

Damit ist die physikalische Fragestellung in ein mathematisches Gewand gekleidet worden. Ob (1.8) und (1.9a)–(1.9c) „richtig" sind, ist eine physikalische Frage (Gültigkeit bestimmter Naturgesetze, Erlaubnis für gewisse Näherungen usw.); ob sie Lösungen haben
und wie man diese gewinnt, ist eine rein mathematische Frage; welche Bedeutung die ge-
fundenen Lösungen für die Beantwortung des Ausgangsproblems haben, ist wiederum eine
Frage der physikalischen Interpretation. Dieselbe Dreiteilung in der Antwort auf eine phy-

Abb. 1.3 Koordinaten
$y = y(x)$ für die Differentialgleichung (1.8) des verformten
Stabes

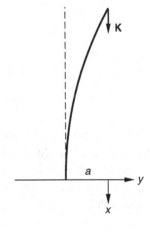

sikalische Frage können wir auch beim ersten Beispiel leicht erkennen. Im Mittelpunkt *dieses* Buches steht gerade der jeweils mittlere Teil. Abgesehen von den vier Beispielen in dieser physikalisch-heuristischen Einführung werden wir die Einbettung in die Physik stets nur kurz und nur andeutungsweise erwähnen und uns mit einer vereinheitlichenden und für physikalische Zwecke geeigneten Behandlung des mittleren mathematischen Teiles beschäftigen.

Wir wollen jetzt (1.8) mit (1.9a)–(1.9c) lösen und dabei ähnlich wie in Abschn. 1.1 einige allgemeine Fragen aufwerfen, die später dann ausführlich behandelt werden. Als besonders überraschend und vielleicht gerade daher so fruchtbringend wird sich eine Analogie zwischen diesem Beispiel eines verformten Stabes und dem vorigen des Systems von Massenpunkten herausstellen, die dem Physiker – aber natürlich auch dem rein mathematisch Interessierten – höchst nützlich ist.

Offenbar sind bei x-unabhängigem λ ($\neq 0$) die Funktionen $\sin \lambda x$, $\cos \lambda x$ Lösungen von (1.8). Sind es alle? Wann sind Lösungen als verschieden anzusehen? Wie müsste man andere suchen? Unter welcher Menge von Funktionen, genannt *Raum* von Funktionen, hat man also die Lösungen zu finden? Mindestens zweimal differenzierbar müssen sie ja sein. Aber auch die Randbedingungen (1.9a)–(1.9c) sollen gelten. Die eben genannten Lösungen tun es nicht, wohl aber geeignete Summen von ihnen. Wieder also tritt die Aufgabe auf, im Raum der Lösungen zu *überlagern*; war es in Abschn. 1.1 ein Raum von Vektoren, so begegnet uns hier ein Raum von Funktionen. Somit wird eine unserer ersten Fragen sein, *mögliche Räume und Strukturen bzw. Verknüpfungen in ihnen zu untersuchen*. Wir tun das in Kap. 2.

$$y = A \sin \lambda x + B \cos \lambda x \tag{1.10}$$

ist auch eine Lösung von (1.8) und kann an die Randbedingungen angepasst werden.

$$y(0) = -a = B$$
$$y(-l) = 0 = -A \sin \lambda l + B \cos \lambda l$$
$$y'(0) = 0 = \lambda A$$

$$\Rightarrow y = -a \cos \lambda x \quad \text{und} \quad \cos \lambda l = 0, \tag{1.11}$$
$$\text{d. h. } \lambda l = \frac{\pi}{2}(2n+1) \quad \text{mit} \quad n = 0, \pm 1, \pm 2, \dots. \tag{1.12}$$

Es gibt somit abzählbar viele diskrete λ_n, für die das mathematische Problem (1.8) und (1.9a)–(1.9c) eine nicht-triviale Lösung hat. Wegen der analogen Gestalt von (1.8) und (1.3) heißen sie auch *Eigenwerte*, die zugehörigen Lösungen *Eigenfunktionen*. Damit stellt sich erneut die Frage nach dem *Eigenwertproblem in vorgegebenen Räumen*. Wir werden es noch ausführlich behandeln.

Eine andere Frage ist, ob alle Lösungen (1.11) und (1.12) auch physikalische Bedeutung haben. Mit wachsendem λ wächst nämlich y' an, sodass die Krümmung nicht mehr hinreichend gut durch y'' beschrieben wird. Dann weicht das rein mathematische Problem (1.8) und (1.9a)–(1.9c) von der Naturbeschreibung ab. Der Physiker muss nach einer anderen mathematischen Beschreibung suchen. Solche anderen Beschreibungen – wenn auch nicht in der soeben angedeuteten Richtung – wollen wir jetzt betrachten. Sie werden uns auf weitere, typische, mathematische Fragen führen.

a) $y'' + \lambda^2 y = 0$, jedoch mit den Randbedingungen

$$y(0) = y(-l) \tag{1.13a}$$

$$y'(0) = y'(-l), \tag{1.13b}$$

die durch geeignete physikalische Maßnahmen realisiert sein mögen. Wir setzen wiederum die allgemeine Überlagerung (1.10) an:

$$B = -A \sin \lambda l + B \cos \lambda l$$

$$A\lambda = A\lambda \cos \lambda l + B\lambda \sin \lambda l.$$

Hieraus folgen genau dann nicht-triviale Lösungen, wenn

$$\cos \lambda l = 1$$

(Systemdeterminante Null setzen). Als Eigenwerte ergeben sich

$$\lambda_n = \frac{2\pi}{l} n, \quad n = 0, \pm 1, \pm 2, \ldots \tag{1.14}$$

A, B können beliebig gewählt werden; d. h., im Gegensatz zu der einen Lösung $y_n(x)$ (1.11) erhält man eine 2-parametrige Schar von Lösungen, falls $n \neq 0$,

$$y_n(x) = A \sin \lambda_n x + B \cos \lambda_n x, \tag{1.15a}$$

bzw.

$$y_0(x) = B \quad \text{falls} \quad \lambda_0 = 0. \tag{1.15b}$$

Es ist $\lambda_0 = 0$ einfacher, $\lambda_n (n \neq 0)$ zweifacher Eigenwert. Eigenwerte und Eigenfunktionen derselben Differentialgleichung (1.8) sind also ganz verschieden je nachdem, welche Randbedingungen die Suche nach den Lösungen in verschiedenen Räumen gestatten. Daher ist die Angabe der Randbedingungen ein entscheidender Bestandteil der Fragestellung!

Abb. 1.4 Einseitig einge-
spannter, oben gestützter Stab

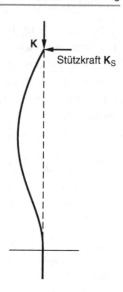

K

Stützkraft K_S

b) Wenn man das obere Ende des Stabes einseitig stützt, siehe Abb. 1.4, kommt zur Bi-
lanz der Drehmomente noch das Stützmoment $-K_S(l+x)$ hinzu, denn es ist $l+x$ der
Abstand vom oberen Stabende, wo die Kraft angreift.

$$-EIy'' = Ky - K_S(l+x).$$

Die unbekannte Stützkraft wird durch Differenzieren eliminiert:

$$y'' = -\left(\frac{1}{\lambda^2}y''\right)'',\tag{1.16}$$

wobei wiederum $\lambda^2 = K/(E \cdot I)$ bedeutet. Als Randbedingungen entnehmen wir der
Abb. 1.4

$$y(0) = 0, \quad \text{infolge der Einspannung,}\tag{1.17a}$$
$$y(-l) = 0, \quad \text{wegen der zusätzlichen Stützkraft,}\tag{1.17b}$$
$$y'(0) = 0, \quad \text{weil der Stab eingespannt ist,}\tag{1.17c}$$
$$y''(-l) = 0, \quad \text{weil oben kein elastisches Moment herrscht, d. h.}\tag{1.17d}$$

$$Ky - K_S(l+x) = 0 \sim y'' \text{ wenn } x = -l.$$

Jetzt sind nicht nur die Randbedingungen anders, sondern auch die Differentialgleichung. Gemeinsam ist, dass die die Form des Stabes bestimmende Funktion $y(x)$ einer
bestimmten Manipulation, z. B. (1.16) oder (1.8), genügen muss und aus einer durch geeignete Randbedingungen zu kennzeichnenden Funktionenklasse auszuwählen ist. Die

Manipulation besteht in unseren Beispielen im Bilden von Ableitungen, in der Multiplikation mit λ, eventuell $\lambda(x)$, oder auch, wie es in Abschn. 1.1 der Fall war, in der Anwendung der Potentialmatrix auf die Auslenkungsvektoren. Diese Manipulationen sollen in Zukunft mit dem Wort *Operation* oder *Operationsvorschrift* bezeichnet werden. Soeben haben wir nun gelernt, dass die Auswirkungen einer Operationsvorschrift aber nicht etwa nur von ihrer formalen Gestalt abhängig sind, sondern auch ganz wesentlich von der zur Anwendung der Operation zugelassenen Funktionenmenge bzw. ihrer Art überhaupt.

Wir wollen diese Funktionenmenge als den *Anwendungsbereich* bzw. den *Definitionsbereich* der Operationsvorschrift bezeichnen. Beides zusammen nennen wir *Operator*. *Ein Operator ist also erst durch Angabe der Operationsvorschrift* **und** *des Definitionsbereiches hinreichend gekennzeichnet.* Hieran denke man auch dann, wenn man kurz z. B. $\dfrac{d^2}{dx^2}$ oder eine Matrix als Operator bezeichnet! Dieses ist nur die formale Operationsvorschrift, für die man erst durch Angabe des – entweder evidenten oder aber nicht bekannten – Definitionsbereiches einen Operator definiert. Dem Studium von allgemeinen Eigenschaften von Operatoren in allgemeinen Räumen wird sich nach dieser erläuternden Einführung unser Interesse zuwenden.

c) Wenn der Elastizitätsmodul oder das Flächenträgheitsmoment I nicht entlang des ganzen Stabes konstant sind, ist $\lambda = \lambda(x)$. Dann ist der die Form des Stabes bestimmende Operator und damit auch die Verformung selbst von dieser vorgegebenen Funktion $\lambda(x)$ abhängig, und zwar vom gesamten funktionalen Verlauf $\{\lambda(x)\}$ und nicht nur von dem einen Zahlenwert λ:

$$y = y(x; \{\lambda(x)\}).$$

Dies führt uns zur Verallgemeinerung des Begriffes Funktion: Der Zahlenwert der Auslenkung y an der Stelle x ist ein sog. *Funktional* $y = y(x; \{\lambda(x)\})$, bestimmt durch bzw. definiert über den möglichen Funktionen $\lambda(x)$. Die Eigenschaften solcher funktionalen Abhängigkeit zu studieren, begegnet dem Physiker oft. Daher ist ein weiteres Thema der späteren Kapitel *Funktionale, Funktionalableitungen*, usw.

Übungen

1. Der zur Differentialgleichung (1.16) mit Randbedingung (1.17a)–(1.17d) und konstantem λ gehörige Operator hat einfache Eigenwerte $\lambda_n = \dfrac{a_n}{l}$, die aus der Gleichung $a = \tan a$ zu bestimmen sind. $a = 0$ gibt keinen Eigenwert.

2. Die Differentialgleichung (1.16) mit der Randbedingung

$$y(-l) = y'(-l) = y''(0) = y'''(0) = 0$$

hat keine Eigenwerte.

3. Die Differentialgleichung (1.16) mit der Randbedingung

$$y(0) = y'(0) = y''(0) = y(l) = 0$$

hat nur nicht-reelle Eigenwerte.

1.3   Greensche Funktion als Operatorinverses

Zur Ergänzung unserer bereits gewonnenen Vorstellungen betrachten wir jetzt ein Beispiel aus der Elektrodynamik. Im materiefreien Raum herrsche ein durch die ruhende Ladungs-verteilung $\rho(\mathbf{r})$ erzeugtes, zeitlich konstantes, jedoch räumlich veränderliches elektrisches Feld $\mathbf{E}(\mathbf{r})$. Der Zusammenhang wird durch die maxwellschen Grundgleichungen des statischen elektrischen Feldes beschrieben:

$$\text{rot} \mathbf{E} = 0, \quad \text{d. h. } \mathbf{E} = -\text{grad} \varphi \text{ darstellbar,}$$
$$\text{div} \mathbf{E} = 4\pi\rho,$$

$$\Rightarrow \Delta\varphi = -4\pi\rho. \tag{1.18}$$

Die Differential-Manipulation $-\dfrac{1}{4\pi}\Delta$ gestattet es sofort, aus der Messung des elektro-statischen Potentials $\varphi(\mathbf{r})$ die Ladungsverteilung $\rho(\mathbf{r})$ auszurechnen. Gibt man noch den Raum der erlaubten Potentiale φ an, so liefert der damit definierte Operator die Ladung ρ aus dem Feld φ,

$$\rho = A\varphi. \tag{1.19}$$

Physikalisch interessiert aber oft die umgekehrte Aufgabe: Welches Feld φ wird durch eine bekannte Ladungsverteilung ρ erzeugt? Diese Frage wirft offenbar gerade das zu (1.19) umgekehrte Problem auf. Daher nennen wir die Vorschrift, die aus ρ das Potential zu ermitteln gestattet, mitsamt einem geeigneten Definitionsbereich von Ladungsverteilungen, den *inversen Operator* zu A:

$$\varphi = A^{-1}\rho. \tag{1.20}$$

Gibt es diesen überhaupt? Welche Eigenschaften hat er? Hiermit werden weitere Fragestellungen eröffnet, die wir später genauer besprechen werden. Im vorliegenden Falle wollen wir A^{-1} einfach bestimmen und dabei einen neuen, physikalisch interessierenden Typ einer Operator-Vorschrift kennenlernen.

Um φ aus (1.18) zu gewinnen, muss man offensichtlich die partielle Differentialglei-chung geeignet integrieren. Bildeten wir direkt ein Raumintegral, $\int \Delta\varphi(\mathbf{r}')d\mathbf{r}'$, so spielte nach dem gaußschen Satz nur die Oberfläche eine Rolle, $\varphi(\mathbf{r})$ wäre also nicht völlig wiederzugewinnen. Daher multiplizieren wir erst mit einer Hilfsfunktion $\psi(\mathbf{r}')$, deren Eigenschaften wir sukzessive geeignet wählen werden. Wiederholte Anwendung des gaußschen Satzes ergibt

$$-4\pi \int \psi(\mathbf{r}')\rho(\mathbf{r}')d\mathbf{r}' = \int \psi(\mathbf{r}')\,\mathrm{div}\,\mathrm{grad}\,\varphi(\mathbf{r}')d\mathbf{r}'$$

$$= -\int \mathrm{grad}\,\psi(\mathbf{r}') \cdot \mathrm{grad}\,\varphi(\mathbf{r}')d\mathbf{r}',\ \text{wenn}\ \psi(\mathbf{r}') \to 0\ \text{für}\ \mathbf{r}' \to \infty$$

$$= \int \varphi(\mathbf{r}')\,\mathrm{div}\,\mathrm{grad}\,\psi(\mathbf{r}')d\mathbf{r}',\ \text{wenn auch}\ \mathrm{grad}\,\psi(\mathbf{r}') \to 0.$$

Wählen wir noch $\psi(\mathbf{r}')$ so, dass $\Delta\psi(\mathbf{r}') = 0$ bis auf die unmittelbare Umgebung eines einzigen Punktes, $\mathbf{r}$, so kann man $\varphi(\mathbf{r})$ aus dem Integral ziehen und hat es somit gewonnen, sofern

$$\int\limits_{\text{Kugel um } \mathbf{r}} \Delta\psi(\mathbf{r}')d\mathbf{r}' \neq 0.$$

Es bleibt nur noch die Frage: Gibt es Hilfsfunktionen $\psi(\mathbf{r}')$ dieser Art? Wir bejahen diese Frage durch explizite Konstruktion: Die Randbedingungen zeichnen keine Raumrichtung aus, sodass man kugelsymmetrische Lösungen von $\Delta\psi = 0$ sucht; im Endlichen ist $\mathbf{r}$ ausgezeichnet, sodass $\psi = \psi(|\mathbf{r} - \mathbf{r}'|)$ sein sollte; damit das Integral über $\Delta\psi$ nicht verschwindet, muss ψ singulär bei $\mathbf{r} - \mathbf{r}' \to 0$ sein. Es folgt als dieses alles erfüllender Ansatz:

$$\psi(\mathbf{r}, \mathbf{r}') = \frac{1}{|\mathbf{r} - \mathbf{r}'|}. \tag{1.21}$$

Die Randbedingungen verifizieren wir nämlich sofort, ferner

$$\Delta'\psi = \mathrm{div}'\left(\frac{\mathbf{r} - \mathbf{r}'}{|\mathbf{r} - \mathbf{r}'|^3}\right) = 0 \quad \text{für} \quad \mathbf{r} \neq \mathbf{r}'$$

und

$$\int\limits_{\text{Kugel um } \mathbf{r}} \Delta'\psi(\mathbf{r}, \mathbf{r}')d\mathbf{r} = \int\limits_{\text{Oberfl. der Kugel}} \frac{\mathbf{r} - \mathbf{r}'}{|\mathbf{r} - \mathbf{r}'|^3} \cdot df(\mathbf{r}') = -\int d\omega = -4\pi \neq 0.$$

Dabei haben wir wiederum vom gaußschen Satz Gebrauch gemacht, obwohl der Integrand singulär wird (ja sogar werden soll!). Dies erfordert eine gewisse Ausdehnung des Satzes, der die Anwendungsmöglichkeiten in der Physik jedoch sehr erweitert und verbessert, z. B. schon hier in der Elektrodynamik. Das überlegen wir uns später im Abschnitt über *verallgemeinerte Funktionen* bzw. *Distributionen*; damit ist ein weiteres physikalisch nützliches Thema angedeutet.

Die Lösung des Umkehrproblems lautet somit:

$$\varphi(\mathbf{r}) = \int \frac{1}{|\mathbf{r} - \mathbf{r}'|} \rho(\mathbf{r}') d\mathbf{r}'. \tag{1.22}$$

Die Manipulation zur Gewinnung von φ aus der Ladungsverteilung ρ ist die Volumenintegration mit einer geeigneten Gewichtsfunktion, (1.21), genannt *greensche Funktion*. Der inverse Operator zu A aus (1.19) ist ein *Integraloperator*, dessen *Integralkern* $A^{-1}(\mathbf{r}, \mathbf{r}')$ eben die greensche Funktion (1.21) ist:

$$\varphi(\mathbf{r}) \equiv \int A^{-1}(\mathbf{r}, \mathbf{r}') \rho(\mathbf{r}') d\mathbf{r}'. \tag{1.23}$$

Die Fragen des Anwendungsbereiches von $A^{-1}(\mathbf{r}, \mathbf{r}')$ tauchen hier wiederum auf: Das Integral (1.22) bzw. (1.23) muss einen vernünftigen Wert haben, es erfüllt gewisse Randbedingungen usw. Dies führt auf die Frage nach dem Raum, in dem A^{-1} wirkt; dies aber ist eine uns schon bekannte Fragestellung.

Machen wir noch einmal die Probe.

$$\rho = A\varphi \quad \text{und} \quad \varphi = A^{-1}\rho, \quad \text{d.h.} \quad \rho = A(A^{-1}\rho) \equiv \mathbf{1}\rho.$$

Ausführlicher:

$$\rho = -\frac{1}{4\pi} \Delta_r \int \frac{1}{|\mathbf{r} - \mathbf{r}'|} \rho(\mathbf{r}') d\mathbf{r}' \equiv \int \mathbf{1}(\mathbf{r}, \mathbf{r}') \rho(\mathbf{r}') d\mathbf{r}',$$

wobei $\mathbf{1}(\mathbf{r}, \mathbf{r}')$ den Integralkern des $\mathbf{1}$-Operators symbolisieren soll. Offenbar ist

$$\mathbf{1}(\mathbf{r}, \mathbf{r}') = -\frac{1}{4\pi} \Delta_r \frac{1}{|\mathbf{r} - \mathbf{r}'|} =: \delta(\mathbf{r} - \mathbf{r}'). \tag{1.24}$$

Die Erlaubnis für die Vertauschung von Δ und $\int$ gibt uns später die Theorie der Distributionen. Der $\mathbf{1}$-Kern ist eine solche Distribution, die sog. *δ-Distribution*, meist auch einfach *δ-Funktion* genannt.

1.4   Der boltzmannsche Stoßoperator

In Vielteilchensystemen verwendet man mit Erfolg die Einteilchen-Verteilungsfunktion $f(\mathbf{r}, \mathbf{p}, t)\Delta\mathbf{r}\Delta\mathbf{p}$, welche angibt, wie viele Teilchen eines Körpers im räumlichen Volumen $\Delta\mathbf{r}$ und im Impulsraumvolumen $\Delta\mathbf{p}$ enthalten sind. Infolge der Bewegung der Teilchen verändert sich diese Verteilungsfunktion im Laufe der Zeit. Für die zeitliche Veränderung hat *Ludwig Boltzmann* eine unter gewissen Bedingungen gültige Gleichung angegeben:

$$\frac{\partial}{\partial t}f(\mathbf{r},\mathbf{p},t) = -\frac{\mathbf{p}}{m}\cdot\frac{\partial}{\partial \mathbf{r}}f(\mathbf{r},\mathbf{p},t)$$

$$-\int \sigma(\mathbf{pp}_1 \to \mathbf{p}'\mathbf{p}'_1)f(\mathbf{r},\mathbf{p},t)f(\mathbf{r},\mathbf{p}_1,t)\mathrm{d}\mathbf{p}_1\mathrm{d}\mathbf{p}'\mathrm{d}\mathbf{p}'_1 \qquad (1.25)$$

$$+\int \sigma(\mathbf{p}'\mathbf{p}'_1 \to \mathbf{pp}_1)f(\mathbf{r},\mathbf{p}',t)f(\mathbf{r},\mathbf{p}'_1,t)\mathrm{d}\mathbf{p}_1\mathrm{d}\mathbf{p}'\mathrm{d}\mathbf{p}'_1.$$

Der erste Summand beschreibt die zeitliche Veränderung von f auf Grund der freien Bewegung der Teilchen. Dieser *Strömungsoperator* ist vom Differentiationstyp und, wie aus dem Beispiel in Abschn. 1.2 schon bekannt, *additiv*, d. h.

$$A_{\text{strö}}(f_1 + f_2) = A_{\text{strö}}(f_1) + A_{\text{strö}}(f_2) \qquad (1.26)$$

Die gegebene physikalische Deutung folgt daraus, dass jede Funktion $f\left(\mathbf{r}-\frac{\mathbf{p}}{m}t,\mathbf{p}\right)$ die Boltzmanngleichung mit $\sigma \equiv 0$ löst.

Der zweite Summand beschreibt die Veränderung der Verteilungsfunktion f bezüglich der Impulse am Orte $\mathbf{r}$ infolge von Stößen. $\sigma(\mathbf{pp}_1 \to \mathbf{p}'\mathbf{p}'_1)$ bedeutet die Übergangswahrscheinlichkeit beim Stoß eines Teilchenpaares mit den Impulsen $\mathbf{p},\mathbf{p}_1$ in eines mit den Impulsen $\mathbf{p}',\mathbf{p}'_1$. Der dritte Summand spiegelt das Hineinstreuen von Teilchen in den Zustand $\mathbf{p}$ durch Stöße wider. Die beiden σ-Integrale zusammen heißen *boltzmannscher Stoßoperator*, A_{sto}.

Der Stoßoperator, $A_{\text{sto}}(f)$, erfüllt *nicht* Gl. (1.26), ist also ein Beispiel für einen *nichtlinearen Operator*. Ferner ist er vom Integraltyp, d. h. die Boltzmanngleichung ist eine nichtlineare partielle Integro-Differentialgleichung. Sie lehrt uns ferner, dass man das Miteinander-Wirken von Operatoren studieren muss, insbesondere das Addieren von Operatoren.

Die Eigenschaften des Stoßoperators sind durch diejenigen seines Integralkerns bestimmt. Von der Übergangswahrscheinlichkeit σ kann man folgendes sagen:

a)

$$\sigma \geq 0, \quad \text{reell, für alle Impulse.} \qquad (1.27a)$$

b) Wegen der Ununterscheidbarkeit der Teilchen kann man in der klassischen Physik die Impulse des 1. und des 2. Teilchens vor bzw. nach dem Stoß gemeinsam vertauschen; quantenmechanisch sind sogar $\mathbf{p},\mathbf{p}_1$ bzw. $\mathbf{p}',\mathbf{p}'_1$ wegen des Symmetrieprinzips der Wellenfunktionen einzeln vertauschbar. Es folgt also

$$\sigma(\mathbf{pp}_1 \to \mathbf{p}'\mathbf{p}'_1) = \sigma(\mathbf{p}_1\mathbf{p} \to \mathbf{p}'_1\mathbf{p}')$$
$$= \sigma(\mathbf{p}_1\mathbf{p} \to \mathbf{p}'\mathbf{p}'_1) = \sigma(\mathbf{pp}_1 \to \mathbf{p}'_1\mathbf{p}'). \qquad (1.27b)$$

c) Unter gewissen Bedingungen für die Wechselwirkung der Teilchen (Inversions-Invarianz) gilt

$$\sigma(\mathbf{p}\mathbf{p}_1 \to \mathbf{p}'\mathbf{p}_1') = \sigma(\mathbf{p}'\mathbf{p}_1' \to \mathbf{p}\mathbf{p}_1).$$ (1.27c)

Der inverse Stoß besitzt dieselbe Übergangswahrscheinlichkeit. Dies ist z. B. bei spinlosen Teilchen mit rotationssymmetrischer Wechselwirkung der Fall.

d) Die Translationsinvarianz der Wechselwirkung ergibt die Erhaltung des Gesamtimpulses beim Stoß. Es gilt also $\sigma = 0$, wenn nicht

$$\mathbf{P} := \mathbf{p} + \mathbf{p}_1 = \mathbf{p}' + \mathbf{p}_1' =: \mathbf{P}'.$$ (1.27d)

e) Die Galilei-Invarianz der Wechselwirkung (d. h. die Unabhängigkeit des Stoßes von einer gleichförmigen Bewegung des Systems) bewirkt, dass σ von $\mathbf{P}(= \mathbf{P}')$ unabhängig ist. σ hängt folglich nur noch von den relativen Impulsen vor bzw. nach dem Stoß ab,

$$\mathbf{q} := \frac{1}{2}(\mathbf{p} - \mathbf{p}_1); \quad \mathbf{q}' := \frac{1}{2}(\mathbf{p}' - \mathbf{p}_1').$$ (1.27e)

f) Beim Stoß gilt der Energiesatz. Da wegen $\mathbf{P} = \mathbf{P}'$ die Schwerpunktsenergie aus der Bilanzgleichung herausfällt, ist $\sigma = 0$, wenn nicht die Relativenergien gleich sind,

$$\frac{1}{2\mu}q^2 = \frac{1}{2\mu}q'^2 \quad \left(\mu = \text{reduzierte Masse} = \frac{m}{2}\right).$$ (1.27f)

g) Wegen der Drehinvarianz des Stoßprozesses ist die Abhängigkeit der Übergangswahrscheinlichkeit von $\mathbf{q}, \mathbf{q}'$ nur von Vektorinvarianten unter Drehungen möglich, d. h. von $q^2 = q'^2$ (mit (1.27f)) und von $\mathbf{q} \cdot \mathbf{q}'$, d. h. dem Streuwinkel

$$\vartheta = \arccos\left(\frac{\mathbf{q}}{|\mathbf{q}|} \cdot \frac{\mathbf{q}'}{|\mathbf{q}'|}\right).$$ (1.27g)

In Zusammenfassung der Eigenschaften (1.27a)–(1.27g) kann man für σ die Form angeben

$$\sigma = \tilde{\sigma}(q^2, \vartheta)\,\delta\,(\mathbf{P} - \mathbf{P}')\,\delta\left(\frac{1}{2\mu}q^2 - \frac{1}{2\mu}q'^2\right).$$ (1.28)

σ heißt bzw. erweist sich als der differentielle Wirkungsquerschnitt des 2-Teilchen-Streuprozesses.

Wir wollen uns nun klarmachen, wie sich diese physikalischen Tatsachen über σ in den Operatoreigenschaften widerspiegeln. Da vom nichtlinearen Stoßoperator bekannt ist, dass er ein Streben von $f(\mathbf{r}, \mathbf{p}, t)$ gegen eine zeitlich konstante Gleichgewichtsverteilung bewirkt, (n = Dichte; $\kappa T \equiv \beta^{-1}$ = Temperatur),

$$f_E = \frac{n}{(2\pi m\kappa T)^{3/2}} e^{-\beta \frac{1}{2m} p^2}, \qquad (1.29)$$

wollen wir nur kleine Abweichungen vom Gleichgewicht betrachten und den Stoßoperator linearisieren durch

$$f = f_E(1 + \varphi); \quad \varphi^2 \text{ vernachlässigen.} \qquad (1.30)$$

$$A_{\text{sto}}(f) \rightarrow L(\varphi) =: \int d\mathbf{p}_1 d\mathbf{p}' d\mathbf{p}'_1 \{\sigma(\mathbf{p}'\mathbf{p}'_1 \rightarrow \mathbf{p}\mathbf{p}_1) f_{E'} f_{E',1}(1 + \varphi' + \varphi'_1)$$
$$- \sigma(\mathbf{p}\mathbf{p}_1 \rightarrow \mathbf{p}'\mathbf{p}'_1) f_E f_{E,1}(1 + \varphi + \varphi_1)\}.$$

Wegen (1.27f) ist

$$f_E f_{E,1} = f'_E f'_{E,1} = (f_E f_{E,1}\, f_{E'} f_{E',1})^{\frac{1}{2}} \qquad (1.31)$$

und zusätzlich wegen (1.27c) fallen die Summanden ohne φ heraus. Mit der Abkürzung

$$w(\mathbf{p}\mathbf{p}_1|\mathbf{p}'\mathbf{p}'_1) =: \sigma(\mathbf{p}\mathbf{p}_1 \rightarrow \mathbf{p}'\mathbf{p}'_1)(f_E f_{E,1}\, f_{E'} f_{E',1})^{\frac{1}{2}} \qquad (1.32)$$

lautet der linearisierte Stoßoperator

$$L(\varphi) = \int d\mathbf{p}_1 d\mathbf{p}' d\mathbf{p}'_1 w(\mathbf{p}\mathbf{p}_1|\mathbf{p}'\mathbf{p}'_1)\{\varphi' + \varphi'_1 - \varphi - \varphi_1\} \qquad (1.33a)$$

$$\equiv -\nu(\mathbf{p})\varphi(\mathbf{p}) + \int K(\mathbf{p}, \mathbf{p}')\varphi(\mathbf{p}')d\mathbf{p}'. \qquad (1.33b)$$

Dabei ist

$$\nu(\mathbf{p}) =: \int d\mathbf{p}_1 d\mathbf{p}' d\mathbf{p}'_1 w(\mathbf{p}\mathbf{p}_1|\mathbf{p}'\mathbf{p}'_1), \qquad (1.34a)$$

$$K(\mathbf{p}, \mathbf{p}') =: \int d\mathbf{p}_1 d\mathbf{p}'_1 \{w(\mathbf{p}\mathbf{p}_1|\mathbf{p}'\mathbf{p}'_1) + w(\mathbf{p}\mathbf{p}_1|\mathbf{p}'_1\mathbf{p}') - w(\mathbf{p}\mathbf{p}'|\mathbf{p}_1\mathbf{p}'_1)\}. \qquad (1.34b)$$

Eigenschaften dieses Operators: L ist eine *Operatorsumme* aus der Multiplikation mit (der Stoßfrequenz) $\nu(\mathbf{p})$ und dem Integraloperator K mit Kern (1.34b). Offenbar ist L ein reeller Operator; auch K. Die Ununterscheidbarkeit der Teilchen äußert sich in der Symmetrie des Integralkerns

$$K(\mathbf{p}, \mathbf{p}') = K(\mathbf{p}', \mathbf{p}). \qquad (1.35)$$

Der Impulssatz (1.27d), der Energiesatz (1.27f) sowie der Teilchenzahl-Erhaltungssatz liefern uns sogleich 5 Eigenfunktionen von L zum Eigenwert 0:

$$L(\chi_i) = 0, \quad i = 0, 1, 2, 3, 4 \tag{1.36a}$$

mit

$$\chi_i(\mathbf{p}) = \text{const}, \ p_x, \ p_y, \ p_z, \ \frac{1}{2m}p^2. \tag{1.36b}$$

Das schließt man sofort aus der Form (1.33a) der Wirkungsweise von L auf eine der sog. Stoßinvarianten $\chi_i(\mathbf{p})$. 0 ist folglich 5-fach entartet.

Es ist ferner L ein halbseitig-beschränkter Operator

$$\int d\mathbf{p}\varphi(\mathbf{p})L(\mathbf{p}, \mathbf{p}')\varphi(\mathbf{p}')d\mathbf{p}' \leq 0. \tag{1.37}$$

Das Gleichheitszeichen haben wir soeben gesehen; die Ungleichheit folgt, indem man unter Benutzung der Form (1.33a) nach Variablenvertauschung erhält:

$$\int d\mathbf{p}\varphi(\mathbf{p})L(\mathbf{p}\mathbf{p}')\varphi(\mathbf{p}')d\mathbf{p}' = \int d\mathbf{p}d\mathbf{p}'d\mathbf{p}_1 d\mathbf{p}_1'\varphi(\mathbf{p})\dots$$

$$= \int d\mathbf{p}d\mathbf{p}'d\mathbf{p}_1 d\mathbf{p}_1'\varphi(\mathbf{p}_1)\dots$$

usw., d. h.

$$\int d\mathbf{p}\varphi(\mathbf{p})L(\mathbf{p}, \mathbf{p}')\varphi(\mathbf{p}')d\mathbf{p}' = -\frac{1}{4} \int d\mathbf{p}d\mathbf{p}'d\mathbf{p}_1 d\mathbf{p}_1' w(\mathbf{p}\mathbf{p}_1|\mathbf{p}'\mathbf{p}_1')$$
$$\cdot (\varphi + \varphi_1 - \varphi' - \varphi_1')^2 \leq 0. \tag{1.38}$$

Man erkennt hieraus auch, dass es genau nur die genannten 5 Eigenfunktionen zum Eigenwert 0 gibt, wenn $w > 0$ außerhalb der Erhaltungssätze von Masse, Impuls und Energie ist.

Schließlich kann man noch aus der Drehsymmetrie (1.27g) folgern, dass die Gestalt aller Eigenfunktionen durch die Kugelfunktionen dargestellt wird,

$$L\varphi_{nlm} = \psi_{nl}(|\mathbf{p}|)Y_{lm}(\theta_p \cdot \phi_p). \tag{1.39}$$

Die Begründung (Vertauschbarkeit mit dem unitären Operator der Drehungen) kann erst später erfolgen. Ebenso muss erst später Begriff und Beweis für die wichtige Aussage gegeben werden, dass der Integralteil K unter gewissen Bedingungen ein *vollstetiger Operator* ist.

Damit ist durch physikalische Beispiele aus der Vielteilchenmechanik, der Kontinuums-Mechanik, der Elektrodynamik und der Statistischen Physik angedeutet, wie vielfältig die

Methoden der Funktionalanalysis zu verwenden sind. Mit einer gewissen Absicht ist dabei nicht auf die Quantenmechanik hingewiesen worden; in ihr stolpert man sowieso auf Schritt und Tritt über die Funktionalanalysis. (So repräsentiert der Laplace-Operator des Beispiel aus Abschn. 1.3 die kinetische Energie und wird von uns noch genauer untersucht werden.

Abstrakte Räume

Zuerst beschäftigen wir uns mit den Mengen von Vektoren oder von Funktionen, denen wir in den Beispielen begegneten. Dabei sehen wir von Einzelheiten ab und betrachten nur die allgemein zugrunde liegenden Rechenregeln.

Ein *Raum* $\mathcal{M}$ ist eine Menge von Elementen,

$$\mathcal{M} = \{f, g, h, \ldots, \varphi, \psi, \chi, \ldots, x, y, z, \ldots\}$$

deren Anzahl beliebig sein kann, endlich viele, abzählbar unendlich, meistens sogar über-abzählbar (gar kontinuierlich) viele. Die Elemente sind die jeweils interessierenden Objekte, also etwa Vektoren $\mathbf{r}$, Funktionen $f(x)$, $\varphi(x, y)$ usw. Wir bezeichnen sie jedoch stets, unabhängig von der konkreten Gestalt, als *Element* oder *Vektor* oder auch *Punkt* aus $\mathcal{M}$. Die Zugehörigkeit eines gegebenen Objektes zu einem Raum schreiben wir

$$f \in \mathcal{M}.$$

Für die Elemente oder Vektoren eines interessierenden Raumes $\mathcal{M}$ können nun verschiedene Rechenregeln gelten, d. h. auf $\mathcal{M}$ sind gewisse Strukturelemente definiert. Ja, eine solche Strukturierung macht die Menge erst eigentlich zu dem, was wir unter *Raum* verstehen wollen und was sie für die physikalischen Anwendungen erst nützlich macht. Je nach Art solcher Strukturen sprechen wir dann von linearen ..., normierten ..., topologischen ..., vollständigen ... usw. Räumen. Kurz, Räume sind Mengen mit darauf definierten Strukturen. Je nach auf ihnen definierter Struktur bekommen sie verschiedene Namen, z. B. Banachraum, Hilbertraum usw. Wir lernen jetzt einige Typen von Räumen kennen.

S. Großmann, *Funktionalanalysis*, DOI 10.1007/978-3-658-02402-4_2,
© Springer Fachmedien Wiesbaden 2014

2.1   Der lineare Raum

2.1.1   Begriffsbildung und einfache Eigenschaften

Definition

Ein Raum $\mathcal{M}$ heißt *linearer Raum* bezüglich eines Körpers K, wenn für die Elemente des Raumes $\mathcal{M}$ definiert ist, wie man sie addieren, subtrahieren und mit den „Zahlen" $a, b, \ldots$ aus K multiplizieren kann. Die Verknüpfung soll kommutativ sein, also $\varphi + \psi = \psi + \varphi$. Im Allgemeinen benutzt man für physikalische Zwecke als K den Körper der reellen oder der komplexen Zahlen.

Genauer und im Einzelnen kennzeichnen die folgenden Strukturelemente ($\mathcal{L}$.1) und ($\mathcal{L}$.2) einen linearen Raum $\mathcal{M}$ axiomatisch:

$\mathcal{L}$.1 In $\mathcal{M}$ existiert eine Verknüpfung der Elemente, genannt „Addition", bezüglich derer $\mathcal{M}$ eine additive, abelsche Gruppe ist. Also:

    $\mathcal{L}$.1.1 Für alle $f, g \in \mathcal{M}$ ist auch $f + g \in \mathcal{M}$ sowie $f + g = g + f$.

    $\mathcal{L}$.1.2 Die Verknüpfung ist assoziativ: $f + (g + h) = (f + g) + h =: f + g + h$.

    $\mathcal{L}$.1.3 Es gibt ein neutrales Element, in der additiven Gruppe Nullelement genannt, $\underline{0} \in \mathcal{M}$, definiert durch

$$f + \underline{0} = f \quad \text{für alle } f \in \mathcal{M}.$$

    $\mathcal{L}$.1.4 Zu jedem Element gibt es in $\mathcal{M}$ ein Inverses, definiert als Lösung der Gleichung

$$f + x = \underline{0}$$

    Das für gegebenes f diese Beziehung lösende Element $x \in \mathcal{M}$ bezeichnen wir als $-f$. Ferner definieren wir $g + (-f) =: g - f$.

$\mathcal{L}$.2 In $\mathcal{M}$ ist die Multiplikation mit Zahlen aus einem Körper K erklärt.

    $\mathcal{L}$.2.1 $a \in K$ und $f \in \mathcal{M} \Rightarrow af \in \mathcal{M}$.

    $\mathcal{L}$.2.2 $a(f + g) = af + ag$,

        $(a + b)f = af + bf$; Distributivgesetze.

    $\mathcal{L}$.2.3 $a(bf) = (ab)f$; Assoziativgesetz.

    $\mathcal{L}$.2.4 Das Element $1 \in K$ erfüllt $1f = f$ für alle $f \in \mathcal{M}$.

Letzteres stellt den Zusammenhang, der in ($\mathcal{L}$.2.1) als existierend angenommen wird, quantitativ her; dazwischen stehen die Rechenregeln.

▶ Einige einfache Folgerungen seien (dem Leser zur Übung) genannt.

$$0f = \underline{0} \qquad \text{für alle } f \in \mathcal{M}, 0 \in K$$
$$(-1)f = -f$$
$$a\underline{0} = \underline{0}$$

Aus $af = \underline{0}$ folgt entweder $a = 0$ oder $f = \underline{0}$.

Da der Raum $\mathcal{M}$ als Gruppe abelsch ist, sind Rechts- und Links-Inverses bzw. Rechts- und Links-Neutrales gleich. Da Missverständnisse kaum möglich sind, unterscheiden wir zukünftig nicht mehr zwischen 0 und $\underline{0}$.

2.1.2 Beispiele linearer Räume

Wenn hier und in einigen folgenden Abschnitten Beispiele genannt werden, so werden einige wiederholt auftauchen. Das heißt, einige Räume sind nicht nur linear, sondern auch metrisch, unitär usw., besitzen also mehrere miteinander verträgliche Strukturelemente gleichzeitig. In den Beispielen dienen sie nur zur Erhellung der jeweils gerade untersuchten Struktur. So wird etwa im sogleich genannten Beispiel R^n dieser *nur* als linearer Raum betrachtet, obwohl – wie bekannt – im Vektorraum auch Längen und Winkel definiert sind.

Am Ende von diesem Kapitel soll ein zusammenfassender Überblick über die wichtigsten Räume gegeben werden.

2.1.2.a) Der Vektorraum R^n.
$\mathcal{M}$ sei $R^n =: \{f | f = (x_1, x_2, \ldots, x_n), x_i \in K$, Körper der reellen oder komplexen Zahlen$\}$ mit den Definitionen

$$f + g = (x_1 + y_1, \ldots, x_n + y_n),$$
$$af = (ax_1, \ldots, ax_n).$$

2.1.2.b) Der Raum l_2 der unendlichen Zahlenfolgen, die quadratsummierbar sind.

$$l_2 =: \left\{ f | f = (x_1, x_2, \ldots, x_i, \ldots), 1 \le i \le \infty, x_i \in K, \sum_{i=1}^{\infty} |x_i|^2 < \infty \right\}.$$

K sei hier und im Folgenden stets der Körper der komplexen Zahlen. Zur abelschen Gruppe wird l_2 durch die Definition

$$f + g =: (x_1 + y_1, \ldots, x_i + y_i, \ldots).$$

Diese Definition ist deshalb sinnvoll möglich, weil wegen

$$|x_i + y_i|^2 \leq (|x_i| + |y_i|)^2 \leq (|x_i| + |y_i|)^2 + (|x_i| - |y_i|)^2 = 2|x_i|^2 + 2|y_i|^2$$

aus $f \in l_2$ und $g \in l_2$ geschlossen werden kann, dass auch $f + g \in l_2$ ist. Zum linearen Raum wird l_2 durch $af =: (ax_1, \ldots, ax_i, \ldots)$. Man verifiziert leicht alle Axiome $(\mathcal{L}.1)$ und $(\mathcal{L}.2)$. Insbesondere ist $\underline{0} = (0, 0, \ldots) \in l_2$.

2.1.2.c) Der Raum $C(a, b)$ der stetigen Funktionen.

Sei (a, b) bzw. $[a, b]$ ein offenes oder abgeschlossenes Intervall der reellen Achse R^1 und $f(x)$ eine über diesem definierte, komplex-wertige Funktion; falls das Intervall offen oder halboffen ist, sei $f(x)$ stetig auf den Abschluss fortsetzbar.

$$C(a, b) =: \{f \,|\, f \text{ komplex-wertig über } [a, b] \text{ und im abgeschlossenen}$$
$$\text{Intervall stetig}\}\,.$$

Durch $(f + g)(x) =: f(x) + g(x)$ und $(af)(x) =: af(x)$ wird C zum linearen Raum.

2.1.2.d) Verallgemeinerte Funktionenräume.

Das vorige Beispiel verallgemeinern wir in mehrfacher Hinsicht: Es wird als Definitionsbereich der Funktionen nicht nur ein Intervall, sondern eine beliebige Menge E zugelassen; die Menge braucht nicht aus R^1, sondern kann auch Untermenge des reellen R^n sein. E kann beschränkt oder unbeschränkt sein, offen oder abgeschlossen. Nicht nur die Funktion $f(x)$, sondern auch noch ihre Ableitungen bis zur Ordnung einschließlich l seien auf dem Definitionsbereich samt eventueller Abschließung stetig. Sofern $x \in R^n$, sind mit den Ableitungen die partiellen Ableitungen gemeint:

$$\partial^a =: \frac{\partial^{a_1 + a_2 + \ldots + a_n}}{\partial x_1^{a_1} \ldots \partial x_n^{a_n}} \quad \text{mit} \quad a_1 + \ldots + a_n = a, \quad a \geq 0. \tag{2.1}$$

$C^l(E) = \{f(x) \,|\, f(x) \text{ komplexwertig über } x \in E, E \subseteq R^n, \partial^i f \text{ stetig in } \overline{E}, 0 \leq i \leq l\}$. Hier meint $\overline{E}$ die abgeschlossene Hülle von E.

$l = \infty$ meint, *alle* Ableitungen seien stetig. Evidenterweise wird $C^l(E)$ zum linearen Raum mit $f(x) + g(x)$ als Verknüpfung.

Verwandte Räume, die wir besonders in der Theorie der verallgemeinerten Funktionen verwenden werden, können wir mit einem neuen Begriff einführen, dem des *Trägers* T_f einer Funktion.

Definition

Der Träger T_f einer Funktion $f(x)$ ist die kleinste abgeschlossene Menge $\subseteq E$, die alle Punkte x enthält, für die $f(x) \neq 0$ ist. Das heißt, außerhalb T_f ist $f(x) \equiv 0$ und T_f ist die *kleinste* abgeschlossene Menge, die das leistet. Sofern T_f eine beschränkte Menge aus

R^n ist, ist sie wegen der definitionsgemäßen Abgeschlossenheit auch in sich kompakt (s. auch unten, Abschn. 2.9). Nunmehr definieren wir:

$$C_0^l(E) =: \left\{ f(x) | f \in C^l(E), f \text{ hat kompakten Träger, } T_f \subset E, T_f \cap \text{Rand}(E) = 0 \right\}.$$

Die Elemente f aus $C_0^l(E)$ sind also außerhalb eines je nach $f(x)$ eventuell verschiedenen Trägers identisch Null, erst recht also auf dem Rande von E. Als Beispiel eines Elementes $f \in C_0^\infty(R^n)$ sei genannt

$$f(x) = \begin{cases} \exp\left(1/(x^2 - 1)\right) & x^2 = \sum\limits_{i=1}^{n} |x_i|^2 < 1, \\ 0 & x^2 \geq 1. \end{cases} \qquad (2.2)$$

2.1.2.e) Linearer Teilraum, Linearmannigfaltigkeit.

Eine Teilmenge $\mathcal{N} \subseteq \mathcal{M}$ eines linearen Raumes $\mathcal{M}$ heißt *Linearmannigfaltigkeit* oder *linearer Teilraum*, wenn alle endlichen Linearkombinationen wiederum in $\mathcal{N}$ sind, d. h. $\sum a_i f_i \in \mathcal{N}$, sofern alle $f_i \in \mathcal{N}, a_i \in K$. Hat man eine zunächst beliebige Teilmenge $\mathcal{N} \subseteq \mathcal{M}$, so erhält man durch Bilden der *linearen Hülle*, d. h. *aller endlichen* Linearkombinationen, einen linearen Teilraum, der eventuell ganz $\mathcal{M}$ sein kann.

In der Physik erlaubt die Verwendung linearer Räume die Benutzung des Überlagerungsprinzips, wie wir es in den Beispielen in Kap. 1 benutzt haben. Sie lässt auch eine Unterscheidung *verschiedener* Lösungen eines physikalischen Problems mit Hilfe des folgenden Begriffes zu:

Definition (Lineare Unabhängigkeit)

m Elemente $f_i \in \mathcal{M}$ eines linearen Raumes heißen *linear unabhängig*, wenn

$$\sum_{i=1}^{m} a_i f_i = 0 \quad \text{nur für} \quad a_i = 0, \ i = 1, \dots, m \text{ möglich;} \qquad (2.3)$$

anderenfalls nennen wir sie *linear abhängig*.

Beispiel

$\sin x, \cos x$ sind linear unabhängig, $\sin x, 2 \sin x$ linear abhängig. Eine Menge $\mathcal{N}$ heißt *linear unabhängig*, wenn je endlich viele ihrer Elemente linear unabhängig sind. (Eine größte solcher linear unabhängiger Mengen heißt *Hamel-Basis* von $\mathcal{M}$; die von der Hamel-Basis aufgespannte Linearmannigfaltigkeit ist ganz $\mathcal{M}$; ihre Existenz garantiert das *zornsche Lemma*, s. u. im Abschn. 2.7.2.)

2.2 Der metrische Raum

2.2.1 Begriffsbildung und einfache Eigenschaften

Für viele Anwendungen ist es nötig, über die lineare Unabhängigkeit hinaus ein genaueres Maß für die Verschiedenheit von Elementen eines Raumes zu haben. *Ein solches Maß* führen wir durch den Begriff des *Abstandes* ein. Wir wollen einen (nicht notwendigerweise linearen!) Raum $\mathcal{M}$, in dem das Strukturelement *Abstand* definiert ist, als *metrischen Raum* bezeichnen, den Abstand als *Metrik*[1].

Definition

Eine Metrik bzw. ein Abstand ist eine für je zwei Elemente f, g aus $\mathcal{M}$ erklärte Zahlenfunktion $\rho(f, g)$, die folgende Eigenschaften hat:

$\mathcal{M}$.1 $\rho(f, g)$ reelle Zahl, für alle $f, g \in \mathcal{M}$,

   $\rho(f, g) = 0 \Leftrightarrow f = g$.

$\mathcal{M}$.2 $\rho(f, g) \le \rho(f, h) + \rho(g, h)$ für alle $h \in \mathcal{M}$ sowie jedes Paar $f, g \in \mathcal{M}$.

   Diese Eigenschaft nennen wir *Dreiecksungleichung*.

   Hieraus sind zwei weitere Eigenschaften beweisbar, die für den Umgang mit der Metrik so wichtig sind, dass sie manchmal unter die definierenden Eigenschaften aufgenommen werden.

$\mathcal{M}$.3 $\rho(f, g) \ge 0$, die Metrik ist positiv semidefinit.

   $\rho(f, g) = \rho(g, f)$, die Metrik ist symmetrisch.

Denn: Setzen wir in der Dreiecksungleichung $f = g, \Rightarrow 0 \le 2\rho(f, h)$.

Und: Setzen wir darin $f = h, \Rightarrow \rho(f, g) \le \rho(g, f)$; durch Vertauschen vergrößert man also höchstens. Zweimaliges Anwenden gibt $\rho(f, g) \le \rho(g, f) \le \rho(f, g)$, d. h. die Symmetrie.

In anderer Richtung gilt die Abschätzung (Übung!)

$$|\rho(f, h) - \rho(g, h)| \le \rho(f, g). \qquad (2.4)$$

(Hinweis: ausgehen von $\rho(f, h)$ und g einschieben bzw. von $\rho(g, h)$ und f einschieben.)

▸   Auf folgende Zusammenhänge sei hingewiesen:
    Jeder metrische Raum ist mit Hilfe seiner Metrik *topologisierbar*. Dazu erklären
    wir die Topologie mittels der *Kugeln*

$$\mathcal{K} \equiv \mathcal{K}(f, r) := \{g | g \in \mathcal{M}, \rho(f, g) < r; \text{ mit } f \in \mathcal{M} \text{ fest}, r \ge 0, \text{ reell, fest}\}.$$

---

[1] Der Physiker verwechsle dies nicht mit dem spezielleren Begriff der Metrik in der Relativitätstheorie.

Die Menge der $\mathcal{K}$ für alle r und f bestimmt ein System der offenen Mengen und macht damit $\mathcal{M}$ zum topologischen Raum, in dem sogar die Trennungsaxiome gelten (hausdorffscher Raum).

Umgekehrt bezeichnen wir einen bereits topologischen Raum als metrisierbar, wenn man in ihm eine Metrik einführen kann, deren soeben beschriebene Kugeltopologie mit der ursprünglich vorliegenden Topologie übereinstimmt.

2.2.2 Beispiele metrischer Räume

2.2.2.a) Der Körper der komplexen Zahlen, K, als metrischer Raum. Man kann K auf verschiedene Weise metrisieren. Einige Möglichkeiten sind

$$\rho(z_1, z_2) := |z_1 - z_2|, \quad \text{klar.} \tag{2.5}$$

$$\rho(z_1, z_2) := \frac{|z_1 - z_2|}{1 + |z_1 - z_2|}. \tag{2.6}$$

Im letzteren Falle ist $0 \le \rho < 1$. Die Gültigkeit der Metrikaxiome zeigen wir sogleich an einer ganzen Klasse von Beispielen, die (2.6) enthält:

$$\rho(z_1, z_2) := \psi(|z_1 - z_2|), \tag{2.7}$$

wobei $\psi(x)$ eine Funktion mit folgenden Eigenschaften sei:

ψ reell-wertig, definiert über $[0, \infty)$, $\psi(0) = 0$, streng monoton wachsend

und konvex, d. h. $\psi'(x) > 0$, $\psi''(x) \le 0$.

$$\tag{2.8}$$

Der Fall $\psi = x$ führt auf (2.5) zurück. $\psi =: \dfrac{x}{1 + x}$ bedeutet das Beispiel (2.6); man überprüfe alle ψ-Eigenschaften als vorhanden. Die angegebenen Eigenschaften von ψ genügen, um die Metrikaxiome als gültig zu zeigen. ($\mathcal{M}$.1) ist wohl klar; ($\mathcal{M}$.2) führen wir zurück auf $|z_1 - z_2| \le |z_1 - w| + |z_2 - w|$. Wegen der Monotonie von $\psi(x)$ ist zunächst

$$\psi(|z_1 - z_2|) \le \psi(|z_1 - w| + |z_2 - w|) \le \psi(|z_1 - w|) + \psi(|z_2 - w|).$$

Die letzte Ungleichung folgt aus $\psi'' \le 0$ so: Es ist $\varphi(x, y) := \psi(x+y) - \psi(x) - \psi(y)$ negativ definit, weil $\varphi(x, 0) = 0$ und $\dfrac{\partial \varphi}{\partial y} = \psi'(x + y) - \psi'(y) = x\psi''(\xi) \le 0$ unter Benutzung des Mittelwertsatzes.

▸ Zeige, dass auch der Grenzfall $\psi(x) = \begin{cases} 0, & x = 0 \\ 1, & x > 0 \end{cases}$ eine Metrik erzeugt. Eine weitere Metrik in K wird durch den chordalen Abstand auf der Riemannkugel erzeugt:[2]

$$\rho(z_1, z_2) = \frac{|z_1 - z_2|}{\sqrt{(1 + |z_1|^2)(1 + |z_2|^2)}}.$$

Zum metrischen, aber nicht linearen Raum macht man den offenen Einheitskreis durch

$$\rho(z_1, z_2) := \frac{1}{2} \ln \frac{1 + u}{1 - u}, \ u := \left| \frac{z_1 - z_2}{1 - \overline{z}_1 \cdot z_2} \right|.$$

2.2.2.b) Der R^n als metrischer Raum.

Auch hier gibt es einige Möglichkeiten, aus derselben gegebenen Elementenmenge verschiedene metrische Räume zu machen. Streng genommen ist mit R^n i. Allg. der n-dimensionale Vektorraum gemeint, in dem man nicht nur Abstände, sondern auch Längen und Winkel angeben kann. Wir betrachten ihn hier wie im Beispiel (2.1.2.a)) vorübergehend als Raum der endlichen Zahlenfolgen.

$$\rho(f, g) := \max_{1 \le i \le n} |x_i - y_i| \tag{2.9}$$

oder

$$\rho(f, g) := \left(\sum_{i=1}^{n} |x_i - y_i|^2 \right)^{\frac{1}{2}} \tag{2.10}$$

metrisieren den R^n. Die Prüfung der Metrikeigenschaften ist für (2.9) klar und soll für (2.10) auf später verschoben werden, siehe 2.4.2.b), wenn sogar unendliche Zahlenfolgen betrachtet werden, für die man auch Längen und Winkel definiert hat.

2.2.2.c) Der Raum s.

$$s =: \{ f | f = (x_1, x_2, \ldots, x_i, \ldots), x_i \in K, \text{ unendliche Zahlenfolge} \}.$$

s wird metrisch durch

$$\rho(f, g) =: \sum_{i=1}^{\infty} \frac{1}{2^i} \frac{|x_i - y_i|}{1 + |x_i - y_i|}. \tag{2.11}$$

Die Konvergenz wird durch das Majorantenkriterium gesichert; statt $\frac{1}{2^i}$ eignen sich auch andere konvergente Majoranten c_i. Diese Art der Metrisierung wird uns später in der Theorie der verallgemeinerten Funktionen wieder begegnen.

---

[2] chord = Segment einer Geraden, zwischen zwei gewählten Punkten, an denen die Kurve geschnitten wird.

2.2.2.d) Metrisierung der Funktionenräume.

Als Beispiel betrachten wir $C(E)$ mit beschränkter Menge $E \subset R^n$. Nach dem Satz von *Weierstraß* existiert für stetige Funktionen auf beschränkten, abgeschlossenen Mengen das Maximum, so dass

$$\rho(f, g) := \max_{x \in \overline{E}} |f(x) - g(x)| \qquad (2.12)$$

den Funktionenraum $C(E)$ metrisiert. Verallgemeinerungen bekommt man z. B. durch

$$\rho(f, g) = \psi(\xi), \text{ mit } \xi =: \max_{x \in \overline{E}} |f(x) - g(x)| \text{ und } \psi$$

nach (2.8).

Im Übrigen sei auf die Zusammenstellung der wichtigsten Räume in Abschn. 2.12 hingewiesen.

2.3 Der normierte Raum

2.3.1 Begriffsbildung und einfache Eigenschaften

In vielen Anwendungen ist die Struktur des benutzten Raumes an allen Stellen gleich, sodass man Abstandsmessungen als Relativ-Messungen zwischen zwei Elementen betrachten kann. Dann kann man umgekehrt auch den Abstand vom Nullelement als ausgezeichnet betrachten. Voraussetzung für solche Betrachtungsweise ist, dass der Raum Linearitäts-Struktur hat. An Stelle des Abstandes setzen wir den schärferen Begriff der Norm; der Zusammenhang zwischen Norm und Metrik wird anschließend geklärt.

Definition

Ein *linearer Raum* $\mathcal{M}$ *heißt normiert*, wenn jedem Element f aus $\mathcal{M}$ eine reelle Zahl, genannt *Norm von f*, $\|f\|$, zugeordnet ist, die folgende Eigenschaften hat:

$\mathcal{N}.1$ $\|f\| \geq 0$, für alle $f \in \mathcal{M}$,
$\quad \|f\| = 0 \Leftrightarrow f = 0$.
$\mathcal{N}.2$ $\|f + g\| \leq \|f\| + \|g\|$, *Dreiecksungleichung*.
$\mathcal{N}.3$ $\|af\| = |a| \|f\|$, *Homogenität*, $a \in K$, $f \in \mathcal{M}$.

Folgerungen für den Umgang mit der Norm von Vektoren bzw. Punkten des Raumes:

a) $\| - f \| = \| f \|$, aus ($\mathcal{N}$.3).

b) Analog wie für die Metrik (2.4), gilt eine inverse Dreiecksungleichung

$$\left| \| f \| - \| g \| \right| \leq \| f - g \|. \tag{2.13}$$

(Hinweis: ausgehen von $\| f \|$ und g dazuschieben bzw. von $\| g \|$ ausgehen und f dazuschieben.)

c) Jeder normierte Raum ist zugleich ein metrischer Raum, indem man nämlich durch die Norm eine Metrik induziert

$$\rho(f, g) = \| f - g \|. \tag{2.14}$$

Nämlich $\rho(f, g) = \| f - g \| = \| (f - h) + (h - g) \| \leq \| f - h \| + \| h - g \| = \rho(f, h) + \rho(g, h)$. Insbesondere durch $\rho(f, 0) = \| f \|$ hängt dann diese Metrik mit der Norm zusammen.

d) Weil normierte Räume zugleich metrisch sind, sind sie auch topologische Räume.

e) Umgekehrt jedoch lässt sich *nicht* jeder metrische Raum normieren! Denn zumindest linear muss ja ein normierter Raum sein, was vom metrischen Raum nicht vorausgesetzt wird. Aber selbst im metrischen und linearen Raum muss $\rho(f, 0)$ *nicht* die Eigenschaften ($\mathcal{N}$.1 bis $\mathcal{N}$.3) einer Norm haben. Beispielsweise ist $\rho(f, 0) = |f|/(1+|f|)$ aus (2.6) nicht homogen, wenn auch noch die beiden ersten Normaxiome gelten. (Das erkennt man am einfachsten aus der sogleich folgenden Eigenschaft f), denn dieses Beispiel ist ja auch translationsinvariant.)

f) Wenn in einem metrischen, linearen Raum $\mathcal{M}$ die Funktion $\rho(f, 0) := \| f \|$ noch ($\mathcal{N}$.1) und ($\mathcal{N}$.2) erfüllt, nennen wir ρ eine *Supermetrik*. Ein Raum ist gewiss dann supermetrisch, wenn die Metrik translationsinvariant ist, d. h. wenn

$$\rho(f, g) = \rho(f + h, g + h) \quad \text{für alle} \quad h \in \mathcal{M}. \tag{2.15}$$

Denn $\rho(f, 0)$ erfüllt offensichtlich ($\mathcal{N}$.1) sowie auch die Dreiecksungleichung ($\mathcal{N}$.2):

$$\| f + g \| = \rho(f + g, 0) = \rho(f, -g) \leq \rho(f, 0) + \rho(-g, 0) = \rho(f, 0) + \rho(0, g)$$
$$= \| f \| + \| g \|.$$

Allerdings ist (2.15) nur hinreichende Bedingung für eine Supermetrik.

Eine Supermetrik, die *nicht* translationsinvariant ist, wird definiert durch $\rho(x, y) = 0$ für $x = y$; $\rho(x, y) = 1$ für $x + y \geq 0$; $\rho(x, y) = 2$ für $x + y < 0$. Offensichtlich gilt $\mathcal{M}$.1; aber auch $\mathcal{M}$.2 ist erfüllt: $\rho(x, y) \leq \rho(x, z) + \rho(y, z)$, denn links steht höchstens 2, rechts mindestens 1 plus mindestens 1.

g) Eine Metrik, die translationsinvariant ist sowie *homogen* $\rho(ax, 0) = |a|\rho(x, 0)$ induziert eine Norm mittels $\| x \| := \rho(x, 0)$. Diese Bedingung ist hinreichend, aber *nicht* notwendig. Hier noch ein Beispiel für eine *nicht* translationsinvariante Metrik, die homogen ist, aber trotzdem eine Norm induziert. Der Raum sei der R^1, $\rho(x, y) = 0$ für $x = y$ und $\rho(x, y) = |x| + |y|$ falls $x \neq y$. Man prüft leicht die Gültigkeit von $\mathcal{M}.1$ und $\mathcal{M}.2$ nach. Mittels $\rho(x, 0) = |x|$ erhält man offensichtlich eine Norm in R^1.

2.3.2 Beispiele normierter Räume

2.3.2.a) Normen in R^n, l_2.

Im R^n kann man verschiedene Normen einführen. Etwa

$$\|f\| = \max_{1 \leq i \leq n} |x_i|, \tag{2.16}$$

$$\|f\| = \sum_{i=1}^{n} |x_i|, \tag{2.17}$$

$$\|f\| = \left(\sum_{i=1}^{n} |x_i|^2 \right)^{\frac{1}{2}}, \tag{2.18}$$

$$\|f\| = \left(\sum_{i=1}^{n} |x_i|^p \right)^{1/p} \quad 1 \leq p < \infty. \tag{2.19}$$

Die letztere Norm nennen wir *p-Norm*. Die vorher genannten sind offenbar Spezialfälle hiervon, nämlich (2.16) ist die ∞-Norm, (2.17) die 1-Norm und (2.18) die 2-Norm. Der Nachweis der Normaxiome ist überall leicht, mit Ausnahme der Dreiecksungleichung für die 2-Norm bzw. für die p-Norm. Wir verschieben ihn auf später (s. 2.4.2.b) in Abschn. 2.4), wenn sowohl unendliche Folgen betrachtet werden als auch (für $p = 2$) das umfassendere Strukturelement des inneren Produktes. Es sei aber schon erwähnt:

$$l_2, \quad \text{mit} \quad \|f\| = \left(\sum_{i=1}^{\infty} |x_i|^2 \right)^{\frac{1}{2}} \tag{2.20}$$

ist ein normierter Raum.

2.3.2.b) Funktionenräume mit beschränktem Definitionsbereich.

In den Räumen $C^l(E)$ von Beispiel (2.1.2.d)) kann man verschiedene Normen einführen.

$$\|f\| = \max_{x \in \overline{E}} |f(x)|, \quad \overline{E} \text{ kompakt.} \tag{2.21}$$

Bekanntlich nimmt eine stetige Funktion ihr Maximum auf einer kompakten Menge an; die Normeigenschaften von (2.21) prüft man leicht.

$$\|f\| = \max_{\substack{x \in \overline{E}, \\ 1 \le i \le l}} \left| \partial^i f(x) \right|, \quad \overline{E} \text{ kompakt, } l \text{ endlich;} \tag{2.22}$$

$$\|f\| = \sum_{i=1}^{l} \max_{x \in \overline{E}} \left| \partial^i f(x) \right|, \quad \overline{E} \text{ kompakt, } l \text{ endlich.} \tag{2.23}$$

2.3.2.c) Der Raum $\mathcal{S}$

Insbesondere für die Theorie der Distributionen sind folgende Räume mit zum Teil etwas erweiterter Begriffsbildung nützlich. Sie ergeben sich, wenn man für den Definitionsbereich E der Funktionenräume den ganzen reellen R^n zulassen möchte.

$$\mathcal{S} := \left\{ f(x) \middle| f \in C^\infty(R^n) \quad \text{und} \quad \max_x \left| x^j \partial^i f(x) \right| < \infty, \text{ für jedes } i, j \right\}.$$

Das heißt, die Funktionen aus $\mathcal{S}$ und alle ihre Ableitungen fallen im Unendlichen stärker als jede Potenz ab. So ist z. B. $e^{-x^2} \in \mathcal{S}$; auch alle Funktionen aus $C_0^\infty(R^n)$, d. h. $C_0^\infty(R^n) \subset \mathcal{S}$. ($\mathcal{S}$ ist echt größer als C_0^∞, denn etwa e^{-x^2} hat ja keinen kompakten Träger.)
Offensichtlich ist

$$\|f\|_{i,j} = \max_x \left| x^j \partial^i f(x) \right| \tag{2.24}$$

eine Norm in $\mathcal{S}$. Da aber kein Wertepaar i, j ausgezeichnet ist, wird man in $\mathcal{S}$ eine ganze Normfamilie betrachten

$$\left\{ \|f\|_{i,j}, \text{ für alle Paare natürlicher Zahlen } i, j = 0, 1, 2, \ldots \right\}. \tag{2.25}$$

Sie lässt sich zusammenfassen in der Supermetrik (da translationsinvariant)

$$\rho(f, g) = \sum_{n=0}^{\infty} \frac{1}{2^n} \frac{\|f - g\|_n}{1 + \|f - g\|_n}, \tag{2.26}$$

wobei n irgendeine Abzählung der Paar-Indizes (i, j) ist, wodurch die Mitglieder der Normfamilie gekennzeichnet werden. Die Topologisierung des Raumes kann durch die Normfamilie oder die zugehörige Supermetrik vorgenommen werden. (2.26) erfüllt die Ungleichungen (bei positivem a, also $a > 0$)

$$\rho(f, 0) \le \rho(af, 0) \le a\rho(f, 0) \quad \text{sofern } a \ge 1$$
$$a\rho(f, 0) \le \rho(af, 0) \le \rho(f, 0) \quad \text{sofern } a \le 1.$$

Dies folgert man aus der Diskussion der Hyperbeln $y = \dfrac{1+x}{1+ax}$ für $a \geq 1$ bzw. ≤ 1:

$$\frac{1}{a} \leq y \leq 1 \quad \text{bzw.} \quad 1 \leq y \leq \frac{1}{a}.$$

2.3.2.d) Die Räume $\mathcal{D}, \mathcal{E}$.

Ähnlich wie in $\mathcal{S}$ kann man auch in $C_0^\infty(R^n)$ bzw. $C^\infty(R^n)$ Normfamilien einführen, indem man die max-Bildung auf einer monoton wachsenden Folge von kompakten Mengen vornimmt, K_j, die gegen R^n konvergieren:

$$\|f\|_{j,k} = \max_{\substack{x \in K_j \\ i \leq k}} \left| \partial^i f(x) \right|. \tag{2.27}$$

Der mit der Normfamilie $\left\{ \|f\|_{j,k} \right\}$ bzw. der Supermetrik gemäß (2.26) topologisierte Raum $C_0^\infty(R^n)$ wird gewohnheitsmäßig als Raum $\mathcal{D}$ bezeichnet. Analog definiert man $\mathcal{E}$ als so topologisierten $C^\infty(R^n)$. Sofern $E \subset R^n$, kann man statt der Kompakta-Folge das Kompaktum $\overline{E}$ allein nehmen; wenn $l < \infty$, genügt $k = l$. So entstehen die Räume $\mathcal{D}(E)$ bzw. $\mathcal{D}^l(E)$ aus $C_0^\infty(E)$ bzw. $C_0^l(E)$; analog $\mathcal{E}(E)$, $\mathcal{E}^l(E)$. $\mathcal{D}$ hat also kompakte, in $\mathcal{E}$ liegende Träger, unendlich oft differenzierbar, bei $\mathcal{D}^l$ l-mal differenzierbar.

2.4   Der unitäre Raum

2.4.1   Begriffsbildung und einfache Eigenschaften

Als weiteres Strukturelement führen wir jetzt das „Innere Produkt" ein, um nicht nur Abstände und Längen, sondern auch den Begriff des Winkels aus der Vektorrechnung abstrakt zu beschreiben.

Das Innere Produkt wird auf linearen Räumen, also (abelschen) additiven Gruppen mit multiplikativem Körper K, eingeführt. *Ein linearer Raum mit Innerem Produkt heiße unitärer Raum.*

> **Definition**
>
> Ein Inneres Produkt auf einem linearen Raum $\mathcal{M}$ ist eine jedem Elementepaar $f, g \in \mathcal{M}$ zugeordnete komplexe Zahl $z = z(f, g) \in K$, bezeichnet als $\langle f | g \rangle$, mit folgenden axiomatischen Eigenschaften:

$\mathcal{J}.1$ $\langle f | g \rangle = \overline{\langle g | f \rangle}$
$\mathcal{J}.2$ $\langle f | ag \rangle = a \langle f | g \rangle$
$\mathcal{J}.3$ $\langle f | g_1 + g_2 \rangle = \langle f | g_1 \rangle + \langle f | g_2 \rangle$

$\mathcal{J}.4$ $\langle f|f \rangle$, wegen $\mathcal{J}.1$ sicherlich reell, sei positiv semidefinit; insbesondere $\langle f|f \rangle = 0 \Leftrightarrow$ $f = 0$.

Einfache Folgerungen:

$$\langle af|g \rangle = \overline{a}\langle f|g \rangle$$
$$\langle f_1 + f_2|g \rangle = \langle f_1|g \rangle + \langle f_2|g \rangle$$
$$\langle f|g \rangle = 0 \text{ mindestens, wenn einer der Faktoren Null ist (aus } \mathcal{J}.3 \text{ mit } g_1 = -g_2).$$

Letzteres lässt sich aber *nicht* umkehren; das Innere Produkt kann auch Null sein, wenn beide Faktoren f, g von Null verschieden sind. Dann heißt f *orthogonal* zu g, geschrieben $f \perp g$. Wir kommen etwas später hierauf zurück.

Das Innere Produkt spielt nicht nur als Strukturelement linearer Räume eine große Rolle und wird uns im weiteren Verlaufe dauernd begegnen. Es hat auch oft eine direkte physikalische Bedeutung; etwa in der Quantenmechanik ist $|\langle f|g \rangle|^2$ die Überlagerungswahrscheinlichkeit zweier Quantenzustände f, g.

Ein Inneres Produkt induziert eine Norm und folglich auch eine Metrik; ein unitärer Raum kann folglich auch als topologischer Raum aufgefasst werden. Denn:

Durch $\|f\| := \langle f|f \rangle^{\frac{1}{2}}$ ist eine auf ganz $\mathcal{M}$ definierte Zahlenfunktion definiert, die die Normaxiome erfüllt. Sind doch $(\mathcal{N}.1)$ und $(\mathcal{J}.4)$ unmittelbar gleich und auch $(\mathcal{N}.3)$ wegen $(\mathcal{J}.2)$ klar. Die Dreiecksungleichung $(\mathcal{N}.2)$ beweisen wir mit folgender, in Zukunft fortwährend benutzter Aussage.

Satz (Schwarzsche Ungleichung[3])

(Hermann Amandus Schwarz, 1843–1921):

$$|\langle f|g \rangle| \leq \|f\|\,\|g\|. \tag{2.28}$$

▸ **Beweis** Sofern f oder g oder beide Null sind, ist (2.28) offenbar richtig. Sei also $f \neq 0$, $g \neq 0$. Wir zerlegen z. B. $f = \dfrac{\langle g|f \rangle}{\|g\|^2} g + h$; dann ist $\langle g|h \rangle = 0$, wie das Innere Produkt mit g zeigt. Folglich

$$\|f\|^2 = \langle f|f \rangle = \frac{|\langle f|g \rangle|^2}{\|g\|^4}\|g\|^2 + \|h\|^2 \geq \frac{|\langle f|g \rangle|^2}{\|g\|^2} \quad \text{q. e. d.}$$

□

---

[3] Auch Cauchy-Bunjakowski-Ungleichung genannt.

Zusatz

In der schwarzschen Ungleichung gilt das Gleichheitszeichen d. u. n. d., wenn f und g linear abhängig sind, d. h. $a_1 f + a_2 g = 0$. Denn:

Im Beweis gilt die Gleichheit, wenn $h = 0$, d. h. $f = ag$.

Aus der schwarzschen Ungleichung folgt für $\langle f|f \rangle^{\frac{1}{2}}$ die

$$\text{Dreiecksungleichung}: \quad \|f + g\| \le \|f\| + \|g\| \tag{2.29}$$

$$\ge |\,\|f\| - \|g\|\,| \tag{2.30}$$

▸ **Beweis**

$$\|f + g\|^2 = \langle f + g | f + g \rangle = \langle f + g | f \rangle + \langle f + g | g \rangle \le \|f + g\|\,\|f\| + \|f + g\|\,\|g\|.$$

Sofern $\|f + g\| \ne 0$, folgt durch Kürzen die Behauptung; ist aber $\|f + g\| = 0$, ist die Behauptung sowieso richtig. □

Zusatz

In der Dreiecksungleichung gilt das Gleichheitszeichen bei linearer Abhängigkeit von f und g; genauer, wenn $f = 0$ oder $g = 0$ oder $f = ag$ mit positivem a.

Ein unitärer Raum ist also in der Tat normiert. Ferner kann das Innere Produkt durch die Norm ausgedrückt werden, ähnlich wie die Norm durch den Abstand. Es ist nämlich, wie man einfach nachrechnet,

$$\langle f|g \rangle = \frac{1}{4} \left\{ \|f + g\|^2 - \|f - g\|^2 + i\|if + g\|^2 - i\|if - g\|^2 \right\}. \tag{2.31}$$

Dies legt die Vermutung nahe, ein normierter Raum ließe sich zu einem unitären Raum erklären, indem man mit der vorhandenen Norm via (2.31) ein Inneres Produkt *definiert*. Es lässt sich aber leicht an Gegenbeispielen zeigen, dass eine durch die rechte Seite von (2.31) erklärte komplexe Zahl *nicht* notwendig die Eigenschaften ($\mathcal{J}$.1) bis ($\mathcal{J}$.4) eines Inneren Produktes besitzt. Statt die Nichterfüllung zu zeigen, ist es bequemer, die Verletzung einer im unitären Raum gültigen Aussage zu prüfen, wie noch an Beispielen demonstriert werden wird. Nämlich:

In unitären Räumen gilt die *Parallelogramm-Gleichung*

$$\|f + g\|^2 + \|f - g\|^2 = 2\|f\|^2 + 2\|g\|^2. \tag{2.32}$$

▸ **Beweis** Einfach nachrechnen unter Benutzung von $\|\varphi\|^2 \equiv \langle \varphi|\varphi \rangle$. □

Es zeigt sich nun, dass diese Parallelogrammgleichung für einen unitären Raum so charakteristisch ist, dass genau nur solche normierten Räume unitarisierbar sind, in denen die Norm die Parallelogrammgleichung erfüllt. Es ist leichter, sie nachzuprüfen, als erst durch (2.31) versuchsweise ein Inneres Produkt zu definieren und dann $(\mathcal{J}.1)$ bis $(\mathcal{J}.4)$ zu prüfen. Zusammenfassend, aber ohne Beweis, sei formuliert der

Satz

Ein linearer, normierter Raum $\mathcal{M}$ ist d. u. n. d. ein linearer, unitärer Raum mit dem Inneren Produkt gemäß (2.31), wenn die Norm die Parallelogrammgleichung (2.32) erfüllt.

Als Beispiel diene die p-Norm im R^n gemäß (2.19) für $p \neq 2$.
Sei etwa $f = (1, 1, 0, \ldots, 0)$ und $g = (1, -1, 0, \ldots, 0)$, so ist

$$\|f + g\|^2 + \|f - g\|^2 = 8 \neq 4 \cdot 2^{2/p} = 2\|f\|^2 + 2\|g\|^2.$$

Während also als Normen die Beispiele (2.16) bis (2.19) alle gleichberechtigt sind, ist – wie das eben durchgerechnete Beispiel schon andeutet und sich noch zeigen wird – die 2-Norm dadurch ausgezeichnet, dass sie als einzige p-Norm eine Erweiterung zum Inneren Produkt erlaubt.

Wir fassen die Beziehungen zwischen den verschiedenen Strukturen in einem *linearen* Raum $\mathcal{M}$ so zusammen:

$$\boxed{\mathcal{M} \text{ unitär} \quad \overrightarrow{\nleftarrow} \quad \mathcal{M} \text{ normiert} \quad \overrightarrow{\nleftarrow} \quad \mathcal{M} \text{ metrisch}} \tag{2.33}$$

Dabei heißt $\nleftarrow$: nicht notwendig, obwohl möglich. Dieses Ergebnis bedeutet aber:

Alle in einem metrischen Raum richtigen Aussagen sind erst recht im normierten oder gar im unitären Raum gültig; was im normierten Raum gilt, tut das erst recht im unitären. Umgekehrt ist es aber *nicht* so.

2.4.2 Beispiele unitärer Räume

2.4.2.a) Inneres Produkt im R^n.

Eine positiv definite, hermitesche Matrix $a_{ij} = \overline{a}_{ji}$ definiert ein Inneres Produkt.

$$\langle f | g \rangle = \sum_{i,j=1}^{n} \overline{x}_i a_{ij} y_i. \tag{2.34}$$

Spezialfall ist: $a_{ij} = \delta_{ij}$: $\langle f | g \rangle = \sum_{i=1}^{n} \overline{x}_i y_i$. Wie immer hier bedeutet $\overline{x}$ das Konjugiert-Komplexe von x.

2.4.2.b) l_2 als unitärer Raum.
   Wir definieren

$$\langle f|g \rangle = \sum_{i=1}^{\infty} \overline{x}_i \, y_i. \tag{2.35}$$

Dadurch ist in der Tat jedem Punktepaar $f, g \in l_2$ eine komplexe Zahl zugeordnet, weil die Summe konvergent ist wegen

$$|\overline{x}_i \, y_i| = |x_i| \, |y_i| \leq \frac{1}{2} \left(|x_i|^2 + |y_i|^2 \right).$$

Weiß man einmal, dass infolge der Konvergenz (2.35) eine mögliche Definition ist, prüft man $(\mathcal{J}.1)$ bis $(\mathcal{J}.4)$ leicht nach.
Zur Gewöhnung für den Gebrauch notieren wir:
Die Norm in l_2 lautet

$$\|f\| = \langle f|f \rangle^{\frac{1}{2}} = \left(\sum |x_i|^2 \right)^{\frac{1}{2}}. \tag{2.36}$$

Die Metrik in l_2 lautet

$$\rho(f, g) = \|f - g\| = \left(\sum |x_i - y_i|^2 \right)^{\frac{1}{2}}. \tag{2.37}$$

Die schwarzsche Ungleichung in l_2 heißt:

$$\left| \sum \overline{x}_i \, y_i \right| \leq \left(\sum |x_i|^2 \right)^{\frac{1}{2}} \left(\sum |y_i|^2 \right)^{\frac{1}{2}}. \tag{2.38}$$

Die Dreiecksungleichung in l_2 lautet:

$$\left| \left(\sum |x_i|^2 \right)^{\frac{1}{2}} - \left(\sum |y_i|^2 \right)^{\frac{1}{2}} \right| \leq \left(\sum |x_i + y_i|^2 \right)^{\frac{1}{2}}$$
$$\leq \left(\sum |x_i|^2 \right)^{\frac{1}{2}} + \left(\sum |y_i|^2 \right)^{\frac{1}{2}}. \tag{2.39}$$

Damit sind die schon in den Beispielen (2.2.2.b)), (2.3.2.a)) als Metrik bzw. als Norm angegebenen Ausdrücke für $p = 2$ verifiziert.
Im allgemeinen Fall $p \neq 2$ wird die Erfüllung der Normaxiome über die Minkowski-Umgebung geführt, weil kein Inneres Produkt zur Verfügung steht. Deshalb sei ergänzt: Das Analogon zur schwarzschen Ungleichung ist im l_p die höldersche Ungleichung,

$$\left| \sum \overline{x}_i \, y_i \right| \leq \left(\sum |x_i|^p \right)^{1/p} \cdot \left(\sum |y_i|^{p'} \right)^{1/p'}, \quad \text{mit } \frac{1}{p} + \frac{1}{p'} = 1.$$

Hieraus folgt die „Dreiecksungleichung" für die p-Norm, genannt *Minkowski-Ungleichung.*

$$\left(\sum |x_i + y_i|^p\right)^{1/p} \le \left(\sum |x_i|^p\right)^{1/p} + \left(\sum |y_i|^p\right)^{1/p}.$$

▸ **Beweis**

$$\sum |x_i + y_i|^p = \sum |x_i + y_i|^{p-1}|x_i + y_i|$$
$$\le \sum |x_i + y_i|^{p-1}|x_i| + \sum |x_i + y_i|^{p-1}|y_i|.$$

Jetzt die höldersche Ungleichung in jedem Summanden anwenden, die ja in Form eines Inneren Produktes geschrieben sind. Wir setzen somit fort:

$$\le \left(\sum |x_i|^p\right)^{1/p} \left(\sum |x_i + y_i|^{p'(1-p)}\right)^{1/p'} + \left(|y_i|^{p'(1-p)}\right)^{1/p'}$$
$$+ \left(\sum |y_i|^p\right)^{1/p} \left(|x_i + y_i|^{p'(1-p)}\right)^{1/p'}.$$

Nun ist aber $p' = \left(1 - \dfrac{1}{p}\right)^{-1} = \dfrac{p}{p-1}$. Der links und rechts gemeinsame Faktor $\left(\sum |x_i + y_i|^p\right)^m$ wird gekürzt. Rechts fällt er dann weg und links ist er von der Art $\left(\sum |x_i + y_i|^p\right)^{1-1/p'}$, also $\left(\sum |x_i + y_i|^p\right)^{1/p}$, q. e. d.   □

2.4.2.c) $C(a, b)$ als unitärer Raum.

Der Raum der über $[a, b]$ stetigen Funktionen wird zum unitären Raum, wenn man als Inneres Produkt definiert

$$\langle f|g\rangle = \int_a^b \overline{f}(x)g(x)\mathrm{d}x. \tag{2.40}$$

Nämlich mit $f, g \in C(a, b)$ ist auch $\overline{f}(x) \cdot g(x)$ stetig, sodass das (riemannsche) Integral (2.40) existiert. Die Eigenschaften $(\mathcal{J}.1)$ bis $(\mathcal{J}.4)$ prüfe der Leser selbst. Wiederum formulieren wir wegen der so häufigen Anwendung:

$$\|f\| = \left(\int_a^b |f(x)|^2 \mathrm{d}x\right)^{\frac{1}{2}}, \tag{2.41}$$

$$\rho(f, g) = \|f - g\| = \left(\int_a^b |f(x) - g(x)|^2 \mathrm{d}x\right)^{\frac{1}{2}}, \tag{2.42}$$

$$\left| \int_a^b \overline{f}(x)g(x)\mathrm{d}x \right| \leq \left(\int_a^b |f(x)|^2 \mathrm{d}x \right)^{\frac{1}{2}} \left(\int_a^b |g(x)|^2 \mathrm{d}x \right)^{\frac{1}{2}}. \qquad (2.43)$$

Gleichung (2.42) lehrt, dass zwei stetige Funktionen in dieser Metrik genau dann den Abstand Null haben, wenn sie identisch, d. h. punktweise gleich sind!

Es ist nützlich zu wissen, dass mithilfe der max-Norm (2.21) der Raum $C(a, b)$ *nicht* unitarisiert werden kann! Es genügt die Angabe eines Vektorpaares, das die Parallelogrammgleichung verletzt: $f(x) = x$ und $g(x) = 1$ in $C(0, 1)$ leistet das. Denn $2\|f\| + 2\|g\| = 2 \cdot 2 = 4$, jedoch $\|f + g\| = 2$ und $\|f - g\| = 1$.

Natürlicherweise taucht die Frage auf, ob eine Erweiterung auf die anderen Funktionenräume möglich ist. Soweit diese mit der max-Norm (wenn auch recht verschiedenartig) normiert sind, ist das also nicht möglich. Trotzdem spielt die max-Norm in vielen Anwendungen eine wichtige Rolle, immer da nämlich, wo es nur auf das Strukturelement Norm und nicht auf das Innere Produkt ankommt. Die Erweiterung der Unitarisierung mit dem Integral bei anderen Funktionenräumen wollen wir zugleich mit einer Verallgemeinerung des Integrationsbegriffs vornehmen. Der so entstehende Raum spielt z. B. in der Statistischen Physik oder in der Quantenmechanik eine fundamentale Rolle: Die Zustände eines atomaren Systems werden durch Funktionen beschrieben, die Elemente dieses Raumes sind.

2.4.2.d) Der unitäre Raum $\mathcal{L}_2$.

Wir wollen jetzt einen der für die physikalischen Anwendungen wichtigsten unitären Räume betrachten. Dazu bedarf es allerdings einiger grundlegender Kenntnisse der Integrationstheorie, nämlich des Lebesgue-Integrals über messbare Funktionen. Wer sie hat, kann die folgenden Seiten überspringen und nach den Bemerkungen a, b und c hinter Formel (2.46) weiterlesen, wo zunächst $\tilde{\mathcal{L}}_2$ und dann $\mathcal{L}_2$ definiert wird.

Für die nicht mit dem Lebesgue-Integral vertrauten Leser jedoch zunächst eine gedrängte, zusammenfassende Einführung dieser wichtigen mathematischen Begriffe und des Umgangs mit ihnen. Wer daran so gar keine Freude haben sollte, stelle sich dann später das i. Allg. ausreichend bekannte Riemann-Integral vor, was für praktische Zwecke meist ausreicht, die mathematische Sauberkeit und Sorgfalt allerdings nicht befriedigt. Ein ungenügendes Verständnis dieses Vorabschnitts über das Lebesgue-Maß und das Lebesgue-Integral verschließt nicht den weiteren Inhalt des Buches.

Auf dem Weg zum Lebesgue-Maß und -Integral betrachten wir einen vorgegebenen Definitionsbereich E für Funktionen $f(x)$, $x \in E$. Diese Menge E stelle den *Grundraum* dar, etwa $E = R^1, R^n, [0, \infty), [a, b]$ usw. Es sei über E ein σ-Feld $\mathcal{F}$ von Teilmengen $F \subseteq E$ definiert, d. h. $\mathcal{F}$ sei abgeschlossen gegenüber Komplement-, Durchschnitts- und Vereinigungsbildung, letzteres sogar für *abzählbar viele* Vereinigungen. Speziell könnte man als σ-Feld $\mathcal{F}$ über der reellen Achse die Menge von Punktmengen wählen, die aus den Intervallen durch Bilden von Durchschnitten, Vereinigungen und Komplementen entsteht; dieses spezielle

σ-Feld heißt auch *Borelkörper*. Die Elemente von $\mathcal{F}$ bezeichnen wir als *messbare Mengen*. So ist z. B. die leere Menge messbar und auch der Grundraum E; denn mit irgendeinem $F \in \mathcal{F}$ ist auch das Komplement $\overline{F} \in \mathcal{F} \Rightarrow F \cup \overline{F} = E$ und $F \cap \overline{F} = \phi \in \mathcal{F}$, d. h. messbar. Schließlich sei für jede Menge aus $\mathcal{F}$ erklärt, wie „groß" ihr Inhalt ist, d. h. ein Maß für ihre Größe gegeben, kurz *Maß* genannt. Ein Maß ist eine reell-wertige, positiv-definite Mengenfunktion $\mu(F)$, definiert für die „messbaren" Mengen $F \in \mathcal{F}$, mit den Eigenschaften

$$\mu(\phi) = 0$$

$$\mu\left(\bigcup_i F_i\right) = \sum_i \mu(F_i), \text{ wenn die } F_i \text{ paarweise elementefremd sind.}$$

Die Summe darf abzählbar unendlich sein, genannt σ-additiv. $\mu(E)$ kann endlich oder $+\infty$ sein.

Die Dreiheit $(E, \mathcal{F}, \mu)$ nennen wir *Maßraum*. Dabei nehmen wir im Folgenden stets an, der betrachtete Maßraum sei vollständig. Ein *Maßraum heißt vollständig*, wenn *alle* Teilmengen einer messbaren Menge vom Maß Null in $\mathcal{F}$ enthalten sind, d. h. wenn aus $F \in \mathcal{F}$ und $\mu(F) = 0$ folgt: Alle $A \subseteq F$ sind aus $\mathcal{F}$. Wenn ein vorgelegter Maßraum nicht vollständig sein sollte, so lässt er sich stets vervollständigen zu $(E, \mathcal{F}_C, \mu_C)$ in folgendem Sinne:

a) $\mathcal{F} \subset \mathcal{F}_C$.

b) Wenn $F \in \mathcal{F} \Rightarrow \mu_C(F) = \mu(F)$, Maßerhaltung.

c) Wenn $A \in \mathcal{F}_C \Rightarrow A = F_1 \cup B$, wobei $F_1 \in \mathcal{F}$ und $B \subseteq F_2$ mit $F_2 \in \mathcal{F}$, $\mu(F_2) = 0$.

Wenn wir speziell den Maßraum meinen, der aus dem Borelkörper $\mathcal{F}$ nach Vervollständigung gebildet wird und als Maß den Intervallen die Länge zuordnet

$$\mu(a, b) = b - a,$$

schreiben wir *für den ganzen Maßraum* abkürzend nur E und nennen ihn den *lebesgueschen Maßraum*. (Dabei sei hingewiesen auf die eindeutige Fortsetzungsmöglichkeit von Maßen.) Einen anderen, für uns später sehr wichtigen Maßraum erhält man, wenn man von einer monoton nichtabnehmenden Funktion $\mu(x)$, die stetig von links sei (einer sogenannten *Verteilungsfunktion*), ausgeht und

$$\mu(a, b) = \mu(b_{+0}) - \mu(a)$$

als Intervallmaß benutzt. Wir nennen ihn den *Lebesgue-Stieltjes-Maßraum*. In ihm können einzelne Punkte ein Maß ungleich Null haben (wo nämlich $\mu(x)$ einen Sprung hat), andererseits aber auch ganze Intervalle das Maß Null (wo nämlich $\mu(x)$ konstant bleibt).

Über einem Maßraum definieren wir den Begriff der *messbaren Funktion*. Uns interessieren in den physikalischen Anwendungen i. Allg. die komplexwertigen

Abb. 2.1 Zur Definition des Integrals zunächst positiver Funktionen. Die Summe der schraffierten x-Intervalle ist diejenige Menge F_i; für die der Funktionswert zwischen a_i und a_{i+1} liegt

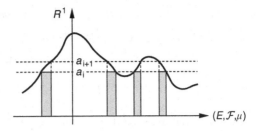

Funktionen, d. h. die Abbildungen von E nach K. Eine komplexwertige Funktion $f(x)$ heiße messbar, genauer μ-messbar, wenn Realteil und Imaginärteil μ-messbar sind; ein reelles $f(x)$ heiße messbar, wenn die Mengen

$$F := \{x \mid f(x) < a\} = f^{-1}((-\infty, a))$$

messbar sind, und zwar für alle a. Allgemeiner betrachte man K als Maßraum im Lebesgue-Sinn (oder einen beliebigen Maßraum als Bildraum); f heißt dann messbar, wenn die unter f inversen Bilder von messbaren Mengen wieder messbar sind: $f^{-1}(F)$ μ-messbar in E für alle messbaren Mengen $F \subseteq K$. Meist werden wir den Lebesgue-Maßraum verwenden und sprechen dann von Lebesgue-Messbarkeit, von Lebesgue-messbaren Funktionen usw.

Die messbaren Funktionen bilden eine sehr allgemeine Klasse von Funktionen. So sind z. B. Stufenfunktionen, stetige Funktionen, Limites von solchen, usw. messbar. Summen und Produkte messbarer Funktionen sind auch wieder messbar. Die Dirichlet-Funktion $D(x)$ (gleich 1 für rationale x und 0 für irrationale) ist messbar, obwohl an jeder Stelle ihres Definitionsbereichs unstetig. Insbesondere kann man über den messbaren Funktionen einen allgemeinen Integralbegriff definieren, z. B. als Maß derjenigen Koordinatenmenge, welche durch $f(x)$ im Produktraum $E \times K$ definiert wird oder als Limes von Integralen über Stufenfunktionen. Wir machen uns das so klar, siehe Abb. 2.1.

Bildet man bei der Definition des Riemann-Integrals etwa für stetige Funktionen eine Intervalleinteilung auf der Abszisse und Riemann-Summen mit beliebigen Zwischenwerten $f(\xi_i)$, $\xi_i \in$ Teilintervall i, so sind die messbaren Funktionen so viel allgemeiner, dass mit ihnen gebildete Riemann-Summen stark von der Wahl des Zwischenwertes abhängen würden. Da andererseits aber die inversen Bilder messbarer Funktionen messbare Punktmengen auf der Abszisse bilden, machen wir lieber eine Zerlegung $\mathfrak{z}$ der Ordinate[4], $0 = a_0 < a_1 < \ldots < a_i < \ldots < a_n <$

---

[4] Unglücklicherweise wurde historisch das Riemann-Integral via Intervalleinteilung auf der Abszisse eingeführt, obwohl es genau so gut via Ordinateneinteilung gegangen wäre. Das hätte nichts geschadet, wären beide Möglichkeiten gleich zweckmäßig. Nun ist das Riemann-Verfahren aber auf eine zu enge Funktionenklasse anwendbar, sodass die Studierenden leider mit der allgemeineren Funktionenklasse (der messbaren f) zugleich einen allgemeiner benutzbaren Integralbegriff zu lernen haben.

$a_{n+1} = \infty$ und nähern die reelle Funktion $f(x)$ durch eine einfache Stufenfunktion $\varphi_{\mathfrak{z}} \equiv \sum_{i=1}^{n} a_i \chi_i(x)$. Die „charakteristischen Funktionen" $\chi_i(x)$ sind 1 für alle x mit $a_i \leq f(x) < a_{i+1}$ und 0 sonst. Die zur Zerlegung $\mathfrak{z}$ gehörigen Mengen

$$F_i(\mathfrak{z}) =: \left\{ x \mid x \in R^1, \; a_i \leq f(x) < a_{i+1} \right\}$$

sind selbstverständlich messbar. Es ist also $\chi_i(x) = 1$, wenn $x \in F_i$, 0 sonst. Als Integral über die einfache Stufenfunktion versteht man sinnvollerweise $\sum_{i=1}^{n} a_i \mu(F_i)$. Bei anderer Intervalleinteilung $\mathfrak{z}$ verändern sich nicht nur Lage und Zahl der a_i, sondern auch die $F_i(\mathfrak{z})$; stets aber sind sie messbar. Statt also die „Fläche unter der Funktion" in Streifen parallel zur Ordinatenachse zu zerlegen (Riemann), tun wir dies lieber parallel zur Abszisse (Lebesgue). Im Limes immer feinerer Intervalleinteilung entsteht so das Integral über $f(x)$, oft als Lebesgue-Integral bezeichnet, da am häufigsten als Maßraum der lebesguesche verwendet wird.

Genauer definieren wir: Sei (zunächst) $f(x)$ eine nicht-negative, (ausgedehnt[5].) reellwertige messbare Funktion über dem Maßraum $(E, \mathcal{F}, \mu)$. Dann verstehen wir unter dem Integral

$$\int_E f(x)\mathrm{d}\mu(x) \equiv \int f\mathrm{d}\mu := \sup_{\mathfrak{z}} \int \varphi_{\mathfrak{z}}\mathrm{d}\mu \equiv \sup_{\mathfrak{z}} \sum_{i=1}^{n} a_i \mu(F_i). \qquad (2.44)$$

Ist $f(x)$ sogar beschränkt und $\mu(E) < \infty$, so gilt die anschauliche Aussage

$$\sup_{\varphi \leq f} \int \varphi\mathrm{d}\mu = \inf_{f \leq \psi} \int \psi\mathrm{d}\mu \overset{!}{=} \int f\mathrm{d}\mu, \qquad (2.45)$$

wobei φ bzw. ψ entweder die Unter- bzw. Ober-Stufenfunktionen der Zerlegungen $\mathfrak{z}$ oder sogar (wie sich beweisen lässt) alle möglichen einfachen Stufenfunktionen $\varphi < f$ bzw. $f \leq \psi$ durchlaufen. $\int f\mathrm{d}\mu$ ist entweder eine nicht-negative endliche Zahl oder $+\infty$. Endlich ist $\int f\mathrm{d}\mu$ nur dann, wenn $\mu(\{x \mid f(x) = \infty\}) = 0$ ist und $\{x \mid f(x) > 0\}$ ein σ-finites Maß hat[6].

Wenn (!) $\int f\mathrm{d}\mu < \infty$ nennen wir die messbare Funktion $f(x)$ summabel. Eine eventuell auch negative Funktion heißt summabel, wenn ihr positiver und ihr negativer Teil einzeln summabel sind,

$$\int f\mathrm{d}\mu = \int f^+\mathrm{d}\mu - \int f^-\mathrm{d}\mu.$$

Eine komplexe Funktion heißt summabel, wenn es Real- und Imaginärteil sind.

---

[5] D. h. unter dem Einschluss des Wertes ∞

[6] Eine Menge F heißt von σ-finitem Maß, wenn es eine Folge F_i mit jeweils endlichem Maß gibt, $\mu(F_i) < \infty$, und $\bigcup_i F_i = F$ ist.

Damit steht uns ein sehr allgemeiner Integralbegriff zur Verfügung, der vielen der *gewohnten Rechenregeln* genügt. Für den Physiker besonders wichtig ist die Kenntnis des folgenden Sachverhaltes:

Wenn $f(x)$ beschränkt und Riemann-integrierbar ist über einem endlichen Intervall $E \subset R^n$, dann ist $f(x)$ Lebesgue-summabel über E, und *beide Integrale haben den gleichen Wert.*

Grob gesprochen: Wenn man $\int f \mathrm{d}\mu$ überhaupt konkret ausrechnen möchte oder muss, so tue man es unter den genannten Voraussetzungen wie gewöhnlich. Die abstrakten Eigenschaften des allgemeinen Integrals dagegen sind bequemer als beim Riemann-Integral, da man insbesondere bei Grenzprozessen erheblich bedenkenloser rechnen kann. Hier ist besonders wichtig der *Satz von Lebesgue* über die Vertauschbarkeit von Integration und Limes-Bildung:

Satz Eine Folge messbarer Funktionen $f_n(x)$ konvergiere f. ü. (d. h. bis auf eine Menge vom Maß Null) gegen $f(x)$. Wenn es eine summable Funktion $K(x)$ gibt, sodass alle $|f_n(x)| < K(x)$ (f. ü.), so ist

$$\lim_{n \to \infty} \int f_n \mathrm{d}\mu = \int f \mathrm{d}\mu. \tag{2.46}$$

Bemerkung Daher kann man in (2.45) oder zur Definition des Integrals auch eine punktweise gegen f wachsende abzählbare Folge von einfachen Stufenfunktionen nehmen, die außerhalb eines endlichen Intervalls verschwinden. Eine solche gibt es auch stets.

Auf einige Besonderheiten des allgemeinen Integrals sei noch hingewiesen:

a) Ändert man die Funktion f auf einer Menge vom Maß Null ab (z. B. beim Lebesgue-Maß auf einem, mehreren oder abzählbar vielen diskreten Punkten), so bleibt $\int f \mathrm{d}\mu$ unverändert. Denn in den Stufenfunktionen verändern sich die Konstanzmengen F_i der Funktion ja nur soweit, dass die $\mu(F_i)$ unverändert bleiben. Folglich ist nicht wie bei stetigen Funktionen aus $\int f \mathrm{d}\mu = 0$ bei positiv definiter Funktion $f(x) \geq 0$ zu schließen, dass $f(x) \equiv 0$ wäre. Auf einer Menge vom Maße Null kann $f(x) \neq 0$ sein und trotzdem $\int f \mathrm{d}\mu = 0$.

b) Wenn f summabel ist, ist die Funktion f. ü. endlich, d. h. die Punktmenge mit $f(x) = \infty$ hat das Maß Null.

c) f ist genau dann summabel, wenn $|f|$ summabel ist.

Wir kommen nun zu unserem eigentlichen Thema zurück und definieren den Raum der quadratsummablen Funktionen:

$$\tilde{\mathcal{L}}_2(E) = \{f(x) | f(x) \text{ komplexwertige messbare Funktion über einem Maßraum}$$
$$(E, \mathcal{F}, \mu) \text{ sowie } \int |f|^2 \mathrm{d}\mu < \infty\}.$$

Zunächst ist $\tilde{\mathcal{L}}_2(E)$ ein linearer Raum. Denn mit f, g messbar und quadratsummabel ist auch $af + bg$ messbar sowie wegen

$$|f + g|^2 \leq 2\left(|f|^2 + |g|^2\right)$$

auch quadratsummabel. Alle anderen Axiome ($\mathcal{L}$.1 und $\mathcal{L}$.2) sind klar. Um $\tilde{\mathcal{L}}_2(E)$ zum unitären Raum zu machen, versuchen wir, als Inneres Produkt zu definieren

$$\langle f|g \rangle = \int_E \overline{f} g \, \mathrm{d}\mu. \tag{2.47}$$

Diese Definition ist – wegen $\overline{f}g$ messbar sowie $|\overline{f}g| = |f||g| \leq \dfrac{1}{2}\left(|f|^2 + |g|^2\right)$ – möglich und für alle Paare $f, g \in \tilde{\mathcal{L}}_2$ erklärt. Die Axiome ($\mathcal{J}$.1) bis ($\mathcal{J}$.3) gelten offensichtlich, ($\mathcal{J}$.4) jedoch leider nur teilweise. Wenn nämlich das Integral über eine positiv-definite Funktion Null ist, kann man nicht schließen, dass diese Funktion Null ist, sondern nur, dass sie *fast überall* Null ist:

$$\int |f|^2 \mathrm{d}\mu = 0 \Leftrightarrow |f|^2 = 0 \quad \text{f. ü.}$$

Also erfüllt nicht nur die Funktion $f \equiv 0$ die Eigenschaft $\|f\| = 0$, sondern auch alle $f(x)$, die auf einer Punktmenge vom Maße Null irgendwelche anderen Werte haben; z. B. auf allen rationalen Punkten $f(x) = y_i \neq 0$. Infolgedessen ist $\tilde{\mathcal{L}}_2$ mit (2.47) *kein* unitärer Raum. Durch einen einfachen Trick können wir aber einen unitären Raum gewinnen:

Da das Integral (2.47) gegenüber Veränderungen des Integranden auf Mengen vom Maße Null unempfindlich ist, fassen wir alle Funktionen, die f. ü. gleich sind, als gleichberechtigt im Sinne des Integrals (2.47) auf. Genauer: Wir definieren eine Klasseneinteilung in der Menge der messbaren, quadratsummablen Funktionen. Zu einer Äquivalenzklasse (f) mögen alle Funktionen gehören, die sich von einem herausgegriffenen Repräsentanten höchstens auf einer Menge vom Maß Null unterscheiden. Das bedeutet:

$$f_1 \sim f_2 \; (\text{äquivalent}) \; \Leftrightarrow \; f_1 - f_2 = 0 \quad \text{f. ü.} \tag{2.48}$$

(Der Leser zeige: Dies ist in der Tat eine Äquivalenzbeziehung: symmetrisch, reflexiv, transitiv.) Die Äquivalenzrelation (2.48) „fasert" $\tilde{\mathcal{L}}_2$ in Klassen äquivalenter Funktionen. Die Übertragung der Linearitätseigenschaften auf die Fasern ist klar und das Innere Produkt (2.47) ist unabhängig vom Vertreter, kann also als Integral für die Fasern gelesen werden. Für die Fasern gilt jetzt aber ($\mathcal{J}$.4), d. h. wir haben in der Menge der Fasern $\equiv$ Äquivalenzklassen (f) von f. ü. gleichen Funktionen einen Raum, der linear und mit (2.47) unitär ist. Wir definieren deshalb den für viele Anwendungen wichtigen Raum

$$\mathcal{L}_2(E) = \Big\{ f | f = (f(x)), f(x) \text{ komplexwertige, messbare Funktion über dem}$$

$$\text{Maßraum } (E, \mathcal{F}, \mu), \int |f|^2 \mathrm{d}\mu < \infty,$$

$$\text{gefasert nach Äquivalenzklassen } (f) \text{ f. ü. gleicher Funktionen} \Big\}.$$

Obwohl die Elemente von $\mathcal{L}_2(E)$ strenggenommen nicht Funktionen, sondern Funktionenklassen (-fasern) sind, sprechen wir im folgenden oft leger vom „Funktionenraum" $\mathcal{L}_2$. Beachten muss man jedoch, dass nicht mehr ohne weiteres Aussagen sinnvoll sind wie etwa: „$f \in \mathcal{L}_2$ ist stetig". Man meint genau: In der Äquivalenzklasse von f ist ein stetiger Vertreter. Oder: Die Angabe von gewissen Werten wie $f(0) = 1$ ist i. Allg. sinnlos, da man eine Funktion ja auf einzelnen Punkten stets abändern kann. Wenn aber etwa f „ stetig ist", d. h. die Äquivalenzklasse einen stetigen Vertreter hat, so heiße $f(0) = 1$, dieser stetige Vertreter erfülle das; usw.

Es gelten wieder die Rechenregeln (2.41) bis (2.43).

Der Raum $\mathcal{L}_2$ spielt in der Physik und Mathematik eine große Rolle. Die Verwendung der allgemeinen messbaren Funktionen verschafft viele Vorteile gegenüber dem Raum der stetigen Funktionen aus (2.4.2.c)); insbesondere ist letzterer *nicht abgeschlossen*, was wir noch kennenlernen werden.

2.4.3   Orthogonalität

Wir hatten bereits gelernt, dass ein Inneres Produkt zwar Null ist, wenn einer der Faktoren Null *ist*, dass aber aus dem Null-sein eines Inneren Produktes *nicht* folgt, dass mindestens einer der Faktoren Null sein muss. So ist z. B. das Innere Produkt Null für $(1, 0, 0, \dots)$ und $(0, 1, 0, \dots)$ aus l_2, aber *beide* Faktoren sind *nicht* Null.

Definition

Zwei Elemente $f, g \in \mathcal{M}$ eines unitären Raumes heißen *orthogonal*, $f \perp g$, wenn

$$\langle f | g \rangle = 0.$$

Insbesondere: $0 \in \mathcal{M}$ steht auf allen $f \in \mathcal{M}$ senkrecht. Zwei Teilmengen $\mathcal{N}_1, \mathcal{N}_2$ heißen orthogonal, $\mathcal{N}_1 \perp \mathcal{N}_2$, wenn alle $f_1 \in \mathcal{N}_1$ senkrecht stehen auf allen $f_2 \in \mathcal{N}_2$, also $\langle f_1 | f_2 \rangle = 0$. Sofern $f \in \mathcal{M}$ auf *allen* g senkrecht steht, ist $f = 0$. Man wähle nämlich in $\langle f | g \rangle = 0$, für alle g, einfach $g = f$. – Eine Menge orthogonaler, von Null verschiedener Elemente ist linear unabhängig. Denn

$$\langle f_j | \sum_i a_i f_i \rangle = 0 \Rightarrow a_j = 0.$$

Ein Vektor $f \in \mathcal{M}$ heiße *normiert*, wenn $\|f\| = 1$.

Eine Menge $\{\varphi_i\} \subset \mathcal{M}$ heiße *Orthonormalsystem* (o. n. S.), wenn $\langle \varphi_i | \varphi_j \rangle = \delta_{ij}$. Das heißt: Die φ_i stehen wechselseitig aufeinander senkrecht und jedes einzelne Element φ_i ist „normiert", hat die Norm $\|\varphi_i\| = 1$ für alle i.

Haben wir ein Orthonormalsystem $\{\varphi_i\}$ gegeben, so bezeichnen wir die Zahlen $\langle \varphi_i | f \rangle =: a_i$ als *Entwicklungskoeffizienten* von f bezüglich des Orthonormalsystems $\{\varphi_i\}$. Später beschäftigen wir uns mit der Frage, ob und wie die Entwicklungskoeffizienten ihrerseits den Vektor f bestimmen; dazu brauchen wir noch den Konvergenzbegriff, s. u.

In unitären Räumen ist das *(Erhard) Schmidtsche Orthogonalisierungsverfahren* anwendbar: Eine endliche oder abzählbare Menge $\{f_i\}$ linear unabhängiger $f_i \in \mathcal{M}$ lässt sich in eine orthonormierte Menge $\{\varphi_i\}$ gleicher Mächtigkeit umformen, sodass die linearen Hüllen gleich sind. Der dem Leser aus der analytischen Geometrie bekannte Beweis lässt sich auf allgemeine unitäre Räume übertragen.

2.5 Konvergenz und Vollständigkeit

2.5.1 Begriffsbildung und einfache Eigenschaften

Mit den bisher in Räumen eingeführten Begriffen kann man als neues, wichtiges Hilfsmittel die Approximation eines gegebenen Vektors $f \in \mathcal{M}$ durch andere Vektoren definieren bzw., mehr mathematisch formuliert, den *Begriff der Konvergenz gegen einen Grenzwert.* Als Grenzwert ($\equiv$ Limes) einer Folge $f_1, f_2, \ldots, f_n, \ldots$ von Elementen eines Raumes würde man anschaulich einen Vektor f verstehen, von dem sich die f_n mit wachsendem n immer weniger unterscheiden. Damit es ihn gibt, ist sicherlich notwendig, dass sich die f_n untereinander immer weniger unterscheiden. Um solche Aussagen machen zu können, braucht man eine quantitative Form für den Begriff „unterscheiden". Eben das aber leistet ja das Strukturelement Metrik, erst recht die Norm bzw. das Innere Produkt. Die folgenden Begriffe sind also in metrischen, normierten und unitären Räumen anwendbar.

Definition

Eine Folge $\{f_n\}$ von (abzählbar vielen) Elementen $f_n \in \mathcal{M}$ eines metrischen Raumes heißt gegen $f \in \mathcal{M}$ *konvergent*, bezeichnet

$$f_n \Rightarrow f, \tag{2.49}$$

wenn $\rho(f, f_n) \to 0$ im üblichen Zahlensinne, d. h. $\lim\limits_{n \to \infty} \rho(f, f_n) = 0$ bzw. $\rho(f, f_n) < \varepsilon$, wenn nur $n \geq N \equiv N(\varepsilon)$. f heißt *Grenzwert* oder *Limes* der Folge.

Als notwendige Bedingung erwarteten wir, dass die f_n einander immer ähnlicher werden, also $\rho(f_n, f_m) \to 0$. Deshalb treffen wir die

Definition

Eine Folge $\{f_n\}$ heißt *Cauchy-Folge* oder *Fundamentalfolge* oder *in sich konvergent*, wenn

$$\rho(f_n, f_m) < \varepsilon, \quad \text{für alle} \quad n, m \geq N(\varepsilon). \tag{2.50}$$

Unsere Erwartung kleiden wir jetzt in einen Satz:

Satz

Notwendige Bedingung für die Konvergenz einer Folge $\{f_n\}$ gegen ein *Grenzelement (Limes)* f ist, dass $\{f_n\}$ in sich konvergent ist.

Denn: $f_n \Rightarrow f$ gilt d. u. n. d., wenn $\rho(f, f_n) \to 0$. Also: $\rho(f_n, f_m) \leq \rho(f, f_n) + \rho(f, f_m) \to 0$.

Ist die „In-sich-Konvergenz" auch hinreichend für die Existenz eines Grenzwertes? Offenbar nicht: Im Raum der rationalen Zahlen hat z. B. $\left(1 + \dfrac{1}{n}\right)^n$ keinen Limes, ist aber in sich konvergent. Oder:

$$\sqrt{2} = (1+1)^{\frac{1}{2}} = 1 + \frac{1}{2} + \frac{\frac{1}{2}\left(1-\frac{1}{2}\right)}{2!} + \frac{\frac{1}{2}\left(1-\frac{1}{2}\right)\left(1-\frac{3}{2}\right)}{3!} + \dots;$$

alle Partialsummen sind rational, der Limes jedoch nicht.

Im Begriff einer in sich konvergenten, einer Cauchy-Folge, ist die Existenz eines Grenzelementes noch *nicht* impliziert. Wenn (!) eine Cauchy-Folge allerdings einen Limes hat, so ist er eindeutig. Denn gäbe es mehrere, wäre ihr Unterschied Null:

$$\rho(f, \tilde{f}) \leq \rho(f, f_n) + \rho(f_n, \tilde{f}) < \varepsilon_1 + \varepsilon_2.$$

Mathematisch besonders bequem zu handhaben sind Räume, in denen die *Existenz eines Grenzelementes* bei in sich konvergenten Folgen *sicher* ist. Deshalb treffen wir die

Definition

Ein metrischer Raum heißt vollständig, wenn jede Cauchy-Folge ein Limeselement im Raum besitzt.

Genau in vollständigen Räumen ist die In-sich-Konvergenz einer Folge notwendig und hinreichend für die Existenz eines Limes: Es gilt also das *Cauchy-Kriterium*.

2.5.2 Beispiele

2.5.2.a) Die Körper der reellen Zahlen bzw. der komplexen Zahlen sind (per Konstruktion) vollständig; derjenige der rationalen nicht.

2.5.2.b) Der Raum s der unendlichen Zahlenfolgen aus Beispiel (2.2.2.c)) ist vollständig.
Den Beweis führe man analog zum folgenden Beispiel.

2.5.2.c) Der unitäre Raum l_2 aus (2.4.2.b)) ist vollständig. Sei nämlich eine Funda-
mentalfolge $\{f_n\} \subset l_2$ gegeben, d. h. $\rho(f_n, f_m) < \varepsilon$ falls $n, m \geq N(\varepsilon) \Rightarrow$
$\sum_{i=1}^{\infty} \left| x_i^{(m)} - x_i^{(n)} \right|^2 < \varepsilon^2$. Also bildet jede einzelne Komponente $i = 1, 2, \ldots$ erst
recht eine Cauchy-Folge in K. Da die komplexen Zahlen einen vollständigen
Raum bilden, existiert $\lim_n x_i^{(n)} =: x_i \in K$. Die Folge $f \equiv (x_1, x_2, \ldots, x_i, \ldots)$ bildet
aber in der Tat das Limeselement der f_n. Denn obige Ungleichung gibt erst recht

$$\sum_{i=1}^{k} \left| x_i^{(m)} - x_i^{(n)} \right|^2 < \varepsilon^2 \quad \text{mit} \quad n, m \geq N(\varepsilon) \quad \text{und jedes } k.$$

In dieser *endlichen* Summe gehe $x_i^{(m)} \to x_i$, dann $k \to \infty$.

$$\sum_{i=1}^{\infty} \left| x_i - x_i^{(n)} \right|^2 \leq \varepsilon^2 \quad \text{für} \quad n \geq N(\varepsilon).$$

Das aber heißt zweierlei: $f - f_n$ ist quadrat-summabel, folglich $\in l_2$, folglich $(f -
f_n) + f_n = f \in l_2$; ferner $\rho(f, f_n) \to 0$.

2.5.2.d) Der Raum C der stetigen Funktionen.
Wir betrachten $E \subset R^n$, und der Definitionsbereich E sei beschränkt. C ist dann
vollständig bezüglich der max-Norm (2.21), jedoch *nicht* vollständig bezüglich
der durch das Innere Produkt (2.40), dem Riemann-Integral, induzierten Norm.
Die Vollständigkeit eines gegebenen Raumes hängt somit sehr von der verwendeten Metrik ab! (Was ja selbstverständlich ist, wurde doch Vollständigkeit via
Konvergenz und Konvergenz via Metrik definiert.) Zum Beweis schreiben wir die
Cauchy-Bedingung bezüglich der max-Norm auf. $\{f_n\}$ in sich konvergent heißt
dann

$$\max_x \left| f_n(x) - f_m(x) \right| < \varepsilon, \quad n, m \geq N(\varepsilon).$$

Mit anderen Worten: Die Konvergenz erfolgt sogar punktweise und in $\overline{E}$ gleichmäßig. Erstes ergibt die Limesfunktion $f(x)$, letzteres garantiert nach einem bekannten Satz der Analysis die Stetigkeit der Grenzfunktion $f(x)$.

Abb. 2.2 Zum Beispiel für
die Nicht-Vollständigkeit des
unitären Raumes C

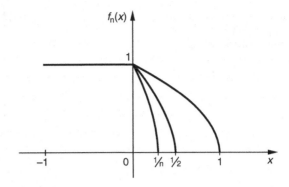

Für die Nicht-Vollständigkeit von C bezüglich des Inneren Produktes (2.40) liefert
die Folge in Abb. 2.2 ein Beispiel.

Sei $E = [-1, +1]$ und

$$f_n(x) = \begin{cases} 1 & -1 \le x \le 0 \\ \sqrt{1-nx} & 0 < x \le 1/n, \\ 0 & 1/n < x \le 1 \end{cases} \quad n = 1, 2, \dots$$

Dann ist $\{f_n\}$ in sich konvergent, denn

$$\|f_n - f_m\|^2 = \int\limits_0^1 |f_n - f_m|^2 \mathrm{d}x \le \int\limits_0^1 2\left(|f_n|^2 + |f_m|^2\right)\mathrm{d}x = \frac{1}{n} + \frac{1}{m} \to 0.$$

Die Grenzfunktion jedoch ist unstetig, also $\notin C(-1,1)$.

Die Folge wäre aber sehr wohl stetig, wenn sie messbar wäre; bzgl. des Lebesgue-
Integrals wäre diese Folge also kein Gegenbeispiel. Übrigens: Bezüglich der max-
Norm wäre $\|f_n - f_m\|^2 = \left|\dfrac{m}{n} - 1\right| \nrightarrow 0$ für alle $m, n > N(\epsilon)$.

Es sei noch darauf hingewiesen, dass in den weiteren Räumen $C^l(E)$ mit den verschiedenen max-Normen die Konvergenz $f_n \Rightarrow f$ die gleichmäßige Konvergenz
aller $\partial^i f_n(x)$ $(i \le l)$ auf jeder kompakten Menge $K \subseteq E$ bedeutet. Es gilt sogar
(siehe z. B. *Yosida*, 1965, S. 25): $f_n \Rightarrow 0$ in $\mathcal{D}(E), \mathcal{D}^l(E)$ d. u. n. d., wenn es eine kompakte Menge K gibt, sodass alle Träger $T_{f_n} \subseteq K$ und auf K alle $\partial^i f_n \to 0$
gleichmäßig.

2.5.2.e) Der unitäre Raum $\mathcal{L}_2(E)$ ist vollständig.
   Im Gegensatz zum Raum der stetigen Funktionen ist der Äquivalenzklassenraum
   der messbaren quadrat-summablen f mit dem Inneren Produkt via Lebesgue-
   Integral ein vollständiger Raum! Dieses ist der Inhalt eines berühmten Satzes von
   F. Riesz und *E. Fischer*, 1907, für dessen Beweis auf die Spezialliteratur verwiesen
   sei (z. B. *F. Riesz, B. Sz.-Nagy*, 1956, S. 52). Hier sei nur Folgendes bemerkt:

Abb. 2.3 Zum Beispiel einer punktweise, nicht aber im Mittel konvergenten Folge

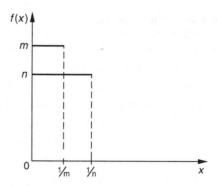

e.a) Die Aussage lautet: Genau dann existiert eine Limesfunktion $f \in \mathcal{L}_2$ einer Folge $f_n \in \mathcal{L}_2$, wenn die f_n in sich konvergent sind, also

$$\int |f_n - f_m|^2 \mathrm{d}\mu < \varepsilon, \quad n, m \geq N(\varepsilon).$$

Diese wichtige Eigenschaft kann im $\mathcal{L}_2$ im Gegensatz zu C erreicht werden, weil man nicht mehr an der Stetigkeit der betrachteten Funktionen festhält. Die messbaren Funktionen bilden eine allgemeinere Klasse. Diesen Vorzug mussten wir damit bezahlen, dass für messbare Funktionen i. Allg. das Riemann-Integral nicht erklärbar ist; doch sahen wir ja, dass man diesen Mangel durch eine adäquate Integraldefinition leicht beheben kann.

e.b) Für $f, f_n \in \mathcal{L}_2$ bedeutet $f_n \Rightarrow f$, dass $\int |f - f_n|^2 \mathrm{d}\mu \to 0$. Diese Konvergenz bezüglich der Norm in $\mathcal{L}_2$ wird auch als *Konvergenz im Mittel* bezeichnet. Da sie als Faser-Konvergenz aufzufassen ist, bedeutet sie *nicht* etwa eine punktweise Funktionenkonvergenz!

e.c) Aus der Konvergenz im Mittel kann man nicht einmal auf die f. ü. Konvergenz einer Faser-Vertreter-Folge schließen. (Wegen eines Gegenbeispieles siehe etwa *J. P. Natanson*, 1961, Kap. IV, § 3, 104/5 u. 185/6.) Wohl allerdings gibt es eine f. ü. konvergente Teilfolge f_{n_ν}. Schließt man eine Menge vom Maß Null aus (deren explizite Gestalt von der Auswahl der Vertreter abhängen kann), so erfolgt punktweise gleichmäßige Konvergenz der Teilfolge.

e.d) Umgekehrt ist es auch nicht viel anders: Aus der punktweisen Konvergenz $f_n(x) \to f(x)$ folgt *nicht* unbedingt die Konvergenz im Mittel; möglicherweise ist die Limesfunktion nicht summabel (siehe wiederum *J. P. Natanson*, l.c. bzw. Abb. 7). Anders als im Raume C ist folglich die Normkonvergenz in $\mathcal{L}_2$ streng von der punktweisen Konvergenz von Funktionen zu unterscheiden. Dieser allgemeinere Konvergenzbegriff gibt uns aber viel mehr Möglichkeiten! (So ist z. B. $\mathcal{L}_2$ vollständig, C nicht.)

Beispiel

Hier ein Beispiel einer punktweise, nicht aber im Mittel konvergenten Folge.

$$f_n(x) = \left\{ \begin{array}{ll} 0 & x = 0 \\ n & 0 < x < \dfrac{1}{n} \\ 0 & \dfrac{1}{n} \leq x \leq 1 \end{array} \right\} \in \mathcal{L}_2[0,1]$$

Jede dieser Funktionen f_n ist aus $\mathcal{L}_2[0,1]$, denn $\|f_n\|^2 = \int n^2 dx = n < \infty$ für alle n. Es ist $\lim\limits_{n\to\infty} f_n(x) = 0$ punktweise, jedoch

$$\|f_m - f_n\|^2 = \int\limits_0^{1/m} (m-n)^2 d\mu + \int\limits_{1/m}^{1/n} n^2 d\mu = |m - n| \nrightarrow 0,$$

d. h. $\{f_n\}$ ist nicht eine in sich konvergente Folge.

2.5.3 Beschränktheit und Stetigkeit

Mit dem Begriff der Metrik kann man weitere Begriffe und Rechenregeln der Analysis verallgemeinern.

Definition

Eine Teilmenge $\mathcal{N} \subseteq \mathcal{M}$ eines metrischen Raumes heißt *beschränkt*, wenn es ein $f_0 \in \mathcal{N}$ und eine Konstante C gibt, sodass

$$\rho(f_0, g) \leq C \quad \text{für alle} \quad g \in \mathcal{N}. \tag{2.51}$$

Übrigens: Gibt es *ein* f_0, so tut es auch jedes andere $\tilde{f}_0 \in \mathcal{N}$ mit geeignetem $\tilde{C}$. Denn

$$\rho(\tilde{f}_0, g) \leq \rho(\tilde{f}_0, f_0) + \rho(f_0, g) \leq \rho(\tilde{f}_0, f_0) + C \equiv \tilde{C}.$$

Als Anwendung merken wir uns: Jede Cauchy-Folge ist beschränkt! Nämlich da $\rho(f_n, f_m) < \varepsilon$ für alle $n, m \geq N(\varepsilon)$, können wir etwa f_0 als eines dieser f_m wählen; aus ε und den endlich vielen Abständen $\rho(f_0, f_n)$, $n = 1, \ldots, N$, erhält man C.

Im metrischen Raum hängt die Metrik *stetig* von den Elementen ab; ebenso die Norm und das Innere Produkt in den entsprechenden Räumen.

▸ **Beweis** Gelte für zwei Folgen f_n, g_n, dass $f_n \Rightarrow f$ und $g_m \Rightarrow g$.

a) Dann gilt

$$\rho(f_n, g_m) \to \rho(f, g). \tag{2.52}$$

Dies folgt aus zweimaliger Anwendung der Dreiecksungleichung,

$$\rho(f, g) \le \rho(f, f_n) + \rho(f_n, g_m) + \rho(g_m, g),$$
$$\rho(f_n, g_m) \le \rho(f_n, f) + \rho(f, g) + \rho(g, g_m).$$
$$\Rightarrow |\rho(f_n, g_m) - \rho(f, g)| \le \rho(f, f_n) + \rho(g, g_m) \to 0.$$

b) Ferner ist:

$$\|f_n\| \to \|f\|. \tag{2.53}$$

Folgt entweder völlig analog $\|f_n\| = \|f_n - f + f\| \le \|f_n - f\| + \|f\|$ usw., oder kürzer, weil $\|f_n\| = \rho(f_n, 0) \to \rho(f, 0) = \|f\|$.

c) Schließlich gilt:

$$\langle f_n | g_m \rangle \to \langle f | g \rangle. \tag{2.54}$$

Das folgt aus der Darstellung (2.31) des Inneren Produktes durch die soeben als *stetig* bewiesene Norm oder direkt auch so:

$$|\langle f_n | g_m \rangle - \langle f | g \rangle| = |\langle f_n - f | g_m \rangle - \langle f | g - g_m \rangle|$$
$$\le \|f_n - f\| \|g_m\| + \|f\| \|g - g_m\| \le \varepsilon_1 C_1 + C_2 \varepsilon_2 \to 0.$$

Dabei ist die Beschränktheit von Cauchy-Folgen verwendet worden. □

Wir merken uns also: Limes und Innere Produkt-, Norm- bzw. Metrik-Bildung sind vertauschbar. Beispielsweise liest sich (2.54) auch so:

$$\langle f | \lim g_m \rangle = \lim \langle f | g_m \rangle \tag{2.55}$$

oder

$$\left\langle f \Big| \sum_i g_i \right\rangle = \sum_i \langle f | g_i \rangle. \tag{2.56}$$

Die Summe darf nicht nur endlich sein, sondern auch abzählbar unendlich. Eine solche *unendliche Reihe* wird im metrischen (oder normierten oder unitären) Raum analog zur gewöhnlichen Analysis definiert:

Definition

$\sum_i g_i$ heißt konvergent, $=: f \in \mathcal{M}$, wenn die Folge der Partialsummen,

$$f_n := \sum_{i=1}^n g_i, \text{ konvergiert: } f_n \Rightarrow f. \tag{2.57}$$

2.5.4 Vervollständigung

Die Vollständigkeit eines Raumes garantiert die Existenz von Limites in sich konvergenter Folgen. Daher ist sie von großer mathematischer Bedeutung. Physikalisch ist sie wegen der prinzipiellen Existenz von Messfehlern genauso wenig wie andere Limesprozesse bedeutsam. Daher erlaube man sich wegen der größeren mathematischen Bequemlichkeit die Benutzung vollständiger Räume; man verwendet ja auch die reellen Zahlen statt der rationalen allein!

Ein konkret für Anwendungen benutzter Raum *ist* entweder vollständig, oder er ist es noch nicht; dann aber kann man ihn stets *vervollständigen*! Das geht unter Beibehaltung aller im Raum geltenden Strukturelemente, d. h. Rechenregeln wie Addition, Normbildung, usw. Das Verfahren ist völlig analog zu dem in der Analysis gelernten cantorschen Verfahren der Vervollständigung der rationalen Zahlen zu den reellen.

Satz

Jeder nicht vollständige metrische Raum $\mathcal{M}$ kann zu einem vollständigen metrischen Raum $\overline{\mathcal{M}}$ erweitert werden, sodass $\mathcal{M}$ in $\overline{\mathcal{M}}$ dicht liegt. Diese Erweiterung ist eindeutig bis auf Isomorphie.

Völlig analoge Aussagen gelten für normierte und für unitäre Räume.

Um den anschaulich so klaren Sachverhalt für einen Beweis mathematisch sauber zu formulieren, haben wir noch einige wichtige Begriffe zu benutzen:

Definition

Eine Teilmenge $\mathcal{N} \subseteq \mathcal{M}$ heißt *dicht* in $\mathcal{M}$, wenn für jedes $f \in \mathcal{M}$ gilt: Entweder ist f sogar in $\mathcal{N}$ oder es kann durch g aus $\mathcal{N}$ beliebig gut approximiert werden. Es gibt also eine Folge $g_n \in \mathcal{N}$ und $\rho(g_n, f) < \varepsilon$, wenn $n \geq N(\varepsilon)$.

Definition (Isomorphie)

Sei $\mathcal{M}$ ein Raum mit gewissen Strukturelementen, z. B. der Addition oder der Metrik $\rho(f, g)$ usw. Sei $\widetilde{\mathcal{M}}$ ein anderer Raum mit denselben Strukturelementen, $\tilde{\rho}(\tilde{f}, \tilde{g})$ usw. Dann heißt $\mathcal{M}$ zu $\widetilde{\mathcal{M}}$ *isomorph*, $\mathcal{M} \cong \widetilde{\mathcal{M}}$, wenn es eine ein-eindeutige Zuordnung $f \leftrightarrow \tilde{f}$ gibt, sodass $\rho(f, g) = \tilde{\rho}(\tilde{f}, \tilde{g})$ usw. ist, d. h. die Zuordnung so ist, dass die gleichen Rechenregeln bezüglich aller Strukturelemente gelten.

Aufgrund des obigen Satzes – der weiter unten bewiesen werden wird – kann also Vollständigkeit stets angenommen werden (wenn sie natürlich im konkreten Einzelfall auch erst geprüft und gegebenenfalls erst erzeugt werden muss)!

Als Beispiel sei der nicht vollständige Raum C mit dem Inneren Produkt via Riemann-Integral (2.40) genannt. Vervollständigt man ihn, so gelangt man zu einem Raum $\overline{C}$, welcher sich als isomorph zum Lebesgue-Raum $\mathcal{L}_2$ herausstellt! (Beweis, s. u. Abschn. 3.2) Das bedeutet offenbar, dass eine messbare Funktion entweder sowieso schon stetig ist, oder aber durch stetige Funktionen im Sinne der $\mathcal{L}_2$-Norm approximierbar ist. Man sieht auch hieraus, dass die messbaren Funktionen eine ähnliche natürliche Erweiterung der stetigen Funktionen darstellen, wie die reellen Zahlen dies für die Menge der rationalen Zahlen tun. Im reellen Zahlkörper kann man sorgloser Limites usw. bilden. Dieselben Vorteile bietet die Benutzung messbarer Funktionen, was leider zunächst durch die Notwendigkeit überschattet wird, einen adäquaten Integralbegriff zu verwenden, an den der Leser aus historischen Gründen i. Allg. noch nicht gewöhnt ist (siehe nochmals die Fußnote 4 in 2.4.2.d)). Nun zum

▸ **Beweis des Vervollständigungssatzes** Wir führen ihn am Beispiel eines metrischen Raumes $\mathcal{M}$; in normierten und unitären Räumen schließt man analog für die dort geltenden Strukturelemente. $\mathcal{M}$ sei also nicht vollständig, sonst wäre ja nichts zu beweisen. Es gibt also Cauchy-Folgen $\{f_n\}$ in $\mathcal{M}$ ohne Limes in $\mathcal{M}$. Die Grundidee zur expliziten Konstruktion der Vervollständigung besteht darin, eben solche Cauchy-Folgen selbst als Elemente eines Raumes zu betrachten! Damit der Raum solcher Folgen $\widetilde{\mathcal{F}} := \{f_n\}$ aber auch $\mathcal{M}$ selbst enthalten kann, lassen wir auch triviale Folgen zu, in denen alle oder fast alle f_n gleich sind. Sie seien stationäre Folgen genannt, $\widetilde{\mathcal{F}}_s := \{f, f, \ldots\}$. Zu bedenken ist noch, dass Folgen $\widetilde{\mathcal{F}}, \widetilde{\mathcal{F}}'$, deren Elemente sich schließlich beliebig wenig unterscheiden, hinsichtlich ihres Grenzverhaltens nicht mehr unterscheidbar sind. Quantitativ bezeichnen wir deshalb zwei Folgen $\widetilde{\mathcal{F}}, \widetilde{\mathcal{F}}'$ als äquivalent,

$$\widetilde{\mathcal{F}} \sim \widetilde{\mathcal{F}}', \quad \text{wenn} \quad \lim_n \rho(f_n, f_n') = 0. \tag{2.58}$$

Dies ist in der Tat eine Äquivalenzrelation. Mit ihrer Hilfe fasern wir die Menge der Cauchy-Folgen in Klassen $\mathcal{F}$ äquivalenter Cauchy-Folgen. Dieser Raum

$$\overline{\mathcal{M}} =: \{\mathcal{F} | \mathcal{F} \text{ Äquivalenzklasse von Cauchy-Folgen } \{f_n\} \text{ aus } \mathcal{M}\}$$

beweist konstruktiv die Möglichkeit der Vervollständigung von $\mathcal{M}$. Dazu metrisieren wir ihn durch

$$\bar{\rho}(\mathcal{F}, g) := \lim_n \rho(f_n, g_n), \{f_n\}, \{g_n\} \text{ beliebige Vertreter aus } \mathcal{F}, g. \tag{2.59}$$

Diese Definition ist nicht nur sinnvoll, sondern liefert auch wirklich eine Metrik. Nämlich: Weil $a_n \equiv \rho(f_n, g_n)$ eine Zahlenfolge ist, existiert der Limes d. u. n. d., wenn $\{a_n\}$ in sich konvergent ist. Dies ist hier der Fall:

$$a_n = \rho(f_n, g_n) \le \rho(f_n, f_m) + a_m + \rho(g_m, g_n)$$

$$a_m = \rho(f_m, g_m) \le \rho(f_m, f_n) + a_n + \rho(g_n, g_m)$$

$$\Rightarrow |a_m - a_n| \le \rho(f_n, f_m) + \rho(g_n, g_m) \to 0, \text{ da } \{f_n\}, \{g_n\} \text{ in sich konvergent.}$$

Ferner ist $\bar{\rho}$ unabhängig von der Auswahl der Vertreter; seien $\{f_n'\}, \{g_n'\}$ andere Vertreter.

$$\Rightarrow \rho(f_n', g_n') \le \rho(f_n', f_n) + \rho(f_n, g_n) + \rho(g_n, g_n'), \text{ d. h. } \lim \rho(f_n', g_n') \le \lim \rho(f_n, g_n)$$

und umgekehrt. Schließlich ist $\bar{\rho}$ eine Metrik: für je zwei Folgenklassen definiert, reell und $\bar{\rho}(\mathcal{F}, g) = 0 \Leftrightarrow \lim\limits_n \rho(f_n, g_n) = 0 \Leftrightarrow \mathcal{F} = g$. Man erkennt, dass erst die Äquivalenzklassen-Faserung die Metrisierung erlaubt! Die Dreiecksungleichung folgt als Limes derjenigen für ρ.

Der Raum $\overline{\mathcal{M}}$ erweitert nicht nur $\mathcal{M}$ (denn $f \hat{=} \mathcal{F}_s \in \overline{\mathcal{M}}$ und $\bar{\rho}(f, g) = \rho(f, g)$), sondern er ist vollständig, $\mathcal{M}$ ist dicht bezüglich $\bar{\rho}$ in $\overline{\mathcal{M}}$ und $\overline{\mathcal{M}}$ ist bis auf Isomorphie eindeutig.

Nämlich $\mathcal{M}$ dicht in $\overline{\mathcal{M}}$ bezüglich $\bar{\rho}$: Entweder $\mathcal{F} = \mathcal{F}_s \hat{=} f \in \mathcal{M}$ oder $\mathcal{F}$ sei nicht aus einer stationären Folge entstanden. Sei $\{f_k\} \in \mathcal{F}$ eine in sich konvergente Vertreter-Folge und seien $\mathcal{F}_{s,k}$ die zugehörigen stationären Elemente $\in \mathcal{M}$. Dann ist $\bar{\rho}(\mathcal{F}, \mathcal{F}_{s,k}) < \varepsilon$, wenn $k \ge N(\varepsilon)$.

Auch ist $\overline{\mathcal{M}}$ vollständig: Sei $\{\mathcal{F}_\nu\}$ in sich konvergent bezüglich $\bar{\rho}$, d. h. $\bar{\rho}(\mathcal{F}_\nu, \mathcal{F}_\mu) < \varepsilon$ für $\nu, \mu \ge N(\varepsilon)$. Wir zeigen die Existenz eines Grenzwertes per Konstruktion. Da $\mathcal{M}$ dicht ist in $\overline{\mathcal{M}}$, gibt es zu jedem $\mathcal{F}_\nu$ ein f_ν mit $\bar{\rho}(f_\nu, \mathcal{F}_\nu) < \dfrac{1}{\nu}$, $\nu = 1, 2, \ldots$. Die so bestimmten f_ν bilden eine Cauchy-Folge $\mathcal{F}$:

$$\bar{\rho}(f_\nu, f_\mu) \le \bar{\rho}(f_\nu \mathcal{F}_\nu) + \bar{\rho}(\mathcal{F}_\nu, \mathcal{F}_\mu) + \bar{\rho}(\mathcal{F}_\mu, f_\mu) < \frac{1}{\nu} + \varepsilon + \frac{1}{\mu} \to 0.$$

Sogar: $\bar{\rho}(\mathcal{F}, \mathcal{F}_\nu) \le \bar{\rho}(\mathcal{F}, f_\nu) + \rho(f_\nu, \mathcal{F}_\nu) < \varepsilon + \dfrac{1}{\nu} \to 0$.

Schließlich ist $\overline{\mathcal{M}}$ bis auf Isomorphie eindeutig; mehr ist in abstrakten Räumen sowieso nicht erreichbar. Wir schließen so: $\overline{\mathcal{M}}$ ist minimal, d. h. in jedem vollständigen, $\mathcal{M}$ enthaltenden Raum $\mathcal{N}$ enthalten. Denn man kann ja nicht nur die Elemente $f \in \mathcal{M}$, sondern auch alle Folgen auf Elemente des (vollständigen!) Raumes $\mathcal{N}$ abbilden, d. h. $\overline{\mathcal{M}} \subseteq \mathcal{N}$. Gäbe es zwei minimale Lösungen, so sind sie wegen $\overline{\mathcal{M}}_1 \subseteq \overline{\mathcal{M}}_2$, $\overline{\mathcal{M}}_2 \subseteq \overline{\mathcal{M}}_1$ isomorph. Q. e. d.

Ergänzung: Analog zu C kann man die verwandten Funktionenräume unitarisieren und vervollständigen, beispielsweise

$$H^l(E) =: \left\{ f(x) | f \in C^l(E), \quad \sum_{i=0}^{l} \int |\partial^i f(x)|^2 \mathrm{d}x < \infty \right\}$$

ist mit $\sum_{i=0}^{l} \int \overline{\partial^i f} \partial^i g \mathrm{d}x =: \langle f|g \rangle$ ein unitärer, jedoch nicht vollständiger Raum. Analog wird $H_0^l(E)$ mit $C_0^l(E)$ gebildet. Man kann beide vervollständigen, wobei nicht nur die Integration verallgemeinert wird (wie besprochen), sondern auch der Ableitungsbegriff zu verallgemeinern ist (hierzu Genaueres später).

So sind z. B. die Lösungen der Wellengleichung

$$\frac{1}{c^2}\frac{\partial^2 u}{\partial t^2} - \frac{\partial^2 u}{\partial x^2} = 0, \quad u = f_1(x + ct) + f_2(x - ct)$$

aus $H^2(R^2)$ zu sog. verallgemeinerten Lösungen zu vervollständigen. (Siehe u. a. auch *S. L. Sobolev*, 1964, über die physikalische Bedeutung solch verallgemeinerter Lösungen.)   □

2.6   Banach- und Hilberträume

2.6.1   Definitionen

Es sind nun einige Strukturelemente in abstrakten Räumen besprochen worden. Da bestimmte Eigenschaften bei Verwendung der Räume immer wieder vorkommen, treffen wir einige abkürzende Verabredungen.

Definition

Ein linearer, normierter, vollständiger Raum heißt *Banachraum*.
Ein linearer, unitärer, vollständiger Raum heißt *Hilbertraum*.

Weil ein unitärer Raum über das Innere Produkt auch normiert ist, ist jeder Hilbertraum $\mathcal{H}$ erst recht ein Banachraum $\mathcal{L}$; umgekehrt ist das nicht so, da ja nicht jede Norm zu einem Inneren Produkt erweitert werden kann. Banachräume $\mathcal{L}$ und Hilberträume $\mathcal{H}$ finden in mancherlei konkreter Gestalt physikalische Anwendung. Oft kommt es nicht einmal auf die spezielle Art des Raumes an, sondern nur darauf, dass man in ihm addieren sowie Abstände, Längen und Winkel messen kann. Dann spiegelt sich Naturerkenntnis „im Hilbertraum" wider, wie etwa in der Quantenphysik.

2.6.2   Beispiele für Banachräume

2.6.2.a) $C(E)$ bei beschränktem Definitionsbereich E ist mit der max-Norm ein Banachraum. Er ist kein Hilbertraum, da die max-Norm die Parallelogrammgleichung nicht erfüllt.

2.6.2.b) l_p, die Folgenräume mit $\left(\sum |x_i|^p\right)^{1/p} < \infty$, sind Banachräume. Die Vollständigkeit beweist man ebenso wie für $p = 2$ in 2.4.2.d) gezeigt. Wenn $p \neq 2$, kann man die Räume l_p nicht unitär machen.

2.6.2.c) Alle im Folgenden genannten Hilberträume sind auch Banachräume, z. B. der $\mathcal{L}_2(E)$. Analog gebildete Räume $\mathcal{L}_p(E)$ sind für $p \neq 2$ Banachräume.

Im Übrigen sei auf die Übersichtstabelle in Abschn. 2.12 verwiesen.

2.6.3 Beispiele für Hilberträume

2.6.3.a) K, R^n mit $\langle f|g \rangle =: \sum\limits_{i=1}^{n} \overline{x}_i y_i$ sind Hilberträume.

2.6.3.b) l_2 mit $\sum\limits_{i=1}^{\infty} \overline{x}_i y_i =: \langle f|g \rangle$ ist ein Hilbertraum.

2.6.3.c) $\mathcal{L}_2(E)$, die über E quadrat-summablen Funktionen (-Klassen) und $\langle f|g \rangle = \int \overline{f} g \, d\mu$ ist ein Hilbertraum.

2.6.3.d) $\mathcal{A} = \{ f \equiv (A_{ij}) | (A_{ij})$ Matrix; $A_{ij} \in K; i, j = 1, \ldots, n; n$ endlich oder unendlich; mit $\sum\limits_{ij} |A_{ij}|^2 < \infty \}$ ist ein Hilbertraum, wenn man so definiert:

$$f_1, f_2 \in \mathcal{A}, \quad \text{dann} \quad f_1 + f_2 =: (A_{ij} + B_{ij}) \in \mathcal{A},$$
$$af =: (aA_{ij}) \in \mathcal{A} \text{ sowie} \qquad (2.60)$$
$$\text{Inneres Produkt}: \quad \langle f|g \rangle =: \sum_{i,j} \overline{A}_{ij} B_{ij}.$$

Als Hilbertraum weist man $\mathcal{A}$ entweder direkt nach oder durch Abbildung auf l_2.

2.6.3.e) $l_{\mathfrak{a},2}$ ist ein Hilbertraum der unendlichen Zahlenmengen. Dabei sei die Indexmenge $\mathfrak{a} \equiv \{\alpha\}$ überabzählbar, im Gegensatz zum l_2 aus dem Beispiel (2.6.3.b)). Das heißt, $f \in l_{\mathfrak{a},2}$ ist die Zahlenmenge (x_α), wobei α ganz $\mathfrak{a}$ durchläuft, jedoch bei jedem f höchstens abzählbar viele $x_\alpha \neq 0$ sind und die dann bildbare Quadratsumme existiert, $\sum\limits_{\alpha} |x_\alpha|^2 < \infty$. Die (sinnvoll möglichen!) Definitionen

$$af + bg =: (ax_\alpha + bx_\beta)$$
$$\langle f|g \rangle =: \sum_{\alpha} \overline{x}_\alpha y_\alpha$$

machen den Raum linear und unitär. Seine Vollständigkeit prüft man wie beim l_2. Wir werden sehen, dass $l_{\mathfrak{a},2}$ die „überabzählbar-dimensionale" Verallgemeinerung des l_2 ist, so wie letzter die „abzählbar-dimensionale" Verallgemeinerung des unitären R^n darstellt.

2.6.3.f) Die Menge der holomorphen Funktionen $f(z)$ über dem Einheitskreis ($|z| < 1$), für die $\int |f(z)|^2 dx_z dy_z < \infty$, bildet mit $\langle f|g \rangle = \int \overline{f}(z) g(z) dx_z dy_z$ einen Hilbertraum. Man könnte auch $\frac{1}{2\pi} \int_{\Gamma} \overline{f}(z)g(z)dz$ als Inneres Produkt wählen. (Siehe z. B. *L. Collatz*, 1964, S. 45/46, oder *H. Meschkowski*, 1963, S. 112; in diesen Büchern findet man auch noch weitere Beispiele.)

2.6.3.g) Es sei ausdrücklich darauf hingewiesen, dass auch vollständige Teile von Banach- oder Hilberträumen wiederum Banach- bzw. Hilberträume sind. Betrachtet man nämlich die in 2.1.2.e) schon definierten Linearmannigfaltigkeiten $\mathcal{N}$ innerhalb von Banach- oder Hilberträumen $\mathcal{M}$, so sind in $\mathcal{N}$ natürlich die Norm bzw. das Innere Produkt des ganzen Raumes $\mathcal{M}$ immer noch definiert, d. h. $\mathcal{N}$ ist normierter oder unitärer Teilraum von $\mathcal{M}$. Ist er auch noch vollständig, so hat $\mathcal{N}$ alle Merkmale eines Banach- oder Hilbertraumes. Wir werden wegen der Verabredung, immer vollständige Räume zu betrachten, unter Teilräumen von Banach- oder Hilberträumen im Folgenden immer *vollständige* Linearmannigfaltigkeiten verstehen.

Bemerkt werde, dass der *Durchschnitt* $\bigcap\limits_{i=1}^{n} \mathcal{N}_i$ von Teilräumen $\mathcal{N}_i$ wiederum ein Teilraum ist (z. B. $R^3 \cap R^2 = R^2$). Auch die *Vereinigung* $\bigcup\limits_{i=1}^{n} \mathcal{N}_i$ kann man bilden[7]; wir verstehen darunter die kleinste abgeschlossene Hülle der durch alle $\mathcal{N}_i$ erzeugten Linearmannigfaltigkeit.

Auf die Konstruktion von Räumen als „direkte Summe" oder als „Produktraum" gehen wir später ein, s. Abschn. 2.10.2, 2.10.3, 2.11. Ferner sei noch einmal auf die Übersichtstabelle für die verschiedenen Räume hingewiesen, s. Abschn. 2.12.

2.6.4 Anhang: Die Räume $\mathcal{L}_p$, l_p

Wegen des Nutzens für Anwendungen stellen wir Definition und wichtige Eigenschaften der Räume $\mathcal{L}_p$, l_p ohne Beweise zusammen.

Definition

$\mathcal{L}_p = \{f | f$ Äquivalenzklasse $(f(x))$, $f(x)$ messbar, komplexwertig, über dem Maß-raum $(E, \mathcal{F}, \mu)$, $\int |f|^p d\mu < \infty\}$ wird zum normierten Raum durch

$$\|f\|_p =: \left(\int |f|^p d\mu \right)^{1/p} \tag{2.61}$$

Dabei ist *stets* $1 \le p \le \infty$. Mit $p = \infty$ ist gemeint der Raum der wesentlich-beschränkten Funktionen

$$\mathcal{L}_\infty = \left\{ f \Big| |f(x)| < C_f \quad \text{f.ü.}, \quad \|f\| = \operatorname*{ess.sup.}_{x} |f(x)| \right\}$$

---

[7] Man unterscheide diesen Vereinigungsraum der Räume $\mathcal{N}_i$ von der mengentheoretischen Vereinigung dieser Räume als Mengen.

Dabei ist das wesentliche Supremum die kleinste der Zahlen C, für die die Punktmenge, auf der $f(x) \geq C$ ist, das Maß Null hat.

$\mathcal{L}_1$ ist der Raum der absolut-summablen Funktionen $\int |f| \mathrm{d}\mu < \infty$. Es ist dann $\mu\{x|f(x) = \infty\} = 0$, d.h. $f(x)$ ist f.ü. endlich.

$\mathcal{L}_q$ heißt *komplementär* zu $\mathcal{L}_p$, wenn

$$\frac{1}{p} + \frac{1}{q} = 1. \tag{2.62}$$

Allein $\mathcal{L}_2$ ist zu sich selbst komplementär. Dieser Raum ist ein Hilbertraum, während die $\mathcal{L}_p$ mit $p \neq 2$ Banachräume sind.

Die auf $p \neq 2$ verallgemeinerte schwarzsche Ungleichung heißt *höldersche Ungleichung*: $f \in \mathcal{L}_p; g \in \mathcal{L}_p \Rightarrow \overline{f}g \in \mathcal{L}_1$ sowie

$$\left| \int \overline{f}g \mathrm{d}\mu \right| \leq \|f\|_p \|g\|_q. \tag{2.63}$$

Die in $\mathcal{L}_p$ gültige *Dreiecksungleichung* trägt auch den Namen *Minkowski-Ungleichung*:

$$f, g \in \mathcal{L}_p, \quad \|f + g\|_p \leq \|f\|_p + \|g\|_p. \tag{2.64}$$

Im Vorgriff auf Abschn. 2.8 sei gesagt: Unter gewissen Voraussetzungen an den Maßraum (die beim Lebesgue-Maß erfüllt sind), sind für $1 \leq p < \infty$ die $\mathcal{L}_p$ separable Banachräume. $\mathcal{L}_\infty$ ist jedoch nicht separabel.

Wenn speziell $\mu(E) < \infty$, der Definitionsbereich also endlich ist, gelten folgende weitere Eigenschaften:

> Sofern f aus $\mathcal{L}_p$ ist f erst recht aus $\mathcal{L}_{p'}$, wenn $p' \leq p$.
> M. a. W.: $\mathcal{L}_{p'} \supseteq \mathcal{L}_p$, wenn $p' \leq p$. $\qquad (2.65)$

Es ist $\mu(E)^{-1/p'}\|f\|_{p'} \leq \mu(E)^{-1/p}\|f\|_p$, wenn wiederum $p' \leq p$; insbesondere für $\mu(E) = 1$ gilt also

$$\|f\|_{p'} \leq \|f\|_p \quad \text{für} \quad p' \leq p. \tag{2.66}$$

Wenn (!) $f \in \mathcal{L}_\infty$, muss folglich f in allen $\mathcal{L}_p$ sein. Es ist außerdem

$$\|f\|_\infty \equiv \operatorname*{ess.sup.}_{x \in E} |f(x)| = \lim_{p \to \infty} \|f\|_p. \tag{2.67}$$

Völlig analoge Aussagen kann man für die Räume l_p gewinnen:

$$l_p = \left\{ f | f = (x_1, x_2, \ldots, x_i, \ldots), \ x_i \in K, \ \left(\sum |x_i|^p \right)^{1/p} =: \|f\|_p < \infty \right\}.$$

Es sind Banachräume, in denen ebenfalls die höldersche Ungleichung und die Dreiecks-ungleichung gelten. Nur die Beziehungen zwischen den l_p sind gerade „invers" zu denen zwischen den $\mathcal{L}_p$! Nämlich:

Es gilt die *jensensche Ungleichung* für die Normen:

$$\|f\|_{p'} \geq \|f\|_p \quad \text{wenn} \quad p' \leq p \; (!) \tag{2.68}$$

Das heißt, mit wachsendem p werden die Räume nicht enger, wie bei den Funktionen, sondern umfassender:

$$l_{p'} \subseteq l_p \quad \text{für} \quad p' \leq p. \tag{2.69}$$

2.7 Der Dimensionsbegriff in unitären Räumen

Im Vektorraum R^n definiert man die Dimension n als maximale Zahl linear unabhän-giger Elemente des linearen Raumes. In allgemeinen unitären Räumen kommt man mit endlicher Dimension nicht mehr aus, z. B. gibt es in l_2 die unendliche Menge $\{\varphi_i\}$, $\varphi_i = (0, 0, \ldots, 1, 0, \ldots)$ mit 1 an der i. Stelle, die ein o. n. S. bildet (o. n. S. steht für „Orthonormal-system" d. h. alle Elemente sind normiert und stehen wechselseitig aufeinander senkrecht), also erst recht eine linear unabhängige Menge ist. In der Physik genügt auch nicht die Verwendung endlich dimensionaler Räume, da in ihnen unendlich viele oder gar kontinu-ierlich viele Eigenwerte, wie z. B. beim Wasserstoffatom beobachtet, unmöglich sind. Die mathematisch mögliche Betrachtung unendlich-dimensionaler Räume ist also für physi-kalische Anwendungen sogar notwendig.

Da im R^n die Dimension mit dem Begriff der Basis eng verknüpft ist, wollen wir auf dieser Fährte auch den Dimensionsbegriff in unendlich-dimensionalen Räumen gewinnen. Dabei lernen wir zugleich den Umgang mit Basissystemen, Entwicklungskoeffizienten usw. in Hilberträumen.

2.7.1 Vollständige Orthonormalsysteme

Da man auf eine Menge linear unabhängiger Elemente eines Hilbertraumes $\mathcal{H}$ das E. Schmidtsche Orthogonalisierungsverfahren anwenden kann, betrachten wir sogleich Orthonormalsysteme $\{\varphi_i\}$ aus $\mathcal{H}$, d. h. die Elemente φ_i sind alle auf 1 normiert und stehen wechselseitig aufeinander senkrecht, also $\langle \varphi_i | \varphi_j \rangle = \delta_{ij}$. Nur sei als *Indexmenge* $I = \{i\}$ eine *beliebige* erlaubt, d. h. I darf nicht nur endlich viele, sondern auch abzählbar oder überabzählbar viele Elemente i enthalten!

Wir haben bereits die *Entwicklungskoeffizienten, Komponenten oder Fourierkoeffizienten* genannten komplexen Zahlen

$$a_i = \langle \varphi_i | f \rangle, \quad \text{für alle } i \in I$$

eingeführt und die Frage angeschnitten, ob die a_i auch ihrerseits das sie erzeugende Hilbertraumelement f bestimmen. In Analogie zum R^n möchte man natürlich f als $\sum a_i \varphi_i$ darstellen. Hat aber eine solche Summe Bedeutung, wenn I keine endliche Indexmenge ist?

Gegeben ein o. n. S. (Orthonormalsystem) im Hilbertraum, $S =: \{\varphi_i | i \in I, \varphi_i \in \mathcal{H}, \langle \varphi_i | \varphi_j \rangle = \delta_{ij}\}$. Dann liegt $\sum_{i \in I} x_i \varphi_i$ d. u. n. d. im Hilbertraum, wenn höchstens abzählbar viele $x_i \neq 0$ sowie $\sum_{\nu=1}^{\infty} |x_{i_\nu}|^2 < \infty$.

Denn: Unendliche Summen haben wir als Limes von Partialsummen erklärt, d. h. einer abzählbaren Elementefolge $s_n := \sum_{\nu=1}^{n} x_{i_\nu} \varphi_{i_\nu}$. Folglich $s_n \Rightarrow s \in \mathcal{H}$ genau dann, wenn $\|s_n - s_m\| \to 0$. Es ist aber

$$\|s_n - s_m\|^2 = \left\| \sum_{\nu=m+1}^{n} x_{i_\nu} \varphi_{i_\nu} \right\|^2 = \sum_{\nu=m+1}^{n} |x_{i_\nu}|^2 = |\sigma_n - \sigma_m|,$$

wobei $\sigma_n := \sum_{\nu=1}^{n} |x_{i_\nu}|^2$. s_n konvergiert also genau dann, wenn σ_n das tut. Q. e. d.

Dabei haben wir von einer nützlichen Regel Gebrauch gemacht: Für Orthogonalsummen $\sum x_i \varphi_i$ gilt der verallgemeinerte *Satz des Pythagoras*:

$$\left\| \sum x_i \varphi_i \right\|^2 = \sum |x_i|^2. \tag{2.70}$$

Satz (Besselsche Ungleichung)

Gegeben ein o. n. S. $S = \{\varphi_i | i \in I,$ beliebige Indexmenge, $\varphi_i \in \mathcal{H}, \langle \varphi_i | \varphi_j \rangle = \delta_{ij}\}$. Die hierdurch bestimmte Menge der Entwicklungskoeffizienten a_i eines jeden Vektors $f \in \mathcal{H}, \{a_i | a_i =: \langle \varphi_i | f \rangle,$ alle $\varphi_i \in S, f \in \mathcal{H}$ fest$\}$ hat dann folgende Eigenschaften:

1. Jedes f hat eine höchstens abzählbare Menge von Entwicklungskoeffizienten ungleich Null.
2. Es gilt die *besselsche Ungleichung*

$$\sum_{i \in I} |a_i|^2 \leq \|f\|^2. \tag{2.71}$$

▶ **Beweis** Zunächst ist die Koeffizientenmenge $\{a_i\} \subset K$ eine beschränkte Menge, denn $|a_i| = |\langle \varphi_i | f \rangle| \leq \|\varphi_i\| \cdot \|f\| = \|f\|$ für alle $i \in I$. Alle a_i liegen in K in einem Kreis mit einem Radius $r > \|f\|$, den wir (siehe Abb. 2.4) in abzählbar viele Kreise mit den Radien $r_0 = r > r_1 > r_2 > \ldots$ unterteilen, wobei $r_n \to 0$; d. h. die Vereinigung aller Kreisringe enthält *alle* a_i.

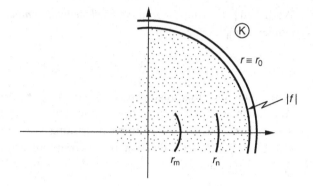

Abb. 2.4 Mögliche Verteilung der Entwicklungskoeffizienten a_i eines Hilbertraumelements $f \in \mathcal{H}$

Jeder einzelne Kreisring kann jedoch nur endlich viele a_i enthalten. Nämlich: Es gilt für jede endliche Summe $\sum\limits_{\nu=1}^{m} |a_{i_\nu}|^2 \le \|f\|^2$ sodass die Zahl der Summanden in r_n bis r_{n+1} höchstens $\|f\|^2/r_{n+1}^2$ sein kann. Die Ungleichung leiten wir so her: Sei $g \equiv \sum\limits_{\nu=1}^{m} a_{i_\nu} \varphi_{i_\nu}$. Dann ist

$$f = f - g + g \quad \text{und} \quad f - g \perp \varphi_{i_\nu} \quad \text{für alle} \quad \nu = 1, \ldots, m, \text{ d.h. } f - g \perp g.$$

$$\Rightarrow \|f\|^2 = \|f - g\|^2 + \|g\|^2 \ge \|g\|^2 = \sum\limits_{\nu=1}^{m} |a_{i_\nu}|^2, \quad m \text{ beliebig.}$$

Sofern wir also Teil 1 der Behauptung bewiesen haben, folgt aus der letzten Ungleichung mit $m \to \infty$ schon (2.71). (1) ist nun aber klar, da die Gesamtmenge $\{a_i\}$ aller Entwicklungskoeffizienten die abzählbare Vereinigung je endlich vieler in den einzelnen Kreisringen ist.   □

Wegen der soeben geklärten Eigenschaften der Menge der Entwicklungskoeffizienten $\{a_i\}$ eines Vektors f bezüglich eines o. n. S. $\mathcal{S}$ kann man somit jedem f seine *Entwicklungssumme* $s_f :=: \sum\limits_{i \in I} a_i \varphi_i$ bezüglich $\mathcal{S}$ zuordnen. Der besselsche Satz garantiert die Existenz der Summe, $s_f \in \mathcal{S}$. Allerdings: Zwar kann, doch muss s_f nicht mit f identisch sein! (Man denke sich Beispiele aus, sogar schon im R^n.) Jeder Vektor f erfährt bei vorliegendem o. n. S. $\mathcal{S}$ die Darstellung

$$f \equiv \sum\limits_{i \in I} a_i \varphi_i + h_f, \quad \text{mit } h_f \perp \mathcal{S}, \tag{2.72}$$

da $\langle \varphi_i | h_f \rangle = \langle \varphi_i | f \rangle - a_i = 0$ für alle $i \in I$. Das heißt, h_f ist der Teil von f, der durch die Entwicklungskoeffizienten nach den φ_i *nicht* beschrieben wird, da er auf den φ_i senkrecht steht. Genau dann, wenn $h_f = 0$, kann man aus den Entwicklungskoeffizienten a_i und $\mathcal{S}$ den Vektor $f \in \mathcal{H}$ wieder gewinnen (und damit obige Frage beantworten). Das legt nahe die

Definition

Ein Orthonormalsystem $\mathcal{S} = \{\varphi_i | i \in I, \varphi_i \in \mathcal{H}, \langle \varphi_i | \varphi_j \rangle = \delta_{ij} \}$ heiße *vollständig* bzw., synonym ausgedrückt, *abgeschlossen*, genannt *v. o. n. S.* (vollständiges Orthonormalsystem), wenn es *keinen* Vektor $h \in \mathcal{H}$ gibt, der senkrecht auf allen φ_i steht und trotzdem nicht Null ist. Ein v. o. n. S. nennen wir auch *Basis*.

Zusammengefasst: Zwar gibt es zu jedem o. n. S. für alle $f \in \mathcal{H}$ die zugeordnete Entwicklungssumme, jedoch genau nur bei den v. o. n. S. liefert die Entwicklungssumme *alle* Informationen über f.

$$f = \sum a_i \varphi_i, \quad \{\varphi_i\} \text{ v. o. n. S.}$$

d. h.

$$f = \sum_{i \in I} \varphi_i \langle \varphi_i | f \rangle =: \sum_{i \in I} |\varphi_i\rangle \langle \varphi_i | f \rangle \tag{2.73}$$

Dabei wurde statt φ_i das Symbol $|\varphi_i\rangle$ eingeführt, was für das Einsetzen in Innere Produkte einen gewissen Suggestiv-Charakter hat; gemeint ist ferner $\langle \varphi_i | \text{in} | \varphi_i \rangle \equiv \langle \varphi_i | \varphi_i \rangle$ (gesprochen wie das Wort „in").

Gleichung (2.73) merkt man sich besonders leicht in Form der beiden Beziehungen:

$$\text{Orthonormalitätsrelation} \quad \langle \varphi_i | \varphi_j \rangle = \delta_{ij} \tag{2.74}$$

$$\text{Vollständigkeitsrelation} \quad \sum_{i \in I} |\varphi_i\rangle\langle\varphi_i| = 1 \tag{2.75}$$

Zum praktischen Gebrauch werden jetzt einige *Kriterien* zusammengestellt, die bei einem vorgelegten o. n. S. zu prüfen gestatten, ob es vollständig (also ein v. o. n. S.) ist.

a) Ein o. n. S. $\mathcal{S} = \{\varphi_i | \ldots \}$ ist d. u. n. d. vollständig ($\equiv$ abgeschlossen), wenn aus $\langle h | \varphi_i \rangle = 0$ für alle $\varphi_i \in \mathcal{S} \Rightarrow h = 0$.

b) $\mathcal{S}$ ist vollständig d. u. n. d., wenn jedes f (eindeutig) darstellbar ist durch (2.73)

$$f = \sum_{i \in I} \varphi_i \langle \varphi_i | f \rangle.$$

c) $\mathcal{S}$ ist vollständig d. u. n. d., wenn in (2.71) genau „=" steht,

$$\|f\|^2 = \sum_{i \in I} |\langle \varphi_i | f \rangle|^2, \tag{2.76}$$

d. h. wenn nicht nur die besselsche Ungleichung, sondern sogar die *„parsevalsche Gleichung"* gilt.

d) $\mathcal{S}$ ist vollständig d. u. n. d., wenn das Innere Produkt mit den Entwicklungskoeffizienten ausgerechnet werden kann:

$$\langle f|g\rangle = \sum_{i\in I} \overline{\langle \varphi_i|f\rangle}\langle \varphi_i|g\rangle \equiv \sum_{i\in I}\langle f|\varphi_i\rangle\langle \varphi_i|g\rangle, \quad \text{alle} \quad f, g \in \mathcal{H}. \qquad (2.77)$$

e) $\mathcal{S}$ ist vollständig d. u. n. d., wenn die lineare Hülle von $\mathcal{S}$ in $\mathcal{H}$ dicht liegt.

Jedes dieser notwendigen und hinreichenden Kriterien kann als definierend für die Eigenschaft eines o. n. S. verwendet werden, vollständig bzw. abgeschlossen zu sein. Wir haben (a) als definierende Aussage verwendet, müssen also (b) bis (e) beweisen.

▸ Die Beweise brauchen nur kurz skizziert zu werden (der Leser versuche sie selbst als Übung).

Zu b) Sei $\mathcal{S}$ ein v. o. n. S. gemäß (a), dann stellt nach unserer obigen Überlegung die Entwicklungssumme tatsächlich f dar: $h_f \equiv f - \sum \varphi_i\langle\varphi_i|f\rangle \perp \varphi_j \Rightarrow$ $h_f = 0$. Umgekehrt: Kann man jedes $f = \sum \varphi_i\langle\varphi_i|f\rangle$ darstellen, so auch ein h mit $\langle h|\varphi_i\rangle = 0$, die Summe ist hierfür also $h = 0$.

Zu c) Aus der Vollständigkeit und der bereits bewiesenen Darstellung (2.73) folgt mit der Stetigkeit der Norm (c). Umgekehrt gelte (2.76); wenn für ein h also $\langle h|\varphi_i\rangle = 0$ für alle i, $\Rightarrow \|h\| = 0 \Rightarrow h = 0$, d. h. die Vollständigkeit.

Zu d) (2.77) folgt aus (2.73) wegen der abzählbaren Additivität (Stetigkeit) des Inneren Produktes. Umgekehrt folgt aus (2.77) die parsevalsche Gleichung, d. h. die Vollständigkeit von $\mathcal{S}$.

Zu e) Offensichtlich kann man jedes $f \in \mathcal{H}$ bei Vollständigkeit durch eine endliche Entwicklungssumme beliebig gut approximieren; verwende (2.73). Die Umkehrung führt ebenfalls zur Darstellung (2.73), d. h. zur Vollständigkeit.

Die Formel (2.77) findet sehr oft eine rechentechnische Anwendung unter dem Namen „*Zwischenschieben eines v. o. n. S.*". Rechnet man nämlich ein Inneres Produkt mit der Vollständigkeitsrelation (2.77) aus, so „schiebt" man durch $g \equiv \mathbf{1}g \equiv \sum_{i\in I} |\varphi_i\rangle\langle\varphi_i|g\rangle$ ein v. o. n. S. ein. Wegen der Stetigkeit des Inneren Produktes kann man die Summe herausziehen:

$$\langle f|g\rangle = \langle f|\mathbf{1}g\rangle = \left\langle f\left|\left(\sum |\varphi_i\rangle\langle\varphi_i|g\rangle\right)\right.\right\rangle = \sum\langle f|\varphi_i\rangle\langle\varphi_i|g\rangle.$$

2.7.2 Dimension

Unser Ziel ist, ebenso wie im R^n auch in beliebigen unitären Räumen den Begriff der Dimension mit der Zahl der Elemente φ_i in einem v. o. n. S. zu verknüpfen. Dafür sind noch einige Vorüberlegungen nützlich.

Gibt es überhaupt v. o. n. S.? Reine Existenzfragen sind für die Anwendungen zwar i. Allg. unwichtig. Doch wenn wir den wichtigen Begriff der Dimension daran knüpfen wollen, müssen wir die gestellte Frage schon positiv beantworten können. Man kann sie mit Hilfe des *zornschen Lemmas* bejahen (bzw. in den mathematischen Überbau verschieben).

▸ Wir betrachten die Menge der o. n. S.: $S_1, S_2, \ldots, S_a, \ldots, a \in \mathfrak{a}$ (beliebige Index-menge). Diese Menge $\{S_a\}$ ist nicht leer, ist doch z. B. $\{\varphi\}$ ein o. n. S. oder solche aus dem E. Schmidtschen Orthogonalisierungsverfahren gewonnene φ_i. Durch die Definition $S < S'$, wenn alle φ_i aus S auch in S' sind, wird $\{S_a\}$ zur teil-geordneten Menge. (In der Tat sind alle Kennzeichen der Teilordnung erfüllt: $S < S; S < S'$ und $S' < S \Rightarrow S = S'; S < S'$ und $S' < S'' \Rightarrow S < S''$.) Jede linear geordnete Teilmenge von $\{S_a\}$ hat eine obere Grenze in $\{S_a\}$, nämlich die Vereinigung aller S_a, der linear geordneten Teilmenge (die ja sicher wieder ein o. n. S. ist).
Nun benutzt man das *zornsche Lemma* (oder, äquivalent dazu, das *zermelosche Auswahlaxiom*): Hat jede linear geordnete Teilmenge einer teilgeordneten Men-ge X eine obere Grenze in X, so enthält X (mindestens) ein maximales Element. (Ein $m \in X$ heißt maximal, wenn aus $m < x \Rightarrow m = x$.) Im vorliegenden Fall ist das maximale Element S_{max} ein o. n. S. Dies muss aber sogar vollständig sein, sonst könnte man ein weiteres $h \perp S_{max}$ hinzufügen.
Für Interessierte:
Noch kurz einige Anmerkungen zum Auswahlprinzip von Zermelo: Betrachte einen Raum $\mathcal{M}$ und darin Teilmengen $\mathcal{N}$. Zu jeder Mengen $\mathcal{K}$ von Teilmengen, $\mathcal{K} = \{\mathcal{N}\}$, alle $\mathcal{N} \neq \varnothing$, paarweise disjunkt, kann man eine Menge $\mathcal{A}$ bilden, die aus jedem $\mathcal{N} \in \mathcal{K}$ genau eine Element enthält sowie $\mathcal{A} \subset \cup \mathcal{N}$ über alle $\mathcal{N}$ aus $\mathcal{K}$.

Es *gibt* also v. o. n. S.; vermutlich sogar mehrere, wie uns aus der endlich-dimensionalen Vektorrechnung vertraut ist. Bezeichnet man als *Mächtigkeit* eines v. o. n. S. die Mächtigkeit der Indexmenge I von S, so gilt der

---

Satz

Zwei v. o. n. S. in einem Hilbertraum $\mathcal{H}$ haben stets gleiche Mächtigkeit, d. h. gleich viele orthonormierte Elemente $\{\varphi_i\}$ bzw. $\{\chi_j\}$.

▸ **Beweis** $S_1 = \{\varphi_i | \varphi_i \in \mathcal{H}, i \in I$ Mächtigkeit $\mathfrak{n}_1, \langle \varphi_i | \varphi_{i'} \rangle = \delta_{ii'}\}$ und $S_2 = \{\chi_j | \chi_j \in \mathcal{H}, j \in J$ Mächtigkeit $\mathfrak{n}_2, \langle \chi_j | \chi_{j'} \rangle = \delta_{jj'}\}$ seien die beiden v. o. n. S. Wenn $\mathfrak{n}_{1,2}$ endlich sind, ist der Satz schon bekannt; seien also $\mathfrak{n}_{1,2}$ mindestens abzählbar-unendlich. Nehmen wir ein φ_i und betrachten die Menge $\{\langle \chi_j | \varphi_i \rangle \neq 0, i$ fest, alle $j \in J\}$. Sie enthält mindestens ein Element (Vollständigkeit von S_2), höchstens abzählbar viele (besselsche Ungleichung). Wir nummerieren sie und bekommen die Zuordnung

$$\varphi_i \to \{\chi_{j_1}(i), \chi_{j_2}(i), \ldots\}, \text{ dieses für jedes } i \in I \text{ durchführen.}$$

Bilden wir nun $\bigcup_i \{\chi_{j_1(i)}\}$ so hat die entstehende Menge die Mächtigkeit $\leq \mathfrak{n}_2$, aber auch $\leq \mathfrak{n}_1$, da ja zu jedem i höchstens ein Element genommen wird. Vereinigt man dies über

$j_1, j_2, \ldots$, so bekommt man einerseits eine abzählbare Vereinigung von Mengen mit Mächtigkeit $\leq n_1$ d. h. auch die Vereinigung hat eine Mächtigkeit $\leq n_1 (\text{Aleph}_\alpha \cdot \text{Aleph}_\beta = \text{Aleph}$ max $(\alpha, \beta))$.[8] Andererseits ist die Vereinigung ganz S_2, denn jedes χ_j kommt vor. Nämlich sei irgend eines betrachtet, χ_k; dann gibt es mindestens ein φ_i, sodass $\langle \varphi_i | \chi_k \rangle \neq 0$ (Vollständigkeit von S_1); bei mindestens diesem i kommt $\chi_{k^{(i)}}$ vor. Folglich ist $n_2 \leq n_1$. Beginnen wir analog mit einem festen χ_j, schließen wir genauso $n_1 \leq n_2$; es folgt der Satz: $n_1 = n_2$. □

In Hilberträumen gibt es also v. o. n. S., die als Basis dienen können, und alle v. o. n. S. in einem Raum haben dieselbe Mächtigkeit. Diese Mächtigkeit ist also für den betreffenden Raum charakteristisch und kann deshalb zur Kennzeichnung des Raumes dienen. Das verleiht folgender Definition Sinn:

Definition

Als *Dimension* eines Hilbertraumes $\mathcal{H}$ bezeichnen wir die Mächtigkeit eines (und damit aller) v. o. n. S. in $\mathcal{H}$.

Wenn die Dimension endlich ist, deckt sich die Definition mit der aus der analytischen Geometrie für den R^n bekannten. Andererseits ist die Verallgemeinerung auf beliebige Dimensionen gelungen.

Wir runden unsere Einsicht in die Struktur von Hilberträumen ab:

Satz

Hilberträume gleicher Dimension sind isomorph.

Abstrakte unitäre Räume unterscheiden sich also voneinander nur in der Dimension.

▸ **Beweis** Seien $\mathcal{H}_1$, $\mathcal{H}_2$ zwei Hilberträume gleicher Dimension und $\{\varphi_i\}$ sowie $\{\chi_i\}$ v. o. n. S. in ihnen. Da voraussetzungsgemäß beide gleich mächtig sind, verwenden wir sogleich dieselbe Indexmenge I. Wir beweisen die Aussage durch explizite Konstruktion einer isomorphen Abbildung, und zwar mithilfe der v. o. n. S.: Wir ordnen diejenigen $f^{(1)} \in \mathcal{H}_1$ und $f^{(2)} \in \mathcal{H}_2$ einander zu, die bezüglich $\{\varphi_i\}$ in $\mathcal{H}_1$ bzw. bezüglich $\{\chi_i\}$ in $\mathcal{H}_2$ dieselben Entwicklungskoeffizienten haben. Da die Entwicklungskoeffizienten nicht nur die Vektoren, sondern auch alle Rechenoperationen mit ihnen bestimmen (siehe (2.76) und (2.77)), *ist* diese Zuordnung ein Isomorphismus. □

---

[8] Aleph ist der erste Buchstabe des hebräischen Alphabets; Aleph_0 ist abzählbar unendlich; $\text{Aleph}_\alpha \cdot \text{Aleph}_\beta = \text{Aleph}_\beta$ für $\alpha \leq \beta$.

2.7.3 Beispiele

2.7.3.a) Der Folgenraum l_2 ist abzählbar-unendlich.

Denn das o. n. S. $\varphi_1 = (1, 0, 0, \ldots)$, $\varphi_2 = (0, 1, 0, \ldots)$ usw. ist abzählbar und vollständig. Sei nämlich $h = (x_1, x_2, x_3, \ldots) \in l_2$ so, dass $\langle \varphi_i | h \rangle = x_i = 0$ für alle $\varphi_i \Rightarrow h = (0, 0, \ldots) = 0 \in l_2$.

2.7.3.b) $\mathcal{L}_2$ hat als Dimension abzählbar-unendlich.

Wir werden nämlich in Kap. 3 bei der ausführlicheren Behandlung des $\mathcal{L}_2$ abzählbare v. o. n. S. explizit angeben. Vorausgesetzt ist allerdings ein separabler Maßraum, über dem die messbaren Funktionen aus $\mathcal{L}_2$ konstruiert werden, s. u. Genaueres. Dann lernen wir auch noch die konkrete, praktische Bedeutung von Entwicklungen nach vollständigen Funktionensystemen kennen, was (2.73) ja hier bedeutet!

Als wichtige *physikalische Anwendung* der hieraus folgenden Isomorphie des l_2 zum $\mathcal{L}_2$ sei auf die Gleichwertigkeit der sog. *Matrizenmechanik* und der *Wellenmechanik* in der Quantentheorie des atomaren Geschehens hingewiesen. Die Darstellung der atomaren Zustände als Hilbertraumvektoren erlaubt eine Konkretisierung im l_2 durch Matrizen völlig isomorph zu der im $\mathcal{L}_2$ durch Funktionen.

2.7.3.c) Der Raum $\mathcal{A}$ der Matrizen mit $\sum_{i,j} |A_{ij}|^2 < \infty$ ist abzählbar-unendlich.

Hier sei als physikalische Anwendung z. B. auf die Gleichartigkeit der quantenmechanischen Bewegungsgleichungen für Zustände ($\in l_2$) sowie Zustandsgemische ($\in \mathcal{A}$) hingewiesen.

2.7.3.d) Wir bemerken noch eine in endlich-dimensionalen Räumen nicht vorkommende Möglichkeit. Im unendlich-dimensionalen Hilbertraum kann der Raum $\mathcal{H}$ zu echten Teilen von $\mathcal{H}$ isomorph sein! Beispiel: Die $(x_1, 0, x_3, 0, x_5, 0, \ldots)$ sind offenbar aus l_2, bilden in ihrer Gesamtheit einen linearen, unitären, vollständigen Raum von abzählbarer Dimension und sind folglich zu l_2 isomorph. Daher ist $\mathcal{H}_1 \subset \mathcal{H}_2$ eine mit Dimension $\mathcal{H}_1$ = Dimension $\mathcal{H}_2$ bzw. $\mathcal{H}_1 \cong \mathcal{H}_2$ durchaus verträgliche Aussage!

2.8 Separable Räume

Wir haben nun gelernt, in Räumen mit Innerem Produkt den Dimensionsbegriff zu verallgemeinern und zugleich mit der Entwicklung nach einem unendlichen Koordinatensystem umzugehen. Dadurch gestaltet sich das praktische Rechnen im Hilbertraum sehr ähnlich zu dem im R^n.

Wie könnte man auch in Banachräumen $\mathcal{L}$ den Dimensionsbegriff verallgemeinern, wo es ja nicht das Innere Produkt und damit den Orthogonalitätsbegriff gibt, sondern die Norm das kennzeichnende Strukturelement ist? Dazu beachten wir eine besondere Eigenschaft in abzählbar unendlichen Hilberträumen, die sich dann auf Banachräume übertragen lässt.

Sei $\mathcal{H}$ abzählbar-unendlich. Dann sind alle v. o. n. S. abzählbar. Das Vollständigkeitskriterium (e) in Abschn. 2.7.1 besagt, dass jedes $f \in \mathcal{H}$ durch eine endliche Linearkombination der φ_i eines v. o. n. S. beliebig gut approximiert werden kann. Wir überlegen nun weiter: Es genügt sogar, nur rationale Koeffizienten beim Bilden der Linearkombination zu verwenden. Denn sei $f = \sum \varphi_i a_i \in \mathcal{H}$ beliebig, $g = \sum\limits_{i=1}^{n} \varphi_i x_i$, wobei $\operatorname{Re} x_i$, $\operatorname{Im} x_i$ rational sind, so ist

$$\|f - g\|^2 = \left\| \sum \varphi_i (a_i - x_i) \right\|^2 = \sum_{i=1}^{n} |a_i - x_i|^2 + \sum_{i=n+1}^{\infty} |a_i|^2.$$

Wählt man n groß genug, ist der 2. Summand $< \varepsilon^2$. Dann kann man bei festem n in der ersten, *endlichen* Summe die rational gebildeten x_i an die reell gebildeten a_j beliebig gut anpassen, $\Rightarrow \|f - g\| < \varepsilon$. Somit ist die Menge aller solcher g dicht in $\mathcal{H}$. Aber nicht nur das, sie ist sogar abzählbar! Nämlich $\left\{ \sum\limits_{i=1}^{n} x_i \varphi_i \,\middle|\, n \text{ fest}; \operatorname{Re} x_i \text{ und } \operatorname{Im} x_i \text{ rational} \right\}$ ist offenbar abzählbar, also auch die abzählbare Vereinigung über n. Sie enthält aber alle oben genannten g, d. h. letztere bilden eine abzählbare sowie in $\mathcal{H}$ dichte Menge von Elementen.

Man kann nun diese Erkenntnis bemerkenswerterweise auch umkehren:

Wenn (!) es in einem Hilbertraum $\mathcal{H}$ eine dichte Teilmenge $\mathcal{D}_{\mathcal{H}}$ gibt, die abzählbar unendlich ist, so ist die Dimension von $\mathcal{H}$ abzählbar oder gar endlich.

Dazu wende man einfach auf die abzählbare Menge $\mathcal{D}_{\mathcal{H}} = \{f_1, f_2, \ldots\}$ das E. Schmidtsche Orthogonalisierungsverfahren an: linear abhängige Elemente ausmerzen und unter Erhaltung der linearen Hülle orthonormieren. So entsteht ein höchstens abzählbares o. n. S. $\{\varphi_i\}$ mit der linearen Hülle $\mathcal{D}_{\mathcal{H}}$ die aber in $\mathcal{H}$ dicht sein sollte. Also ist $\{\varphi_i\}$ sogar v. o. n. S., q. e. d.

Die Begriffsbildung einer dichten, abzählbaren Menge benötigt aber nur das Struktur-Element des Abstandes, lässt sich also auch in Banach- oder metrischen Räumen anwenden. Daher treffen wir die

Definition

Ein metrischer Raum $\mathcal{M}$ (nicht einmal notwendig linear) heiße *separabel*, wenn eine Teilmenge $\mathcal{D}_{\mathcal{M}} \subseteq \mathcal{M}$ existiert, die in $\mathcal{M}$ dicht ist und aus abzählbar vielen Elementen besteht.

Mit anderen Worten, separable Räume kann man als abgeschlossene Hülle von abzählbaren Mengen auffassen. Unsere Vorbetrachtungen können wir jetzt leicht wie folgt zusammenfassen:

Satz

Ein Hilbertraum ist genau dann separabel, wenn seine Dimension höchstens abzählbar ist, d. h. wenn die v. o. n. S. aus endlich oder abzählbar-unendlich vielen Elementen bestehen:

$$\left.\begin{array}{l} \text{Dimension: endlich} \\ \text{Dimension: abzählbar-unendlich} \end{array}\right\} \text{separabel.}$$
$$\text{Dimension: überabzählbar-endlich} \} \text{nicht separabel.}$$

(2.78)

▶ **Bemerkung** Oft nimmt man die Separabilität in die Definition des Begriffes Hilbertraum auf. Das ist unnötig, da nicht viele Sätze von dieser Eigenschaft abhängen.

Die Einteilung auch von Banachräumen $\mathcal{L}$ in endlich-dimensionale, separabel-dimensionale und höher-dimensionale ist mit (2.78) klar.

Nützlich ist es, folgende einleuchtende Aussage zu wissen (Beweis!): Jede Teilmenge $\mathcal{N} \subseteq \mathcal{M}$ eines separablen Raumes ist selbst separabel. (Dabei ist natürlich implizit als selbstverständlich vorausgesetzt, dass in $\mathcal{N}$ und $\mathcal{M}$ dieselbe Metrik verwendet wird.)

Wir wollen noch einige Beispiele für die Anwendung des Begriffes *separabel* bringen: K, R^n, l_2, l_p sind separable Hilbert- bzw. (l_p) Banachräume. Der Raum s aus Beispiel (2.2.2.c)) ist separabel. Der Raum $C(a, b)$ ist separabel; eine geeignete dichte, abzählbare Menge bilden die Polynome mit rationalen Koeffizienten. Dagegen sind *nicht* separabel der Raum der fastperiodischen Funktionen oder der Raum m der beschränkten unendlichen Zahlenfolgen mit der Metrik $\rho(f, g) = \sup_i |x_i - y_i|$.

Die Banachräume $\mathcal{L}_p(E)$ bzw. der Hilbertraum $\mathcal{L}_2(E)$ sind unter bestimmten Voraussetzungen an den Maßraum $(E, \mathcal{F}, \mu)$ separabel; insbesondere der lebesguesche Maßraum oder der durch eine Verteilungsfunktion $\mu(x)$ erzeugte Lebesgue- stieltjessche Maßraum ergeben separable $\mathcal{L}_p$ (s. z. B. *B. Sz.-Nagy*, 1965, S. 307ff). Allgemeiner gelten folgende Aussagen:

Sofern $(E, \mathcal{F}, \mu)$ ein σ-finiter Maßraum ist, sind die hiermit gebildeten $\mathcal{L}_p(E)$ sicher dann separabel, wenn es in $\mathcal{F}$ eine abzählbare Menge $\mathcal{D}_{\mathcal{F}} \subseteq \mathcal{F}$ gibt, sodass $\mathcal{F}$ das kleinste σ-Feld ist, welches $\mathcal{D}_{\mathcal{F}}$ enthält.

$\mathcal{L}_p(E)$ ist separabel, wenn $(E, \mathcal{F}, \mu)$ ein separabler Maßraum ist, wobei gilt die

---

Definition
Ein *Maßraum* $(E, \mathcal{F}, \mu)$ heißt separabel, wenn der metrische Raum $\mathcal{M}$ separabel ist, der durch den Maßraum so erzeugt wird:

$$\mathcal{M} := \{F | F \in \mathcal{F}, \mu(F) < \infty, \text{ Metrik } \rho(F_1, F_2) =: \mu(F_1 \Delta F_2)\}$$

wobei

$$F_1 \Delta F_2 := (F_1 - F_2) \cup (F_2 - F_1) \equiv (F_1 \cup F_2) - (F_1 \cap F_2).$$

$\mathcal{M}$ ist (wegen der vorausgesetzten Vollständigkeit des Maßes) ein vollständiger metrischer Raum (z. B. P, R. *Halmos*, 1950, S. 168/9); sofern $\mathcal{M}$ separabel ist, ist es auch $\mathcal{L}_p(E)$.

Die Beweisidee ist so, dass man von der abzählbaren, dichten Menge $\mathcal{D}_{\mathcal{M}}$ ausgehend alle möglichen einfachen Stufenfunktionen mit rationalen Koeffizienten bildet, die eine abzählbare Funktionenmenge in $\mathcal{L}_p(E)$ bilden, die in $\mathcal{L}_p$ bezüglich der Integralnorm dicht liegt.

2.9   Kompaktheit

Vorbereitend für spätere Anwendungen wollen wir den aus der Analysis bekannten Begriff „kompakt" in Banach- bzw. Hilberträumen zu gebrauchen lernen. Man muss wissen, dass in unendlich dimensionalen Räumen *andere* Eigenschaften gelten, als sie durch den Satz von *Bolzano-Weierstraß* bei den reellen Zahlen (oder in K bzw. R^n) charakterisiert werden! (Dieser besagt ja, das jede beschränkte Menge in K bzw. R^n kompakt ist.) Nicht zuletzt diese Unterschiede eröffnen beim Rechnen mit Operatoren in unendlich dimensionalen Räumen *mehr* Möglichkeiten, als aus dem R^n bekannt. Andererseits gestaltet sich der Umgang mit *solchen* Operatoren in abstrakten Räumen, die die aus dem R^n bekannten Eigenschaften dann doch wieder herstellen, als besonders angenehm, siehe Kap. 11 über „vollstetige " bzw. „kompakte" Operatoren.

Definition

Eine Menge $\mathcal{N}(\subseteq \mathcal{M})$ aus einem vollständigen metrischen (oder normierten oder unitären) Raum $\mathcal{M}$ heiße kompakt, wenn jede unendliche Teilmenge aus $\mathcal{N}$ eine Cauchy-Folge enthält.

Diese Definition erläutern und erweitern wir noch etwas: Der Begriff „kompakt" bezieht sich auf Untermengen $\mathcal{N}$ des gegebenen Raumes. Sofern sie gar *endlich* sind, gibt es keine unendliche Teilmenge verschiedener Elemente; wir *nennen* sie dann auch kompakt. Die Cauchyfolgen in kompakten Mengen $\mathcal{N}$ haben natürlich im Raum $\mathcal{M}$ einen Limes, da $\mathcal{M}$ vollständig sein sollte. Doch muss dieser Limes *nicht* unbedingt in $\mathcal{N}$ liegen. Sollte das *auch* noch der Fall sein, so kennzeichnen wir dies besonders:

Zusatz

$\mathcal{N}$ heiße *in sich kompakt*, wenn $\mathcal{N}$ kompakt ist und alle Limes-Elemente von Cauchyfolgen aus $\mathcal{N}$ auch in $\mathcal{N}$ liegen, d. h. $\mathcal{N}$ eine vollständige Menge ist.

Im Raume der reellen oder komplexen Zahlen gilt nun eben die Aussage des Satzes von *Bolzano-Weierstraß*, dass jede beschränkte Menge kompakt ist (jede beschränkte, abgeschlossene Menge in sich kompakt). Man konstruiert sich z. B. die erwähnten Cauchyfolgen durch Intervallschachtelung. Ganz K ist *nicht* kompakt; z. B. $\{mx | m = 1, 2, \ldots ; x \neq 0\}$ ist eine unendliche Teilmenge ohne Cauchyfolge darin. Völlig analoge Aussagen sind auch im R^n richtig, solange n endlich ist.

Anders aber liegen die Verhältnisse in unendlich-dimensionalen Räumen.

▶ In Hilbert- oder Banachräumen unendlicher Dimension gilt *nicht* der Satz von Bolzano-Weierstraß, d. h. sind keineswegs alle beschränkten Mengen etwa auch kompakt!

Wir machen uns das an Beispielen klar:

a) Die Einheitskugel im (unendlich dimensionalen) Hilbertraum ist zwar beschränkt, aber nicht kompakt. Denn sei $\|f\| \leq 1$, so kann man in Gestalt eines beliebigen unendlichen o. n. S. $\{\varphi_i\}$ unendliche Mengen angeben, die keine Cauchyfolge enthalten, weil $\|\varphi_i - \varphi_j\| = \sqrt{2} \nrightarrow 0$. Unendliche o. n. S. aber gibt es, da die Dimension unendlich sein sollte.

b) Analog ist im Banachraum l_p die Menge $\{e_i\}, e_i = (0, \dots, 1, 0, \dots)$ zwar beschränkt, $\|e_i\|_p = 1$, jedoch $\|e_i - e_j\|_p = 2^{1/p} \nrightarrow 0$.

c) In $C(-1, +1)$ ist $\mathcal{N} = \left\{ f_n | f_n = \dfrac{1}{1 + nx^2}, n = 1, 2, \dots \right\}$ beschränkte unendliche Menge,

$\|f\| = \max |f_n| = 1$, jedoch $\|f_n - f_m\| = \dfrac{|m - n|}{\left(\sqrt{m} + \sqrt{n}\right)^2} \nrightarrow 0$.

(Das rechnet man aus, indem man wie üblich die Stelle des Maximums von $\left| \dfrac{1}{1 + nx^2} - \dfrac{1}{1 + mx^2} \right|$ berechnet, dafür $x^2_{\max} = \dfrac{1}{\sqrt{mn}}$ findet und dies dann in die Differenz einsetzt.)

In Funktionenräumen $C(E)$ mit der max-Norm kann man durch eine zusätzlich zur Beschränktheit vorhandene Eigenschaft von $\mathcal{N}$ sichern, dass $\mathcal{N}$ kompakt ist; nämlich wenn die sowieso stetigen $f \in \mathcal{N}$ sogar gleichgradig stetig sind, d. h. zu jedem $\varepsilon > 0$ $|f(x) - f(x')| < \varepsilon$ ist, wenn nur $|x - x'| < \delta = \delta(\varepsilon)$, für *alle* $f \in \mathcal{N}$ mit demselben δ. Das ist nämlich gerade die Aussage des folgenden Satzes:

Satz

von *Arzela* und *Ascoli*: Eine Menge $\mathcal{N}$ von gleichmäßig beschränkten und gleichgradig stetigen Funktionen über einer endlichen Menge E enthält eine gleichmäßig konvergente Teilfolge, d. h. ist kompakt.

2.10 Projektionen

Eine wichtige Rolle spielt der Begriff der Projektion nicht nur in der Geometrie und Vektorrechnung, sondern auch in der Funktionalanalysis. So ist z. B. die Projektion des Ortsvektors $\mathbf{r} = x\mathbf{e}_1 + y\mathbf{e}_2 + z\mathbf{e}_3$ in die 1-2-Ebene durch $x\mathbf{e}_1 + y\mathbf{e}_2$ gegeben; die Projektion eines

Vektors **r** in eine Richtung $\mathbf{e}(e^2 = 1)$ ist $(\mathbf{e} \cdot \mathbf{r})\mathbf{e}$; usw. Projektionen sind also eng verknüpft mit dem Inneren Produkt. Sie sollten folglich in allgemeinen unitären Räumen ebenfalls definierbar sein. Wir werden das auch gleich sehen, werden aber erkennen, dass bereits das schwächere Strukturelement „linear" zur Definition eines Projektionsbegriffs ausreicht.

2.10.1 Orthogonalzerlegung und Orthogonalprojektion

Wir untersuchen zunächst unitäre Räume, können also von der Existenz von v. o. n. S. Gebrauch machen, wenn wir den Projektionsbegriff aus der Geometrie verallgemeinern wollen. Offenbar sind die obigen Erinnerungen an spezielle Projektionen unmittelbar für Hilberträume zu übernehmen. Sei etwa φ mit $\|\varphi\| = 1$ ein Element aus $\mathcal{H}$, so wäre für ein $f \in \mathcal{H}$ der „in Richtung φ liegende" Vektor $\langle \varphi | f \rangle \varphi$ offenbar als „Projektion" von f auf φ zu deuten; analog die „Projektion" in eine „Ebene", die durch zwei orthogonale Einheitsvektoren φ_1, φ_2 „aufgespannt" wird, $\langle \varphi_1 | f \rangle \varphi_1 + \langle \varphi_2 | f \rangle \varphi_2$, usw. Man kann entsprechend in höher dimensionale Räume projizieren. Die Grundlage gibt der

---

Satz (Zerlegungssatz)

Sei $\mathfrak{r} \subseteq \mathcal{H}$ ein beliebiger Teilraum eines Hilbertraumes. Dann kann man jeden Vektor $f \in \mathcal{H}$ *eindeutig* so in eine Summe zerlegen, dass ein Summand in $\mathfrak{r}$ liegt und der andere senkrecht steht auf $\mathfrak{r}$.

Denn: Da $\mathfrak{r}$ als Teilraum selbst ein hilbertscher Raum ist, gibt es ein v. o. n. S. $\{\psi_i | \psi_i \in \mathfrak{r}\}$, welches $\mathfrak{r}$ aufspannt. Bilden wir die Entwicklungssumme $g_f := \sum \psi_i \langle \psi_i | f \rangle$, so liegt sie natürlich in $\mathfrak{r}$. Andererseits ist $h_f := f - g_f \perp \psi_i$, d. h. $h_f \perp g_f$ und $f = g_f + h_f$. Dies ist die gewünschte Zerlegung. Sie ist eindeutig, denn gäbe es noch eine, $f = g'_f + h'_f$, so wäre $0 = (g_f - g'_f) + (h_f - h'_f) \Rightarrow 0 = \|g_f - g'_f\|^2 + \|h_f - h'_f\|^2$ da $g_f - g'_f \perp h_f - h'_f$ also folgt $\|g_f - g'_f\| = 0 = \|h_f - h'_f\|$.

Da es also nur *eine* Zerlegung von f in die beiden Orthogonalteile gibt, ist die konkrete Wahl des als Hilfsmittel im Beweis verwendeten v. o. n. S. in $\mathfrak{r}$ ohne Bedeutung. Man könnte *jedes* v. o. n. S. in $\mathfrak{r}$ benutzen.

Mittels des Zerlegungssatzes *definieren* wir nun die *Orthogonalprojektion* $P_{\mathfrak{r}} f$ eines Vektors f auf einen Teilraum $\mathfrak{r} \subseteq \mathcal{H}$ als den eindeutig bestimmten Vektor g_f, der gemäß der Orthogonalzerlegung von f innerhalb $\mathfrak{r}$ liegt.

$$f = P_{\mathfrak{r}} f + Q_{\mathfrak{r}} f \quad \text{mit} \quad P_{\mathfrak{r}} f \in \mathfrak{r}, Q_{\mathfrak{r}} f \perp \mathfrak{r}.$$

Offenbar ist $Q_{\mathfrak{r}} = \mathbf{1} - P_{\mathfrak{r}}$ sowie $P_{\mathfrak{r}} P_{\mathfrak{r}} f = P_{\mathfrak{r}} f$ und $P_{\mathfrak{r}} Q_{\mathfrak{r}} f = 0$. Somit gilt

$$P_{\mathfrak{r}} P_{\mathfrak{r}} = P_{\mathfrak{r}}, \quad P_{\mathfrak{r}} (\mathbf{1} - P_{\mathfrak{r}}) = 0. \tag{2.79}$$

Die Projektion ist also eine sogenannte *idempotente* Operation, die für alle $f \in \mathcal{H}$ erklärt ist. Wir können sie leicht explizit angeben, wenn wir uns nochmals den konstruktiven Beweis des Zerlegungssatzes ansehen:

$$P_\tau f = \sum_i |\psi_i\rangle\langle\psi_i|f\rangle,$$

d. h.

$$\boxed{P_\tau = \sum_{i \in I_\tau} |\psi_i\rangle\langle\psi_i|} \quad \text{mit beliebigem v. o. n. S. } \{\psi_i\} \text{ in } \tau. \tag{2.80}$$

▶   Ist speziell $\tau = \mathcal{H}$, so ist natürlich $P_\mathcal{H} f = L$ d. h. $P = 1$; dann stellt (2.80) nichts anderes als die schon bekannte Vollständigkeitsrelation (2.75) dar. Man rechnet auch leicht (2.79) explizit nach:

$$P_\tau P_\tau = \sum_i \sum_j |\psi_i\rangle\langle\psi_i|\psi_j\rangle\langle\psi_j| = \sum_{ij} |\psi_i\rangle \delta_{ij} \langle\psi_j| = \sum_i |\psi_i\rangle\langle\psi_i| = P_\tau.$$

(Stetigkeit des Inneren Produktes beachten). Ist τ eindimensional, erhalten wir unser bekanntes Ergebnis $P_\varphi f = \varphi\langle\varphi|f\rangle$.

Die Menge aller Vektoren, die auf einem gegebenen Teilraum τ senkrecht stehen, ist ebenfalls ein Teilraum; wir bezeichnen sie als *Orthogonal-Komplement* $\tau^\perp$ zu τ. (Auch als $\tau^\perp$ oder $\mathcal{H} \ominus \tau$ bezeichnet.)

Man sieht nämlich leicht, dass $\tau^\perp = \{h | h \perp \tau\}$ eine Linearmannigfaltigkeit ist; sie ist auch abgeschlossen, denn der Limes h_0 einer Cauchyfolge $\{h_\nu\} \subset \tau^\perp$, der in $\mathcal{H}$ natürlich existiert, muss wegen $\langle h_\nu|g\rangle = 0$ für alle $g \in \tau$ auch $\langle h_0|g\rangle = 0$ erfüllen. (Man erkennt übrigens aus dem Beweis die Gültigkeit der allgemeineren Aussage: Die Gesamtheit der zu einer (nicht notwendig abgeschlossenen) Menge $\mathcal{N} \subseteq \mathcal{H}$ orthogonalen Vektoren bildet einen (abgeschlossenen!) Teilraum.) Es gilt:

$$\{0\}^\perp = \mathcal{H} \quad \text{und} \quad \mathcal{H}^\perp = \{0\}.$$

$$\tau_1 \subseteq \tau_2 \Rightarrow \tau_1^\perp \supseteq \tau_2^\perp. \tag{2.81}$$

Aus

$$f \in \tau \cap \tau^\perp \quad \text{folgt} \quad f = 0, \tag{2.82}$$

$$(\tau^\perp)^\perp = \tau, \tag{2.83}$$

$$\tau \cup \tau^\perp = \mathcal{H}. \tag{2.84}$$

Insbesondere die letzte Aussage fasst den Zerlegungssatz kurz zusammen. Ferner: Wenn P_τ auf τ projiziert, so $1 - P_\tau$ auf $\tau^\perp$, d. h. $1 - P_\tau$ ist auch eine Orthogonalprojektion. (Man verifiziere die Idempotenz (2.79) und deute die Darstellung (2.80).)

Eine *Orthogonalprojektion* ist ein *symmetrischer Operator* in folgendem Sinne:

$$f_1, f_2 \in \mathcal{H} \text{ beliebig} \Rightarrow \langle f_1 | P f_2 \rangle = \langle P f_1 | f_2 \rangle. \tag{2.85}$$

▶ **Beweis** Nach dem Zerlegungssatz seien $f_{1,2}$ als Orthogonalsummen dargestellt, $f_i = g_i + h_i, i = 1, 2$. Dann

$$\langle f_1 | P f_2 \rangle = \langle g_1 + h_1 | g_2 \rangle \doteq \langle g_1 | g_2 \rangle \doteq \langle g_1 | g_2 + h_2 \rangle = \langle P f_1 | f_2 \rangle.$$

In $\doteq$ ist die Orthogonalität benutzt worden.   □

2.10.2   Direkte Summe und Projektion in linearen Räumen

Wir haben die Orthogonalprojektion im Anschluss an den Zerlegungssatz eines beliebigen Vektors in zwei orthogonale Summanden definiert. Dies ist offenbar nur in Räumen mit Innerem Produkt möglich. Doch ist in die Definition der Projektion genau genommen nur die Möglichkeit einer eindeutigen Zerlegung eingegangen. Eine solche aber ist auch ohne den Strukturbegriff Inneres Produkt bereits durch die lineare Unabhängigkeit möglich. Das gestattet, schon in linearen Räumen den Begriff der Projektion einzuführen. Die Methode dazu ist jedoch auch für praktische Anwendungen sehr wichtig.

Seien $\mathcal{M}$ ein linearer Raum und seien $\mathcal{N}_1, \mathcal{N}_2, \ldots, \mathcal{N}_n$ lineare Teilräume in $\mathcal{M}$. Wir nennen *Teilräume $\mathcal{N}_k$ linear unabhängig*, wenn für $f_k \in \mathcal{N}_k$ aus

$$a_1 f_1 + \ldots + a_n f_n = 0 \quad \text{folgt} \quad f_k = 0, \quad \text{sofern } a_k \neq 0.$$

Den von der *Vereinigung linear unabhängiger* Linearmannigfaltigkeiten aufgespannten linearen Teilraum $\bigcup_k \mathcal{N}_k$ nennen wir *direkte Summe* der $\mathcal{N}_k$:

$$\bigcup_k \mathcal{N}_k := \mathcal{N}_1 \oplus \mathcal{N}_2 \oplus \ldots \oplus \mathcal{N}_n \equiv \sum_k \oplus \mathcal{N}_k, \quad \text{alle } \mathcal{N}_k \text{ linear unabhängig}.$$

Offenbar kann jedes f aus der direkten Summe *eindeutig* als

$$f = f_1 + f_2 + \ldots + f_n, \quad f_k \in \mathcal{N}_k$$

geschrieben werden, nämlich wegen der vorausgesetzten linearen Unabhängigkeit. Das Symbol $\oplus$ soll stets die Vereinigung linear unabhängiger Teilräume kennzeichnen. Man bezeichnet $\oplus$ auch als *direkte Summe*. Speziell sind orthogonale Teilräume in Hilberträumen natürlich linear unabhängig! Wir können also (2.84) auch als

$$\mathfrak{r} \oplus \mathfrak{r}^\perp = \mathcal{H} \tag{2.86}$$

schreiben, oder (2.83) als

$$\mathfrak{r} \oplus (\mathcal{H} \ominus \mathfrak{r}) = \mathcal{H}. \tag{2.87}$$

▸ Hinweis 1: Der Begriff der Vollständigkeit wird jetzt nicht verwendet oder vorausgesetzt, weil es hier kein Strukturelement gibt, das Konvergenz zu erklären erlaubte.

▸ Hinweis 2: Eine äquivalente Definition der *direkten Summe* lautet: Der Vereinigungsraum $\mathcal{M} = \bigcup_k \mathcal{N}_k$ von linearen Teilräumen $\mathcal{N}_k$ heißt *direkte Summe* $\sum_k \oplus \mathcal{N}_k$, wenn $\mathcal{N}_k \cap \bigcup_{l \neq k} \mathcal{N}_l = \{0\}$, für alle k. Den Beweis führt man für nur zwei lineare Teilräume $\mathcal{N}_1, \mathcal{N}_2$, also zwei Linearmannigfaltigkeiten; dann kann man analog fortsetzen:

i) *Wenn* $\mathcal{N}_1$ und $\mathcal{N}_2$ linear unabhängig sind, folgt $\mathcal{N}_1 \cap \mathcal{N}_2 = \{0\}$; denn sei $g \in \mathcal{N}_1 \cap \mathcal{N}_2$, sei dargestellt als $g = f_1 + f_2$, somit $f_1 + (f_2 - g) = 0$ bzw. $(f_1 - g) + f_2 = 0$, je nachdem, ob man $g \in \mathcal{N}_2$ oder $g \in \mathcal{N}_1$ auffasst. Wegen der linearen Unabhängigkeit müssen also sowohl f_1 als auch $f_2 - g$ Null sein bzw. sowohl f_2 als auch $f_1 - g$. Wenn aber f_1 *und* f_2 Null sind, ist auch $g = f_1 + f_2 = 0$. Somit erhält $\mathcal{N}_1 + \mathcal{N}_2$ nur das Nullelement.

ii) *Wenn* $\mathcal{N}_1 \cap \mathcal{N}_2 = \{0\}$, müssen $\mathcal{N}_1$ und $\mathcal{N}_2$ linear unabhängig sein: Seien nämlich $f_{1,2} \neq 0$ aus $\mathcal{N}_{1,2}$ und man bildet $a_1 f_1 + a_2 f_2 = 0$ mit $a_{1,2} \neq 0$, so folgt $f_1 \sim f_2$. Folglich sind beide aus $\mathcal{N}_1$ wie aus $\mathcal{N}_2$, also aus dem Durchschnitt, also 0, somit ergibt sich ein Widerspruch. Damit müssen die $a_{1,2} = 0$ sein. Daraus folgt die lineare Unabhängigkeit. Q. e. d.

Da mittels der direkten Summe eine eindeutige Zerlegung von Vektoren f in linearen Räumen nach linear unabhängigen Teilräumen gegeben wird, können wir den Begriff „Projektion" in linearen Räumen so definieren:

Definition

Sei ein linearer Raum $\mathcal{M}$ als direkte Summe paarweise linear unabhängiger Linearmannigfaltigkeiten $\mathcal{N}_k$ dargestellt, $\mathcal{M} = \sum_k \oplus \mathcal{N}_k$, d. h. jedes f eindeutig durch $f = g_1 + \ldots + g_k + \ldots$ gegeben, $g_k \in \mathcal{N}_k$. Als *Projektion von f in die Linearmannigfaltigkeit* $\mathcal{N}_k$ definieren wir: $P_k f := g_k$.

Offenbar gilt:

$$P_k^2 = P_k, \tag{2.88a}$$

$$P_k P_l = 0 \quad \text{wenn} \quad k \neq l, \tag{2.88b}$$

$$\sum P_k = 1. \tag{2.88c}$$

Wiederum ist eine Projektion idempotent. Diese Eigenschaft ist so charakteristisch, dass umgekehrt gilt:

Satz

Ein Operator P, der idempotent ist ($P^2 = P$) sowie für alle f definiert und linear, *ist* eine Projektion, d. h. definiert eine Linearmannigfaltigkeit $\mathcal{N}$, auf die P projiziert. Ist (in unitären Räumen) P überdies noch symmetrisch, so ist P sogar eine Orthogonalprojektion.

Denn: Wir definieren $\mathcal{N} := P\mathcal{M} := \{g | g = Pf; f \in \mathcal{M}\}$. Dies ist eine Linearmannigfaltigkeit, da ja

$$P(a_1 f_1 + a_2 f_2) = a_1 P f_1 + a_2 P f_2 \quad \text{„linear"} \tag{2.89}$$

sein soll. Auch $\widetilde{\mathcal{N}} := (\mathbf{1} - P)\mathcal{M}$ ist Linearmannigfaltigkeit. Offenbar ist $\mathcal{M} = \mathcal{N} \cup \widetilde{\mathcal{N}}$. Es ist aber sogar direkte Summe, da $\mathcal{N}$ und $\widetilde{\mathcal{N}}$ linear unabhängig sind: Sei $0 = g + h$ mit $g \in \mathcal{N}$ und $h \in \widetilde{\mathcal{N}} \Rightarrow g = Pf$ darstellbar und $h = (\mathbf{1} - P)\tilde{f}, \Rightarrow g = Pg = -Ph = -P(\mathbf{1} - P)\tilde{f} = (P^2 - P)f = 0 \Rightarrow, h = 0$. Somit projiziert P in der Tat auf $\mathcal{N}$.

Dass Orthogonalprojektionen symmetrisch sind, wissen wir schon, s. (2.85). Diese Eigenschaft ist aber auch umgekehrt charakterisierend. Sei P Projektion und $\langle f_1 | P f_2 \rangle = \langle P f_1 | f_2 \rangle$. Dann ist $\mathcal{N} \perp \widetilde{\mathcal{N}}$ d. h. $\widetilde{\mathcal{N}} = \mathcal{N}^\perp$. Denn mit $g \in \mathcal{N}, h \in \widetilde{\mathcal{N}} \Rightarrow \langle g | h \rangle = \langle Pf | h \rangle = \langle f | Ph \rangle = \langle f | 0 \rangle = 0$. Zusammengefasst:

P überall in $\mathcal{M}$ definiert und linear:

$P^2 = P \Leftrightarrow P$ ist Projektion.   (2.90)

P zusätzlich symmetrisch $\Leftrightarrow P$ ist Orthogonalprojektion.

In unitären Räumen werden wir stets der Bequemlichkeit halber die Symmetrie voraussetzen und die P trotzdem leger als Projektoren bezeichnen.

2.10.3 Direkte Summe in bzw. von Hilberträumen

Betrachtet man direkte Summen von Teilräumen in unitären Räumen $\mathcal{H}$, so ist es, wie gesagt, bequem, die lineare Unabhängigkeit der Summanden dadurch sicherzustellen, dass man die Summanden sogar als paarweise orthogonal voraussetzt. Wir wollen in Zukunft direkte Summen $\sum \oplus \ldots$ in Hilberträumen stets als direkte Orthogonal-Summen lesen!

Seien $\mathfrak{r}_i$ Teilräume aus $\mathcal{H}$, $i \in I$, I beliebige Indexmenge, die $\mathfrak{r}_i$ paarweise orthogonal. Dann ist die Vereinigung aller dieser Teilräume,

$$\mathfrak{r} \equiv \bigcup_i \mathfrak{r}_i \equiv \sum_{i \in I} \oplus \mathfrak{r}_i \subseteq \mathcal{H}, \quad \mathfrak{r}_i \perp \mathfrak{r}_j, \tag{2.91a}$$

gegeben durch die Gesamtheit f aller Vektoren der Form $f = \sum_{i \in I} g_i$, wobei $g_i \in \mathfrak{r}_i$, höchstens abzählbar viele $g_i \neq 0$,

$$\sum_i \|g_i\|^2 < \infty. \tag{2.91b}$$

Nämlich solche f sind bildbar und gehören offenbar zum Vereinigungsraum $\mathfrak{r}$. Ist umgekehrt $f \in \mathfrak{r}$ beliebig, so definieren wir durch die Projektoren P_i in $\mathcal{H}$ die Vektorkomponenten $g_i := P_i f$ Wie im besselschen Satz folgern wir $\sum_{v=1}^{n} \|g_{i_v}\|^2 \leq \|f\|^2$, d.h. $f = \sum_i g_i + h_f$. Da $h_f \perp \mathfrak{r}_i$ für alle i, diese zusammen aber per Definition in $\mathfrak{r}$ dicht liegen, muss $h_f = 0$ sein.

Die Zerlegung eines f aus $\sum \oplus \mathfrak{r}_i$ in Komponenten ist eindeutig und genügt folgenden Rechenregeln: Sei $f_1 = \sum_i g_{1,i}$ und $f_2 = \sum_i g_{2,i}$, dann ist

$$f_1 + f_2 = \sum_i (g_{1,i} + g_{2,i}), \quad af = \sum_i a g_i, \quad \langle f_1|f_2 \rangle = \sum_i \langle g_{1,i}|g_{2,i} \rangle. \tag{2.92}$$

Haben wir uns soeben die $\mathfrak{r}_i$ als Teile eines vorgegebenen Hilbertraumes $\mathcal{H}$ vorgestellt, so kann man die gewonnenen Erkenntnisse auch umgekehrt zur Konstruktion neuer Räume aus vorhandenen benutzen. Bedenkt man nämlich, dass die vollständigen Teilräume $\mathfrak{r}_i$ ja auch Hilberträume sind, so folgt die klare Aussage:

▸ Seien $\mathcal{H}_i$ Hilberträume (nicht notwendig verschieden), $i \in I$, beliebige Indexmenge. Dann ist der so gebildete Raum $\mathcal{H}$ seinerseits ein Hilbertraum:

$$\mathcal{H} = \{f|f = (g_1, g_2, \ldots, g_i, \ldots), \; g_i \in \mathcal{H}_i, \; i \in I; \; \sum_i \|g_i\|^2 < \infty\} =: \sum_{i \in I} \oplus \mathcal{H}_i \tag{2.93}$$

   mit den Regeln (2.92) als *Definitionen*.

Beispiele sind die Gewinnung von l_2 als $K \oplus K \oplus \ldots$ oder der Aufbau der komplexen Zahlen aus den reellen, $K = R \oplus R$. Da $\mathcal{H}_i = 0 \oplus \ldots \oplus \mathcal{H}_1 \oplus \ldots$, ist $\mathcal{H}_i \subset \mathcal{H}$ sowie $\mathcal{H}_i \perp \mathcal{H}_j$, weil $\ldots + \langle g_i|0 \rangle + \ldots + \langle 0|g_j \rangle + 0 \ldots = 0$, d.h. (2.93) entspricht genau (2.91a) und (2.91b).

Physikalische Anwendung in der Theorie der Elementarteilchen: Der die physikalischen Zustände beschreibende Hilbertraumvektor wird in Summanden zerlegt, die zu bestimmter Teilchenzahl n gehören.

$$\mathcal{H} = \mathcal{H}^{(0)} \oplus \mathcal{H}^{(1)} \oplus \mathcal{H}^{(2)} \oplus \ldots \oplus \mathcal{H}^{(n)} \oplus \ldots$$

$\mathcal{H}^{(0)}$ ist der Vakuumzustand, $\mathcal{H}^{(1)}$ sind die Quantenzustände eines Teilchens, $\mathcal{H}^{(2)}$ diejenigen eines Teilchenpaares, usw. Vielfacherzeugung in Stoßprozessen zweier Elementarteilchen kennzeichnet man durch Übergang von $g_{(2)} \to g_{(n)}$.

2.11 Produktraum

Beispielsweise in der Quantenmechanik der Mehrteilchensysteme taucht die Frage auf, wie die Mehrteilchenzustände und die konstituierenden Einteilchenzustände miteinander zusammenhängen. Das wird durch folgende Begriffsbildung beantwortet.

Gegeben zwei Hilberträume $\mathcal{H}_1, \mathcal{H}_2$, aufgespannt durch zwei v. o. n. S. $\{\varphi_i\}, \{\chi_j\}$ mit $i \in I, j \in J$. Die $f_1 \in \mathcal{H}_1$ und $f_2 \in \mathcal{H}_2$ kennzeichnen z. B. die Zustände des Teilchens 1 bzw. 2; oder die eines mikroskopischen Systems 1 und der makroskopischen Messapparatur, usw. Dem gemeinsamen Vorliegen beider Teile wird man nun Produkte $f_1 f_2$ zuordnen, die aber *nicht* als Innere Produkte zu lesen sind, da die f_1, f_2 aus ganz verschiedenen Räumen stammen können.

Wir bilden die formalen Paare $\varphi_i \chi_j$ für alle $i \in I, j \in J$, d. h. alle $\psi_k := \varphi_i \chi_j$ für alle $k := (i, j) \in K$. Durch Bildung der linearen Hülle der $\psi_k, f := \sum_{k \in K} a_k \psi_k$ (höchstens abzählbar viele a_k ungleich Null, $\sum |a_k|^2 < \infty$) erhält man einen linearen Raum, der durch $\langle f|g \rangle := \sum \overline{a}_k b_k$ unitär wird, mit den ψ_k als v. o. n. S. Nach Vervollständigung nennen wir ihn den *Produkt-Hilbertraum*:

$$\mathcal{H} =: \mathcal{H}_1 \otimes \mathcal{H}_2 = \{f | f = \sum_{i,j} a_{ij} \varphi_i \chi_j, \ \sum |a_{ij}|^2 < \infty, \ \{\varphi_i\} \text{ v. o. n. S. in } \mathcal{H}_1,$$

$$\{\chi_j\} \text{ v. o. n. S. in } \mathcal{H}_2\}.$$

Dieser Raum ist offenbar auch aufzufassen als vollständige lineare Hülle des Raumes der formalen geordneten Paare $\{\mathcal{F} | \mathcal{F} = (f_1, f_2), f_1 \in \mathcal{H}_1, f_2 \in \mathcal{H}_2\}$, des (topologischen) *Produktraumes*. Diesen können wir allgemein so definieren:

$$\mathcal{M} =: \mathcal{M}_1 \times \mathcal{M}_2 = \{\mathcal{F} | \mathcal{F} = (f_1, f_2), f_1 \in \mathcal{M}_1, f_2 \in \mathcal{M}_2, \mathcal{M}_i \text{ beliebige Räume}\},$$

Sind etwa $\mathcal{M}_{1,2}$ hilbertsche Räume $\mathcal{H}_{1,2}$ so *kann* man den letztgenannten Produktraum auch dadurch zum Hilbertraum machen, dass man als Inneres Produkt $\langle \mathcal{F}|\mathcal{G} \rangle = \langle f_1|g_1 \rangle + \langle f_2|g_2 \rangle$ definiert. *Dann* ist der Produktraum offenbar isomorph zu $\mathcal{H}_1 \oplus \mathcal{H}_2$, der direkten Summe!

Man unterscheide also gut zwischen dem Produkt-Hilbertraum $\mathcal{H}_1 \otimes \mathcal{H}_2$ und dem formalen Produktraum $\mathcal{H}_1 \times \mathcal{H}_2$! Zur Erleichterung noch ein Beispiel. Ist $\mathcal{H}_1 = \mathcal{L}_2(R)$ und auch $\mathcal{H}_2 = \mathcal{L}_2(R)$ so ist offenbar $\mathcal{H} = \mathcal{H}_1 \otimes \mathcal{H}_2 = \mathcal{L}_2(R^2)$, denn aus $\varphi_i(x_1) \chi_j(x_2)$ erhält man als Linearkombinationen die Funktionen $f(x_1, x_2)$ über zwei Variablen. Beachte auch $af = \sum a a_{ij} \varphi_i \chi_j$ für $f \in \mathcal{H}_1 \otimes \mathcal{H}_2$, jedoch $a\mathcal{F} = (af_1, af_2)$ für $\mathcal{F} \in \mathcal{H}_1 \oplus \mathcal{H}_2$.

▸ **Bemerkung** Ist $\mathcal{H}_1 = \mathcal{L}_2(E_1)$ mit dem Maßraum $(E_1, \mathcal{F}_1, \mu_1)$ und $\mathcal{H}_2 = \mathcal{L}_2(E_2)$ mit dem Maßraum $(E_2, \mathcal{F}_2, \mu_2)$ so $\mathcal{H} = \mathcal{H}_1 \otimes \mathcal{H}_2 = \mathcal{L}_2(E_1 \times E_2)$, wobei $E_i \times E_2$ der (eindeutig bildbare) Produktmaßraum ist: $E = E_1 \times E_2$ Produktmenge, $\mathcal{F}$ erzeugt durch die $F_1 F_2$ und μ das Produktmaß $\mu_1 \times \mu_2$.

2.12 Tabelle der Räume

▸ Vor einer Zusammenstellung der vielen behandelten Räume sei in Anknüpfung an die Einleitung dieses Kapitels zusammengefasst:
Ein Raum $\mathcal{M}$ ist eine strukturierte Menge von Elementen, deren Zahl beliebig sein kann. Unter einer Struktur versteht man eine Gesamtheit von n-stelligen Beziehungen zwischen den Elementen. $n = 1$ kennzeichnet Teilräume, $n = 2$ Relationen, $n = 3$ Verknüpfungen, ...; $n = 0$ ist der Grenzfall einer fertigen Aussage, etwa zur Mächtigkeit. Die Beziehungen können reelle, komplexe oder anderswertige Parameter enthalten.

1) *Folgenräume*

1.1) $R^n := \{f \mid f = (x_1, x_2, \ldots, x_n); \text{reell oder komplex}\}$

p-Norm $(1 \le p < \infty) : \|f\| =: \left(\sum\limits_{i=1}^{N} |x_i|^p \right)^{1/p}$

$p = \infty : \|f\| := \max\limits_{i=1,\ldots,n} |x_i|$

1.2) Inneres Produkt: $\langle f_1 \mid f_2 \rangle := \sum\limits_{i=1}^{n} \overline{x}_i^{(1)} x_i^{(2)}$

macht R^n linear, unitär, vollständig, endlich-dimensional.
Verallgemeinertes Inneres Produkt:

$\langle f_1 \mid f_2 \rangle := \sum\limits_{i,j=1}^{n} \overline{x}_i^{(1)} a_{ij} x_j^{(2)} \quad (a_{ij} = \overline{a_{ji}}, \text{positiv definit})$

1.3) $K :=$ Körper der komplexen Zahlen

Metrik: $\rho(z_1, z_2) := |z_1 - -z_2|$

oder: $\rho(z_1, z_2) := \dfrac{|z_1 - z_2|}{1 + |z_1 - z_2|}$

oder: $\rho(z_1, z_2) := \dfrac{|z_1 - z_2|}{\sqrt{(1 + |z_1|^2)(1 + |z_2|^2)}}$ (chordaler Abstand)

oder: $\rho(z_1, z_2) = \psi(|z_1 - z_2|)$ mit ψ konvex, monoton wachsend, d. h.
$\psi(x)$ reell, $x \in [0, \infty), \psi(0) = 0$,
$\psi'(x) > 0, \psi''(x) \le 0$.

1.4) $s := \{f \mid f = (x_1, x_2, \ldots, x_n, \ldots); x_i \in K\}$

Metrik: $\rho(f_1, f_2) := \sum\limits_{i=1}^{\infty} \dfrac{1}{2^i} \dfrac{\left| x_i^{(1)} - x_i^{(2)} \right|}{1 + \left| x_i^{(1)} - x_i^{(2)} \right|}$

1.5) $l_p := \{f \mid f = (x_1, x_2, \ldots, x_n, \ldots); x_i \in K; \sum\limits_{i=1}^{\infty} |x_i|^p < \infty; 1 \le p < \infty\}$

p-Norm: $\|f\| := \left(\sum\limits_{i=1}^{\infty} |x_i|^2 \right)^{1/p}$

1.6) Inneres Produkt ($p = 2$): $\langle f_1 | f_2 \rangle := \sum\limits_{i=1}^{\infty} \overline{x}_i^{(1)} x_i^{(2)}$ macht l_2 zum unitären, vollständigen Raum; separabel

1.7) $l_{\mathfrak{a},2} := \{ f | f = \{x_a\}; a \in \mathfrak{a}; a_a \in K;$ jedes f habe höchstens abzählbar viele $x_a \neq 0; \sum\limits_{a \in \mathfrak{a}} |x_a|^2 < \infty \}$

$\mathfrak{a}$:　　　　　　　　　Indexmenge beliebiger Mächtigkeit; Dimension gleich dieser Mächtigkeit.

Inneres Produkt: $\langle f_1 | f_2 \rangle = \sum\limits_{a \in \mathfrak{a}} \overline{x}_a^{(1)} x_a^{(2)}$

1.8) $\mathcal{A} := \{ (A_{ij}) | A_{ij} \in K; i, j = 1, 2, \ldots n; n < \infty$ oder $n = \infty$ falls $\sum\limits_{i,j=1}^{\infty} |A_{ij}|^2 < \infty) \}$

Inneres Produkt: $\left\langle \left(A_{ij}^{(1)} \right) \middle| \left(A_{ij}^{(2)} \right) \right\rangle =: \sum\limits_{i,j=1}^{n} \overline{A}_{ij}^{(1)} A_{ij}^{(2)}$

2) *Funktionenräume*

2.1) $C(a,b) := \{ f | f(x); x \in [a,b]; f$ komplexwertig; f stetig in $[a,b] \}$

Norm: $\|f\| := \max\limits_{a \leq x \leq b} |f(x)|$

Sind a und b endlich: $\langle f | g \rangle := \int\limits_{a}^{b} \overline{f(x)} g(x) \mathrm{d}x$　Inneres Produkt

2.2) $C^l(E) := \{ f | f(x); x \in E; E$ abgeschlossen; f komplexwertig; $f(x), f'(x), \ldots, f^{(l)}(x)$ stetig in $E \}$

2.3) $C_0^l(E) := \{ f | f(x) \in C^l(E)$ und f hat einen kompakten Träger in $E \}$

Ist außerdem l endlich: $\|f\| := \max\limits_{\substack{x \in E \\ 0 \leq i \leq l}} |\partial^i f(x)|,$

$\|f\| := \sum\limits_{i=0}^{l} \max\limits_{x \in E} |\partial^i f(x)|$ sind Normen.

Inneres Produkt: $\langle f | g \rangle =: \int\limits_{E} \overline{f(x)} g(x) \mathrm{d}x$

2.4) $\mathcal{S} := \{ f | f(x) \in C^{\infty}(R^n); \max\limits_{x} |x^j \partial^i f(x)| < \infty \}$

Norm:　　　　　　$\|f\|_{i,j} := \max\limits_{x} |x^j \partial^i f(x)|$

Norm-Familie: $\{ \|f\|_{ij}, (i,j) \equiv n = 0, 1, 2, \ldots \}$

Norm-Familie in einer Metrik zusammengefasst:

$\rho(f,g) := \sum\limits_{n=0}^{\infty} \frac{1}{2^n} \frac{\|f - g\|_n}{1 + \|f - g\|_n}$

2.5) $\mathcal{D} := C_0^{\infty}(R^n)$, normiert durch

Norm-Familie $\{ \|f\|_{i,j} := \max\limits_{x \in K_j} |\partial^i f(x)| \}$, wobei K_j geschachtelte Kompakta

Zusammenfassung zu einer Metrik wie bei 2.4).

2.6) $\mathcal{E} := C^\infty(R^n)$, Norm analog $\mathcal{D}$

2.7) $\mathcal{L}_2(E) := \{f \,|\, f(x)$ komplexwertig; messbar über Maßraum $(E, \mathcal{F}, \mu)$; $\int_E |f|^2 \mathrm{d}\mu < \infty$; f gefasert nach Klassen, d. h. alle f, die sich nur auf einer Menge vom Maße 0 unterscheiden, werden zu einer Faser (f) zusammengefasst$\}$

Inneres Produkt: $\langle f|g\rangle := \int_E \overline{f} g \,\mathrm{d}\mu$

linear, unitär, vollständig, separabel, sofern $(E, \mathcal{F}, \mu)$ das ist.

Der Funktionenraum L_2 **3**

3.1 Definition des $\mathcal{L}_2$

Wegen der besonderen Wichtigkeit für die Anwendungen wollen wir den Raum der Funktionen $f(x)$, der mittels des Integrals unitär gemacht ist, etwas genauer untersuchen. Wir erinnern uns zunächst an seine Definition in 2.4.2.d) in Abschn. 2.4.2:

$\mathcal{L}_2(E) = \{f | f = \text{Faser äquivalenter Funktionen } (f(x)), f(x) \text{ komplexwertig über dem}$ Maßraum $(E, \mathcal{F}, \mu), \int |f(x)|^2 \mathrm{d}\mu(x) < \infty, \langle f | g \rangle = \int \bar{f} g \mathrm{d}\mu\}$.

Wir betrachten in diesem Abschnitt in der Regel als Grundraum E die reelle Achse R oder endliche Intervalle aus R und als Maßraum den lebesgueschen, der insbesondere den Intervallen als Maß ihre Länge zuordnet. Man kann aber statt der reellen Achse als Definitionsbereich von $f(x)$ auch den reellen R^n wählen. Eine ausführlichere und weiterführende Untersuchung der hier behandelten Themen ist Inhalt der Theorie der reellen Funktionen, siehe z. B. *Natanson*, 1961, oder *Royden*, 1963.

3.2 In $\mathcal{L}_2$ dichte Funktionenklassen

Um uns den praktischen Umgang mit den messbaren Funktionen, die als Vertreter der Hilbertraumelemente $f \in \mathcal{L}_2$ in Frage kommen, zu erleichtern, überlegen wir uns zunächst einmal, durch welche viel einfacheren Funktionen g wir ein beliebiges Hilbertraumelement f hinreichend gut approximieren können. In der Praxis genügt oft die Verwendung solcher einfacheren $g(x)$; bei der Besprechung des Definitionsbereiches von Operatoren *muss* man sich manchmal sogar auf solche beschränken, s. u. Dabei sei nochmals daran erinnert, wie man etwa die Aussage zu interpretieren hat, $f \in \mathcal{L}_2$ könne durch eine differenzierbare Funktion $g(x)$ angenähert werden: Es gibt eine Äquivalenzklasse $g \in \mathcal{L}_2$, die einen differenzierbaren Vertreter $g(x)$ enthält, sodass $\|f - g\|^2 = \int |f - g|^2 \mathrm{d}\mu$ hinreichend klein ist. Das heißt, es handelt sich um eine Approximation im Mittel!

S. Großmann, *Funktionalanalysis*, DOI 10.1007/978-3-658-02402-4_3,
© Springer Fachmedien Wiesbaden 2014

Übersicht

Folgende Funktionenklassen sind dicht in $\mathcal{L}_2$

1) Die Menge der messbaren, beschränkten, nur in einem endlichen (evtl. individuell verschiedenen) Intervall von Null verschiedenen Funktionen.
2) Die Menge der summablen ⇔ absolut-summablen Funktionen.
3) Die Menge der einfachen Stufenfunktionen.
4) Die Menge der unendlich oft differenzierbaren komplexwertigen Funktionen mit kompaktem Träger (der evtl. individuell verschieden ist), d. h. C_0^∞ liegt dicht in $\mathcal{L}_2$, natürlich auch C_0^l mit $0 \leq l < \infty$, insbesondere:
5) Die Menge der stetigen Funktionen aus $\mathcal{L}_2$, d. h. $C \cap \mathcal{L}_2$ ist dicht in $\mathcal{L}_2$; ebenso $C^l \cap \mathcal{L}_2$.
6) $\mathcal{S}$ ist dicht in $\mathcal{L}_2$, d. h. die beliebig differenzierbaren, hinreichend stark abfallenden Funktionen.
7) Die Menge der Polynome $P_n(x)$ im endlichen Intervall; auf R nehme man die $\chi_N(x) \cdot P_n(x)$ mit $\chi_N(x) = 0$ außerhalb $\pm N$.
8) Die Menge der absolut stetigen Funktionen aus $\mathcal{L}_2$.

Dabei sind alle Aussagen stets so zu verstehen, dass die Näherungsfunktionen tatsächlich aus $\mathcal{L}_2$ stammen. Denn z. B. nicht jede stetige Funktion liegt ja in $\mathcal{L}_2(-\infty, +\infty)$, usw.

Wir überlegen uns die Richtigkeit dieser Aussagen. Es genügt offenbar, reellwertige Funktionen zu betrachten, da

$$\|f - g\|^2 = \int |f - g|^2 \mathrm{d}\mu = \int |\mathrm{Re}(f - g)|^2 \mathrm{d}\mu + \int |\mathrm{Im}(f - g)|^2 \mathrm{d}\mu.$$

Stets sei mit f ein beliebiges Hilbertraumelement und mit g ein Vertreter der approximierenden Funktionen-Klasse 1) bis 7) bezeichnet.

Zu 1) Die Funktionen

$$g_N(x) =: \begin{cases} f(x) & \text{wenn} \quad x \in [-N, N] \quad \text{und} \quad |f(x)| \leq N \\ 0 & \text{sonst} \end{cases}$$

gehören offensichtlich zu der genannten Funktionenmenge. Da $f \in \mathcal{L}_2$ ist $|f|^2 = \infty$ höchstens auf einer Menge vom Maß Null, d. h.

$$|f(x) - g_N(x)|^2 \to 0 \quad \text{f. ü. mit } N \to \infty.$$

Ferner ist $|f(x) - g_N(x)|^2 \leq |f(x)|^2$. Nach dem lebesgueschen Satz (2.46) über die Vertauschbarkeit von Limes und Integral ist somit

$$\int |f - g_N(x)|^2 \mathrm{d}\mu = \|f - g_N\|^2 \to 0.$$

Zu 2) Folgt aus 1), da die summablen Funktionen höchstens mehr sind.

Zu 3) Einfache Stufenfunktionen sind

$$g(x) = \sum_{i=1}^{n} a_i \chi(F_i), \quad \chi(F_i) \text{ charakteristische Funktionen auf } F_i.$$

Da wir die Dichtheit der messbaren, beschränkten, außerhalb einer endlichen Menge E_0, verschwindenden $\tilde{g}$ schon wissen, genügt es, solche einfacheren Funktionen $\tilde{g}$ des Typus 1) durch einfache Stufenfunktionen g zu approximieren, denn

$$\|f - g\| \le \|f - \tilde{g}\| + \|\tilde{g} - g\|. \tag{3.1}$$

Machen wir nun eine Intervallzerlegung auf der Ordinate zwischen den Beschränkungszahlen $\pm C$, so wähle man etwa die a_i in den einfachen Stufenfunktionen als diejenigen der Zerlegung $\mathfrak{z}$ und die F_i als

$$F_i = \{x | x \in E_0, \mu(E_0) < \infty, a_i \le \tilde{g}(x) < a_{i+1}\}.$$

Dann ist $|\tilde{g}(x) - g_{\mathfrak{z}}(x)| \le \varepsilon$, wobei $\varepsilon := \max|a_{i+1} - a_i|$. Es folgt, dass $\|\tilde{g} - g_{\mathfrak{z}}\|^2 \le \varepsilon^2 \mu(E_0) \to 0$ bei hinreichend feiner Intervalleinteilung $\mathfrak{z}$.

Zu 4) Dieses ist eine sehr nützliche Tatsache, von der wir noch oft Gebrauch machen werden! Für den Beweis genügt es, eine einfache Stufenfunktion durch eine beliebig oft differenzierbare Funktion anzunähern, da wir wiederum gemäß (3.1) schließen können, wenn $\tilde{g}$ als Stufenfunktion und g als differenzierbare Funktion gewählt wird. Es genügt sogar, einen einzigen Summanden, ja ein $\chi(E_0)$ zu approximieren, siehe Abb. 3.1, mit einem Intervall als E_0. Wie zu 1) und zu 3) führen wir den Beweis konstruktiv.

Die $g_\nu(x)$ nach Abb. 3.1 mit

$$u_\nu(x) = \frac{\displaystyle\int_{a+\frac{c}{\nu}}^{x} \exp\left\{-\frac{1}{\xi - \left(a + \frac{c}{\nu}\right)} + \frac{1}{\xi - \left(a + \frac{d}{\nu}\right)}\right\} d\xi}{\displaystyle\int_{a+\frac{c}{\nu}}^{a+\frac{d}{\nu}} \exp\left\{-\frac{1}{\xi - \left(a + \frac{c}{\nu}\right)} + \frac{1}{\xi - \left(a + \frac{d}{\nu}\right)}\right\} d\xi}, \quad a + \frac{c}{\nu} \le x \le a + \frac{d}{\nu} \tag{3.2}$$

leisten alles Gewünschte: $u_\nu\left(a + \frac{c}{\nu}\right) = 0$, $u_\nu\left(a + \frac{d}{\nu}\right) = 1$, $u_\nu(x)$ ist beliebig oft differenzierbar, weil $e^{-1/\xi}$ das ist, und bei $a + \frac{c}{\nu}$ bzw. $a + \frac{d}{\nu}$ sind alle Ableitungen Null. Evidenterweise ist auch $\|\chi - g_\nu\| \to 0$, da die Restfläche verschwindet.

Waren die Beweise zu 1) und 3) auch im R^n unmittelbar klar, so beachte man hier, dass ein Funktionenprodukt $g_\nu(x_1, \ldots, x_\nu) = g_\nu(x_1) \cdots g_\nu(x_\nu)$ den konstruktiven Beweis zu führen erlaubt.

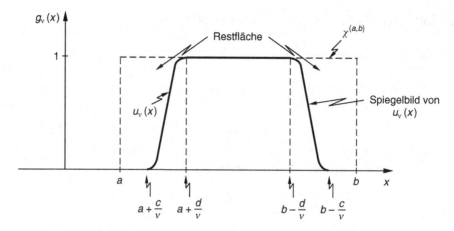

Abb. 3.1 Approximation der charakteristischen Funktion auf dem Intervall $[a, b]$ durch beliebig oft differenzierbare Funktionen. Man könnte hier speziell $c = 0$ und $d = 1$ wählen. $u_n(x)$ wird durch (3.2) gegeben, der restliche Verlauf von $g_n(x)$ ist aus der Figur ersichtlich

Zu 5) Da die in $\mathcal{L}_2$ liegenden stetigen Funktionen die Menge C_0^∞ umfassen, letztere gemäß 4) aber schon in $\mathcal{L}_2$ dicht liegen, tun das die stetigen Funktionen erst recht. Damit ist übrigens der Beweis nachgeholt, dass die Vervollständigung des unitären Raumes der stetigen Funktionen $\mathcal{L}_2$, ergibt, siehe oben, Abschn. 2.5.4.

Zu 6) Wir hatten gesehen (siehe 2.3.2.c)), dass $C_0^\infty \subset \mathcal{S}$ Da C_0^∞ schon dicht liegt in $\mathcal{L}_2$, da tut es also $\mathcal{S}$ erst recht. Dabei sei nochmals ausdrücklich erwähnt, dass „dicht liegen" bezügl. der Integralnorm gemeint ist. Mit dem Integral unitarisiert ist $\mathcal{S}$ nicht abgeschlossen, wohl aber mit der oben erwähnten Normfamilie.

Zu 8) Die absolut stetigen Funktionen in $\mathcal{L}_2$ umfassen z. B. diejenigen aus C_0^1; letztere liegen dicht, erstere also erst recht.

▹   Dieses Argument setzt die Kenntnis absolut stetiger Funktionen voraus. Da sie uns noch oft begegnen werden, insbesondere im Zusammenhang mit Schrödingeroperatoren, wollen wir Definition und wichtigste Eigenschaften kurz aufführen (*Natanson*, 1961, Kap. 9; 13; *Royden*, 1963, S. 90ff; *Smirnow*, Bd. 5, III, S. 187ff.). Eine reellwertige Funktion $f(x)$ über dem Intervall $[a, b]$ heißt *absolut stetig*, wenn es zu jedem $\varepsilon > 0$ ein geeignetes $\delta = \delta(\varepsilon) > 0$ gibt, sodass

$$\sum_{i=1}^{n} |f(\xi_i) - f(\eta_i)| < \varepsilon \quad \text{wenn} \quad \sum_{i=1}^{n} |\xi_i - \eta_i| < \delta \tag{3.3}$$

für jede endliche, paarweise punktfremde Intervallmenge $\{(\xi_i, \eta_i)\}$, wobei $\xi_i > \eta_i$.

Da speziell $n = 1$ die Eigenschaft der Stetigkeit bedeutet, ist jede absolut stetige Funktion erst recht stetig. Das Umgekehrte gilt nicht, wie wir später sehen werden. Absolute Stetigkeit ist folglich eine *strengere* Eigenschaft. In (3.3) kann man übrigens auch $\left| \sum_{i=1}^{n} [f(\xi_i) - f(\eta_i)] \right| < \varepsilon$ schreiben, ohne die Definition zu ändern (Beweis als Übung).

Jede absolut stetige Funktion ist von beschränkter Variation. (Erinnerung an die Analysis: Eine Funktion $g(x)$ heißt „von beschränkter Variation", wenn für jede beliebige Intervall-Einteilung $a = x_0 < x_1 < x_2 < \ldots < x_{n-1} < x_n = b$ die folgende Summe beschränkt ist, $\sum_i |g(x_{i+1} - g(x_i)| \leq C$.)

Da jede Funktion $f(x)$ von beschränkter Variation als Summe zweier monotoner Funktionen darstellbar ist, letztere aber f. ü. differenzierbar sind, folgt:
Jede absolut stetige Funktion ist f. ü. differenzierbar; $f'(x)$ ist sogar summabel ($\Rightarrow$ f. ü. endlich). (Dieser Satz ist nicht etwa umzukehren; man denke an einfache Stufenfunktionen.) Die Ausnahmepunkte sind jedoch nicht etwa Sprungpunkte wie bei monotonen Funktionen; solche gibt es ja im betrachteten Fall wegen der Stetigkeit nicht. Vielmehr kann man eben den stetigen Teil einer monotonen Funktion eindeutig in einen absolut stetigen und einen singulär stetigen zerlegen. (Eine Funktion heißt singulär stetig, wenn sie nicht-konstant stetig von endlicher Variation ist, ihre Ableitung aber f. ü. Null ist. Beispiel: *Natanson*, 1961, Kap. 8, § 2, S. 239.; *Smirnow*, V, S. 203ff.)

Eine Funktion ist d. u. n. d. absolut stetig, wenn sie als unbestimmtes Integral über eine summable Funktion darstellbar ist, sogar als unbestimmtes Integral der eigenen Ableitung:

$$f(x) \text{ absolut stetig } \Leftrightarrow f(x) = f(a) + \int_a^x \varphi(\xi) d\mu(\xi),$$

$$\text{sogar } \varphi(x) = f'(x) \text{ f. ü.} \tag{3.4}$$

Dieses ist also die entscheidende Eigenschaft.

Hieraus erkennen wir, dass bei einer absolut stetigen Funktion aus $f'(x) = 0$ f. ü. zu schließen ist, dass $f(x) = $ const. Wüsste man die absolute Stetigkeit nicht, so folgte aus $f'(x) = 0$ f. ü. keineswegs, dass $f(x)$ konstant wäre! (Jede singulär stetige Funktion widerlegt das.)

Genau die absolut stetigen Funktionen gestatten also gemäß (3.4) die klassische Umkehrung von Lebesgue-Integration und Differentiation.

Zum obigen Satz über die f. ü. vorhandene Ableitung gilt eine abgewandelte Umkehrung (*Natanson*, Kap. 9, § 7): Existiert von einer Funktion $f(x)$ die Ableitung *überall* und ist endlich sowie summabel, so ist f absolut stetig.

Zur Ausdehnung dieses Konzepts auf mehrdimensionale Grunräume formen wir (3.4) um:

$$f(x) - f(a) = \int_{[a,x]} \varphi(\xi) d\mu(\xi) = \int \varphi(\xi) \chi_{[a,x]}(\xi) d\mu(\xi). \tag{3.4'}$$

In dieser Form sind zwei Verallgemeinerungen leicht ersichtlich.

1. Statt eines Intervalls kann man auch eine beliebige messbare Menge $F \in \mathcal{F}$ wählen und erhält eine Mengenfunktion

$$f(F) := \int_F \varphi \mathrm{d}\mu \equiv \int \varphi \chi_F \mathrm{d}\mu. \tag{3.5}$$

2. Ferner ist dieses *unbestimmte Integral der summablen Funktion* φ *über die messbare Menge* F auch in beliebigen Maßräumen eine wohldefinierte Bildung. Ist aber speziell F ein Intervall $[a, b]$, so gilt nach (3.4') $f([a, b]) = f(b) - f(a)$.

Die *Mengenfunktion* $f(F)$ ist additiv (d. h. $f\left(\bigcup_i F_i\right) = \sum_i f(F_i)$ für punktfremde F_i) und absolut stetig; letzteres wird so verallgemeinert:

Definition
Eine über den messbaren Mengen $F \in \mathcal{F}$ definierte Mengenfunktion $f(F)$ heiße absolut stetig, wenn $|f(F)| < \varepsilon$, sofern nur $\mu(F) < \delta = \delta(\varepsilon)$.

▸ Diese Definition stimmt im Spezialfall endlich vieler eindimensionaler punktfremder Intervalle $\{(\xi_i, \eta_i)\}$ mit der obigen überein (weil $\mu(F) = \sum_i |\eta_i - \xi_i|$ und $|f(F)| = \left|\sum_i [f(\eta_i) - f(\xi_i)]\right|$), ist aber allgemeiner anwendbar.

Auch mit dieser allgemeineren Definition kann man in beliebigen Maßräumen den Zusammenhang zwischen absolut stetigen Mengenfunktionen und unbestimmten Integralen klären (*Natanson*, 1961, Kap. 13, § 2; Kap. 17, § 6):
Wenn $\mu(E) < \infty$, ist die Klasse der additiven und absolut stetigen Mengenfunktionen mit der Klasse der unbestimmten Integrale über E-summable Funktionen φ identisch.
Sei $\mu(E)$ beliebig, aber σ-finit: Jede additive und absolut stetige Mengenfunktion lässt sich als unbestimmtes Integral ihrer Ableitung schreiben. Die Klasse der absolut stetigen und σ-additiven Mengenfunktionen, die für alle messbaren Mengen mit $\mu(F) < \infty$ definiert sind, ist identisch mit der Klasse der unbestimmten Integrale über eine messbare Funktion φ, die über jedes F mit endlichem Maß summabel ist. Genau dann ist $f(F)$ dieses Typs beschränkt, wenn $f(F)$ unbestimmtes Integral einer über E summablen Funktion φ ist.
Wenn die Mengenfunktion $f(F)$ die Eigenschaften eines Maßes hat, drücken sich die genannten Resultate aus in dem (siehe z. B. *Halmos*, 1950, S. 128ff)

Satz (von Radon-Nikodym)

Sei $(E, \mathcal{F}, \mu)$ ein σ-finiter Maßraum und ν ein Maß über $\mathcal{F}$, welches bezüglich μ absolut stetig ist (d. h. aus $\mu(F) = 0 \Rightarrow \nu(F) = 0$). Dann existiert eine nicht-negative messbare Funktion φ, sodass

$$\nu(F) = \int_F \varphi \mathrm{d}\mu.$$

φ ist bis auf μ-Äquivalenz eindeutig durch $\nu(F)$ bestimmt.

Zu 7) Dies ist der Inhalt des aus der Analysis bekannten Approximations-Satzes von Weierstraß.

Satz (Approximationssatz von Weierstraß)

Jede in einem *endlichen* Intervall *stetige* Funktion kann in diesem Intervall *gleichmäßig* im Sinne der gewöhnlichen Konvergenz durch ein Polynom approximiert werden.

Das heißt, für $f(x)$ stetig in $[a, b]$ gibt es $a_i \in K, n$, sodass $\left| f(x) - \sum_{i=1}^{n} a_i x^i \right| < \varepsilon$ für *alle* $x \in [a, b]$. Aus dieser gleichmäßigen Konvergenz folgt aber (im vorliegenden Falle eines endlichen Intervalles) erst recht diejenige im Mittel (nicht umgekehrt!):

$$\|f - g_n\|^2 = \int_a^b |f(x) - g_n(x)|^2 \mathrm{d}\mu(x) < \varepsilon^2 \mu([a, b]) \to 0.$$

Ein beliebiges $f \in \mathcal{L}_2$ wird nun zuerst durch ein $\tilde{g} \in C_0$ genähert und $\tilde{g}$ durch ein Polynom, wobei wieder (3.1) verwendet wird.

3.3 Vollständige Orthonormalsysteme in $\mathcal{L}_2$

3.3.1 Polynom-verwandte Systeme

a) Aus dem Approximationssatz von *Weierstraß* schließen wir, dass in $\mathcal{L}_2(a, b)$ die Funktionenmenge $\{1, x, x^2, \dots\}$ eine vollständige Menge ist, d. h. die zugehörige lineare Hülle in $\mathcal{L}_2$ dicht liegt. Mithilfe des E. Schmidtschen Orthogonalisierungsverfahrens bekommt man hieraus folglich ein v. o. n. S. in $\mathcal{L}_2(a, b)$. Speziell für $a = -1$, $b = 1$ erhält man die

$$\textit{Legendre-Polynome} \quad P_l(x) = \sqrt{\frac{2l + 1}{2}} \frac{(-1)^l}{2^l l!} \frac{\mathrm{d}^l}{\mathrm{d}x^l} (1 - x^2)^l, \; l = 0, 1, 2, \dots. \quad (3.6)$$

Die P_l bilden also ein vollständiges Orthonormalsystem auf dem Intervall $[-1, +1]$! Allgemeiner erhält man

$$c_l \frac{\mathrm{d}^l}{\mathrm{d}x^l}[(a-x)(b-x)]^l. \tag{3.6'}$$

b) In $L_2, (-\infty, +\infty)$ induziert die Funktionenmenge $e^{-x^2/2}\{1, x, x^2, \dots\}$ ein v. o. n. S. Es lautet $\varphi_n(x) = e^{-x^2/2}H_n(x)$, $\langle \varphi_n | \varphi_m \rangle = \delta_{nm}$, mit den

$$\text{hermiteschen Polynomen} \quad H_n(x) := \frac{(-1)^n}{\sqrt{2^n n!}\sqrt{\pi}} e^{x^2} \frac{\mathrm{d}^n}{\mathrm{d}x^n} e^{-x^2}, \quad n = 0, 1, 2, \dots. \tag{3.7}$$

c) In $L_2(0, \infty)$ kann man als Abschneidefunktion $e^{-x/2}$ wählen. Man erhält ein v. o. n. S. $\varphi_n(x) = e^{-x/2}L_n(x)$, $n = 0, 1, 2, \dots$ mit den

$$\text{laguerreschen Polynomen} \quad L_n(x) = \frac{1}{n!} e^x \frac{\mathrm{d}^n}{\mathrm{d}x^n}\left(x^n e^{-x}\right). \tag{3.8}$$

Dieser Fall geht aus dem vorigen durch die Substitution $x^2 = \xi$ hervor. Der Nachweis genügte also für b) oder c). Da er ganz ähnlich verläuft wie der sogleich für die trigonometrischen Polynome zu schildernde, sei er als Übung dem Leser überlassen.

▸ **Bemerkung** Durch die explizite Angabe von abzählbaren v. o. n. S. in L_2 erkennen wir nochmals die schon erwähnte Separabilität des L_2 mit dem lebesgueschen Maßraum. Dass gerade dieser vorliegt, ist beim Nachweis der Vollständigkeit verschiedentlich benutzt worden, z. B. durch Verwendung von Stufenfunktionen auf Intervallen zu 3). Dort ist auch die Gleichheit mit dem Riemann-Integral ausgenutzt worden, um $g_n \Rightarrow f$ zu erkennen. Die Potenzen x^n sind über $[a, b]$ auch dann noch vollständig, wenn der Maßraum durch eine Verteilungsfunktion $\mu(x)$ erzeugt wird, da dann alle Überlegungen übertragbar sind. Im unendlichen Intervall gilt das nicht unbedingt (Gegenbeispiel: siehe *Achieser-Glasmann*, 1954, § 12). Ist speziell die Verteilungsfunktion μ absolut stetig, so erhält man die Orthonormalitätsrelationen mit dem lebesgueschen Maß und der Gewichtsfunktion $\mu'(x)$. Zum Beispiel kann man e^{-x^2} als Gewichtsfunktion der hermiteschen Polynome in $L_2(-\infty, +\infty)$ ansehen usw.

3.3.2 Trigonometrische Funktionen

Im endlichen Intervall $[0, a]$ bilden folgende trigonometrische Funktionensysteme v. o. n. S.: (Die Orthonormalität ist wohl klar, die Vollständigkeit zu beweisen.)

a)

$$\varphi_n(x) := \frac{1}{\sqrt{a}} e^{2\pi i \frac{x}{a} n}, \quad n = 0, \pm 1, \pm 2, \dots \tag{3.9}$$

b)

$$\frac{1}{\sqrt{a}}, \ \sqrt{\frac{2}{a}} \cos 2\pi \frac{x}{a} n, \ \sqrt{\frac{2}{a}} \sin 2\pi \frac{x}{a} n, \quad n = 1, 2, 3, \dots \tag{3.10}$$

c)

$$\sqrt{\frac{2}{a}} \sin \pi \frac{x}{a} n, \quad n = 1, 2, 3, \dots \tag{3.11}$$

d)

$$\frac{1}{\sqrt{a}}, \ \sqrt{\frac{2}{a}} \cos \pi \frac{x}{a} n, \quad n = 1, 2, 3, \dots \tag{3.12}$$

e) Im R^3 ist im Würfel mit der Kantenlänge a ein v. o. n. S., gegeben durch

$$\varphi_{\mathbf{n}}(\mathbf{r}) = \frac{1}{a^{\frac{3}{2}}} e^{i\mathbf{k}_n \cdot \mathbf{r}} \ \text{mit} \ \mathbf{k}_n = \frac{2\pi}{a} \mathbf{n}, \ \mathbf{n} = (n_1, n_2, n_3), \ n_i = 0, \pm 1, \dots \tag{3.13}$$

Wegen der großen Wichtigkeit der Entwicklung nach den trigonometrischen Funktionen in physikalischen Anwendungen, der Fourier-Reihenentwicklung, wollen wir die Vollständigkeit der obigen o. n. S. in $\mathcal{L}_2(0, a)$ beweisen. Wir tun es sogleich für (3.9); die anderen kann man leicht hierauf zurückführen. Denn:

Zu b): Aus den φ_n bilde man $\chi_0 := \varphi_0$ und für $n = 1, 2, \dots$

$$\chi_n^{\pm} =: \frac{1}{\sqrt{2}} (\varphi_n \pm \varphi_{-n}). \ \text{Dann ist} \ \left\langle \chi_n^{\eta} \middle| \chi_{n'}^{\eta'} \right\rangle = \delta_{nn'}, \ \delta_{\eta\eta'} \ \text{mit} \ \eta = +, -,$$

d. h. die in (3.10) explizit hingeschriebenen χ_n sind ein o. n. S. Drückt man die φ_n rückwärts wieder durch die χ_n^{η} aus, sieht man auch die Vollständigkeit, da beide Funktionensysteme die gleiche lineare Hülle haben.

Zu c), d): Sei $f(x)$ über $[0, a]$ gegeben. Wir betrachten f dann einfach über dem größeren Intervall $[-a, +a]$, indem wir f *willkürlich* auf $[-a, 0]$ fortsetzen, und zwar ungerade für den Beweis von c) und gerade für den Beweis von d). Im ersteren Falle braucht man nur die ungeraden Funktionen χ_n aus (3.10) zur Entwicklung in ganz $[-a, +a]$, im letzteren nur die geraden. Ersetzt man somit in (3.10) a durch $2a$, folgt (3.11) bzw. (3.12) als ausreichendes o. n. S. zur Entwicklung der in $[0, a]$ beliebigen messbaren Funktionen aus $\mathcal{L}_2$.

Nun der Vollständigkeitsbeweis *zu a)*: Dazu prüfen wir gemäß der Definition der Vollständigkeit nach, ob für ein $h \in \mathcal{L}_2(0, a)$ mit $\langle \varphi_n | h \rangle = 0$ zu folgern ist, dass $h = 0$. Sei also h

so, dass

$$\langle\varphi_n|h\rangle = \frac{1}{\sqrt{a}} \int_0^a e^{-2\pi i \frac{x}{a} n} h(x)\mathrm{d}\mu(x) = 0, \quad n = 0, \pm 1, \pm 2, \ldots \qquad (3.14)$$

Wäre $h(x)$ stetig, so könnte man diese Bedingung leicht weiter diskutieren. $h(x)$ als messbare Funktion kann aber allgemeiner sein. Daher bedienen wir uns eines typischen, später wiederholt zu benutzenden Tricks: Wir integrieren $h(x)$ (summabel![1]) auf zu einer absolut stetigen und folglich erst recht stetigen Funktion

$$H(x) := \int_0^x h(y)\mathrm{d}\mu(y) \quad \text{mit} \quad H(0) = H(a) = 0. \qquad (3.15)$$

Letzteres, weil $H(a) = \langle 1|h\rangle = 0$ nach Voraussetzung (3.14) für $n = 0$. Ferner (3.14) für $n \neq 0$ partiell integrieren: $\int_0^a e^{-2\pi i \frac{x}{a} n} H(x)\mathrm{d}x = 0$, da wegen (3.15) keine Randterme bleiben.

Über $n = 0$ kam man nichts sagen; $\int_0^a H(x)\mathrm{d}x =: C$ könnte ungleich Null sein. Weil aber $\langle\varphi_n|C\rangle = 0$ für $n \neq 0$, denn $C \sim \varphi_0 \perp \varphi_n$, folgt

$$\int_0^a e^{-2\pi i \frac{x}{a} n} \left(H(x) - \frac{C}{a} \right) \mathrm{d}x = 0, \quad n = 0, \pm 1, \pm 2, \ldots. \qquad (3.14')$$

Damit ist die zu (3.14) analoge Aussage, nun aber mit einer *stetigen* Funktion $\tilde{h}(x) =:$ $H(x) - C/a$ gewonnen, die sogar $\tilde{h}(0) = \tilde{h}(a)$ erfüllt. Auf diese können wir aber den Approximationssatz von *Weierstraß* anwenden, und zwar in der abgewandelten Form:

Satz

Eine in $[0, 2\pi]$ stetige und *periodische* Funktion ($f(0) = f(2\pi)$) lässt sich im Sinne der gewöhnlichen Konvergenz gleichmäßig durch ein trigonometrisches Polynom approximieren.

Dies zunächst einmal angewendet heißt, dass $\tilde{h}$ als Limes einer Folge $p_\nu(x) =$ $\sum_{n=-\nu}^{+\nu} a_n e^{2\pi i \frac{x}{a} n} \Rightarrow \tilde{h}(x)$ approximierbar ist; da (3.14') sagt, $\langle p_\nu|\tilde{h}\rangle = 0$, folgt $\|\tilde{h}\|^2 =$ $\langle\tilde{h}|\tilde{h} - p_\nu\rangle \leq \|\tilde{h}\| \, \|\tilde{h} - p_\nu\|$, also $\|\tilde{h}\| = 0$ oder $\|\tilde{h}\| \leq \|\tilde{h} - p_\nu\| < \varepsilon$, also auch 0. $\Rightarrow \tilde{h} = 0$. Man

---
[1] Für endliche Intervalle folgt aus $f \in L_2$ stets, dass $f \in L_1$, d. h. summabel ist. Denn nicht nur f, sondern auch 1 ist aus L_2; also ist das Innere Produkt $\langle 1|f\rangle$ bildbar. Es lautet aber $\langle 1|f\rangle = \int_a^b f\mathrm{d}\mu$.

Abb. 3.2 Zur Ableitung des
abgewandelten weierstraß-
schen Approximationssatzes

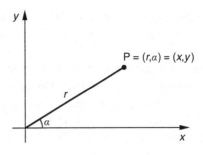

kann differenzieren, und da $\bar{h}$ absolut stetig ist, erhält man

$$0 = \frac{\mathrm{d}}{\mathrm{d}x}\bar{h}(x) = h(x), \quad \text{d.h.} \quad h = 0 \in \mathcal{L}_2, \quad \text{q.e.d.}$$

Holen wir noch die Rückführung der abgewandelten Form des Weierstraß-Satzes auf die ursprüngliche Aussage 7) aus Abschn. 3.2 nach: Statt $f(a)$ über $[0, 2\pi]$ stetig, periodisch, betrachten wir die von zwei Variablen r, a abhängige Funktion $rf(a) \equiv F(x, y)$, siehe Abb. 3.2.

Wegen der Stetigkeit *und* Periodizität von f ist sie stetig in $x = r \cos \alpha$, $y = r \sin \alpha$, ist also im endlichen ebenen Intervall durch ein Polynom in x, y zu approximieren. Insbesondere für $r = 1$ ist somit $f(\alpha) = F(\cos \alpha, \sin \alpha)$ näherungsweise ein trigonometrisches Polynom.

3.4 Fourierreihen

Die Vollständigkeit der $\varphi_n(x) = \dfrac{1}{\sqrt{a}} e^{2\pi i \frac{x}{a} n}$ im Hilbertraum $\mathcal{L}_2(0, a)$ bedeutet, dass man jede Funktion $f(x) \in \mathcal{L}_2, (0, a)$ durch eine Fourierreihe darstellen kann! $f = \sum a_i \varphi_i$ mit $a_i = \langle \varphi_i | f \rangle$, d.h. explizit geschrieben

$$\boxed{f(x) = \frac{1}{\sqrt{a}} \sum_{n=-\infty}^{+\infty} a_n e^{2\pi i \frac{x}{a} n} \quad \text{und} \quad a_n = \frac{1}{\sqrt{a}} \int_0^a e^{-2\pi i \frac{x}{a} n} f(x)\mathrm{d}x.} \tag{3.16}$$

Die aus der Vollständigkeit folgende parsevalsche Gleichung lautet

$$\boxed{\int_0^a |f(x)|^2 \mathrm{d}\mu(x) = \sum_{n=-\infty}^{+\infty} |a_n|^2.} \tag{3.17}$$

Da die Fouriersumme (3.16) offenbar über das Intervall $[0, a]$ hinaus periodisch fortgesetzt werden kann (mit der Periode a), ist die Entwicklung (3.16) auch für periodische Funktionen auf der ganzen Achse richtig. Die Gl. (3.16) ist eine Hilbertraumgleichung, braucht also *nicht* etwa punktweise für alle x zu gelten, sondern gilt i. Allg. nur f. ü. An einzelnen Punkten braucht entweder die Summe gar nicht zu existieren oder, selbst wenn sie existiert, nicht mit $f(x)$ identisch zu sein. Selbstverständlich *kann* $f(x)$ mit der Fouriersumme sogar punktweise übereinstimmen, letztere also die *Funktion* (und nicht nur die zugehörige Faser) darstellen. Ob dies der Fall ist, hängt von den Eigenschaften der Funktion $f(x)$ ab. Zum Beispiel ist bei der unstetigen Dirichletfunktion $f(x) = 1 - d(x)^2$ die Fouriersumme $\sum a_v \varphi_v = 1 + 0 \sin x + 0 \cos x + \ldots \equiv 1$ für alle x, obwohl $f(x) = 0$ auf den rationalen Punkten. Aber auch wenn $f(x)$ stetig ist, braucht die Fouriersumme nicht punktweise die Funktion darzustellen. *Hinreichend* hierfür ist allerdings folgendes Kriterium:

▸   *Konvergiert* die Fourierreihe einer *stetigen* Funktion in $[0, a]$ *gleichmäßig*, so stellt sie die Funktion punktweise dar.

Nämlich: Die gleichmäßige Konvergenz der Fourier-Partialsummen $s_m(x) =$ $\sum_{n=-m}^{+m} a_n \varphi_n(x)$, die ja stetig sind, hat zur Folge, dass auch der Limes $s_n(x) \to s(x)$ stetig ist. Folglich ist $f - s = 0 \in L_2$ eine stetige Funktion, also $f(x) = s(x)$ punktweise.

Bei einer *differenzierbaren periodischen* Funktion $f(x)$ konvergiert die Fourierreihe punktweise gegen $f(x)$. Ja: Eine stückweise glatte, periodische Funktion $f(x)$ (d. h. stetig und bis auf endlich viele Sprünge stetig differenzierbar) hat eine in allen Stetigkeitspunkten gleichmäßig konvergente Fourierreihe, die dort also die Funktion punktweise darstellt. An den Sprungstellen x_v hat die Fouriersumme (unabhängig von der Definition von f) den Wert $\frac{1}{2}(f(x_v + 0) - f(x_v - 0))$.

Weiteres siehe Spezialliteratur, z. B. *Sz.-Nagy*, 1965, S. 388 ff; *Meschkowski*, 1963, S. 30 ff, usw.

Über die Fülle von Anwendungen der Fourieranalyse bzw. der Reihenentwicklung nach v. o. n. S. in physikalischen Situationen braucht wohl kein Wort verloren zu werden!

3.5 Fourierintegral

Die Darstellung als Fouriersumme war für eine Funktion aus L_2 über einem *endlichen* Intervall bzw. bei periodischer Fortsetzung abgeleitet worden. Wie nun, wenn $f(x)$ *nicht* periodisch ist? Sofern f zwar über der ganzen Achse nichtperiodisch definiert ist, aber trotzdem aus $L_2(-\infty, +\infty)$ stammt (der Halbstrahl $(0, \infty)$ ist hierin enthalten), sollte man eine Fourierdarstellung erwarten, die aus derjenigen in $L_2(-a, +a)$ für $a \to \infty$ hervorgeht.

---

[2] Die Dirichletfunktion $d(x)$ ist definiert als $d(x) = 1$ falls x rational, $d(x) = 0$ falls x irrational; hier wird $f(x) = 1 - d(x)$ betrachtet. Es ist übrigens $d(x) = \lim_{m \to \infty} \left(\lim_{k \to \infty} [\cos(m!\pi x)]^{2k} \right)$.

Ohne weiteres geht das jedoch nicht, da in den

$$\varphi_v^{(a)} := \frac{1}{\sqrt{2a}} e^{ik_v x}, \quad k_v = 2\pi \frac{v}{2a}, \quad v = 0, \pm 1, \pm 2, \ldots$$

mit $a \to \infty$ offenbar kontinuierliche k-Werte angenommen werden, aber $e^{ikx} \notin \mathcal{L}_2(\infty)$ nicht quadratintegrabel im unendlichen Intervall ist!

Trotzdem kam man mathematisch einwandfrei die Umwandlung der diskreten Fourier-summe in ein Fourierintegral verfolgen, wenn man $a \to \infty$ betrachtet. Da dieser Prozess der Umwandlung einer Summe in ein Integral in der Physik häufig verwendet wird, soll er hier am Beispiel einer physikalisch wichtigen Anwendung vorgeführt werden.

Ausgangspunkt sind die Fourier-Entwicklungsgleichungen (2.16), (2.17). Da $\varphi_v^{(a)}$ mit $a \to \infty$ wegen $(2a)^{-\frac{1}{2}}$ offenbar gegen Null geht, ist es zweckmäßig, statt der Fourierkoeffizienten $\langle \varphi_v^{(a)}|f \rangle$ die Funktion F zu betrachten, die definiert ist als

$$\sqrt{\frac{a}{\pi}} \langle \varphi_v^{(a)}|f \rangle = \frac{1}{\sqrt{2\pi}} \int_{-a}^{+a} e^{-ik_v x} f(x) \mathrm{d}\mu(x) =: F(k_v; a). \tag{3.18}$$

Offenbar ist F bezgl. k sogar stetig zwischen den k_v zu interpolieren. (3.18) ist stets auszurechnen, da $e^{+ikx} \in \mathcal{L}_2(a)$ und $f(x) \in \mathcal{L}_2(\infty)$ vorausgesetzt wird (was uns ja gerade interessiert), also im endlichen Intervall sicher summabel ist (dann gilt $|f| \le \frac{1}{2}(1+|f|^2)$ und die rechte Seite *ist* summabel).

Ob allerdings $\lim_{a \to \infty} F(k; a) =: F(k)$ bei festem k ausgeführt werden kann, ist nicht gesagt! Das ist aber offenbar sicher dann der Fall, wenn $f(x)$ nicht nur aus $\mathcal{L}_2$, sondern auch noch über ganz R absolut-summabel ist: $\int_{-\infty}^{+\infty} |f|\mathrm{d}\mu < \infty$. Das wollen wir jedoch nicht voraussetzen. Dann muss der Limes von $F(k; a)$ zwar nicht existieren, *kann* es aber für geeignete k:

$$F(k) = \lim_{a \to \infty} \frac{1}{\sqrt{2\pi}} \int_{-a}^{a} e^{-ikx} f(x) \mathrm{d}\mu(x). \tag{3.19}$$

Die parsevalsche Gleichung lautet jetzt

$$\sum_v |\langle \varphi_v^{(a)}|f \rangle|^2 = \frac{\pi}{a} \sum_v |F(k_v; a)|^2 = \|f\|_a^2, \tag{3.20}$$

wobei $\|f\|_a$ die Norm im $\mathcal{L}_2(-a, +a)$ ist. Offenbar ist $\|f\|_a^2 \nearrow \|f\|^2 < \infty$. Die Summe interpretieren wir nun als Riemann-Summe der in k-stetigen Funktion $F(k; a)$, denn $\frac{\pi}{a}$ ist gerade der Abstand zwischen zwei k_v-Werten! Heuristisch also:

$$\sum_v |F(k_v; a)|^2 \Delta k_v \xrightarrow[a \to \infty]{} \int |F(k)|^2 \mathrm{d}\mu(k) = \|f\|^2 \equiv \int |f(x)|^2 \mathrm{d}\mu(x). \tag{3.21}$$

Da zwar $F(k;a)$ stetig ist, der Limes $F(k)$ aber natürlich nicht unbedingt, haben wir vorsichtshalber in (3.21) gleich das allgemeine Integral über k hingeschrieben. Denn (3.20) deutet schon an, dass die Summe offenbar durch $\|f\|^2$ beschränkt ist, also $F(k) \in L_2(\infty)$ zu erwarten ist!

Betrachten wir schließlich noch ähnlich heuristisch die Darstellung von $f(x)$ durch seine Fourierkoeffizienten:

$$
\begin{aligned}
f(x) &= \sum_v \varphi_v \langle \varphi_v | f \rangle = \frac{1}{\sqrt{2\pi}} \sum_v F(k_v, a) \frac{\pi}{a} e^{ik_v x} \\
&= \frac{1}{\sqrt{2\pi}} \sum_v F(k_v, a) e^{ik_v x} \Delta k_v \rightarrow \frac{1}{\sqrt{2\pi}} \int F(k) e^{ikx} \mathrm{d}\mu(k).
\end{aligned}
\tag{3.22}
$$

Wir müssen nun zeigen, dass die heuristisch betrachteten Limites auch alle durchführbar sind. Das ist tatsächlich möglich. Ehe wir es tun, fassen wir die Ergebnisse zum handlichen Umgang zusammen:

Satz (Fourierintegral)

Für jede Funktion $f(x) \in L_2(-\infty, +\infty)$ existiert die Fourier-(Integral-)Transformierte

$$
F(k) := \lim_{a \to \infty} \frac{1}{\sqrt{2\pi}} \int_{-a}^{+a} e^{-ikx} f(x) \mathrm{d}\mu(x) = \frac{\mathrm{d}}{\mathrm{d}k} \frac{1}{\sqrt{2\pi}} \int_{-\infty}^{\infty} \frac{e^{-ikx}-1}{-ix} f(x) \mathrm{d}\mu(x). \tag{3.23}
$$

$F(k)$ ist ebenfalls ein Element aus $L_2(-\infty, +\infty)$, und es gilt

$$
\|F\| = \|f\|. \tag{3.24}
$$

Es ist ferner die Rücktransformation stets durchführbar und lautet

$$
f(x) = \lim_{K \to \infty} \frac{1}{\sqrt{2\pi}} \int_{-K}^{+K} e^{ikx} F(k) \mathrm{d}\mu(k) = \frac{\mathrm{d}}{\mathrm{d}x} \frac{1}{\sqrt{2\pi}} \int_{-\infty}^{+\infty} \frac{e^{ikx}-1}{ik} F(k) \mathrm{d}\mu(k). \tag{3.25}
$$

Die Limites sind als Hilbertraumlimites zu verstehen, d. h. die Gleichungen sind Hilbertraumgleichungen, gelten also nicht notwendig punktweise, sondern fast überall. *Wenn* jedoch $f(x)$ zusätzlich noch in $L_1(-\infty, +\infty)$ liegt, dann existiert

$$
F(k) = \frac{1}{\sqrt{2\pi}} \int_{-\infty}^{+\infty} e^{-ikx} f(x) \mathrm{d}\mu(x)
$$

überall (Entsprechendes gilt bei der Rücktransformation).

Dieser sehr wichtige Satz garantiert also, dass im Hilbertraum L_2 stets die Fouriertransformation samt Rücktransformation durchgeführt werden kann. Bei der Anwendung in der Quantenphysik garantiert er die Unbedenklichkeit des Überganges von der Ortsdarstellung in die Impulsdarstellung und umgekehrt! Das ist schlechthin fundamental und lehrt wiederum, wie zweckmäßig es ist, Quantenzustände aus einem Hilbertraum wie $\mathcal{L}_2$ zu wählen. Bei anderer Wahl der Funktionenklasse besteht zwar immer noch die formale Symmetrie in den Formeln (3.23) und (3.25), nicht jedoch in den Voraussetzungen für $f(x)$ bzw. $F(k)$!

▸ **Beweis (der Fourier-Integralformeln)** Wir beginnen mit der Vorformel (3.20) im $\mathcal{L}_2(a)$, die wir als Riemannsumme gedeutet haben. Dagegen sprechen zunächst folgende Gründe: Nicht nur die Intervalleinteilung auf der k-Achse, k_ν, hängt von a ab, sondern auch noch die Funktion $F(k; a)$ selbst; die Intervalleinteilung läuft von $-\infty$ bis $+\infty$. Letzteres ist leicht zu verbessern, indem wir einfach alle k_ν außerhalb $[-K, +K]$ weglassen. Dabei ist K beliebig gewählt. Allerdings ist dann die parsevalsche Gleichung nur noch die besselsche Ungleichung. Die explizite Abhängigkeit von a in F beseitigen wir so: Gemäß (3.18) ist sie wegen der Integrationsgrenzen vorhanden. Schneiden wir also $f(x)$ bei einer willkürlichen Stelle b ab,

$$f_b(x) = \chi_{[-b,b]}(x)f(x),$$

so ist für alle $a \geq b$ die Funktion $F = F(k_\nu; b)$ nur durch die Intervalleinteilung k_ν abhängig:

$$\sum_{-K}^{+K} |F(k_\nu; b)|^2 \leq \|f_b\|^2 = \|f\|_b^2 \leq \|f\|. \tag{3.26}$$

$F(k; b) = \dfrac{1}{\sqrt{2\pi}} \langle e^{ikx} | f_b(x) \rangle$ ist als Inneres Produkt sicher stetig in k, d. h. die linke Seite von (3.26) ist bei festem K und b eine von der Intervalleinteilung unabhängige Riemannsumme; der Limes bei feiner werdender Intervalleinteilung existiert (stetige Funktion auf endlichem Intervall!) als Riemann-Integral:

$$\int_{-K}^{+K} |F(k; b)|^2 \mathrm{d}k \leq \|f\|_b^2 \leq \|f\|^2; \quad \text{für alle } K. \tag{3.27}$$

(In der ersten Umgleichung gilt $\leq$ gemäß (3.26).) Also ist $K \to \infty$ möglich (monotone, beschränkte Folge):

$$\int_{-\infty}^{\infty} |F(k; b)|^2 \mathrm{d}k \equiv \int_{-\infty}^{+\infty} \left| \frac{1}{\sqrt{2\pi}} \int_{-b}^{+b} e^{-ikx} f(x) \mathrm{d}\mu(x) \right|^2 \mathrm{d}k \leq \|f\|_b^2 \leq \|f\|^2 < \infty. \tag{3.28}$$

Dies garantiert, dass für jedes b die Funktionen $F(k; b)$ Hilbertraumelemente von $\mathcal{L}_2(\infty)$ sind. Kann man nun $b \to \infty$ ausführen? Punktweise ist das nicht zu beweisen. Wenn es aber geht, muss $F(k) = \lim\limits_{b\to\infty} F(k;b)$ offenbar $\in \mathcal{L}_2$ sein, weil F quadratsummabel ist. Als Hilbertraumlimes *muss* aber $F(k)$ tatsächlich existieren, denn die $F(k;b)$ sind eine in sich konvergente Folge:

$$\|F_{b_1} - F_{b_2}\|^2 = \int\limits_{-\infty}^{+\infty} dk \left| \int\limits_{-b_1}^{b_1} \ldots - \int\limits_{-b_2}^{b_2} \ldots \right|^2 = \int\limits_{-\infty}^{+\infty} dk \left| \frac{1}{\sqrt{2\pi}} \int\limits_{-b}^{b} e^{-ikx} f_{b_1 b_2}(x) d\mu(x) \right|^2 ,$$

wobei $b \geq b_1, b_2$ beliebig und $f_{b_1 b_2}(x) = 0$ außerhalb $[-b_1, -b_2]$, $[b_2, b_1]$. Mit (3.28): $\ldots \leq$ $\|f_{b_1 b_2}\|_b^2 = \|f_{b_1} - f_{b_2}\|^2 \searrow 0$.

Folglich existiert wegen der Vollständigkeit des $\mathcal{L}_2$ $\lim\limits_{b\to\infty} F(k;b) = F(k) \in \mathcal{L}_2$. Es ist

$$\sqrt{2\pi} F(k) = \lim\limits_{b\to\infty} \int\limits_{-b}^{+b} e^{-ikx} f(x) d\mu(x) = \lim\limits_{b\to\infty} \int\limits_{-b}^{+b} \frac{d}{dk}\left(\frac{e^{-ikx} - 1}{-ix} \right) f(x) d\mu(x). \text{ Bei endlichem}$$

b kann wegen der Stetigkeit des Inneren Produktes $\dfrac{d}{dk}$ herausgezogen werden; weil der erste Faktor unter dem Integral nun aber sogar $\mathcal{L}_2(\infty)$, darf man dann sogar $\lim\limits_{b\to\infty}$ ausführen. Somit ist (3.23) bewiesen.

Nun wird die Rücktransformation (3.25) gezeigt. Da ja soeben klar wurde, dass $F(k) \in \mathcal{L}_2(\infty)$, kann man selbstverständlich die Existenz des Ausdruckes φ, sogar $\in \mathcal{L}_2$, zeigen:

$$\sqrt{2\pi}\varphi(x) := \lim\limits_{K\to\infty} \int\limits_{-K}^{+K} e^{ikx} F(k) d\mu(k) = \frac{d}{dx} \int\limits_{-\infty}^{\infty} \frac{e^{ikx} - 1}{ik} F(k) d\mu(k).$$

Ist aber $\varphi(x) = f(x)$? Sowieso könnte dies nur f. ü. gelten und nicht notwendig punktweise. Daher benutzen wir wieder unseren bekannten Trick und integrieren einmal, um stetige Funktionen zu erhalten!

$$\int\limits_{0}^{x} \varphi(\xi) d\mu(\xi) = \int\limits_{0}^{x} d\mu(\xi) \frac{d}{d\xi} \frac{1}{\sqrt{2\pi}} \int\limits_{-\infty}^{+\infty} \frac{e^{ik\xi} - 1}{ik} F(k) d\mu(k)$$

$$= \frac{1}{\sqrt{2\pi}} \int\limits_{-\infty}^{+\infty} \frac{e^{ikx} - 1}{ik} F(k) d\mu(k).$$

Für $F(k)$ setzen wir nun seine Fourierdarstellung ein; wegen der Stetigkeit des Inneren Produktes kann man sogar $F(k;a)$ verwenden, wodurch eine endliche Integrationsgrenze entsteht. Daher darf man die Integrationsreihenfolge vertauschen (nacheinander betrachten wir $x > 0$ fest sowie $x < 0$ fest):

$$\ldots = \lim\limits_{a\to\infty} \lim\limits_{K\to\infty} \frac{1}{2\pi} \int\limits_{-K}^{+K} \frac{e^{ikx} - 1}{ik} d\mu(k) \int\limits_{-a}^{+a} e^{-iky} f(y) d\mu(y)$$

$$= \lim\limits_{a\to\infty} \lim\limits_{K\to\infty} \int\limits_{-a}^{+a} d\mu(y) f(y) \frac{1}{2\pi i} \int\limits_{-K}^{+K} \frac{e^{ik(x-y)} - e^{-iky}}{k} dk.$$

Das k-Integral lässt sich leicht mit dem Residuensatz auswerten und gibt (für den Fall $x > 0$)

1 wenn $0 < y < x$,

0 wenn $y < 0$ oder $x < y$.

Das heißt, wenn a hinreichend groß ist, integriert man bezüglich y sowieso nur von 0 bis x.

$$\Rightarrow \int\limits_0^x \varphi(\xi)\mathrm{d}\mu(\xi) = \int\limits_0^x f(y)\mathrm{d}\mu(y) \Rightarrow \varphi(x) = f(x) \text{ f.ü.}$$

Damit ist auch (3.25) bewiesen. Die letzte Formel, (3.24), sehen wir schnell ein. Wir haben ja die Abschätzung $\|F\|^2 \leq \|f\|^2$ wegen (3.28). Aus der schon bewiesenen Symmetrie folgt $\|f\|^2 \leq \|F\|^2$ q. e. d.

Bemerkt sei noch, dass statt des a-Limes natürlich auch $\int\limits_{a_1}^{a_2} \ldots$ mit verschiedenen Grenzen und $a_{1,2} \to \infty$ betrachtet werden kann. $\qquad\qquad\qquad\qquad\qquad\qquad\qquad\qquad\square$

Mithilfe der Fouriertransformation wird somit jedem $f \in \mathcal{L}_2$ ein $F \in \mathcal{L}_2$ zugeordnet; es wird auch jedes F erreicht, da die Rücktransformation möglich ist.

Schließlich sind die Längen (im Hilbertraum) vom Urbild f und Bild F gleich. Diese drei Eigenschaften charakterisieren (s. u. Abschn. 10.6) eine unitäre Abbildung von $\mathcal{H} \to \mathcal{H}$.[3] Aus der Unitarität der Abbildung folgt sogleich, dass auch Innere Produkte zwischen Funktionen und ihren Fouriertransformierten gleich sind:

$$\langle f|g \rangle = \langle F|G \rangle. \qquad\qquad (3.29)$$

Man kann dies aber auch direkt beweisen, indem man die Darstellbarkeit des Inneren Produktes durch die Norm beachtet, s. (2.31).

Besonders interessant ist die *Fouriertransformation von Funktionen f aus $\mathcal{S}$*, die ja stärker als jede Potenz abfallen, und die sowohl selbst als auch alle ihre Ableitungen stetig und beschränkt, also auch summabel sind. Dann existiert ja

$$F(k) = \frac{1}{\sqrt{2\pi}} \int\limits_{-\infty}^{+\infty} e^{-ikx} f(x)\mathrm{d}x \quad \text{punktweise,} \ f \in \mathcal{S}. \qquad\qquad (3.30)$$

---

[3] Oft beweist man daher auch den Fouriersatz mithilfe unitärer Operatoren; er heißt dann Plancherel-Satz und ist ein Spezialfall eines Satzes von *Bochner*. Siehe Literatur: *Sz.-Nagy*, 1965, Kap. 7.4; *Titchmarsh*, 1062, Kap. 3

Wegen der bezüglich k gleichmäßigen Konvergenz des Integrals ist $F(k)$ sogar stetig[4], ja sogar differenzierbar, und es ist

$$\frac{dF}{dk} = \frac{1}{\sqrt{2\pi}} \int\limits_{-\infty}^{+\infty} e^{-ikx}(-ix)f(x)dx, \quad f \in S. \tag{3.31}$$

Die gleichmäßige Konvergenz sieht man so ein: $\lim\limits_{a} \int\limits_{-a}^{a} e^{ikx} f(x)d\mu(x)$ kann durch absolute Beträge abgeschätzt werden. Wegen $\left| e^{ikx} \right| = 1$ kommt dann der Wert von k gar nicht mehr vor. Also ist die Konvergenz gleichmäßig.

Da nun $xf(x)$ auch aus S, kann man analog weiter schließen, d. h. $F(k)$ ist beliebig oft stetig differenzierbar. Da außerdem $\frac{dF}{dk}$ als Fouriertransformierte in L_2 liegt, muss es mit $k \to \infty$ gegen Null gehen; ebenso jede Ableitung. Ferner

$$kF = \frac{1}{\sqrt{2\pi}} \int\limits_{-\infty}^{+\infty} k e^{-ikx} f(x)dx = \frac{1}{\sqrt{2\pi}} \int\limits_{-\infty}^{+\infty} \left(i\frac{d}{dx} e^{-ikx} \right) f(x)dx$$

$$\text{(partiell integrieren)} \quad = \frac{1}{\sqrt{2\pi}} \int\limits_{-\infty}^{+\infty} e^{-ikx} \left(\frac{1}{i} \frac{d}{dx} f(x) \right) dx. \tag{3.32}$$

Da auch $\frac{1}{i} \frac{d}{dx} f(x) \in S$, liegt auch $kF(k)$ in L_2; es muss also auch (stetig und stetig differenzierbar) $kF(k) \to 0$ mit $k \to \infty$ gelten; ebenso weitere k-Potenzen. Mit anderen Worten, die Fouriertransformierte F einer Funktion $f \in S \subset L_2$ ist selbst auch wiederum vom Typus S! Dabei gelten folgende Rechenregeln:

$$\boxed{xf(x) \leftrightarrow -\frac{1}{i} \frac{d}{dk} F(k)} \quad f, F \in S, \tag{3.33a}$$

$$\boxed{\frac{1}{i} \frac{d}{dx} f(x) \leftrightarrow kF(k)} \quad f, F \in S. \tag{3.33b}$$

Sie bilden die Grundlage der quantenmechanischen Eigenschaften des Orts- bzw. Impuls-operators. S bildet also ebenfalls eine bezüglich der Fouriertransformation symmetrische, in L_2 dichte Funktionenklasse. Sie ist aber *nicht* vollständig hinsichtlich der Integralnorm. $x, \frac{1}{i} \frac{d}{dx}$ sind über S *keine* selbstadjungierten Operatoren, s. u. Kap. 16.

Mit zwei Ergänzungen beenden wir die Diskussion des Fourierintegrals:

---

[4] zum Beispiel *Smirnow* Bd. II, 1964, S. 240

a) Die *Faltung* als Fouriertransformation eines Funktionenproduktes.

Seien $f, g \in S$, dann auch $f(x) \cdot g(x) \in S$. Wir berechnen die Fouriertransformierte des Produktes und führen sie auf die der Faktoren zurück:

$$\frac{1}{\sqrt{2\pi}} \int e^{-ikx} f(x) g(x) = \frac{1}{\sqrt{2\pi}} \int e^{-ikx} f(x) \frac{1}{\sqrt{2\pi}} \int e^{ik'x} G(k') dk' dx$$

$$= \frac{1}{\sqrt{2\pi}} \int F(k - k') G(k') dk'.$$

Wir definieren nun als Faltung zweier Funktionen aus S:

$$F(k) * G(k) := \frac{1}{\sqrt{2\pi}} \int\limits_{-\infty}^{+\infty} F(k - k') G(k') dk' = \frac{1}{\sqrt{2\pi}} \int\limits_{-\infty}^{+\infty} F(k') G(k - k') dk'. \quad (3.34)$$

Dann vermittelt die Fouriertransformation die Zuordnung

$$\boxed{f(x) \cdot g(x) \leftrightarrow F(k) * G(k).}$$

b) *Fourierintegrale* von Funktionen *über dem R^n*.

Sofern $f = f(\mathbf{x})$ mit $\mathbf{x} = (x_1, x_2, \ldots, x_n) \in R^n$ über mehreren Variablen definiert ist, ersetze man kx durch das Vektorprodukt $\mathbf{k} \cdot \mathbf{x}$. Dann kann man alle Ergebnisse übernehmen. $\mathbf{k} = (k_1, k_2, \ldots, k_n) \in R^n$. An Stelle von $(2\pi)^{-1/2}$ tritt $(2\pi)^{-n/2}$.

3.6 Laplace-Transformation

Von besonderer Bedeutung sind in der Physik Anfangswertprobleme. Man kennt dann von physikalischen Prozessen den zeitlichen Verlauf von einer Zeit $t = t_0$ an für alle $t \geq t_0$. Daher wollen wir jetzt die Fouriertransformation der auf einem Halbstrahl definierten Funktionen $f(t)$, $t \in [0, \infty)$ betrachten. (Abweichend von der bisherigen Bezeichnung und in Anlehnung an die konventionelle sei die unabhängige Variable hier mit t bezeichnet.)

Sei $f \in \mathcal{L}_2(0, \infty)$, also erst recht aus $\mathcal{L}_2(-\infty, +\infty)$, indem man durch $f(t) = 0$ für $t < 0$ fortsetzt. Dann ist auch $f(t) e^{-tx}$ für $x \geq 0$ aus $\mathcal{L}_2(0, \infty)$. Beachtet man, dass wegen $f \in \mathcal{L}_2(0, \infty)$ und für $x > 0$ auch $e^{-tx} \in \mathcal{L}_2(0, \infty)$ das Innere Produkt bildbar ist, so folgt $e^{-tx} f(t) \in \mathcal{L}_1(0, \infty)$. Man kann folglich die Fouriertransformation bezüglich t von $e^{-tx} f(t)$ nicht nur ausrechnen, sondern sie konvergiert auch punktweise, da die Funktion summabel ist:

$$F(y) = \frac{1}{\sqrt{2\pi}} \int\limits_0^\infty e^{-ity} e^{-tx} f(t) d\mu(t), \quad x > 0. \quad (3.35)$$

Wegen der absoluten Summabilität konvergiert das Integral gleichmäßig bezüglich y und auch x (siehe[5]) und die Ableitung existiert, weil $te^{-tx}f(t)$ auch summabel ist. Somit kann man F als von der komplexen Variablen $x + iy$ abhängige Funktion ansehen, die in der Halbebene $x > 0$ holomorph ist.

Definition

Die für Re $z > 0$ holomorphe Funktion

$$F(z) := \frac{1}{\sqrt{2\pi}} \int\limits_0^\infty e^{-tz} f(t) \mathrm{d}\mu(t) \tag{3.36}$$

heißt *Laplace-Transformierte* von f.

Sie wird in Anwendungen immer dann gerne verwendet, wenn man eine physikalisch interessierende Funktion nur auf einer Halbachse kennt oder sie nur dort braucht. Dabei lässt sich die Definition der Laplacetransformation erheblich über die $f \in L_2(0, \infty)$ ausdehnen. Zum Beispiel ist $f(t) = 1 \notin L_2$, jedoch Laplace-transformierbar. Man interpretiere deshalb die definierende Gl. (3.36) so: wann immer $F(z)$ existiert! Stets aber ist die Laplace-Transformierte eine in einer Halbebene Re $z > x_0$ holomorphe Funktion. x_0 ist geeignet zu wählen; es hängt von f ab.

Wenn $f \in L_2(0, \infty)$, dann ist $F(z)$ als Fouriertransformierte bezüglich Im $z = y$ in $L_2(-\infty, +\infty)$! Denn nach der parsevalschen Gleichung der Fouriertransformation (3.24) ist $\|F(y)\|^2 = \|e^{-tx}f(t)\|^2 \le \|f(t)\|^2$. Dies hat zur Folge, dass

$$\int\limits_{-\infty}^{+\infty} |F(x + iy)|^2 \mathrm{d}y = \int\limits_0^\infty |f(t)|^2 e^{-2tx} \mathrm{d}\mu(t) \le \int\limits_0^{+\infty} |f(t)|^2 \mathrm{d}\mu(t). \tag{3.37}$$

Leicht ist es, die Umkehrformel anzugeben, mit der man aus der Laplace-Transformierten rückwärts auf $f(t)$ schließen kann. Die Fourier-Umkehrformel (3.25) liefert nämlich sofort

$$f(t)e^{-tx} = \frac{1}{\sqrt{2\pi}} \int\limits_{-\infty}^{+\infty} e^{+ity} F(x + iy) \mathrm{d}y. \tag{3.38}$$

Multiplizieren mit e^{tx} und beachten, dass die y-Integration als komplexes Wegintegral über $\mathrm{d}z = i\,\mathrm{d}y$ aufgefasst werden kann, siehe Abb. 3.3:

$$f(t) = \frac{1}{\sqrt{2\pi}} \frac{1}{i} \int\limits_C e^{tz} F(z) \mathrm{d}z, \quad t \ge 0. \tag{3.39}$$

---

[5] Man schätzt ab: $|e^{-ity} e^{-tx} f(x)| = |e^{-tx} f(x)| \le e^{-tx_0} \cdot |f(x)|$ für geeignetes, dann festes $x_0 > 0$.

Abb. 3.3 Integrations-
weg bei der Laplace-
Rücktransformation

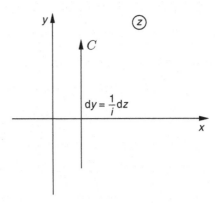

Da der Integrand holomorph ist, darf man den Weg verschieben; deshalb haben wir C als allgemeines Symbol an das Integral geschrieben und meinen damit jeden Weg rechts der möglichen Singularitäten der holomorphen Funktion $F(z)$.

Statt der Formeln (3.36), (3.39) fassen wir die Laplace-Transformationsformeln noch einmal unter unsymmetrischer Behandlung des Faktors $\sqrt{2\pi}$ zusammen:

$$F(z) = \int_0^\infty e^{-tz} f(t)\mathrm{d}t, \quad \mathrm{Re}\, z > x_0, \tag{3.40a}$$

$$f(t) = \frac{1}{2\pi i} \int_C e^{tz} F(z)\mathrm{d}z, \quad t \geq 0. \tag{3.40b}$$

Es gibt mannigfache physikalische Anwendungen der Laplace-Transformation in der Physik. Als einfaches Beispiel betrachten wir die zeitabhängige Schrödinger-Gleichung (die man natürlich auch direkt lösen kann) für die Wellenfunktion $\psi(t)$:

$i\partial_t \psi(t) = H\psi(t)$ geht in die Gleichung für die Laplace-Transformierte $\Psi(z)$ über:

$(H - iz)\Psi(z) = -i\psi(t = 0)$. Diese inhomogene, zeitunabhängige Schrödinger-Gleichung hat die Lösung $\Psi(z) = -i\dfrac{1}{H - iz}\psi(t = 0)$. Die Laplace-Rücktransformation ergibt als zeitliches Verhalten

$$\psi(t) = \frac{1}{2\pi i} \int_C e^{zt} \frac{-i\mathrm{d}z}{H - iz}\psi(t = 0) = e^{-iHt}\psi(t = 0).$$

Operatoren in abstrakten Räumen

4

4.1 Definition des Begriffs Operator

Nach dem Studium allgemeiner Räume wenden wir uns jetzt dem Begriff des Operators zu, den wir in der physikalisch-heuristischen Einleitung als eine bestimmte Operationsvorschrift samt dazugehörigem Anwendungsbereich kennengelernt haben, s. o. Kap. 1. Wir formulieren noch einmal die

---

Definition

Gegeben zwei Räume $\mathcal{M}$ und $\mathcal{M}'$. Unter einer *Operationsvorschrift A* verstehen wir eine Vorschrift, die Elementen $f \in \mathcal{M}$ eindeutig jeweils ein Element $f' \in \mathcal{M}'$ zuordnet: $Af = f'$. Die Gesamtheit der f, für die A eine Zuordnung vermittelt, heißt *Definitionsbereich* $\mathcal{D}_A \subseteq \mathcal{M}$, die Menge der Bilder $f' = Af$ heißt *Wertebereich* $\mathcal{W}_A := A\mathcal{D}_A \subseteq \mathcal{M}'$. Die *Operationsvorschrift A zusammen mit ihrem Definitionsbereich* $\mathcal{D}_A$ *nennen wir einen Operator* $\mathcal{A}$, kurz: „A auf $\mathcal{D}_A$".

Manchmal ist der Definitionsbereich $\mathcal{D}_A$ eines Operators klar, manchmal nicht bekannt. Deshalb bezeichnet man (inkorrekterweise) oft die Operationsvorschrift allein schon als Operator. Insbesondere im physikalischen Beispiel des gebogenen Stabes aus Abschn. 1.2 war klargeworden, wie gefährlich und irrtumsanfällig dieser bequeme Sprachgebrauch sein kann.

Der Begriff des Operators ist die unmittelbare *Verallgemeinerung des Funktionsbegriffs* auf allgemeine Räume. Man kann „Operator" daher auch so *definieren*:

Definition

Ein Operator $\mathcal{A}$ ist eine Teilmenge aus dem topologischen Produktraum $\mathcal{M} \times \mathcal{M}'$:

$$\mathcal{A} =: \{(f, g') | f \in \mathcal{M}, g' \in \mathcal{M}'; g' = g'(f) \text{ eindeutig durch } f \text{ bestimmt}\}.$$

S. Großmann, *Funktionalanalysis*, DOI 10.1007/978-3-658-02402-4_4,
© Springer Fachmedien Wiesbaden 2014

Durch Angabe von $\mathcal{A} \subseteq \mathcal{M} \times \mathcal{M}'$ ist nämlich sowohl der Definitionsbereich gekennzeichnet (nämlich die Menge aller Erstelemente f der Paare in $\mathcal{A}$) als auch die Operationsvorschrift (nämlich durch die zu f gehörigen Bilder $g'(f) := Af$). Wegen des erwähnten legeren Gebrauchs des Wortes Operator bereits für die Operationsvorschrift allein empfiehlt es sich, für den Operator $\mathcal{A}$ als Teilmenge des Produktraumes aus Urbildraum $\mathcal{M}$ und Bildraum $\mathcal{M}'$ die Bezeichnung *Operatorgraph* zu benutzen.

Natürlich ist *nicht jede* Teilmenge $\mathcal{N} \subseteq \mathcal{M} \times \mathcal{M}'$ etwa ein Operatorgraph! Dies ist nur dann der Fall, wenn aus $(f, f_1') \in \mathcal{N}$ und $(f, f_2') \in \mathcal{N}$ folgt $f_1' = f_2'$. Denn ein Operator soll eine *eindeutige* Zuordnungsvorschrift geben. Mit anderen Worten, die „Ordinate" f' muss durch die „Abszisse" f schon bestimmt sein (nicht allerdings umgekehrt). Oder: Jedes Erstelement kommt nur einmal vor.

Zahlreiche Beispiele für Operatoren haben wir in Kap. 1 kennengelernt.

4.2 Rechenregeln für Operatoren

Um im Umgang mit Operatoren vertraut zu werden, beschäftigen wir uns jetzt mit einigen Rechenregeln, die uns z. T. schon in den physikalischen Beispielen begegneten.

1) Zwei Operatoren A auf $\mathcal{D}_A$ und B auf $\mathcal{D}_B$ heißen gleich, wenn $\mathcal{D}_A = \mathcal{D}_B$ und $A = B$, d. h. wenn die Operatorgraphen gleich sind: $\mathcal{A} = \mathcal{B}(\Rightarrow \mathcal{W}_A = \mathcal{W}_B)$.

   Etwa am Beispiel des gebogenen Stabes in Abschn. 1.2 haben wir gesehen, dass Operatoren nicht etwa dann schon als gleich anzusehen sind, wenn die Operationsvorschriften das sind.

   Sofern die zwei Operatoren *in einem Hilbertraum* wirken, sind sie *gleich*, wenn sie denselben Definitionsbereich haben und *alle bildbaren Matrixelemente* übereinstimmen: $\mathcal{A} = \mathcal{B}$ d. u. n. d., wenn $\mathcal{D}_A = \mathcal{D}_B$ und $\langle g|Af\rangle = \langle g|Bf\rangle$, für alle $g \in \mathcal{H}$ und alle $f \in \mathcal{D}_A = \mathcal{D}_B$.

   Denn für festes f liefert die Menge aller $\langle g|Af\rangle$ auch die Entwicklungskoeffizienten nach einem v. o. n. S. und damit den Faktor Af, also das Bild von f unter A.

2) Ein Operator heiße *überall definiert*, wenn $\mathcal{D}_A = \mathcal{M}$ ist, d. h. die Operationsvorschrift für *alle* Elemente f eines Raumes $\mathcal{M}$ definiert ist. Wenn das der Fall ist, kann man i. Allg. ohne Verwechslungsmöglichkeiten die Operationsvorschrift als den Operator betrachten. Beispiele sind:

   Der Eins-Operator, $\mathbf{1}f = f$ auf ganz $\mathcal{M}$;

   Der Null-Operator, $\mathbf{0}f = 0$ auf ganz $\mathcal{M}$.

3) Sofern der Bildraum $\mathcal{M}'$ gleich $\mathcal{M}$, dem Urbildraum, ist, ordnet der Operator den $f \in \mathcal{M}$ jeweils ein Element $g \in \mathcal{M}$ zu, d. h. $\mathcal{W}_A \subseteq \mathcal{M}$. Wir sprechen dann von *Operatoren „in $\mathcal{M}$".* (Zum Beispiel ist der Orts- bzw. der Impulsoperator der Quantenmechanik ein Operator „im Hilbertraum", ordnet somit einem Hilbertraumelement ein anderes zu.)

4) Wenn der Bildraum $\mathcal{M}'$ eines Operators der Körper K der komplexen Zahlen ist, $\mathcal{D}_A \xrightarrow{A} \mathcal{W}_A \subseteq K$, bezeichnen wir den Operator als *Funktional*. Dieses auch dann,

wenn die $f \in \mathcal{M}$ *keine* Funktionen sind! Ist etwa $\mathcal{M}$ ein Banachraum, so ist $\|f\|$ ein Funktional, oder in l_2 ist $f \to x_1 \in K$ ein Funktional, usw.

5) Ein Operator A auf $\mathcal{D}_A$ heißt *Erweiterung* bzw. *Fortsetzung* eines anderen Operators B auf $\mathcal{D}_B$, wenn $\mathcal{D}_A \supseteq \mathcal{D}_B$ und $Af = Bf$ für die $f \in \mathcal{D}_B$. Kurz: $\mathcal{A} \supseteq \mathcal{B}$. Umgekehrt nennen wir $\mathcal{B}$ eine *Einschränkung* von $\mathcal{A}$; z. B. ist $\dfrac{\mathrm{d}}{\mathrm{d}x}$ auf $\mathcal{D}_A = C_0^1$ eine Einschränkung von $\dfrac{\mathrm{d}}{\mathrm{d}x}$ auf C^1. Oder $\dfrac{\mathrm{d}}{\mathrm{d}x}$ auf C^1 ist Erweiterung von $\dfrac{\mathrm{d}}{\mathrm{d}x}$ auf C^1 mit $f(0) = 0$.

6) *Produkte von Operatoren* definieren wir mittels Hintereinanderausführen der Abbildungsvorschriften. Sei A auf $\mathcal{D}_A$ Operator nach $W_A' \subseteq \mathcal{M}'$ und B auf $\mathcal{D}_B'$ mit $\mathcal{D}_B' \supseteq W_A'$, so sei das Produkt die Vorschrift $B(Af)$ auf $\mathcal{D}_A$.

$$\mathcal{D}_A (\subseteq \mathcal{M}) \xrightarrow{\ A\ } W_A' \subseteq \mathcal{D}_B' \subseteq \mathcal{M}' \xrightarrow{\ B\ } W_B'' \subseteq \mathcal{M}''.$$

Eventuell ist ein Produkt erst bildbar, wenn man A so einschränkt, dass W_A' in $\mathcal{D}_B'$ fällt, oder wenn man B auf $\mathcal{D}_B'$ entsprechend erweitert. Der Definitionsbereich der Produkt-Operationsvorschrift BA ist also

$$\mathcal{D}_{BA} = \{f \,|\, f \in \mathcal{D}_A \text{ und } Af \in \mathcal{D}_B'\}.$$

Charakteristisch für diese Definition von Operatorprodukten ist, dass i. Allg. die Faktoren eines Operatorproduktes *nicht vertauschbar* sind! Das ist nicht nur selbstverständlich dann so, wenn die jeweiligen Bildräume $\mathcal{M}'$, $\mathcal{M}''$ verschieden sind, z. B. $\mathcal{M} = \mathcal{M}' = C^1$ und $\mathcal{M}'' = K$ sowie $A = \dfrac{\mathrm{d}}{\mathrm{d}x}$ und $B = \|\dots\|$. Dann wird man gar nicht auf die Idee kommen, neben BA auch AB zu betrachten. Doch auch wenn $\mathcal{M} = \mathcal{M}' = \mathcal{M}''$, ja sogar $\mathcal{D}_A = \mathcal{D}_B = \mathcal{M}$, ist in der Regel eine Vertauschung der Operationsvorschriften *nicht* erlaubt. Ein Beispiel ist etwa A auf K als Multiplikation mit a und B auf K als Quadrieren: $(af)^2 \neq af^2$ (falls nicht gerade $a = 1$ ist). Oder $\mathcal{M} = \mathcal{M}' = \mathcal{M}'' = R^n$ sowie A und B Matrizen: Die Matrizenmultiplikation ist nicht kommutativ (d. h. nicht vertauschbar).

Wohl aber gilt für die Operatormultiplikation das *Assoziativgesetz*

$$A(BC) = (AB)C =: ABC \text{ auf } \mathcal{D}_{ABC}.$$

Operatorpotenzen A^n ($n = 1, 2, \dots$) sind definierbar, wenn $W_A \subseteq \mathcal{D}_A$; $A^0 := \mathbf{1}$.

7) In linearen Räumen kann man die *Addition von Operatoren* erklären, sofern ihre Urräume $\mathcal{M}$ gleich sind und auch ihre Bildräume $\mathcal{M}'$. Seien A auf $\mathcal{D}_A$ und B auf $\mathcal{D}_B$ in $\mathcal{M}$ definiert und bilden nach $\mathcal{M}'$ ab. Dann definieren wir als *Summe* $A + B$ auf $\mathcal{D}_{A+B}$ den Operator mit dem Definitionsbereich $\mathcal{D}_{A+B} =: \mathcal{D}_A \cap \mathcal{D}_B \subseteq \mathcal{M}$ und der Operationsvorschrift $(A + B)f =: Af + Bf$. Genau genommen genügt es also, wenn der Bildraum $\mathcal{M}'$ ein linearer Raum ist.

Regeln:

$$A + B = B + A \quad \text{auf} \quad \mathcal{D}_{A+B} = \mathcal{D}_{B+A},$$
$$A + (B + C) = (A + B) + C,$$
$$A + 0 = A \quad \text{auf} \quad \mathcal{D}_A.$$

Im linearen Raum ist bildbar aA auf $\mathcal{D}_A$ durch $(aA)f := a(Af)$.
Regeln:

$$a(bA) = (ab)A =: abA, \quad \text{assoziativ;}$$
$$(a + b)A = aA + bA, \quad \text{distributiv;}$$
$$1A = A1 = A, \quad \text{auf } \mathcal{D}_A,$$
$$0A \text{ auf } \mathcal{D}_A \subseteq A0 \text{ auf } \mathcal{M}, \text{ (sofern } 0 \in \mathcal{D}_A).$$

8) Im Allgemeinen ist $aA \neq Aa$ jeweils auf $\mathcal{D}_A$, es sei denn, es handelt sich um einen linearen Operator: Ein Operator A auf $\mathcal{D}_A$ heißt *linear*, wenn der Bildraum ein linearer Raum ist und gilt:
a) $\mathcal{D}_A$ ist Linearmannigfaltigkeit in einem linearen Raum $\mathcal{M}$,
b)

$$A(a_1 f_1 + a_2 f_2) = a_1 A f_1 + a_2 A f_2 \text{ mit } a_i \in K, f_i \in \mathcal{D}_A, \tag{4.1}$$

d. h. der Operator ist *additiv* und *homogen*.
Auch der Bildraum $\mathcal{M}'$ ist dabei stets als linearer Raum vorausgesetzt. Offenbar ist auch W_A eine Linearmannigfaltigkeit, d. h. ein Operator ist dann linear, wenn der *Operatorgraph* $\mathcal{A} \subseteq \mathcal{M} \times \mathcal{M}'$ *eine Linearmannigfaltigkeit* ist. Umgekehrt ist eine Linearmannigfaltigkeit $\mathcal{N} \subseteq \mathcal{M} \times \mathcal{M}'$ d. u. n. d. ein Operatorgraph (eines dann linearen Operators), wenn kein Element der Art $(0, g')$ mit $g' \neq 0$ vorkommt. Ein linearer Operator bildet stets $0 \in \mathcal{M}$ auf $0' \in \mathcal{M}'$ ab. Denn

$$A0 = A0f = 0Af = 0f' = 0'.$$

Allgemein gilt: $(A_1 + A_2)B = A_1 B + A_2 B$ auf $\mathcal{D}_{A_1 B} \cap \mathcal{D}_{A_2 B}$, wenn A außerdem linear: $A(B_1 + B_2)$ auf $\mathcal{D}_1 \supseteq AB_1 + AB_2$ auf $\mathcal{D}_2$, weil $\mathcal{D}_1 \supseteq \mathcal{D}_2$.
Wichtig ist ein vereinfachtes Kriterium dafür, wann zwei *lineare Operatoren im Hilbertraum gleich* sind. Zunächst müssen sie selbstverständlich gleiche Definitionsbereiche $\mathcal{D}_A = \mathcal{D}_B \equiv \mathcal{D}$ haben, die zudem dicht in $\mathcal{H}$ liegen mögen. *Lineare Operatoren A auf $\mathcal{D}$ und B auf $\mathcal{D}$ sind gleich, wenn sie in allen „Erwartungswerten"* $\langle f|Af \rangle = \langle f|Bf \rangle$ *übereinstimmen*, d. h. in allen „Diagonalelementen". Aus den physikalisch so wichtigen Erwartungswerten kann man also schon auf Gleichheit von linearen Operatoren schließen!

Denn: Man verifiziert durch Ausrechnen, dass

$$\langle f + g | A(f + g) \rangle + i \langle f + ig | A(f + ig) \rangle - \langle f | Af \rangle - i \langle f | Af \rangle - \langle g | Ag \rangle - i \langle g | Ag \rangle$$
$$= 2 \langle g | Af \rangle.$$

Links stehen nur Erwartungswerte, rechts beliebige Matrixelemente. Es ist somit bei Gleichheit der Erwartungswerte $\langle g | Af - Bf \rangle = 0$ für alle g einer dichten Menge, d. h. $Af - Bf = 0$.

9) Gegeben sei ein Operator A auf $\mathcal{D}_A$. Ein Element f heißt *Eigenvektor* von A zum *Eigenwert* λ, wenn

$$Af = \lambda f \quad \text{und} \quad f \in \mathcal{D}_A; \quad \lambda \in K, \quad \text{aber} \quad f \neq 0.$$

$0 \in \mathcal{M}$ ist also per Definition *kein* Eigenvektor; jedoch kann $\lambda = 0$ Eigenwert sein, nämlich wenn $Af = 0$ mit $f \neq 0$ vorkommt. Sofern es zu einem Eigenwert λ mehrere Eigenvektoren gibt, heißt dieser Eigenwert *entartet*. Bei linearen Operatoren werden nur linear unabhängige f als verschieden gewertet.

4.3   Der banachsche Fixpunktsatz als einfache Anwendung

Zur Lösung konkreter Probleme genügen oft schon einfachste Strukturelemente der Lösungsräume bzw. der das Problem kennzeichnenden Operatoren. Um die gelernten Begriffe anzuwenden und weil die Aussage später benutzt werden soll, formulieren wir den

Satz (Fixpunktsatz von Banach)

Sei A auf $\mathcal{D}_A$ ein kontrahierender Operator in einem vollständigen metrischen Raum. Dann existiert eine und nur eine Lösung der Gleichung:

$$Af = f; \quad \text{dieses } f \text{ heißt } \textit{Fixpunkt}.$$

Dabei heißt ein Operator *kontrahierend*, wenn $\mathcal{D}_A$ abgeschlossen ist, $\mathcal{W}_A \subseteq \mathcal{D}_A$ sowie $\rho(Af_1, Af_2) \leq a\rho(f_1, f_2)$ mit $0 \leq a < 1$ für alle $f_{1,2} \in \mathcal{D}_A$.

▶ **Beweis** Der Beweis ist konstruktiv und liefert damit zugleich ein praktisch, verwendbares Iterationsverfahren. Zunächst einmal kann es tatsächlich nur *einen* Fixpunkt geben. Gäbe es zwei, $f = Af$, $g = Ag$, so $\rho(f, g) = \rho(Af, Ag) \leq a\rho(f, g)$, d. h. $\rho(f, g) = 0$, weil sonst im Gegensatz zur Voraussetzung $1 \leq a$ wäre. Den *einen* Fixpunkt gibt es aber auch;

nämlich so findet man ihn: $f_0 \in \mathcal{D}_A$ beliebig, $Af_0, \ldots, f_n := A^n f_0, \ldots$ ist in sich konvergent und der Limes der Fixpunkt:

$$\rho(f_n, f_m) \leq \rho(f_n, f_{n+1}) + \ldots + \rho(f_{m-1}, f_m), \quad n < m;$$

$$\rho(f_n, f_{n+1}) = \rho(Af_{n-1}Af_n) \leq a\rho(f_{n-1}, f_n) \leq a^n \rho(f_0, f_1) \equiv a^n \rho_0$$

$$\Rightarrow \rho(f_n, f_m) \leq a^n \rho_0(1 + a + \ldots + a^{m-n}) \leq \frac{\rho_0 a^n}{1-a} < \varepsilon, \text{ wenn } n, m \geq N(\varepsilon).$$

Da $\mathcal{D}_A$ als vollständig vorausgesetzt ist, existiert $\lim f_n = f \in \mathcal{D}_A$ und ist der gesuchte Fixpunkt. Denn $\rho(Af, f_n) = \rho(Af, Af_{n-1}) \leq a\rho(f, f_{n-1}) \to 0$ da $f_{n-1} \Rightarrow f$. Wegen der Stetigkeit der Metrik ist $\rho(Af, f) = 0$, q. e. d.   □

▸ **Bemerkung** Der Beweis zeigte, dass a nicht *gleich* 1 sein darf. Tatsächlich liegt das nicht nur an der Beweistechnik, sondern der Satz gilt bei $a = 1$ nicht; Gegenbeispiel z. B. bei *Natanson 1961*.

Man kann den Fixpunktsatz etwa zur iterativen Lösung eines linearen Gleichungssystems verwenden oder zur Behandlung von Differential- oder Integralgleichungen.

Übung

In $f(x) = g(x) + \int\limits_a^b K(x, y) f(y) \mathrm{d}y$ ist der Operator $A := g + \int K$ auf $C(a, b)$ kontrahierend bezüglich der max-Norm, wenn $(b - a) \max\limits_{x,y} |K(x, y)| < 1$. ($K(x, y)$ stetiger Kern.)

4.4 Der inverse Operator

Am physikalischen Beispiel der greenschen Funktion in der Elektrostatik (Abschn. 1.3) haben wir den Begriff des inversen Operators kennengelernt. Er soll die inverse Abbildungsvorschrift sein, die aus den Bildern $f' = Af$ einer Operationsvorschrift A auf $\mathcal{D}_A$ das Urbild f zurückzugewinnen trachtet. Dies ist eventuell gar nicht möglich, wenn es nämlich nicht nur ein, sondern mehrere f gibt, die durch A auf dasselbe f' abgebildet werden. Wir sagen dann, der inverse Operator existiert nicht, da es keinen Operator gibt, der folgender Definition genügt:

Definition

Der zu einem Operator A auf $\mathcal{D}_A$ inverse Operator ist der durch den Definitionsbereich $\mathcal{D}_{A^{-1}} := \mathcal{W}_A$ und die Operationsvorschrift $A^{-1}(Af) = f$ definierte Operator $\mathcal{A}^{-1} = \{(Af, f) | \text{alle } f \in \mathcal{D}_A\}$.

Physikalische Umkehr-Fragestellungen führen mathematisch in der Regel auf den inversen Operator. Erinnert sei an die Berechnung der elektromagnetischen Potentiale aus den Ladungen und umgekehrt, die Berechnung des Wirkungsquerschnittes aus der Wechselwirkung und umgekehrt, usw. Unser obiges Beispiel zeigte auch, dass der inverse Operator A^{-1} auf $\mathcal{W}_A$ von ganz anderer Art sein kann als A auf $\mathcal{D}_A$.

1) Wenn (!) es ein Inverses zu A auf $\mathcal{D}_A$ gibt, so ist es eindeutig.

2) Notwendige und hinreichende Bedingung für die *Existenz* eines Inversen ist, dass *verschiedenen $f \in \mathcal{D}_A$ verschiedene* Bilder $Af \in \mathcal{W}_A = \mathcal{D}_{A^{-1}}$ entsprechen: $Af_1 = Af_2 \leftrightarrow f_1 = f_2$.

3) Der Wertebereich des Inversen ist $\mathcal{W}_{A^{-1}} = \mathcal{D}_A$.

4) Der inverse Operatorgraph $\mathcal{A}^{-1}$ hat stets ein Inverses, und es ist $(\mathcal{A}^{-1})^{-1} = \mathcal{A}$. Denn mithilfe des Kriteriums 2) sehen wir die Existenz des Inversen zum Inversen: Mit $Af_1 \equiv f_1'$ und $Af_2 \equiv f_2'$ und der vorausgesetzten Existenz von $\mathcal{A}^{-1}$ folgt $A^{-1}f_1' = A^{-1}f_2' \leftrightarrow f_1' = f_2'$. Der somit vorhandene Operator $(\mathcal{A}^{-1})^{-1}$ hat als Definitionsbereich $\mathcal{D}_{(A^{-1})^{-1}} = \mathcal{W}_{A^{-1}} = \mathcal{D}_A$ und wirkt wie A, denn

$$(A^{-1})^{-1}f = (A^{-1})^{-1}(A^{-1}Af) = Af, \quad \text{q. e. d.}$$

5) Wenn $\mathcal{A}^{-1}$ existiert, gilt folgende Symmetrie in der Wirkung von Operator und Inversem:

$$A^{-1}Af = f \quad \text{für alle } f \in \mathcal{D}_A = \mathcal{W}_{A^{-1}}, \quad \text{d. h. } A^{-1}A \subseteq \mathbf{1}_{\mathcal{M}}.$$
$$AA^{-1}g' = g' \quad \text{für alle } g' \in \mathcal{D}_{A^{-1}} = \mathcal{W}_A, \quad \text{d. h. } AA^{-1} \subset \mathbf{1}_{\mathcal{M}'}.$$

Genau wenn $\mathcal{D}_A = \mathcal{M}$, ist $A^{-1}A = \mathbf{1}$, obwohl trotzdem $AA^{-1} \subset \mathbf{1}$ sein kann. $AA^{-1} = \mathbf{1}$ genau, wenn $\mathcal{W}_A = \mathcal{M}'$.

6) Existiert zu zwei Operatoren A auf $\mathcal{D}_A$ und B auf $\mathcal{D}_B$ der jeweils inverse Operator und ist AB erklärt, so besitzt auch AB ein Inverses sowie

$$(AB)^{-1} = B^{-1}A^{-1}. \tag{4.2}$$

(Beweis als Übung!)

7) Weitergehende Aussagen kann man gewinnen, wenn der untersuchte Operator A auf $\mathcal{D}_A$ linear ist. Wenn (!) das Inverse existiert, so ist A^{-1} auf $\mathcal{D}_{A^{-1}} = \mathcal{W}_A$ ebenfalls ein linearer Operator. Denn uns ist schon bekannt, dass mit $\mathcal{D}_A$ auch $\mathcal{W}_A$ eine Linearmannigfaltigkeit ist bzw. sein muss. Doch auch die Operationsvorschrift A^{-1} ist linear, denn wäre $A^{-1}(a_1f_1' + a_2f_2') \neq a_1A^{-1}f_1' + a_2A^{-1}f_2' = a_1f_1 + a_2f_2$ so ergäbe Multiplikation mit A einen Widerspruch zur Linearität von A.

8) Ob ein *linearer* Operator A auf $\mathcal{D}_A$ ein Inverses hat, kann man nicht nur mit dem allgemeinen Kriterium 2) prüfen, sondern auch mit dem daraus folgenden:

Das Inverse eines linearen Operators existiert d. u. n. d.,
wenn a) $Af = 0$ *nur* für $f = 0$ gilt
oder b) $Af = g'$ für alle $g' \in \mathcal{W}_A$ genau eine Lösung f hat (genannt $f(g')$).

An einem Beispiel sei nochmals ausdrücklich darauf hingewiesen, dass beim Umgang mit dem inversen Operator Achtsamkeit und Vorsicht geboten ist, da seine Existenz zunächst stets lieber angezweifelt werden muss! Selbst ein linearer Operator mit $\mathcal{D}_A = \mathcal{M} = \mathcal{W}_A$ wie etwa

$$A(x_1, x_2, \ldots) = (x_2, x_3, \ldots) \quad \text{auf} \quad l_2$$

hat kein Inverses. Wenn (!) allerdings $\mathcal{A}^{-1}$ existiert, sind die Rechenregeln einfach.

4.5 Beschränkte Operatoren; Operatornorm

Von besonderer Bedeutung sind (ähnlich wie bei den Funktionen) die sogenannten beschränkten Operatoren. $\mathbf{1}$ ist z. B. beschränkt.

Definition

Ein (beliebiger) Operator A auf $\mathcal{D}_A$ über einem Banachraum $\mathcal{M}$ heißt *beschränkt*, wenn es eine Zahl C gibt, sodass

$$\|Af\| \leq C\|f\| \quad \text{für alle} \quad f \in \mathcal{D}_A.$$

Die kleinste der Beschränktheitszahlen C heißt *Norm* $\|A\|$ *des Operators A*:

$$\|A\| = \sup_{f \in \mathcal{D}_A} \frac{\|Af\|}{\|f\|}. \tag{4.3}$$

$$\Rightarrow \|Af\| \leq \|A\| \, \|f\|. \tag{4.4}$$

(Es sei noch einmal erinnert: Das *Supremum* (sup) ist definitionsgemäß die *kleinste* obere Schranke.)

Die Bezeichnung „Norm" für die kleinste Beschränktheitszahl werden wir erst später rechtfertigen, wenn nicht nur *ein* Operator A auf $\mathcal{D}_A$, sondern ein Raum von (linearen) Operatoren untersucht wird. Einige Züge der Normaxiome sieht man aber schon hier sehr leicht ein:

1) $\|A\|$ reell, positiv,
   $A = \mathbf{0}$ hat die Norm 0 und umgekehrt, aus $\|A\| = 0 \Rightarrow \|Af\| = 0$ für alle $f \in \mathcal{D}_A \Rightarrow Af = 0 \Rightarrow A = \mathbf{0}$.

2) Sofern $A + B$ bildbar, ist wegen der Dreiecksungleichung im Banachraum

$$\|A + B\| \leq \|A\| + \|B\|.$$

3) Wegen der Homogenität der Norm im Banachraum ist

$$\|aA\| = |a| \|A\|.$$

Es gelten also in der Tat die von der Norm gewohnten Rechenregeln. Genau die beschränkten Operatoren haben eine endliche Norm.

Sofern A auf $\mathcal{D}_A$ *linear* ist, gelten die Gleichungen

$$\|A\| = \sup_{\substack{\|f\|=1 \\ f \in \mathcal{D}_A}} \|Af\| = \sup_{\substack{\|f\|\leq 1 \\ f \in \mathcal{D}_A}} \|Af\|. \tag{4.5}$$

Im Hilbertraum lässt sich die Norm auch so bestimmen (schwarzsche Ungleichung!)

$$\|A\| = \sup_{g \in \mathcal{D}_A, f \in \mathcal{H}} \frac{|\langle f|Ag\rangle|}{\|f\| \|g\|} = \sup_{\substack{\|f\|=1=\|g\| \\ g \in \mathcal{D}, f \in \mathcal{H}}} |\langle f|Ag\rangle|. \tag{4.6}$$

Zur Erläuterung einige Beispiele: $\|0\| = 0$; $\|a1\| = |a|$; im R^n mit der ∞-Norm $\|f\| = \max_{1\leq i\leq n} |x_i|$ hat eine Matrix (A_{ij}) die Norm $\|A_{ij}\| = \max_{1\leq i\leq n} \sum_j |a_{ij}|$; der Operator der Translation $Af(x) = f(x + a)$ hat $\|A\| = 1$, ebenso derjenige der Drehungen $Af(\mathbf{r}) = f(D_A\mathbf{r})$.

4.6 Stetige Operatoren

Ganz analog wie bei Funktionen kann man für die Verallgemeinerung, den Operator, den Begriff der Stetigkeit einführen. Es genügt dazu der Konvergenzbegriff, d. h. wir betrachten Operatoren zwischen mindestens metrischen Räumen $\mathcal{M} \xrightarrow{A} \mathcal{M}'$.

Definition

Ein (beliebiger) Operator A auf $\mathcal{D}_A$ heißt *stetig* an der Stelle $f \in \mathcal{D}_A$, wenn für *jede* Cauchyfolge $f_n \in \mathcal{D}_A$ mit $f_n \Rightarrow f$ gilt

$$Af_n = Af. \tag{4.7}$$

M. a. W., A ist bei f genau dann stetig, wenn für jede konvergierende Folge $\{f_n\}$

$$\lim Af_n = A \lim f_n. \tag{4.8}$$

Ein Operator A auf $\mathcal{D}_A$ heißt schlechthin stetig, wenn A an allen Stellen $f \in \mathcal{D}_A$ stetig ist.

Viele physikalische Operatoren *sind* stetig, z. B. die Matrizen über dem R^n. Doch andere wichtige sind es nicht, z. B. der Orts-, Impuls-, Hamiltonoperator von Quantenteilchen. Wir kommen darauf im nächsten Abschnitt genauer zurück, wenn wir den engen Zusammenhang, ja die Äquivalenz von Beschränktheit und Stetigkeit bei linearen Operatoren kennenlernen. Wegen ihrer großen Bedeutung für die nicht stetigen physikalischen Operatoren führen wir zunächst noch eine allgemeine Begriffsbildung ein.

4.7 Abgeschlossene Operatoren

Sofern ein Operator stetig ist, kann man ja aus $f_n \Rightarrow f$ (für ein $f \in \mathcal{D}_A$ und jede mögliche Cauchy-Folge $f_{\in}\mathcal{D}_A$) den Schluss ziehen, dass auch Af_n eine in sich konvergente Folge ist. Bei unstetigen Operatoren muss das keineswegs mehr so sein! Ein Beispiel erläutere das. Auf der reellen Achse sei die Operationsvorschrift $Ax = \dfrac{1}{x}$. Für die Cauchyfolge $x_n = \dfrac{1}{n}$ ist $Ax_n = n$ keineswegs eine Cauchyfolge. (Das Grenzelement 0 wäre auch gar nicht im Definitionsbereich von A, $0 \notin \mathcal{D}_A$.) Anders jedoch ist es bei Punkten x, wo zugleich mit $x_n \to x$ auch noch Ax_n konvergiert: Da ist in unserem Beispiel immer noch $A \lim x_n = \lim Ax_n$. Als Beispiel diene $x_n = x_0 + \dfrac{1}{n} \to x_0$, mit $x_0 \neq 0$. Dann ist $A_{x_n} = \dfrac{1}{x_0 + \frac{1}{n}} \to \dfrac{1}{x_0}$.

Wir können also die Stetigkeit so abschwächen (und werden sehen, dass die physikalisch interessierenden Operatoren diese Eigenschaft noch alle haben!): Sei A auf $\mathcal{D}_A$ nach $\mathcal{W}_A \subseteq \mathcal{M}'$ gegeben. Wählt man analog wie bei der Stetigkeit eine Cauchyfolge $f_n \in \mathcal{D}_A$ beliebig aus, ohne etwas über ein mögliches Grenzelement vorauszusetzen, anzunehmen oder auszusagen, so ist (im Gegensatz zur Stetigkeitsdefinition, bei der man vom Grenzwert f ausgeht!) noch *nicht* notwendigerweise bekannt, ob der in $\mathcal{M}$ als abgeschlossenem Raum existierende $\lim f_n = f$ überhaupt zu $\mathcal{D}_A$ gehört. Bildet man ferner die Folge Af_n, so ist diese beim stetigen Operator konvergent, bei einem nicht stetigen kann man aber über sie i. Allg. nichts aussagen. Wenn (!) nun aber diese Folge $f_n' := Af_n \in \mathcal{W}_A \subseteq \mathcal{M}'$ *auch* noch *in sich konvergent* sein sollte, so *gibt* es (wegen der Vollständigkeit, eventuell Teilfolgen) $\lim f_n' = f' \in \mathcal{M}'$. Jedoch ebensowenig, wie sicher wäre, ob $f \in \mathcal{D}_A$, kann man wissen, ob $f' \in \mathcal{W}_A$ ist. Es bedeutet eine gewisse Eigenschaft des Operators, wenn dieses nicht nur tatsächlich so ist, sondern auch noch $Af = f'$ gilt! Das bedeutet nämlich nichts anderes, als dass für solche Cauchyfolgen $f_n \in \mathcal{D}_A$, für die Af_n auch Cauchyfolge ist, die Quasistetigkeitsaussage $A \lim f_n = \lim Af_n$ noch gilt! Wohlgemerkt, diese Vertauschbarkeit von lim und Operator gilt unter *anderen* (schwächeren) Voraussetzungen als bei der Stetigkeit, wo sie als Definitionsgleichung anzusehen ist. Die Andersartigkeit der Voraussetzung liegt eben darin, dass bei der Untersuchung der Stetigkeit zu jedem $f \in \mathcal{D}_A$ alle Cauchyfolgen, $f_n \Rightarrow f$ aus $\mathcal{D}_A$ betrachtet werden, jetzt aber nur solche, wo außer $\{f_n\}$ auch $\{Af_n\}$ in sich konvergent ist. Wir bezeichnen solche Folgen $\{f_n\}$ kurz als „in sich A-konvergent".

Nach dieser ausführlichen Einleitung dürfte die folgende Definition in ihrer Zielsetzung und Bedeutung klar sein:

Definition

Ein Operator A auf $\mathcal{D}_A$ vom metrischen Raum $\mathcal{M} \to \mathcal{M}'$ heiße *abgeschlossen*, wenn bei allen Cauchyfolgen $f_n \in \mathcal{D}_A$, *für die auch* $A f_n \in \mathcal{W}_A$ in sich konvergent ist, sowohl $\lim f_n =: f \in \mathcal{D}_A$ als auch $\lim A f_n := f' \in \mathcal{W}_A$ ist und

$$A \lim f_n = \lim A f_n. \tag{4.9}$$

Es wäre viel leichter gewesen, den Begriff abgeschlossen für den Operatorgraphen zu formulieren. Der theoretische Umgang mit der dann geltenden einprägsamen Formulierung ist ebenfalls stark vereinfachend. Jedoch unsere Vorüberlegung und die daraus resultierende Definition haben uns sogleich die praktischen Konsequenzen verdeutlicht, die in der Theorie der Funktionen gewöhnlich nicht studiert werden.

Äquivalente Definition

Ein (beliebiger) Operator A auf $\mathcal{D}_A$ (zwischen den metrischen Räumen $\mathcal{M} \to \mathcal{M}'$) heiße *abgeschlossen*, wenn der Operatorgraph $\mathcal{A} = \{(f, Af)|f \in \mathcal{D}_A\}$ eine abgeschlossene ($\equiv$ vollständige) Teilmenge von $\mathcal{M} \times \mathcal{M}'$ ist.

Nämlich das heißt ja gerade: Nimmt man eine $\mathcal{A}$-konvergente Cauchyfolge $\mathcal{F}_n \equiv (f_n, A f_n)$ aus $\mathcal{A}$ ($\Leftrightarrow f_n$ in sich konvergent *und* A_f in sich konvergent!), so bedeutet Abgeschlossenheit von $\mathcal{A}$, dass $\lim \mathcal{F}_n =: \mathcal{F} =: (f, f') \in \mathcal{A}$ ist: $\Leftrightarrow f \in \mathcal{D}_A$, $f' \in \mathcal{W}_A$ und $Af = f'$.

Selbstverständlich gibt es Operatoren, die nicht abgeschlossen sind; z. B. lasse man aus einem abgeschlossenen $\mathcal{A}$ einfach einen Punkt $\mathcal{F}_0$ weg. Schwierig ist es allerdings, nicht so triviale Beispiele zu geben, da, wie schon erwähnt, die physikalisch vorkommenden Operatoren in aller Regel abgeschlossen sind.

Offenbar gelten folgende Aussagen: Wenn A auf $\mathcal{D}_A$ ein abgeschlossener Operator ist, so sind ebenfalls abgeschlossen:

$$aA, \quad A + a\mathbf{1}, \quad A^{-1} \text{ (sofern es existiert).} \tag{4.10}$$

(Beweis insbesondere der letzten Behauptung: $\mathcal{A} = \{(f; Af)\}$ abgeschlossen $\Leftrightarrow \mathcal{A}^{-1} = \{(Af, f)\}$ abgeschlossen.) A und A^{-1} sind also entweder beide abgeschlossen oder beide nicht.

Gewarnt werde vor leicht möglichen *Fehlschlüssen*: Wenn $\{\mathcal{F}_n\} \in \mathcal{A}$ eine Cauchyfolge ist, muss natürlich $\{f_n\}$ auch in sich konvergent sein; umgekehrt kann man jedoch nicht schließen. – Es gibt (auch bei abgeschlossenen Operatoren!) Cauchy-Folgen f_n für die $(f_n, A f_n) \equiv \mathcal{F}_n$ nicht in sich konvergent ist. $Ax = \dfrac{1}{x}$ ist ein Beispiel, s. o. Dagegen: $f_n = x^n$ in $\mathcal{L}_2(0, 1)$ ist eine Nullfolge; $\dfrac{\mathrm{d}}{\mathrm{d}x} x^n$ ist das aber *nicht* mehr. Nämlich: $\|x_n\| = \dfrac{1}{\sqrt{2n-1}} \to 0$, jedoch $\left\| \dfrac{d}{dx} x_n \right\| = \dfrac{n}{\sqrt{2n-1}} \to \infty$, also keine Cauchyfolge. – Ferner, dass beim abgeschlossenen Operator der Graph $\mathcal{A}$ eine abgeschlossene Menge ist, bedeutet keineswegs, dass auch der Definitionsbereich $\mathcal{D}_A \subseteq \mathcal{M}$ eine abgeschlossene Menge sein müsste! Abgesehen von Beispielen $\left(x, \dfrac{d}{dx}, \dots \right)$, an denen wir das noch sehen werden, halte man sich vor Augen, dass bei der Eigenschaft „abgeschlossen" aus In-sich-Konvergenz von $\{f_n\}$ allein überhaupt nichts zu schließen ist.

Allerdings gilt der Satz:

Satz 4.1

Wenn(!) ein abgeschlossener linearer Operator A auch noch beschränkt ist, so ist auch $\mathcal{D}_A$ eine abgeschlossene Menge, d. h. A auf einem ganzen Teilraum definiert.

Denn: Nehmen wir irgendeine Cauchyfolge $f_n \in \mathcal{D}_A$. Aus der Beschränktheit und Linearität folgt dann, dass auch $A f_n$ in sich konvergiert. Wegen der Abgeschlossenheit muss somit $\lim f_n \in \mathcal{D}_A$ sein, d. h. $\mathcal{D}_A$ ist abgeschlossen.

Ferner gilt der Satz:

Satz 4.2

Wenn(!) ein stetiger Operator A auf einem abgeschlossenen Definitionsbereich $\mathcal{D}_A$ definiert ist, so ist A auf $\mathcal{D}_A$ abgeschlossen.

Denn: Sei wiederum $f_n \in \mathcal{D}_A$ in sich konvergent, $\Rightarrow \lim f_n = f \in \mathcal{D}_A$, weil $\mathcal{D}_A$ abgeschlossene Menge. Aus der Stetigkeit folgt ferner $A \lim f_n = \lim A f_n$, d. h. die Abgeschlossenheit. In diesem Sinne ist also die Abgeschlossenheit eine Konsequenz der Stetigkeit. Wir werden später sehen, dass für lineare Operatoren Beschränktheit und Abgeschlossenheit gleichwertige Eigenschaften sind. Im vorigen Satz 4.1 darf deshalb statt „beschränkt" auch „überall stetig" stehen.

Man kann diese Aussagen auch so formulieren:

Satz

Ein *stetiger* linearer Operator A auf $\mathcal{D}_A$ ist d. u. n. d. abgeschlossen, wenn $\mathcal{D}_A$ abgeschlossen ist.

Es lohnt sich vielleicht, den Zusammenhang der drei Eigenschaften „Stetigkeit" (S), „Abgeschlossenheit" (A) und „abgeschlossener Definitionsbereich" (D) noch einmal kurz so zusammenzufassen: *Falls* S *vorliegt*, folgt aus A dann D bzw. aus D folgt A.

Wir hatten bei der Besprechung vollständiger Räume gesehen, dass man vorgegebene Räume notfalls vervollständigen, d. h. abschließen kann, wenn sie es noch nicht sind. Wie ist die entsprechende Frage bei nicht abgeschlossenen Operatoren zu beantworten, deren Graph $\mathcal{A} \subseteq \mathcal{M} \times \mathcal{M}'$ also eine nicht vollständige Teilmenge des Produktraumes ist?

Selbstverständlich ist der Operatorgraph $\mathcal{A}$ *als Teilmenge* von $\mathcal{M} \times \mathcal{M}'$ stets abzuschließen, $\overline{\mathcal{A}}$. Diese abgeschlossene Hülle $\overline{\mathcal{A}}$ von $\mathcal{A}$ muss aber *nicht* notwendig einen Operator repräsentieren! Hatten wir doch oben, in Abschn. 4.1, gelernt, dass keineswegs jede Teilmenge aus $\mathcal{M} \times \mathcal{M}'$ einen Operator darstellt. $\overline{\mathcal{A}}$ ist nur dann ein Operatorgraph (der dann natürlich per Konstruktion abgeschlossen ist), wenn aus (f, g_1') und (f, g_2') in $\overline{\mathcal{A}}$ folgt, $g_1' = g_2'$, s. o.

Das ergibt den

Satz

Ein Operator A auf $\mathcal{D}_A$ gestattet d. u. n. d. eine Abschließung $\overline{A}$ auf $\mathcal{D}_{\overline{A}}$, wenn aus $f_n \in \mathcal{D}_A$ gemeinsam mit $g_n' \equiv Af_n \in \mathcal{W}_A$ in sich konvergent sowie $h_n \in \mathcal{D}_A$ gemeinsam mit $k_n' \equiv Ah_n \in \mathcal{W}_A$ in sich konvergent folgt, dass bei $\lim f_n = \lim h_n$ auch $\lim g_n' = \lim k_n'$ ist.

Falls (!) die Abschließung $\overline{A}$ eines Operators möglich ist, ist sie eindeutig, ist sie die kleinste abgeschlossene Erweiterung $\overline{A} \supseteq A$, und A liegt dicht in $\overline{A}$. Das bedeutet, ein jedes Paar $\mathcal{F} = (f, Af)$ ist entweder aus A, oder es gibt eine unendliche Folge $\mathcal{F}_n \in A$, sodass $\mathcal{F}_n \Rightarrow \mathcal{F} \in \overline{A}$, also $f_n \Rightarrow f$ und $Af_n \Rightarrow Af$. Anders ausgedrückt: Jedes $f \in \mathcal{D}_{\overline{A}}$ stammt entweder schon aus aus $\mathcal{D}_A$ oder es gibt mindestens eine Folge $f_n \in \mathcal{D}_A$, sodass $f_n \Rightarrow f$ und $Af_n \Rightarrow Af$.

Lineare Operatoren in Banachräumen

5

In Kap. 4 haben wir den allgemeinen Umgang mit Operatoren gelernt. Die in den physikalischen Anwendungen begegnenden Operatoren A sind im Allgemeinen linear. Für solche gibt es noch eine Reihe von Eigenschaften, die den Umgang mit ihnen sehr vereinfachen. Wir werden sie deshalb jetzt besonders untersuchen. Dabei holen wir auch Beispiele physikalischer Operatoren nach, bei denen die besprochenen Begriffe Verwendung finden.

Da in physikalischen Anwendungen in der Regel der Raum der interessierenden Objekte linear und mindestens auch normiert ist, sei der in diesem Abschnitt zugrunde liegende Raum $\mathcal{M}$ *stets ein Banachraum.* Alle Ergebnisse gelten dann erst recht in Hilberträumen. Dort allerdings gibt es noch mehr Eigenschaften, die wir später (in Kap. 10) besprechen werden.

Die Einschränkung auf lineare Operatoren ist zwar im Blick auf die physikalischen Erfordernisse betrüblich (z. B. ist der boltzmannsche Stoßoperator nicht linear), spiegelt aber unseren relativ mageren Erkenntnisstand außerhalb der linearen Theorie wider.

5.1 Beschränktheit und Stetigkeit

Speziell für die linearen Operatoren gelten folgende wichtige Zusammenhänge.

Satz 5.1

Ein linearer Operator A auf $\mathcal{D}_A$ ist entweder an *jeder Stelle* $f \in \mathcal{D}_A$ stetig oder an *keiner*, d. h. entweder überall auf $\mathcal{D}_A$ stetig oder nirgends.

▸ **Beweis** Sei A stetig bei $f \in \mathcal{D}_A$. Sei g ein beliebiges anderes Element der Linearmannigfaltigkeit $\mathcal{D}_A$ sowie $g_n \Rightarrow g$. Ist $Ag_n \Rightarrow Ag$? Ja, denn $f_n := g_n - g + f \Rightarrow f$, denn dort ist A stetig, $Af_n \Rightarrow Af$. Und da A linear ist, folgt $Ag_n - Ag + Af \Rightarrow Af \Rightarrow Ag_n \Rightarrow Ag$. □

S. Großmann, *Funktionalanalysis*, DOI 10.1007/978-3-658-02402-4_5,
© Springer Fachmedien Wiesbaden 2014

Bei linearen Operatoren genügt es also, die Stetigkeit an einer einzigen Stelle des Banachraumes $\mathcal{M}$ zu prüfen! Beispielsweise beim **0**-Element, was ja stets in $\mathcal{D}_A$ ist.

Satz 5.2

Ein *linearer* Operator ist *gleichzeitig* stetig und beschränkt. Diese beiden Begriffe sind folglich bei linearen Operatoren gleichwertig. Genau die stetigen Operatoren haben demzufolge eine endliche Norm $\|A\|$.

▸ **Beweis**

a) A linear auf $\mathcal{D}_A$ und beschränkt. Wir prüfen die Stetigkeit, z. B. bei 0. Es ist $0 \in \mathcal{D}_A$ und $A0 = 0 \in \mathcal{W}_A$. Aus der Beschränktheit sehen wir so die Stetigkeit: $\|Af_n - A0\| = \|Af_n\| \leq c\|f_n\| \to 0$ für $f_n \Rightarrow 0$.

b) A linear und stetig auf $\mathcal{D}_A$. Wäre A nicht beschränkt, so gäbe es eine Folge $f_n \in \mathcal{D}_A, f_n \neq 0$ und $\|Af_n\|/\|f_n\| =: c_n \to \infty$. Dann ist aber $h_n := \dfrac{1}{c_n}\dfrac{f_n}{\|f_n\|}$ eine Nullfolge. Für sie muss wegen der Stetigkeit $Ah_n \Rightarrow 0$ gelten. Andererseits rechnen wir direkt aus: $\|Ah_n\| = \dfrac{1}{c_n}\dfrac{1}{\|f_n\|}\|Af_n\| = 1 \nrightarrow 0$. $\Rightarrow$ Widerspruch, also ist A beschränkt. $\qquad\square$

Diese Sätze haben eine sehr tiefgreifende Konsequenz. Wenn (!) man bei einem physikalischen linearen Operator erkennt, dass er *nicht beschränkt* ist (und sehr oft ist das der Fall, etwa beim Impuls-, Energie- usw. Operator in der Quantenmechanik, den Differentialoperatoren unserer Beispiele aus Abschn. 1.2 bis 1.4 usw.), so ist er folglich *nicht stetig*, und zwar *nirgends* auf $\mathcal{D}_A$! In allen diesen Fällen gehen somit die Vertauschbarkeit von Limes und Operatoranwendung und damit viele, viele aus endlich-dimensionalen Räumen bekannte Rechenregeln verloren. Diese lassen sich nämlich bei den linear-stetigen Operatoren recht gut übernehmen, wie uns Kap. 10 zeigen wird. Zum Glück aber bleibt noch ein gewisser Ersatz für die Nicht-Stetigkeit erhalten: die Operatoren sind i. Allg. abgeschlossen! Dann sind zwar nicht mehr generell Limes und Operationsvorschrift vertauschbar, wohl aber gilt das noch bei A-konvergenten Folgen! Wir werden später sehen, dass das eine ausreichende Eigenschaft für den Umgang mit ihnen ist. Darauf beruht auch die Wichtigkeit des Begriffes „abgeschlossener Operator".

5.2 Beispiele: Multiplikations- und Differentiationsoperatoren

Wir wollen die eingeführten Begriffe jetzt an zwei physikalisch besonders wichtigen Typen von Operatoren erläutern. Sie treten in der Quantentheorie als Orts- bzw. Impulsoperator x bzw. $\dfrac{\hbar}{i}\dfrac{d}{dx}$ in Erscheinung; Differentialoperatoren, insbesondere auch zweiter Ordnung, begegnen in sehr vielen Gebieten.

5.2.1 Multiplikation mit x

In $\mathcal{L}_2(0,a)$ ist $Af := xf(x)$ linear, überall definierbar und beschränkt, d. h. man kann $\mathcal{D}_x = \mathcal{L}_2(0,a)$ wählen. Offenbar ist $\|x\| = a$.

Dieselbe Aussage gilt in $C(0,a)$.

Da $\|x\|$ mit der Länge des Grundraumes von $\mathcal{L}_2$ wächst, erkennt man schon, dass in $\mathcal{L}_2(-\infty,+\infty)$ der Operator der Multiplikation andere Eigenschaften haben wird. Mit $f \in \mathcal{L}_2$, ist auch xf messbar, der größtmögliche sinnvolle Definitionsbereich jetzt also

$$\mathcal{D}_x := \{f \mid f \in \mathcal{L}_2 \quad \text{und} \quad xf(x) \in \mathcal{L}_2\} \subset \mathcal{L}_2. \tag{5.1}$$

Nach wie vor ist x linear, jedoch *nicht* beschränkt und folglich *nirgends stetig*: $x \lim f_n \neq \lim x f_n$ i. Allg. Dies sehen wir z. B. an der Folge

$$\chi_a(x), \quad \text{wobei} \quad \chi_a(x) = \left\{ \begin{array}{ll} 1 & a - \dfrac{1}{2} \leq x \leq a + \dfrac{1}{2} \\ 0 & \text{sonst} \end{array} \right. , \quad \|\chi_a\| = 1. \tag{5.2}$$

Aber $\|x\chi_a\|^2 = \int\limits_{a-\frac{1}{2}}^{a+\frac{1}{2}} x^2 \mathrm{d}x = a^2\left(1 + \dfrac{1}{12a^2}\right) \to \infty$, x also nicht beschränkt. Die Nicht-vertauschbarkeit von Limes und Multiplikation sieht man etwa bei der Nullfolge $f_a = \dfrac{1}{a}\chi_a(x) \Rightarrow 0$, jedoch $\|xf_a - 0\| = \dfrac{1}{a}\|x\chi_a\| = \left(1 + \dfrac{1}{12a^2}\right)^{\frac{1}{2}} \to 1$. Es ist jedoch x auf $\mathcal{D}_x$ abgeschlossen, was der Leser sich überlege.

5.2.2 Die Operationsvorschrift der Differentiation, $\dfrac{\mathrm{d}}{\mathrm{d}x}$

a) Wir betrachten sie zunächst einmal in $\mathcal{L}_2(0,a)$. Welchen Definitionsbereich $\mathcal{D}$ wählt man sinnvollerweise? Offenbar muss $\dfrac{\mathrm{d}f(x)}{\mathrm{d}x}$ bildbar sein, wenigstens f. ü. Aber die Bildfunktion muss ja auch in einem geeigneten Raum liegen, z. B. wieder in $\mathcal{L}_2$. Dann muss $\dfrac{\mathrm{d}f(x)}{\mathrm{d}x} \in \mathcal{L}_2(0,a)$ sein, infolgedessen auch summabel. Alles ist garantiert, wenn $f(x)$ absolut stetig ist und $f' \in \mathcal{L}_2$. Daher:

$$\mathcal{A}: \dfrac{\mathrm{d}}{\mathrm{d}x} \text{ auf } \mathcal{D} = \{f \mid f \in \mathcal{L}_2(0,a),\ f \text{ absolut stetig},\ f' \in \mathcal{L}_2(0,a)\} \subset \mathcal{L}_2(0,a). \tag{5.3}$$

Der durch (5.3) gegebene Operator ist linear, aber *nicht* beschränkt und folglich nirgends stetig. Denn $f_n = \dfrac{1}{\sqrt{a}}e^{2\pi i \frac{x}{a} n} \in \mathcal{L}_2$ und $\mathcal{D}$, aber $\left\|\dfrac{\mathrm{d}}{\mathrm{d}x}f_n\right\| = \dfrac{2\pi}{a}n \to \infty$. Somit sind $\lim f_n$ und $\dfrac{\mathrm{d}}{\mathrm{d}x}f_n$ i. Allg. nicht vertauschbar.

Jedoch ist der Operator (5.3) *abgeschlossen*. Sei nämlich f_n in sich konvergent und $g_n = \frac{d}{dx} f_n \in \mathcal{W}$ ebenfalls. Also existieren die Limites $f_n \Rightarrow f$ und $g_n \Rightarrow g$.

Ist $f \in \mathcal{D}$, d. h. ist f absolut stetig? Ist ferner $g = \frac{d}{dx} f$? Da die $f_n \in \mathcal{D}$, sind sie darstellbar als

$$f_n(x) = \int_0^x f_n'(\xi) d\mu(\xi) + f_n(0) = \int_0^x g_n d\mu + f_n(0).$$

Was lässt sich über $n \to \infty$ sagen? Zunächst einmal konvergiert $G_n(x) := \int_0^x g_n(\xi) d\mu(\xi)$ gleichmäßig bezüglich x gegen $G := \int_0^x g(\xi) d\mu(\xi)$. Denn[1]:

$$|G_n(x) - G(x)| = \left| \int_0^a \theta(x - \xi)(g_n(\xi) - g(\xi)) d\mu(\xi) \right| \leq \|\theta_x\| \|g_n - g\|$$

$$\leq \|1\| \|g_n - g\| \to 0.$$

Aber auch $f_n(0)$ ist eine Cauchyfolge, hat somit einen Limes, genannt $f(0)$.

$$|f_n(0) - f_m(0)| = \frac{1}{a} \|f_n(0) - f_m(0)\| \leq \frac{1}{a} (\|f_n - f_m\| + \|G_n - G_m\|) \to 0.$$

Folglich konvergiert $f_n(x) = f_n(0) + G_n(x)$ gleichmäßig bezüglich x, also erst recht (im endlichen Intervall) im Mittel, und wegen der Eindeutigkeit des Limes ist $f(x) = f(0) + \int_0^x g(\xi) d\mu(\xi)$. Somit ist f absolut stetig, also in $\mathcal{D}$ und $\frac{df}{dx} = g$ f. ü. $\Rightarrow \frac{d}{dx}$ auf $\mathcal{D}$ ist tatsächlich abgeschlossen.

b) Man kann auch $\frac{d}{dx}$ im Banachraum der stetigen Funktionen, also im $C(a, b)$, betrachten. Damit aber die Ableitung bildbar ist und auch wieder hierin liegt, wählen wir $\mathcal{M} = \mathcal{W}' = C^1(a, b)$:

$$\mathcal{A} : \frac{d}{dx} \text{ auf } \mathcal{D} := \{f | f \in C^1(a, b)\} \subset C(a, b). \tag{5.4}$$

Durch Berücksichtigung verschiedener Randbedingungen, deren physikalische Bedeutung in Abschn. 1.2 deutlich gemacht worden ist, erhält man *Einschränkungen* des Ope-

---

[1] $\theta(y)$ ist die Stufenfunktion, 0 für negatives, 1 für positives y. Siehe auch (6.9).

rators (5.4):

$$\mathcal{A}_a : \frac{\mathrm{d}}{\mathrm{d}x} \text{ auf } \mathcal{D}_a := \{f | f \in C^1(a,b) \text{ und } f(a) = 0\}; \tag{5.5}$$

$$\mathcal{A}_b : \frac{\mathrm{d}}{\mathrm{d}x} \text{ auf } \mathcal{D}_b := \{f | f \in C^1(a,b) \text{ und } f(b) = 0\}; \tag{5.6}$$

$$\mathcal{A}_{ab} : \frac{\mathrm{d}}{\mathrm{d}x} \text{ auf } \mathcal{D}_{ab} := \{f | f \in C^1(a,b) \text{ und } f(a) = 0 \text{ und } f(b) = 0\}; \tag{5.7}$$

$$\mathcal{A}_k : \frac{\mathrm{d}}{\mathrm{d}x} \text{ auf } \mathcal{D}_k := \{f | f \in C^1(a,b) \text{ und } f(a) = kf(b), k \text{ fest, beliebig}\}. \tag{5.8}$$

Offenbar sind alle $\mathcal{A}_a, \ldots, \mathcal{A}_k \subset \mathcal{A}$ echte Einschränkungen des in gewisser Weise als maximal anzusehenden Operators $\mathcal{A}$, (5.4). Speziell $\mathcal{A}_a, \mathcal{A}_b$ und $\mathcal{A}_k$ sind einparametrige (genannt: *direkte*) Einschränkungen von $\mathcal{A}$; $\mathcal{A}_{ab}$ ist direkte Einschränkung von $\mathcal{A}_a, \mathcal{A}_b, \mathcal{A}_k$.

Andere Typen von Einschränkungen erhält man, wenn nicht die Randbedingungen spezialisiert werden, sondern die Eigenschaften der Funktionen verschärft. Ein wichtiger, offenbar nicht mehr sinnvoll (außer durch Randbedingungen) zu verkleinernder *(minimaler)* Operator ist

$$\dot{\mathcal{A}} : \frac{\mathrm{d}}{\mathrm{d}x} \text{ auf } \dot{\mathcal{D}} := \{f | f \in C^\infty(a,b)\}. \tag{5.9}$$

Sowohl der maximale Operator $\mathcal{A}$, (5.4), als auch der minimale $\dot{\mathcal{A}}$, (5.9), sind auf einer im Sinne der max-Norm (d. h. der gleichmäßigen Konvergenz) dichten Teilmenge von $\mathcal{M} \equiv C(a,b)$ definiert. (Man ziehe z. B. den Weierstraß-Satz heran.) Dagegen sind $\mathcal{D}_a, \mathcal{D}_b, \mathcal{D}_k$ *nicht dicht* in $\mathcal{M}$ und auch $\mathcal{D}_{ab}$ ist *nicht dicht* in seinen vorgenannten direkten Erweiterungen. Denn für $f \in C(a,b)$ kann $f(a)$ beliebig sein, sodass für *jede* Folge $g_n \in \mathcal{D}_a$ wegen $g_n(a) = 0$ gilt

$$\|f - g_n\| = \max_{a \le x \le b} |f(x) - g_n(x)| \ge f(a) \not= 0.$$

Eine Approximierung ist also *nicht* möglich.

Nun zur Existenz von *inversen Operatoren*. Der maximale Operator $\mathcal{A}$ hat *kein* Inverses, ebensowenig der minimale. Denn alle $f(x) = $ const werden auf Null abgebildet, d. h. Kriterium 2) bzw. 8) aus Abschn. 4.4 sind verletzt. $\mathcal{A}_a, \mathcal{A}_b, \mathcal{A}_{ab}$ sind jedoch invertierbar. Zum Beispiel sehen wir direkt

$$A_a^{-1} g = \int_a^x g(\xi) \mathrm{d}\xi \quad \text{auf} \quad D_{A_a^{-1}} := W_{A_a} = C(a,b). \tag{5.10}$$

Wir vermerken ausdrücklich, dass $W_A, \ldots$ ganz $C(a,b)$ ist; denn sei $f \in C$ beliebig, so kann man durch Aufintegrieren eine Funktion aus $C^1(a,b)$ bekommen. Nur $W_{A_{ab}} \subset C(a,b)$ ist eine echte Teilmenge von $C(a,b)$.

$\mathcal{A}_{ab}$ muss ein Inverses haben, da es Einschränkung von invertierbaren Operatoren ist, nämlich z. B. von $\mathcal{A}_a$ oder von $\mathcal{A}_b$.
$\mathcal{A}_k$ ist d. u. n. d. invertierbar, wenn $k \neq 1$. Das Inverse lautet dann

$$A_k^{-1}g := \frac{1}{1-k}\left[\int\limits_a^x g(\xi)\mathrm{d}\xi + k\int\limits_x^b g(\xi)\mathrm{d}\xi\right] \quad \text{auf} \quad D_{A_k^{-1}} = C(a,b). \tag{5.11}$$

Die Frage der Abgeschlossenheit lässt sich auch leicht beantworten; z. B. so, wie für $\frac{\mathrm{d}}{\mathrm{d}x}$ in $\mathcal{L}_2$ gezeigt, oder aber über den Umweg anderer zusätzlicher Erkenntnisse:
Es ist z. B. $\mathcal{A}_a^{-1}$ ein beschränkter Operator. Denn

$$\|A_a^{-1}g\| = \max\left|\int\limits_a^x g(\xi)\mathrm{d}\xi\right| \leq \max|g(\xi)|\,(b-a) = (b-a)\|g\|.$$

Also ist $\mathcal{A}_a^{-1}$ als beschränkter, überall definierter Operator auch abgeschlossen. Zugleich mit $\mathcal{A}_a^{-1}$ ist aber auch das Inverse, also $\mathcal{A}_a$ abgeschlossen! Analog schließt man, dass die anderen $\mathcal{A}\ldots$ abgeschlossene Operatoren sind.
Alle diese Differentiationsoperatoren sind jedoch unbeschränkt! Man erkennt wiederum die Bedeutung des Begriffes „abgeschlossen".

c) Wir ergänzen noch analoge Angaben über verschiedene Definitionsbereiche von $\frac{\mathrm{d}}{\mathrm{d}x}$ in $\mathcal{L}(a,b)$. (5.3) ist offenbar maximal; als minimaler Operator wird uns später oft dienen

$$\dot{A}: \frac{\mathrm{d}}{\mathrm{d}x} \text{ auf } \dot{\mathcal{D}} := \{f \mid f \in C_0^\infty(a,b)\}. \tag{5.12}$$

Bereits bei der Diskussion des $\mathcal{L}_2$, in Kap. 3 wurde gezeigt, dass $\mathcal{D}$ und $\dot{\mathcal{D}}$ in $\mathcal{L}_2$ *dicht liegen*. Offenbar gilt $\mathcal{A} \supset \dot{\mathcal{A}}$.
Auch die Einschränkungen mithilfe der Randbedingungen sind zu bilden. Denn da alle f aus $\mathcal{D}$, $\dot{\mathcal{D}}$ mindestens absolut stetig sind, enthalten sie stetige Vertreter, für die die Benennung von Randbedingungen wie etwa

$$f(a) = 0, \quad f(b) = 0, \quad f(a) = kf(b),\ldots$$

sinnvoll ist. Es entstehen so

$$\mathcal{A}_a: \frac{\mathrm{d}}{\mathrm{d}x} \text{ auf } \mathcal{D}_a = \{f \mid f \in \mathcal{L}_2, \text{ absolut stetig, } f' \in \mathcal{L}_2, f(a) = 0\}, \tag{5.13}$$

$$\mathcal{A}_b \text{ analog,} \tag{5.14}$$

$$\mathcal{A}_{ab} \text{ mit } f(a) = f(b) = 0, \tag{5.15}$$

$$\mathcal{A}_k: \frac{\mathrm{d}}{\mathrm{d}x} \text{ auf } \mathcal{D}_k = \{f \mid f \in \mathcal{L}_2, \text{ absolut stetig, } f' \in \mathcal{L}_2, f(a) = kf(b)\}. \tag{5.16}$$

Im Gegensatz zu den Definitionsbereichen $\mathcal{D}_a, \ldots$ im Banachraum $C(a, b)$ sind hier, im Hilbertraum $\mathcal{L}_2(a, b)$, auch $\mathcal{D}_a, \ldots$ *dichte* Linearmannigfaltigkeiten. Denn bezüglich der Integral-Metrik spielen die Randbedingungen bei der Approximation *keine* Rolle.

d) Mit gewissen sinngemäßen Einschränkungen gelten die angestellten Überlegungen auch in $\mathcal{L}_2(0, \infty)$ bzw. $\mathcal{L}_2(-\infty, +\infty)$. Wir werden uns den Operatoren in diesen Räumen jedoch später ausführlich widmen, wenn Fragen wie „symmetrisch", „selbstadjungiert", ... besprochen werden, siehe Kap. 16.

e) Analoge Überlegungen gelten für Operatoren mit höherer Ableitung. Es sei auf die einschlägige Lehrbuch-Literatur verwiesen.

5.3 Abschließbarkeit beschränkter Operatoren

Die besprochenen Beispiele lehrten, dass i. Allg. zwar nicht die Beschränktheit physikalischer Operatoren zu erwarten ist, wohl aber ihre Abgeschlossenheit. Dies lässt nochmals die Frage interessant werden, ob man die Abschließung eines Operators nicht erreichen kann, wenn sie nicht schon von vornherein gegeben ist. Unser Ergebnis war, dass zwar ein Operatorgraph $\mathcal{A}$ stets abzuschließen ist, es jedoch keineswegs sicher ist, ob $\overline{\mathcal{A}}$ einen Operator repräsentiert. Im Falle eines *linearen und beschränkten* Operators A kann man aber schärfer schließen! Wir überlegen uns nämlich:

> **Satz**
> Ein linearer und beschränkter, d. h. stetiger Operator ist stets abzuschließen, sogar unter Beibehaltung der Norm und der Linearität, sowie eindeutig.

▸ **Beweis** Sei A auf $\mathcal{D}_A$ linear und beschränkt. Der Operator bilde aus $\mathcal{D}_A \subseteq \mathcal{M}$ nach $\mathcal{M}'$ ab. Wegen der Linearität und Beschränktheit ist zunächst einmal jede in sich konvergente Folge $f_n \in \mathcal{D}_A$ zugleich A-konvergent, d. h. mit $\{f_n\}$ ist auch $\{Af_n\}$ in sich konvergent.

$$\|Af_n - Af_m\| = \|A(f_n - f_m)\| \leq \|A\| \, \|f_n - f_m\| \to 0.$$

Sofern $\lim f_n = f$ aus $\mathcal{D}_A$, ist wegen der Stetigkeit $\lim Af_n = Af$. Wenn jedoch $\lim f_n = f$ zwar als Element aus $\mathcal{M}$ (vollständiger Raum!) existiert, aber nicht $f \in \mathcal{D}_A$ dann *definieren* wir als Fortsetzung der Operationsvorschrift, $\overline{A}$, die folgende:

$$\overline{A}f := \lim_{n \to \infty} Af_n, \quad f \in \overline{\mathcal{D}}_A. \tag{5.17}$$

Diese Definition ist *möglich*, da der Limes existiert, sie ist auch sinnvoll, da der Limes unabhängig von der Auswahl der Folge $\{f_n\}$ allein von f und von A abhängig ist, also

$\overline{A}f \in \mathcal{M}'$ als typisch für A und f zu betrachten ist. Sei nämlich außer $f_n \Rightarrow f$ auch $\tilde{f}_n \Rightarrow f$ Dann ist in der Tat

$$\| \lim A f_n - \lim A \tilde{f}_n \| = \lim \| A f_n - A \tilde{f}_n \| \leq \| A \| \lim \| f_n - f + f - \tilde{f}_n \| = 0.$$

Mit Hilfe von (5.17) ist die Operationsvorschrift von $\mathcal{D}_A$ auf die abgeschlossene lineare Hülle $\overline{\mathcal{D}}_A$ fortgesetzt, d. h.

$$\overline{A} \quad \text{auf} \quad \overline{\mathcal{D}}_A \supseteq A \quad \text{auf} \quad \mathcal{D}_A. \tag{5.18}$$

Dieser Operator $\overline{A}$ auf $\overline{\mathcal{D}}_A$ ist nun linear, beschränkt mit der Norm $\| \overline{A} \| = \| A \|$ sowie abgeschlossen.

Linear: Wirkung von $\overline{A}$ auf $f \equiv a_1 f_1 + a_2 f_2$ untersuchen. Sofern $f \in \mathcal{D}_A$, ist ja $\overline{A}f = Af$ linear; sofern $f \in \overline{\mathcal{D}}_A$, gibt es eine Folge $a_1 f_1^{(n)} + a_2 f_2^{(n)} \Rightarrow f$ auf welcher $\overline{A} f^{(n)} = A f^{(n)} = a_1 A f_1^{(n)} + a_2 A f_2^{(n)} \Rightarrow a_1 \overline{A} f_1 + a_2 \overline{A} f_2$ linear wirkt, da A linear.

Beschränkt: Dazu untersuche man $\| \overline{A}f \|$. Sofern $f \in \mathcal{D}_A$, ist voraussetzungsgemäß

$$\| Af \| \leq \| A \| \, \| f \|. \text{ Ist } f \in \overline{\mathcal{D}}_A, \text{ gibt es eine Folge } f_n \in \mathcal{D}_A, \; f_n \Rightarrow f :$$
$$\| \overline{A}f \| \leq \| \overline{A}f - A f_n \| + \| A f_n \| \leq \| \overline{A}f - A f_n \| + \| A \| \, \| f_n - f + f \| \leq$$
$$\leq \varepsilon_1 + \| A \| \varepsilon_2 + \| A \| \, \| f \| \equiv (\varepsilon + \| A \|) \, \| f \|.$$

Abgeschlossen: Da $\overline{A}$ (stetig) auf einem abgeschlossenen Definitionsbereich $\overline{\mathcal{D}}_A$ definiert ist, wissen wir schon von Satz 4.2, dass $\overline{A}$ auf $\overline{\mathcal{D}}_A$ abgeschlossen ist.

$\overline{A}$ auf $\overline{\mathcal{D}}_A$ ist also die gesuchte Abschließung; sie ist sogar eindeutig. Gäbe es zwei Operationsvorschriften $\overline{A}_1$ und $\overline{A}_2$, dann ist auf $\mathcal{D}_A$ sowieso $\overline{A}_1 = A = \overline{A}_2$, und für $f \in \overline{\mathcal{D}}_A$ betrachten wir eine beliebige Approximationsfolge:

$$\overline{A}_1 f = \lim \overline{A}_1 f_n = \lim A f_n = \lim \overline{A}_2 f_n = \overline{A}_2 f. \qquad \square$$

Dieser Sachverhalt lehrt uns, dass man einen *beschränkten* und *linearen* Operator stets als abgeschlossen voraussetzen kann bzw. gleichbedeutend damit, stets als auf einer *abgeschlossenen* Linearmannigfaltigkeit, also einem Teilraum, definiert ansehen kann. Im Allgemeinen ist $\overline{\mathcal{D}}_A = \mathcal{M}$, da man sich nur für den kleinsten Banachraum interessiert, der $\mathcal{D}_A$ enthält. Deshalb treffen wir für den zukünftigen Sprachgebrauch folgende Verabredung.

Definition

Ein Operator, der linear, beschränkt und überall auf $\mathcal{M}$ definiert ist, werde als *linear-beschränkter* Operator bezeichnet.

Diese linear-beschränkten Operatoren haben eine Reihe von einfachen Eigenschaften, die wir in den nächsten Abschnitten kennenlernen wollen.

Der soeben beschriebene Fortsetzungsprozess findet z. B. so seine physikalische Anwendung: Wir hatten gesehen, dass der Impulsoperator $p = \dfrac{\hbar}{i}\dfrac{\mathrm{d}}{\mathrm{d}x}$, der Ortsoperator x oder der Hamiltonoperator H usw. in $\mathcal{L}_2$ *nicht* überall, wohl aber dicht definiert sind. Die Translationsoperatoren im Orts- bzw. Impulsraum, e^{ipa}, e^{ixmv} sind als unitäre, beschränkte Operatoren auf ganz $\mathcal{L}_2$ auszudehnen; ebenso der das zeitliche Verhalten bestimmende Operator e^{iHt}.

5.4 Linear-beschränkte Operatoren

Wir untersuchen jetzt den Umgang mit linear-beschränkten Operatoren, d. h. linearen, stetigen ($\leftrightarrow$ beschränkten) und überall, d. h. für alle $f \in \mathcal{M}$ definierten Operationsvorschriften. Da für sie der Definitionsbereich $\mathcal{D}_A = \mathcal{M}$ von vornherein klar ist, bezeichnen wir die Operationsvorschriften A selbst schon als Operatoren. Der Bildbereich ist entweder $\mathcal{M}$ oder ein anderer Banachraum $\mathcal{M}'$.

5.4.1 Einfache Eigenschaften

1) A linear-beschränkt

$$\Rightarrow \text{stetig:} \quad A \lim f_n = \lim A f_n; \; A \sum_{i=1}^{\infty} g_i = \sum_{i=1}^{\infty} A g_i. \tag{5.19}$$

2) A linear-beschränkt
   $\Rightarrow$ abgeschlossen; jede Cauchyfolge ist zugleich A-konvergent.
3) A linear-beschränkt
   $\Rightarrow$ Jede kompakte Menge aus $\mathcal{M}$ wird in eine kompakte Menge aus $\mathcal{M}'$ abgebildet. (Übung!)
4) A linear-beschränkt. Was bedeutet das für A^{-1}?
   Es muss *nicht* etwa A^{-1} existieren! So ist z. B. 0 linear-beschränkt, aber nicht invertierbar.
   Wenn (!) A^{-1} existiert, so ist es zwar linear, muss aber *nicht* beschränkt sein. Ein Beispiel ist

$$Af := \int_a^x f(\xi)\mathrm{d}\xi \quad \text{auf} \quad C(a,b), \quad \text{linear-beschränkt},$$

jedoch $A^{-1} = \dfrac{\mathrm{d}}{\mathrm{d}x}$ ist nicht beschränkt, wie in Abschn. 5.2 gezeigt wurde.
Bezüglich der Abgeschlossenheit herrscht also bessere Symmetrie als bezüglich der Stetigkeit. Denn wir lernten schon: Wenn A abgeschlossen ist, dann auch A^{-1} (sofern existierend), und umgekehrt. Wenn dagegen A stetig ist, muss das A^{-1} *nicht* sein.

Wenn A^{-1} existiert *und* beschränkt ist, so ist $\mathcal{D}_{A^{-1}} = \mathcal{W}_A$ ein abgeschlossener Teilraum in $\mathcal{M}'$, denn mit A ist ja auch A^{-1} abgeschlossen. Nun verwende Satz 4.1. Allerdings könnte $\mathcal{W}_A \subset \mathcal{M}'$ sein.

Wenn A^{-1} existiert und *überall* in $\mathcal{M}'$ definiert ist, so muss A^{-1} auch beschränkt sein, d. h. A^{-1} ist dann linear-beschränkt. Mit anderen Worten: Das Inverse A^{-1} eines linear-beschränkten Operators, der einen Banachraum $\mathcal{M}$ ein-eindeutig auf einen Banachraum $\mathcal{M}'$ abbildet, ist auch ein linear-beschränkter Operator. (Man kann das entweder direkt beweisen (s. z. B. *Neumark*, 1959, S. 90/2) oder auf die spätere Aussage zurückführen, dass ein überall definierter und abgeschlossener linearer Operator beschränkt ist.)

5) A linear-beschränkt und $\|A\| < 1$.

$\Rightarrow (1 - A)^{-1}$ existiert und ist auch linear-beschränkt.

Es gilt ferner

$$(1 - A)^{-1} := \frac{1}{1 - A} = 1 + A + A^2 + \ldots \equiv \sum_{n=0}^{\infty} A^n. \tag{5.20}$$

▸ **Beweis** Wir haben soeben unter 4) gelernt, was alles zur Bestätigung dieser Aussage zu zeigen ist. Zunächst erschließen wir die Existenz von $(1 - A)^{-1}$ mittels des banachschen Fixpunktsatzes. $(1 - A)^{-1}$ existiert ja d. u. n. d., wenn $(1 - A)f = g$ für jedes $g \in \mathcal{M}$ genau eine Lösung f hat. Das ist gleichbedeutend mit folgender Aussage:

$$f = Af + g \equiv Bf \text{ hat genau einen Fixpunkt.}$$

Wegen $\|A\| < 1$ ist, aber B kontrahierend, nämlich

$$\rho(Bf_1, Bf_2) = \|Bf_1 - Bf_2\| = \|Af_1 - Af_2\| \leq \|A\| \, \|f_1 - f_2\| = \|A\| \rho(f_1, f_2).$$

Folglich existiert $(1 - A)^{-1}$, und zwar in ganz $\mathcal{M}$, weil *jedes* g zugelassen war. Nach 4) ist $(1 - A)^{-1}$ linear-beschränkt. Man kann es auch direkt zeigen: Sei $(1 - A)^{-1}g = f, \Leftrightarrow f - g = Af$,

$$\Rightarrow \|f\| - \|g\| \leq \|Af\| \leq \|A\| \, \|f\| \Rightarrow \|(1 - A)^{-1}g\| = \|f\| \leq \frac{1}{1 - \|A\|} \|g\|.$$

Man überlegt nun leicht, dass die Reihe in (5.20) sinnvoll ist (indem man das Cauchy-Kriterium anwendet und die Konvergenz zeigt) und dass wegen der Stetigkeit von A in der Tat gilt: $(1 - A) \sum_{n=0}^{\infty} A^n = \sum_{n=0}^{\infty} A^n - \sum_{m=1}^{\infty} A^m = 1.$ □

6) A, B linear-beschränkt. Dann

$$\begin{aligned} A + B \text{ linear-beschränkt,} \quad & \|A + B\| \leq \|A\| + \|B\|, \\ AB \text{ linear-beschränkt,} \quad & \|AB\|_{\mathcal{M}''} \leq \|A\|_{\mathcal{M}''} \|B\|_{\mathcal{M}'}. \end{aligned}$$

7) Auch andere Potenzreihen von A (linear-beschränkt) sind bildbar, z. B.

$$e^{aA} = \sum_{n=0}^{\infty} \frac{1}{n!} a^n A^n. \qquad (5.21)$$

5.4.2 Der Banachraum der linear-beschränkten Operatoren

Wir haben soeben gelernt, dass man linear-beschränkte Operatoren addieren kann; auch mit Zahlen $a \in K$ kann man sie multiplizieren. Die Menge aller linearen Operatoren A von $\mathcal{M}$ in einen Bildraum $\mathcal{M}'$ zeigt also alle Strukturelemente eines linearen Raumes, wenn man definiert (s. o.)

$$(A + B)f := Af + Bf, \quad \text{für alle } f \in \mathcal{M}$$
$$(aA)f := a(AF), \quad \text{für alle } f \in \mathcal{M}, a \in K.$$

Der Nulloperator ist das neutrale Element. Da für alle linear-beschränkten Operatoren ihre Norm $\|A\|$ eine endliche Zahl ist, wird die Menge der linear-beschränkten Operatoren durch die Operatornorm zum linearen und normierten Raum; man beachte jetzt nochmals die Überlegungen in Abschn. 4.5 zur Norm.

Wir gewinnen somit das Konzept des normierten Raumes $\mathcal{B}(\mathcal{M} \to \mathcal{M}')$ aller linear-beschränkter Operatoren, die von einem Urbildraum $\mathcal{M}$ in einen Bildraum $\mathcal{M}'$ abbilden. $\mathcal{B}$ ist sogar ein vollständiger Raum, folglich ein banachscher Raum! Nämlich:

Sei A_n eine Folge linear-beschränkter Operatoren, die in sich konvergent sei, d. h. $\|A_n - A_m\| \to 0$ mit $n, m \to \infty$. Durch Konstruktion zeigen wir, dass es dann tatsächlich einen Grenzoperator A gibt, der auch wieder linear-beschränkt ist! Denn $\{A_n f\}$ ist für jedes feste f Cauchy-Folge ($\|A_n f - A_m f\| \leq \|A_n - A_m\| \|f\| \to 0$), hat also einen Limes in $\mathcal{M}'$: $\lim A_n f =: Af$. Hierdurch ist ein A für alle f definiert, ist beschränkt (denn $\|A_n f\|/\|f\| \leq \|A_n\| < C$, da die A_n als Cauchyfolge in $\mathcal{B}$ beschränkt sind (s. o. Abschn. 2.5.3); also auch $\|Af\|/\|f\| \leq C$) und linear ($\|A[a_1 f_1 + a_2 f_2] - [a_1 A f_1 + a_2 A f_2]\| \leq \|A[a_1 f_1 + a_2 f_2] - A_n[a_1 f_1 + a_2 f_2]\| + \|a_1(A_n - A)f_1\| + \|a_2(A_n - A)f_2\| \leq \varepsilon_1 + \varepsilon_2 + \varepsilon_3$). Zuletzt ist benutzt worden,

$$\|A_n - A\| \to 0, \quad \text{d. h.} \quad A_n \underset{\text{Norm}}{\Longrightarrow} A. \qquad (5.22)$$

▸ **Zusammengefasst** Die Menge

$$\mathcal{B}(\mathcal{M} \to \mathcal{M}') := \{A | A \text{ linear-beschränkter Operator von } \mathcal{M} \text{ nach } \mathcal{M}'\} \qquad (5.23)$$

bildet einen Banachraum.

Wenn speziell der Bildraum $\mathcal{M}' = K$ ist, nannten wir die Operatoren Funktionale.

▸ **Folgerung 5.1** Die Menge der linear-beschränkten Funktionale über einem Banachraum bildet ihrerseits einen Banachraum.

Diese linear-beschränkten Funktionale spielen als verallgemeinerte Funktionen bzw. Distributionen eine große Rolle in vielen Anwendungen. Daher besprechen wir sie in den Kap. 6 und 7 ausführlicher.

5.4.3 Das Prinzip der gleichmäßigen Beschränktheit von Banach und Steinhaus

Im Banachraum der linear-beschränkten Operatoren hat der Begriff einer beschränkten Menge $\{A_a\} \subseteq \mathcal{B}(\mathcal{M} \to \mathcal{M}')$ von Operatoren $A_a\,(a \in \mathfrak{a} \subset K$, beliebige Indexmenge) einen Sinn: $\{A_a\}$ ist gemäß unserer allgemeinen Definition beschränkter Mengen in Abschn. 2.5.3 dann beschränkt, wenn es eine Zahl C gibt, sodass

$$\|A_a\| \leq C \quad \text{für alle} \quad a \in \mathfrak{a}.$$

Wie erkennt man nun die eventuelle Beschränktheit einer vorgegebenen Menge linear-beschränkter Operatoren? Im Allgemeinen kennt man nur die Anwendung der A_a auf die $f \in \mathcal{M}$. Hier hilft das folgende Kriterium.

Satz (von Banach und Steinhaus über gleichmäßige Beschränktheit)

Sei $\{A_a\}$ eine beliebige Menge linear-beschränkter Operatoren über $\mathcal{M}$ nach $\mathcal{M}'$. Sie ist gewiss dann beschränkt, sofern für *jedes* feste $f \in \mathcal{M}$ die Teilmenge $\{A_a f\} \in \mathcal{M}'$ beschränkt ist, d. h. $\{A_a f\}$ „punktweise" beschränkt ist. Also:

$$\text{aus } \|A_a f\| \leq C_f \text{ für alle } a \in \mathfrak{a} \text{ und jedes } f \in \mathcal{M} \Rightarrow \|A_a\| \leq C \text{ für alle } a \in \mathfrak{a}. \tag{5.24}$$

Dieses Kriterium werden wir noch oft benötigen. Es gilt selbstverständlich auch speziell für linear-beschränkte Funktionale.

▸ **Beweis** Die zunächst unbequem erscheinende Abhängigkeit der Beschränkungszahlen C_f vom jeweils verwendeten f in der Menge $\{A_a f\}$ ist nötig; denn wegen der Homogenität von $\|A_a f\|$ in f kann man diese Norm beliebig groß machen. Daher ziehen wir uns zunächst einmal auf eine *beschränkte* Menge aus $\mathcal{M}$ zurück, etwa eine Kugel $\mathcal{K}(g, r)$ um irgend ein g mit Radius r. Wir überlegen nämlich, dass es mindestens *eine* solche Kugel in $\mathcal{M}$ gibt, sodass $\|A_a f\| < D$ (unabhängig von f!) für alle $a \in \mathfrak{a}$ und alle $f \in \mathcal{K}(g, r)$ ist! Anderenfalls kann man nämlich einen Widerspruch konstruieren: Es gäbe sie nicht. Gewiss existiert dann mindestens ein A_1 und ein f_1, sodass $\|A_1 f_1\| > 1$. Wegen der Stetigkeit von A_1 als linear-beschränktem Operator gibt es dann auch eine ganze Kugel um f_1, für die das gilt. $\mathcal{K}_1(f_1, r_1) := \{f | f \in \mathcal{M}, \|f - f_1\| < r_1, \|A_1 f\| > 1\}$. In $\mathcal{K}_1$ aber gibt es mindestens ein f_2, sodass für passendes A_2 gilt $\|A_2 f_2\| > 2$. Wäre das nicht so, dann gälte ja $\|A_a f\| \leq 2$ für alle $f \in \mathcal{K}_1$, entgegen unserer Hilfsannahme. Da auch A_2 stetig, gibt es wiederum eine ganze Kugel um f_2, $\mathcal{K}_2 = \{f \mid f \in \mathcal{K}_1, \|f - f_1\| < r_2, \|A_2 f\| > 2\}$, usw., usw., $\mathcal{K}_3, \mathcal{K}_4, \ldots$ mit $r_1 > r_2 > r_3 > \ldots$, d. h. $\mathcal{K}_1 \supset \mathcal{K}_2 \supset \mathcal{K}_3 \supset \ldots$ Wählen wir als Radien eine Nullfolge, so bilden die Kugeln eine Intervallschachtelung, die wegen der Vollständigkeit von $\mathcal{M}$ gegen genau ein $f_0 \in \mathcal{M}$ konvergiert. Sogar $f_0 \in \mathcal{K}_n$ für alle n, folglich $\|A_n f_0\| > n$ Dies widerspricht aber der Voraussetzung im Kriterium, dass für *jedes* f, also auch f_0, die Menge $\|A_a f_0\| \le C_{f_0}$ beschränkt sein soll. Also gibt es eine Kugel $\mathcal{K}(g, r)$, sodass $\|A_a f\| < D$ für alle $f \in \mathcal{K}$ und alle $A_a \in \{A_a\}$.

Beliebige $h \in \mathcal{M}$ führen wir auf diese Kugel zurück. Nämlich $f := \dfrac{h}{\|h\|} \tilde{r} + g \in \mathcal{K}(g, r)$, wenn $\tilde{r} < r_i \Rightarrow \|A_a f\| < D$ für alle A_a.

Andererseits $\|A_a f\| \ge \dfrac{\tilde{r}}{\|h\|} \|A_a h\| - \|A_a g\| \Rightarrow \|A_a h\| < \|h\| \dfrac{2D}{\tilde{r}} \equiv C \|h\|$ q. e. d. $\qquad\square$

Das Prinzip der gleichmäßigen Beschränktheit kann man noch allgemeiner formulieren, sodass es auch in abzählbar-normierten Räumen (siehe z. B. Abschn. 2.3.2) oder sogar in gewissen metrischen Räumen gilt. Dazu formulieren wir es etwas um.

Satz (über die gleichmäßige Stetigkeit (2. Formulierung))

Sei $\{A_a\}$ eine beliebige Menge linearer und stetiger Operatoren, definiert auf einem linearen, vollständigen metrischen Raum $\mathcal{M}$ zu einem normierten Bildraum $\mathcal{M}'$. Die Metrik ρ sei translationsinvariant, und für $a \ge 1$ gelte $\rho(af, 0) \le a\rho(f, 0)$. Ist für *jedes* $f \in \mathcal{M}$, d. h. punktweise, die Menge $\{A_a f\}$ beschränkt, so ist die Menge $\{A_a\}$ sogar gleichmäßig stetig, d. h. aus $f_n \Rightarrow f$ folgt $A_a f_n \Rightarrow A_a f$ gleichmäßig bezüglich $a \in \mathfrak{a}$.

Klar ist die Äquivalenz dieser Aussage zur ersten Formulierung des Satzes von Banach und Steinhaus, falls $\mathcal{M}$ sogar Banachraum ist: Die Voraussetzungen sind gleich, da stetig und beschränkt gleichwertig sind. $\|f\| = \rho(f, 0)$ ist translationsinvariant und sogar streng homogen. Gleichmäßige Beschränktheit aber bedingt gleichmäßige Stetigkeit (aus $f_n \Rightarrow f$ folgt $\|A_a f_n - A_a f\| \le C \|f_n - f\|$) und umgekehrt ($\|A_a f\| < \varepsilon$ für alle a, sofern $\|f\| < \delta$. Daraus folgt $\left\|A_a \dfrac{f}{\delta}\right\| \le \dfrac{\varepsilon}{\delta}$ für alle a, sofern $\dfrac{\|f\|}{\delta} < 1$, d. h. $\sup\limits_{\|g\| \le 1} \|A_a g\| = \|A_a\| \le \varepsilon/\delta$).

Der Beweis der 2. Formulierung des Satzes von Banach und Steinhaus verläuft zunächst genau auf den Spuren des vorher gegebenen Beweises für die 1. Formulierung. *Ohne* die zusätzlichen Eigenschaften der Metrik folgt bereits die Existenz einer Kugel $\mathcal{K}(g, r) = \{f \mid f \in \mathcal{M}, \rho(f, g) < r\}$, sodass $\|A_a f\| < D$ für alle a und alle $f \in \mathcal{K}$. Hier wird nämlich nur die Stetigkeit der A_a und die Vollständigkeit von $\mathcal{M}$ als metrischem Raum benutzt. Daher bezeichnet man auch *manchmal* schon die *Existenz dieser Kugel als Prinzip der gleichmäßigen Beschränktheit!*

Dann aber wird der Beweis auf die gleichmäßige Stetigkeitsaussage ausgerichtet, weil nämlich daraus im metrischen Raum die Beschränktheit nicht mehr zu folgern ist. In unseren obigen Beweis ging die Homogenität der Norm ein! Zunächst kann man wegen der Translationsinvarianz der Metrik die Kugel statt um g auch um den Nullpunkt legen, da für $\rho(f, g) = \rho(f - g, 0) < r$ gilt $\|A_a(f - g)\| \le \|A_a f\| + \|A_a g\| < 2D$.

Aus $\|A_a f\| < D$ für alle f einer r-Umgebung um 0 folgern wir nun die gleichmäßige Stetigkeit bei 0, woraus wegen der Translationsinvarianz der Metrik die gleichmäßige Stetigkeit überall folgt.

Sei ε beliebig. Sofern $\varepsilon \geq D$, dann *ist* $\|A_a f\| < \varepsilon$ gleichmäßig bezüglich a innerhalb der r-Umgebung. Ist aber $\varepsilon \leq D$, so ist $\|A_a f\| < \varepsilon$ gleichmäßig in der δ-Umgebung mit $\delta := \dfrac{\varepsilon}{D}$.

Denn sei $\rho(f, 0) < \delta$, so folgt $\dfrac{D}{\varepsilon} \rho(f, 0) < r$. Da $D/\varepsilon \geq 1$, benutzen wir $\rho(af, 0) \leq a\rho(f, 0)$

für $a \geq 1$. Hieraus folgt $\rho\left(\dfrac{D}{\varepsilon} f, 0\right) < r$. Dann aber ist $\left\|A_a \dfrac{D}{\varepsilon} f\right\| = \dfrac{D}{\varepsilon} \|A_a f\| < D$, q. e. d.

So folgt aus der gleichmäßigen punktweisen Beschränktheit die gleichmäßige Stetigkeit.

5.5 Vertauschungsrelationen zwischen linearen Operatoren

Nachdem wir die angenehmen Eigenschaften der linear-beschränkten Operatoren kennengelernt haben, wollen wir an einem physikalischen Beispiel lernen, dass man leider mit ihnen in der Physik nicht auskommt.

Seien A und B linear-beschränkte Operatoren (d. h. linear, überall definiert und beschränkt $\equiv$ stetig). Dann sind sowohl AB als auch BA sowie der *Kommutator* $AB - BA =:$ $[A, B]$ bildbar und linear-beschränkt. Jedoch: Die *Vertauschungsrelation*

$$[A, B] = i1 \tag{5.25}$$

ist im Raume der linear-beschränkten Operatoren *nicht* möglich! (Statt i dürfte man irgendein $a \in K$ nehmen, auch 1.)

Denn: Wäre $[A, B]$ ein Vielfaches (i-faches) des 1-Operators, kommt man in Widersprüche! Dazu berechnen wir

$$[A, B^2] = B[A, B] + [A, B]B = 2iB, \quad \text{gilt doch allgemein } [A, BC] = B[A, c] + [A, B]C.$$
$$[A, B^3] = B[A, B^2] + [A, B]B^2 = 3iB^2, \ldots \text{ d. h. }; [A, B^n] = niB^{n-1}(n \geq 1).$$
$$\Rightarrow n \|B^{n-1}\| = \|[A, B^n]\| \leq \|A\| \|B^n\| 2 \leq 2\|A\| \|B\| \|B^{n-1}\| \leq C\|B^{n-1}\|.$$

Für hinreichend großes n muss also $B^{n-1} = 0$ sein, $\Rightarrow [A, B^{n-1}] = 0 = inB^{n-2}, \Rightarrow B^{n-2} = 0, \ldots, B = 0. \Rightarrow [A, B] = 0 \neq i1$!

Nun spielt aber die Vertauschungsrelation (5.25) eine entscheidende Rolle bei der Grundlegung der Quantentheorie. Man muss sie folglich entweder umgehen oder *nicht*-beschränkte lineare Operatoren zulassen. Mindestens einer der beiden Faktoren in der Vertauschungsrelation *muss* nicht-beschränkt sein. Das hat zur Folge, dass $[A, B]$ gar nicht überall definiert sein kann (sofern wir die Abgeschlossenheit noch beibehalten wollen)!

Sei etwa A auf $\mathcal{D}_A$ linear, nicht-beschränkt und B linear-beschränkt. Dann ist BA auf $\mathcal{D}_A$ definiert und AB auf solchen f, für die $Bf \in \mathcal{D}_A$. $[A, B]$ existiert auf dem Durchschnitt beider Mengen. Die richtige Formulierung für Vertauschungsrelationen lautet demzufolge

$$\boxed{[A, B] \quad \text{auf} \quad \mathcal{D}_{[A,B]} \subset i1 \quad \text{auf} \quad \mathcal{D}_{i1} = \mathcal{H}.} \tag{5.26}$$

Es ist unmöglich, statt $\subset$ zu sagen $=$!

Beispiel

Im Hilbertraum $\mathcal{L}_2(0, a)$ ist der Multiplikationsoperator x überall definiert und linear-beschränkt, jedoch ist $\frac{1}{i}\frac{d}{dx}$ auf $\mathcal{D} = \{f | f$ absolut stetig, $f \in \mathcal{L}_2, f' \in \mathcal{L}_2\}$ linear *nicht* beschränkt. Dann ist $x\frac{1}{i}\frac{d}{dx}$ ebenfalls auf $\mathcal{D}$ erklärt sowie auch $\frac{1}{i}\frac{d}{dx}x$. Folglich ist der Kommutator $\left[x, \frac{1}{i}\frac{d}{dx}\right]$ auf $\mathcal{D}$ definiert, aber $\mathcal{D} \subset \mathcal{L}_2$ (wo $i1$ erklärt ist) auf $\mathcal{L}_2$.

(Man mache sich klar: $\frac{1}{i}\frac{d}{dx}x$ in Operatorsprache heißt „erst mit x multiplizieren und dann das Ergebnis differenzieren"! Es ist also nicht etwa $\frac{1}{i}\frac{d}{dx}x$ gleich $\frac{1}{i}$! Vielmehr gilt

$$\frac{1}{i}\frac{d}{dx}xf(x) = \frac{1}{i}(xf(x))' = \frac{1}{i}f(x) + \frac{1}{i}xf'(x).)$$

5.6 Kriterien für Linear-Beschränktheit

Nachdem wir uns die Bedeutung der Linear-Beschränktheit klar gemacht haben, wollen wir uns die Frage vorlegen, wie man sie konkret feststellen kann. Selbstverständlich dient dazu in erster Linie die Prüfung der definierenden Merkmale: linear, beschränkt $\equiv$ stetig sowie überall definiert. Die Prüfung der Linearität ist meist einfach. Schwieriger ist die Frage der Beschränktheit sowie die des Definitionsbereiches. Hier besteht nun eine wichtige Querverbindung.

Nämlich wenn ein linearer Operator überall definiert ist, so genügen kleine zusätzliche Eigenschaften, um bereits seine Beschränktheit zu garantieren! Wegen der Wichtigkeit wird jetzt ein Überblick gegeben, wobei auch Eigenschaften genannt werden, die erst im Hilbertraum zu formulieren sind.

Ein linearer und überall definierter Operator A ist sicher beschränkt, wenn gilt

1) A ist abgeschlossen oder
2) A wirkt in einem endlich-dimensionalen Raum $\mathcal{M}$ oder
3) A ist symmetrisch, $\langle f | Ag \rangle = \langle Af | g \rangle$ oder
4) A ist selbstadjungiert[2] oder

---

[2] Der Begriff wird später eingeführt; ein überall definierter, selbstadjungierter Operator ist symmetrisch.

5) es existiert[3] A^*, linear und überall definiert, sodass $\langle f|Ag\rangle = \langle A^*f|g\rangle$ oder

6) A gestattet eine Matrixdarstellung $a_{ij} = \langle \varphi_i|A\varphi_j\rangle$ in wenigstens einer Basis $\{\varphi_j\}$.

Da die physikalisch interessierenden Operatoren im Allgemeinen mindestens eine dieser Eigenschaften haben (z. B. ordnet man in der Quantenmechanik den physikalischen Größen selbstadjungierte Operatoren zu; in den obigen Beispielen waren die A auf $\mathcal{D}_A$ abgeschlossen; usw.), ist die Nicht-Beschränktheit notwendig verknüpft mit $\mathcal{D}_A \subset \mathcal{M}$! Es ist also bei nicht-beschränkten Operatoren unumgänglich, Aussagen über $\mathcal{D}_A$ zu machen! Oder: Es kann leicht zu Fehlern führen, wenn man einen nicht-beschränkten Operator durch eine Matrix darstellt und mit ihr sorglos rechnet! Im R^n allerdings darf man das, da Matrix-Operatoren gemäß Kriterium 2) beschränkt sind.

Die erst im Hilbertraum formulierbaren Kriterien 3) bis 6) untersuchen wir später genauer, siehe Abschn. 10.1.2 und 10.10.3. Die Eigenschaft 2) zeigt man leicht: Endlichdimensional heißt, alle $f \in \mathcal{M}$ sind als *endliche* Linearkombination $f = \sum_{i=1}^{n} a_i g_i$ zu schreiben; $\{g_i\}$ Basis des Banachraumes $\mathcal{M}$. Dann ist für lineares A auf $\mathcal{M}$:

$$\|Af\| = \left\|\sum a_i A g_i\right\| \leq \sum_{i=1}^{n} |a_i|\, \|Ag_i\| \leq M \sum_{i=1}^{n} |a_i|,\ \text{wobei}\ M = \max_{1 \leq i \leq n} \|Ag_i\|.$$

Nun ist $\sum_{i=1}^{n} |a_i|$ eine Norm in $\mathcal{M}$, in endlich-dimensionalen Räumen aber alle Normen äquivalent, also $\sum_{i=1}^{n} |a_i| < c\|f\|$. Folglich gilt $\|Af\| \leq cM\|f\|$. – Das besonders nützliche Kriterium 1) ist die Aussage des sog. „closed graph theorem". Sein Beweis soll für den allgemeinen Banachraum nicht geführt werden, da man aus ihm nichts für unsere Zwecke lernt; der interessierte Leser sei auf die Literatur hingewiesen, z. B. *Kato*, 1966, S. 166. Später überlegen wir uns den einfacheren Beweis im Hilbertraum, s. Abschn. 16.1.4.

Als einfache Anwendung sei noch vermerkt, dass *Projektoren* im Banachraum (also idempotente, lineare, überall definierte Operatoren) *beschränkt* sind, da sie abgeschlossen sind. Nämlich $P^2 = P$ induziert eine Zerlegung $\mathcal{M} = \mathcal{N}_1 \oplus \mathcal{N}_2$ in zwei abgeschlossene (Übung!) Teilräume, wobei P auf $\mathcal{N}_1$ projiziert bzw. $Ph_1 = h_1$ für alle $h_1 \in N_1$, aber $Ph_2 = 0$ für alle $h_2 \in N_2$. Sei f_n eine P-konvergente Folge, also $\{f_n\}$ und $\{Pf_n\}$ sind in sich konvergent. Nun ist aber $Pf_n \in \mathcal{N}_1$, also konvergiert $Pf_n \equiv g_n$ gegen $g \in \mathcal{N}_1$. Ferner ist $f_n - Pf_n \in \mathcal{N}_2$, also der Limes $f - g \in \mathcal{N}_2$. Durch Anwendung von P erhält man $P(f - g) = 0$, da $f - g \in \mathcal{N}_2$ und $P\mathcal{N}_2 = 0$. Somit gilt $Pf = Pg = g$, weil $g \in \mathcal{N}_1$, d. h. die Abgeschlossenheit.

Man kann sich nun fragen, ob vielleicht *keine* der Bedingungen 1) bis 6) nötig ist. Jedoch: Es *gibt* in ∞-dimensionalen Räumen lineare und überall definierte Operatoren, die nicht beschränkt sind! Dies lehrt das bekannte Beispiel der hamelschen überall unstetigen Lösung der Funktionalgleichung linearer Funktionen $f(x) + f(y) = f(x + y)$. Man kann es so auf die Konstruktion eines nicht-beschränkten Operators übertragen[4]:

---

[3] Der Begriff A^* wird später eingeführt.

[4] Ich verdanke dies einem Gespräch mit Herrn Runkel vom Mathematischen Institut zu Marburg.

Wir *definieren* einen Operator zunächst geeignet auf einer Hamelbasis $\mathcal{H}_\mathcal{M} \subset \mathcal{M}$ des Banachraumes (s. Abschn. 2.2). Jedes $f \in \mathcal{M}$ lässt sich andererseits als *endliche* Linearkombination $f = \sum_{i=1}^{n} a_i g_i$ von geeigneten Elementen g_i *der Hamelbasis* eindeutig (wegen der linearen Unabhängigkeit) darstellen. Durch

$$Af := \sum_{i=1}^{n} a_i A g_i$$

ist ein Operator A überall definiert und offenbar auch linear. Die $Ag_i \in \mathcal{M}'$ sind noch völlig frei! Greifen wir nun eine abzählbare Menge von g_n aus $\mathcal{H}_\mathcal{M}$ heraus (die gibt es, weil ja $\mathcal{M}$ als unendlich-dimensional vorausgesetzt wird, sonst stimmt die Aussage wegen 2) nicht!) und definieren $Ag_n = n g_n$ (überall sonst auf der Hamelbasis beliebig), so ist A unbeschränkt, also nirgends stetig, obwohl überall definiert und linear. Natürlich ist A weder abgeschlossen noch symmetrisch.

Lineare Funktionale

6

Insbesondere in den Feldtheorien verwendet man oft den Begriff und die Eigenschaften linearer Funktionale. Wir stellen ihre wichtigsten Eigenschaften zusammen. Damit lernen wir zugleich alle Vorbereitungen für die Behandlung der Distributionen.

6.1 Definition linear-stetiger Funktionale

Ein spezieller Fall eines Operators über einem Raum $\mathcal{M}$ ist eine Operationsvorschrift, die den $f \in \mathcal{D}_A \subseteq \mathcal{M}$ komplexe Zahlen zuordnet, d. h. für die der Bildraum $\mathcal{M}' = K$ ist. Solche Operatoren bezeichnen wir (s. o. Abschn. 4.2) als *Funktionale*. Von besonderem Interesse sind die *additiv-homogenen* Funktionale l, die also (4.1) erfüllen, nämlich

$$l(a_1 f_1 + a_2 f_2) = a_1\, l(f_1) + a_2\, l(f_2). \tag{6.1}$$

Der Definitionsbereich muss also die Struktur eines linearen Raumes haben. Ja, wir wollen verabreden, dass l *überall* auf dem gegebenen Raum $\mathcal{M}$ *definiert* sei, d. h. $\mathcal{D}_l = \mathcal{M}$. Das bedeutet nichts, solange man allgemeine Räume zulässt; man interessiert sich eben nur für das Funktional über dem Raum $\mathcal{D}_l$. Die uns bisher begegneten Räume waren mindestens metrisch, d. h. in ihnen war der Konvergenzbegriff erklärt. Im Folgenden beschränken wir uns auf die *stetigen* Funktionale:

$$l(f_n) \to l(f) \quad \text{wenn} \quad f_n \Rightarrow f, \tag{6.2}$$

d. h.

$$l(\lim f_n) = \lim l(f_n). \tag{6.3}$$

S. Großmann, *Funktionalanalysis*, DOI 10.1007/978-3-658-02402-4_6,
© Springer Fachmedien Wiesbaden 2014

Dabei ist die Konvergenz $f_n \Rightarrow f$ im Sinne der im linearen metrischen, normierten oder unitären Raum vorhandenen Metrik zu verstehen, während die Konvergenz der komplexen Zahlen $a_n \equiv l(f_n)$ konventionell gemeint ist. In allen uns interessierenden Fällen ist die *Metrik translationsinvariant*, sodass die Stetigkeit an einer einzigen Stelle $f \in \mathcal{M}$ genügt, um sie überall zu garantieren (s. Satz 5.1). Denn:

Stetigkeit bei f vorausgesetzt. Stetigkeit bei g? Man bilde wieder $f_n =: g_n - g + f$. Dies ist eine Nullfolge bei translationsinvarianter Metrik, $\rho(f_n, f) \equiv \rho(g_n - g + f, f) \overset{!}{=} \rho(g_n, g) \to 0$. Nun wie in Satz 5.1 schließen.

Sofern die Metrik in $\mathcal{M}$ durch eine Norm gegeben ist, bedeutet die Stetigkeit des linearen Funktionals l natürlich zugleich seine Beschränktheit:

$$|l(f)| \le \|l\|\,\|f\| \quad \text{und} \quad \|l\| =: \sup \frac{|l(f)|}{\|f\|} < \infty. \tag{6.4}$$

▸ **Zusammengefasst** Als *linear-stetiges Funktional l* über einem linearen metrischen oder normierten oder unitären Raum $\mathcal{M}$ bezeichnen wir eine

　　1) *überall definierte,*
　　2) *lineare,*
　　3) *stetige*

Abbildung von $\mathcal{M}$ nach K.

Die linear-stetigen Funktionale sind also genau die linear-beschränkten Operatoren für den Fall $\mathcal{M}' = K$ und durch *drei* Eigenschaften gekennzeichnet. Wir werden nicht-stetige Funktionale nicht untersuchen.

6.2 Beispiele

Zur Übung besprechen wir einige Beispiele.

1) $\mathcal{M}$ sei der vollständige Raum der stetigen Funktionen mit der max-Norm, also $\mathcal{M} = C(a, b)$. Dann ist

$$l(f) := \int_a^b f(x)\mathrm{d}x \tag{6.5}$$

ein linear-stetiges Funktional. Denn das Integral ist für jede stetige Funktion f über einem endlichen Intervall auszurechnen, d. h. l ist überall definiert; es ist linear und es ist stetig im Sinne der max-Norm:

$$|l(f_n) - l(f)| = \left| \int_a^b [f_n(x) - f(x)]dx \right| \leq (b-a) \max |f_n(x) - f(x)|$$

$$= (b-a) \|f_n - f\|.$$

Augenscheinlich ist $\|l\| = (b-a)$; dazu können wir $f(x) \equiv 1$ in (6.5) verwenden.

2) $\mathcal{M} = C(a, b)$ und

$$l(f) := \int_a^b \overline{g}(x)f(x)dx \quad \text{mit} \quad g \in C(a, b) \text{ fest, beliebig.} \tag{6.6}$$

Wie soeben rechnet man nach, dass in der Tat ein überall definiertes, lineares und stetiges Funktional mit $\|l\| \leq (b-a)\|g\|$ vorliegt. Offenbar ist das vorige Beispiel (6.5) der Spezialfall für $g \equiv 1$. *Jedes* Element $g \in C(a, b)$ bestimmt also ein linear-stetiges Funktional über $C(a, b)$! Man sieht schon, wie zahlreich die möglichen linearen Funktionale sein können. Wir haben aber mit (6.6) noch keineswegs alle l über $C(a, b)$ gefunden. Nämlich

3) $\mathcal{M} = C(a, b)$ und

$$l(f) =: f(x_0), \quad x_0 \in (a, b) \text{ fest, beliebig} \tag{6.7}$$

ist ein weiteres linear-stetiges Funktional über $C(a, b)$! Es ordnet jeder Funktion $f(x)$ den Wert der Funktion an einer festen Stelle x_0 zu. Das ist für stetige Funktionen überall definiert (für beliebige messbare Funktionen aus $\mathcal{L}_2$ wäre das *nicht* der Fall), augenscheinlich linear und stetig: $f_n \Rightarrow f$ bedeutet ja gleichmäßige Konvergenz, folglich $l(f_n) = f_n(x_0) \to f(x_0) = l(f)$. Das Funktional (6.7) kann aber *nicht* als Riemann-Integral (6.6) dargestellt werden (s. u.); es sei denn, man interpretiert letzteres allgemeiner. Die ursprünglich von *Dirac* eingeführte und aus dem physikalischen Alltagsgebrauch seitdem nicht mehr wegzudenkende „δ-Funktion" $g \equiv \delta(x - x_0)$ leistet zwar definitionsgemäß das Gewünschte, ist aber eben *keine* Funktion aus $C(a, b)$, sondern nichts anderes als ein Name für das Funktional (6.7)!

Denn so sehen wir, dass es keine Funktion gibt, die (6.7) als Riemann-Integral darzustellen gestattet: Gäbe es eine, $g(x)$, dann wählen wir eine Nullfolge $f_n(x)$ aus C gemäß Abb. 6.1. Für sie ist

$$\left| \int_a^b \overline{g}(x)f_n(x)dx \right| \leq \max |g(x)| \frac{2}{n} < \varepsilon \neq f_n(x_0) \equiv 1,$$

sofern n hinreichend groß ist.

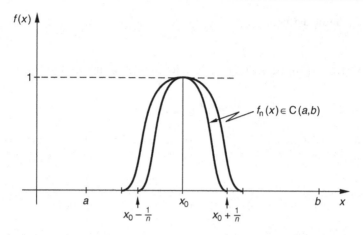

Abb. 6.1 Funktionenfolge zum Nachweis, dass $l(f) = f(x_0)$ sich nicht als Riemann-Integral über stetige Funktionen darstellen lässt

Gemeinsam ist (6.6) und (6.7) *nicht* die Darstellung als Riemann-Integral oder die Zuordnung zu einer Funktion g, sondern die Eigenschaft, ein linear-stetiges Funktional zu repräsentieren. Darin liegt der große Wert der linearen Funktionale, dass sie den Funktionsbegriff in wohldefinierter Weise zu verallgemeinern gestatten! Die vielbenutzte δ-Funktion *ist* ein solches linear-stetiges Funktional. Damit ist die Bedeutung linearer Funktionale auch dem Physiker eindringlich klar.

4) Für das vorige Beispiel ist eine Darstellung als Integral möglich, sofern man dieses allgemeiner definiert. Man verwende nämlich das Riemann-Stieltjes-Integral mit einer Funktion von beschränkter Variation, $\mu(x)$, definiert durch

$$\int_a^b f(x)\mathrm{d}\mu(x) := \lim_{\max \Delta x \to 0} \sum_{i=1}^{n} f(x_i)[\mu(x_i) - \mu(x_{i-1})], \tag{6.8}$$

wobei die $\{x_i\}$ Zerlegungen des Intervalls (a, b) sind.

Dann ist das Funktional (6.7) so darstellbar mit μ als Stufenfunktion

$$\theta(x - x_0) =: \begin{cases} 1 & x \geq x_0 \\ 0 & x < x_0 \end{cases}. \tag{6.9}$$

Aber auch die vorherigen Funktionale (6.6), (6.5) sind als Riemann-Stieltjes-Integrale darstellbar. Dazu beachte man $\mathrm{d}\mu(x) = \mu'(x)\mathrm{d}x$ mit $\mu'(x) \equiv \overline{g}(x)$ für differenzierbare Funktionen $\mu(x)$. Die Verallgemeinerung des Funktionals (6.7) dann besteht darin, dass die zugehörige Verteilungsfunktion $\mu(x) = \theta(x - x_0)$ *nicht* differenzierbar ist. Oder aber man verallgemeinert den Ableitungsbegriff auf

$$\frac{\mathrm{d}}{\mathrm{d}x}\theta(x - x_0) = \delta(x - x_0). \tag{6.10}$$

Auch dies leistet die anschließend zu besprechende Theorie der Distributionen.
Übrigens sei schon hier vermerkt, dass es andere linear-stetige Funktionale über
$C(a, b)$ nicht mehr gibt. Es gilt nämlich der

Satz
Die Menge aller linear-stetigen Funktionale $l(f)$ über $C(a, b)$ wird gegeben durch die
Riemann-Stieltjes-Integrale

$$l(f) = \int_a^b f(x)\mathrm{d}\mu(x), \tag{6.11}$$

$\mu(x)$ von beschränkter Variation, d. h. $V_\mu(a, b) := \sup \sum_{i=1}^n |\mu(x_i) - \mu(x_{i-1})| < \infty$.

Mit anderen Worten: Jedes $\mu(x)$ definiert ein linear-stetiges Funktional und umgekehrt
bestimmt jedes Funktional eine Belegfunktion $\mu(x)$ bis auf eine additive Konstante in
allen Stetigkeitspunkten ($\mu(x)$ ist f. ü. stetig).
Ein direkter Beweis wird z. B. von *Riesz, Sz-Nagy*, 1956; S. 101 gegeben. Wir begegnen
diesem Sachverhalt noch einmal im Abschn. 7.4.
5) Nun zu linearen Funktionalen über $\mathcal{M} = C^l(a, b)$. Hier ist

$$l(f) := f^{(k)}(x_0), \quad x_0 \in [a, b] \text{ fest, beliebig,} \quad 0 \le k \le l \text{ fest, beliebig,} \tag{6.12}$$

ein linear-stetiges Funktional über dem Raum der l mal stetig differenzierbaren Funktionen. Offenbar ist auch

$$l(f) := \int_a^b \partial^k f(x)\mathrm{d}\mu(x), \quad \mu \text{ von beschränkter Variation,} \tag{6.13}$$

linear-stetig und umfasst nicht nur (6.12) (nämlich für $\mu(x) = \theta(x - x_0)$), sondern liefert auch allgemeinere Fälle. Sofern $\mu(x)$ differenzierbar ist, kann man die Darstellung

$$l(f) = \int_a^b \overline{g}(x)\partial^k f(x)\mathrm{d}x \tag{6.14}$$

hinschreiben.
6) Seien nun als weitere Beispiele linear-stetige Funktionale über dem Hilbertraum genannt. Zum Beispiel sei $\mathcal{M} = l_2$ der Raum der quadratsummierbaren Zahlenfolgen,
und $f = (x_1, x_2, \ldots, x_n, \ldots) \in l_2$:

$$l(f) := x_n. \tag{6.15}$$

Die Zuordnung der n-ten Komponente (n beliebig) ist offenbar überall definiert, linear und stetig, da ja $f_n \Rightarrow f$ komponentenweise Konvergenz zur Folge hat. Also ist (6.15) linear-stetiges Funktional; mit $\|l\| = 1$, weil

$$|l(f)| = |x_n| = \left(|x_n|^2\right)^{\frac{1}{2}} \leq \left(\sum_{i=1}^{\infty} |x_i|^2\right)^{\frac{1}{2}} = \|f\|.$$

7) $\mathcal{M}$ sei ein beliebiger Hilbertraum $\mathcal{H}$. Dann ist

$$l(f) := \langle g|f \rangle, \quad g \in \mathcal{H} \text{ fest, beliebig,} \qquad (6.16)$$

wegen der Eigenschaften des Inneren Produktes überall definiert, linear und stetig. Der vorige Fall ordnet sich diesem unter, indem man $g = \varphi_n = (0, 0, \dots, 1, 0, \dots)$ mit einer 1 an der n. Stelle wählt.

Es gibt also mindestens so viele linear-stetige Funktionale l, wie es Elemente g in $\mathcal{H}$ gibt. Hier jedoch kann man im Gegensatz zu den vorigen Beispielen linearer Funktionale über dem Banachraum $C(a, b)$ *keine* weiteren finden. Das lernen wir im nächsten Abschn. 6.3.

Wenn speziell $\mathcal{H} = K$, ist $\langle g|f \rangle = \bar{y}x$, d. h. die linear-stetigen Funktionale $l(z)$ über dem Raum der komplexen Zahlen sind die Funktionen

$$l(z) = az, \quad a \in K,$$

ein wohlvertrautes Resultat!

6.3 Rieszscher Darstellungssatz linear-stetiger Funktionale im Hilbertraum

Im Hilbertraum kann man ein für allemal die Struktur der möglichen linear-stetigen Funktionale durch einen von *Friedrich Riesz* bewiesenen Satz klären.

Satz

Jedes linear-stetige Funktional $l(f)$ über einem Hilbertraum $\mathcal{H}$ ist darstellbar in der Form

$$l(f) = \langle g|f \rangle, \quad \text{für alle } f \in \mathcal{H}.$$

Dabei ist $g \in \mathcal{H}$ eindeutig durch das Funktional l bestimmt und $\|l\| = \|g\|$.

Denn: Einerseits wissen wir schon, *dass* $\langle g|f \rangle$ ein überall definiertes, lineares und stetiges Funktional über $\mathcal{H}$ ist. Andererseits kann man sich für ein beliebig vorgelegtes lineares Funktional $l(f)$ ein geeignetes g für die Darstellung des Satzes konstruieren. Dazu suchen wir zunächst die Menge aller h, für die $l(h) = 0$ ist: $\mathfrak{r} := \{h | h \in \mathcal{H}, l(h) = 0\}$. Sie ist wegen der vorausgesetzten Linearität und Stetigkeit des Funktionals l ein Teilraum. Sofern nun $\mathfrak{r} = \mathcal{H}$ sein sollte, setzen wir $g = 0$ und $l(f) \equiv \langle 0|f \rangle$ erfüllt den Satz. Ist $\mathfrak{r} \subset \mathcal{H}$, gibt es mindestens einen auf $\mathfrak{r}$ senkrechten Vektor $p \neq 0$. Hiermit definieren wir die Vektoren $q := l(p)f - l(f)p \equiv q(p, f)$. Da $l(q) = 0 \Rightarrow q \in \mathfrak{r} \Rightarrow q \perp p \Rightarrow \langle p|q \rangle = 0 = l(p)\langle p|f \rangle - l(f)\|p\|^2$. Weil $p \neq 0$, erhalten wir mit $g := \dfrac{\overline{l(p)}}{\|p\|^2}p$ die gewünschte Darstellung von $l(f)$ für alle f.

Es sieht so aus, als ob g recht willkürlich durch beliebige Wahl eines $p \perp \mathfrak{r}$ gefunden wäre. Doch ist die Darstellung des linearen Funktionals durch ein inneres Produkt eindeutig! Sei nämlich $\langle g_1|f \rangle = \langle g_2|f \rangle$ für alle f, $\Rightarrow \langle g_1 - g_2|f \rangle = 0 \Rightarrow g_1 - g_2 = 0$.

Schließlich liefert die schwarzsche Ungleichung die Aussage über die Norm des Funktionals: $|l(f)| = |\langle g|f \rangle| \leq \|g\| \|f\|$. Da in der schwarzschen Ungleichung das Gleichheitszeichen erreichbar ist, muss $\|l\| = \|g\|$ sein.

Zur Verdeutlichung dieser Überlegungen denken wir nochmal an das Beispiel 6). Für $l(f) = x_n$ ist offenbar $\mathfrak{r} = \{f | f = (x_1, x_2, \ldots, 0, x_{n+1}, \ldots) \in l_2\}$, d. h. bis auf einen geeigneten Normierungsfaktor *gibt* es überhaupt nur *einen* Vektor $p \perp \mathfrak{r}$ ($\|p\| = 1$). Es ist also nicht verwunderlich, dass man $p \perp \mathfrak{r}$ ansonsten frei wählen konnte, da $\mathfrak{r}^{\perp}$ nur genau eindimensional ist! Auch allgemein hat die Eindeutigkeit von g zur Folge, dass $\dfrac{\overline{l(p_1)}}{\|p_1\|^2}p_1 = \dfrac{\overline{l(p_2)}}{\|p_2\|^2}p_2$, woraus folgt, dass $p_1 \sim p_2$, d. h. $\mathfrak{r}^{\perp}$ eindimensional ist.

Damit ist die Frage nach allen möglichen linear-stetigen Funktionalen über einem Hilbertraum vollkommen geklärt: Diese sind *stets als Inneres Produkt darstellbar*: $l(f) = \langle g|f \rangle \equiv l_g(f)$. Jedes l ist ein-eindeutig einem Hilbertraumelement g zugeordnet, m. a. W.: die Menge der linear-stetigen Funktionale l über $\mathcal{H}$ bildet selbst einen Hilbertraum, und zwar $\mathcal{H}$ selbst!

6.4 Duale Räume

Nach völliger Klärung der möglichen linear-stetigen Funktionale über Hilberträumen stellen wir nun dieselbe Frage bei Banachräumen $\mathcal{M}$. Da die linear-stetigen Funktionale über einem Banachraum spezielle Fälle von linear-beschränkten Operatoren über $\mathcal{M}$ sind, nämlich falls der Bildraum $\mathcal{M}' = K$ ist, können wir sogleich eine Reihe von Aussagen aus Abschn. 5.4 übernehmen, insbesondere Folgerung 5.1!

Die Menge $\mathcal{M}^*$ aller linear-stetigen Funktionale über einem Banachraum $\mathcal{M}$ bildet selbst einen Banachraum, genannt *der zu $\mathcal{M}$ duale Raum* (auch *konjugierter Raum* genannt).

Wir machen den Raum $\mathcal{M}^* = \{l\,|\,l(f)$ linear-stetig über $\mathcal{M}\}$ allerdings etwas anders zum linearen Raum. Nämlich wir definieren

$$(l_1 + l_2)(f) := l_1(f) + l_2(f) \quad \text{sowie (!)} \quad (al)(f) := \overline{a}l(f). \tag{6.17}$$

Durch $\|l\| := \sup \dfrac{|l(f)|}{\|f\|}$ wird $\mathcal{M}^*$ ein normierter Raum, der vollständig ist. Das heißt, eine Folge l_n linear-stetiger Funktionale, die bezüglich der Norm in sich konvergiert, strebt gegen ein linear-stetiges $l \in \mathcal{M}^* : l_n \Rightarrow l$. Im Spezialfall, wenn $\mathcal{M}$ sogar ein Hilbertraum ist, haben wir durch den Satz von *Riesz* soeben gelernt, dass der duale Raum $\mathcal{H}^*$ zum gegebenen Raum $\mathcal{H}$ isomorph ist: $\mathcal{H}^* \cong \mathcal{H}$. Die Beispiele 2), 3) und 4) zeigten, dass dies im Falle des Banachraumes $C(a, b)$ nicht so ist. Zwar erzeugte jedes $f \in C(a, b)$ ein lineares Funktional, d. h. $C \subseteq C^*$, jedoch gab es noch mehr, d. h. $C \subset C^*$, echt enthalten. Genauer: $C^* \cong V(a, b)$ ist isomorph zum (gefaserten) Raum der Funktionen von beschränkter Variation über $[a, b]$. (Gefasert ist er wegen der additiven Konstanten.)

Im dualen Raume $\mathcal{M}^*$ eines Banachraumes $\mathcal{M}$ können wir wiederum das Prinzip *der gleichmäßigen Beschränktheit* von *Banach* und *Steinhaus* formulieren, das ja in Abschn. 5.4.3 bereits allgemein bewiesen worden war:

Sei $\mathcal{L}^* = \{l_a\,|\,a \in \mathfrak{a} \subseteq K$, beliebige Indexmenge$\} \subseteq \mathcal{M}^*$ eine Menge linearer Funktionale, die für jedes feste $f \in \mathcal{M}$, d. h. „punktweise" gleichmäßig bezgl. a beschränkt ist: $|l_a(f)| \leq c_f$, für alle $a \in \mathfrak{a}$. Dann gibt es eine gemeinsame Schranke der Normen der l_a,

$$\|l_a\| \leq c \quad \text{für alle} \quad a \in \mathfrak{a} \Leftrightarrow |l_a(f)| \leq c\|f\| \quad \text{für alle} \quad a \in \mathfrak{a}. \tag{6.18}$$

▸ **Bemerkung**

a) Der duale Raum eines endlich-dimensionalen Banachraumes ist auch endlich-dimensional und zum Ausgangsraum hinsichtlich der Linearitätsstruktur isomorph. Insbesondere sind die Dimensionen gleich.

b) Sofern $\mathcal{M}^*$ separabel ist, muss dies auch $\mathcal{M}$ selbst gewesen sein.

c) Eine ganze Reihe von Erkenntnissen über den Hilbertraum wird zwar mithilfe des Inneren Produktes gewonnen, macht aber davon nur insofern Gebrauch, als dieses ein linear-stetiges Funktional ist. Deshalb kann man sie unmittelbar auf den Banachraum übertragen, indem man nur statt $\langle g|f\rangle$ für alle $g \in \mathcal{H}$ sagt: $l(f)$ für alle $l \in \mathcal{M}^*$. Man schreibt daher oft formal linear-stetige Funktionale wie Innere Produkte: $l(f) \hat{=} \langle l|f\rangle \hat{=} (l, f)$, wobei $l \in \mathcal{M}^*$, $f \in \mathcal{M}$. Manche Begriffe und Sätze lassen sich dann leicht von Hilberträumen auf Banachräume übertragen; z. B. der des adjungierten Operators (s. Abschn. 10.1.2), u. a.

Da $\mathcal{M}^*$ ein Banachraum ist, kann man den dualen Raum $(\mathcal{M}^*)^* \equiv \mathcal{M}^{**}$ betrachten, genannt *bidualer (bikonjugierter)* Raum. Und so weiter. Der biduale Raum bietet allerdings möglicherweise nicht viel Neues, denn es gilt der

---

Satz

Der biduale Banachraum $\mathcal{M}^{**}$ eines Banachraumes $\mathcal{M}$ enthält stets den Ursprungs-raum $\mathcal{M}$, d. h. $\mathcal{M}$ ist isomorph zu einem (nicht notwendig echten) Teil von $\mathcal{M}^{**}$:

$$\mathcal{M} \subseteq \mathcal{M}^{**}. \tag{6.19}$$

▸ **Beweis** Wir zeigen, dass jedem $f \in \mathcal{M}$ ein $L \in \mathcal{M}^{**}$ zugeordnet werden kann, $f \to L_f$, und prüfen dann, dass diese Zuordnung einen Isomorphismus auf einen Teil von $\mathcal{M}^{**}$ darstellt.

Sei $f \in \mathcal{M}$ beliebig, fest. Wir bilden die Menge aller $\overline{l(f)}$ für alle $l \in \mathcal{M}^*$. Das sind komplexe Zahlen. Somit vermittelt f eine Zuordnung $\mathcal{M}^* \to K$, repräsentiert folglich ein Funktional über $\mathcal{M}^*$. Es ist überall definiert, da $\overline{l(f)}$ für *jedes* $l \in \mathcal{M}^*$ auszurechnen ist; es ist beschränkt, da $|\overline{l(f)}| \leq \|l\| \, \|f\|$ bzw. $|\overline{l(f)}|/\|l\| \leq \|f\|$ für alle l; es ist linear, da $\overline{(al)(f)} = a\overline{l(f)}$ und $(l_1+l_2)(f) = l_1(f)+l_2(f)$ gemäß der Eigenschaft (6.17) von $\mathcal{M}^*$, linearer Raum zu sein. Die durch f vermittelte Abbildung $\mathcal{M}^* \to K$ repräsentiert somit ein linear-stetiges Funktional, ist also aus $\mathcal{M}^{**}$. Es sei mit L_f bezeichnet und wirkt so:

$$L_f(l) := \overline{l(f)}; \quad L_f \in \mathcal{M}^{**}. \tag{6.20}$$

Die Zuordnung $f \to L_f$ ist so: Verschiedenen f entsprechen verschiedene L_f, denn $f \neq g \Leftrightarrow l(f) \neq l(g)$ für mindestens ein $l \in \mathcal{M}^*$ (das zeigt der im nächsten Abschnitt genannte Fortsetzungssatz linearer Funktionale, insbesondere Folgerung b)) $\Leftrightarrow L_f(l) \neq L_g(l)$ für mindestens ein $l \Leftrightarrow L_f \neq L_g$. Die Zuordnung erhält die Linearität, denn $L_{af+bg} = aL_f + bL_g$, weil l linear ist und (6.17) gilt. Sie erhält die Norm, $\|L_f\| = \|f\|$, weil (das Gleichheitszeichen kann erreicht werden!)

$$\|L_f\| = \sup_l \frac{|L_f(l)|}{\|l\|} = \sup_l \frac{|l(f)|}{\|l\|} \leq \sup_l \frac{\|l\| \, \|f\|}{\|l\|} = \|f\|.$$

Folglich ist die Zuordnung $f \to L_f$ ein Isomorphismus auf einen Teil von $\mathcal{M}^{**}$. □

In konkreten Fällen kann $\mathcal{M}^{**}$ echt größer sein als $\mathcal{M}$ oder gleich. Wir *definieren*: Ein Banachraum heiße *regulär = reflexiv*, wenn $\mathcal{M}^{**} \cong \mathcal{M}$.

Anmerkung: Manchmal wird Reflexivität so definiert: Ein Raum $\mathcal{M}$ heiße *reflexiv*, sofern die Abbildung $f \to L_f$ mit $L_f(l) = \overline{l(f)}$, $l \in \mathcal{M}^*$ eine Surjektion von $\mathcal{M}$ auf $\mathcal{M}^*$ ist. Dann ist zwar $\mathcal{M}^{**} \cong \mathcal{M}$, aber hieraus folgt umgekehrt *nicht* notwendig die Reflexivität in diesem Sinne. (Für ein Beispiel siehe *R. C. James.*)

Einige Anwendungsbeispiele:

1) Ist $\mathcal{M}$ ein Hilbertraum, so ist $\mathcal{M}$ regulär. Allgemein: Selbstduale Räume $\mathcal{M}^* = \mathcal{M}$ sind regulär.

2) Endlich-dimensionale Banachräume sind regulär.

3) Teilräume regulärer Banachräume sind regulär.

4) $l_p, \mathcal{L}_p$ sind regulär, wenn $p > 1$. Es ist $l_p^* = l_q$ für q aus $\dfrac{1}{p} + \dfrac{1}{q} = 1$; analog $\mathcal{L}_p^* = \mathcal{L}_q$. Also $l_p^{**} = l_q^* = l_p$ und $\mathcal{L}_p^{**} = \mathcal{L}_q^* = \mathcal{L}_p$.

5) $\mathcal{L}_1$ ist nicht regulär. Zwar ist $\mathcal{L}_1^* = \mathcal{L}_\infty$, (siehe z. B. *Neumark*, 1959, S. 154), jedoch ist $\mathcal{L}_\infty^* \neq \mathcal{L}_1$ (siehe z. B. *Riesz, Sz-Nagy*, 1956, S. 199).

6) $C(a, b)$ ist nicht regulär, d. h. $C^{**} = V^* \supset C$ (siehe z. B. *Riesz, Sz-Nagy*, 1956, S. 199).

6.5   Fortsetzung linear-stetiger Funktionale

Wir hatten uns schon in Abschn. 5.3 mit der Abschließung von linearen, beschränkten Operatoren befasst. Dies geschah durch Fortsetzung des Operators A auf $\mathcal{D}_A$ unter Erhaltung der Linearität und Norm zu $\overline{A}$ auf $\overline{\mathcal{D}}_A$. Durch Spezialisierung des Bildbereichs $\mathcal{M}' = K$ erhalten wir deshalb sofort den

---

Satz

Ein lineares, beschränktes Funktional l auf einem in $\mathcal{M}$ dichten Definitionsbereich $\mathcal{D}_l$ kann eindeutig linear und unter Erhaltung der Norm auf ganz $\overline{\mathcal{D}}_l = \mathcal{M}$ fortgesetzt werden.

Im *Gegensatz* zu Operatoren, die *nicht* nach K abbilden, kann man nun für lineare, beschränkte Funktionale noch sehr viel weiterreichende Fortsetzungsaussagen machen. Es gilt nämlich folgender

---

Satz (Fortsetzungssatz von Hahn und Banach)

Ist auf einer (beliebigen) Linearmannigfaltigkeit $\mathcal{D}_l \subseteq \mathcal{M}$ eines Banachraumes $\mathcal{M}$ ein lineares, beschränktes Funktional $l(f)$ gegeben, so kann es auf ganz $\mathcal{M}$ linear erweitert werden zu $\tilde{l}(f)$ auf $\mathcal{M}$, sodass l und $\tilde{l}$ die gleiche Norm haben. ($\tilde{l}$ ist dann linear-stetig.)

▸   Ein allgemeiner Beweis wird z. B. bei *Royden*, 1963, S. 162, oder *Neumark*, 1959, S. 30ff, gegeben; einen einfacheren im Falle separabler Räume gibt z. B. *Smirnow*, Bd. V, 1962, S. 621: Wir wollen uns hier auf den Fall beschränken, dass $\mathcal{M}$ sogar ein Hilbertraum ist. Dann sieht man die Aussage des Satzes schnell ein:

Zunächst ist ja nach dem vorigen Satz l von $\mathcal{D}_l$ auf $\overline{\mathcal{D}}_l$ fortsetzbar; $\overline{\mathcal{D}}_l$ ist aber als abgeschlossene Linearmannigfaltigkeit eines Hilbertraumes selbst ein Hilbertraum. Nach dem Darstellungssatz von *F. Riesz* kann man ein $g \in \overline{\mathcal{D}}_l$ eindeutig finden, sodass $l(f) = \langle g|f \rangle$ für alle $f \in \overline{\mathcal{D}}_l$. Dieses Innere Produkt ist aber auf *ganz* $\mathcal{H}$ erklärt, womit eine Fortsetzung konstruiert ist. Infolge der Normerhaltung ist sie sogar eindeutig, was allgemein nicht behauptet werden kann. Nämlich aus $\langle g|f \rangle = \langle \tilde{g}|f \rangle$ für alle $f \in \mathcal{D}_l \Rightarrow \tilde{g} - g \perp \overline{\mathcal{D}}_l$ d. h.

$\tilde{g} = g + r$ mit $g \perp r$. Daraus folgt $\|\tilde{g}\|^2 = \|g\|^2 + \|r\|^2$ und damit $\|r\| = 0$ wegen Normerhaltung.

Als Folgerungen können wir einige für Anwendungen sehr nützliche Ergebnisse erzielen. Man kann nämlich schon von *einem einzigen* $f_0 \in \mathcal{M}$ aus ein Funktional linear und beschränkt fortsetzen; natürlich nicht eindeutig, doch ist es stets möglich.

Satz

Für jedes Element $f_0 \in \mathcal{M}$ eines Banachraumes *existiert* ein linear-stetiges Funktional $l(f)$ (d. h. überall definiert, linear und stetig), das Norm $\|l\| = 1$ hat und $l(f_0) = \|f_0\|$ erfüllt.

Denn: Sei $f_0 \neq 0$; dann bilden wir die Linearmannigfaltigkeit $\mathcal{D} := \{f \,|\, f = af_0, a \in K\}$ und *definieren* l auf $\mathcal{D}$ durch $l(f) = a\|f_0\|$. Dieses l ist auf einer Linearmannigfaltigkeit definiert, hat $\|l\| = 1$ und $l(f_0) = \|f_0\|$. Der Fortsetzungssatz von Hahn und Banach beweist dann alles weitere. – Ist $f_0 = 0$, so nehmen wir irgendein $f_1 \neq 0$, wählen ein $l(f)$ in der gerade beschriebenen Art und sehen, dass $\|l\| = 1$ und $l(f_0) = l(0) = 0 = \|f_0\|$, also die Aussage auch richtig ist.

▸   **Folgerung**

a) Zu je zwei Elementen $f_1 \neq f_2$ aus $\mathcal{M}$ gibt es ein lineares Funktional l, sodass $l(f_1) \neq l(f_2)$. Mit anderen Worten: $\mathcal{M}^*$ enthält hinreichend viele Elemente, um mit ihrer Hilfe zwischen den Elementen $f \in \mathcal{M}$ unterscheiden zu können.

b) Wenn für alle $l \in \mathcal{M}^*$ gilt $l(f) = 0$, so folgt $f = 0$. Mit anderen Worten: Wenn $f \neq 0$, so gibt es mindestens ein $l \in \mathcal{M}^*$ mit $l(f) \neq 0$.

Wir haben davon schon in Abschn. 6.4 Gebrauch gemacht.

Distributionen 7

Nachdem wir den Umgang mit den linear-stetigen Funktionalen allgemein kennenge-lernt haben, wollen wir nun einige konkrete Anwendungen diskutieren. Man kann sie kennzeichnen durch das Stichwort „δ-Funktion". Diese ist aus theoretisch-physikalischer Zweckmäßigkeit von dem Physiker *P. A. M. Dirac* eingeführt worden. Durch *L. Schwartz* wurde eine umfassende Theorie ausgearbeitet, die die Rehabilitierung des von den Physi-kern gewohnten Umganges brachte: die Theorie der *Distributionen*, auch *verallgemeinerte Funktionen* genannt. Wir können sie sofort erklären, da sie uns nämlich schon bekannt sind.

Als Literatur besonders zu diesem Kapitel sei auf die Bücher von *Gelfand* und *Schilov* verwiesen sowie auch auf *Courant-Hilbert*, Band II, Kap. VI, insbesondere Abschn. 2 usw.

7.1 Definition der Distributionen als linear-stetige Funktionale

Als *Distributionen* bezeichnen wir die *linear-stetigen Funktionale* über einem linearen, min-destens metrischen oder normierten Raum $\mathcal{M}$, d. h. die Elemente aus dessen $\mathcal{M}^*$.

Von besonderem Interesse sind die schon aus 2.3.2.d) bekannten Räume $\mathcal{D}^l(E)$ und $\mathcal{D}(E)$ der l-mal[1] bzw. unendlich oft differenzierbaren Funktionen mit kompaktem Trä-ger, die durch die (eventuell abzählbare) max-Normierung aus $C_0^l(E)$, $C_0^\infty(E)$ entstehen (s. 2.3.2.d)). Für die $\varphi \in \mathcal{D}^l(E)$ gilt, dass sie einen kompakten Träger haben, der ganz inner-halb E liegt und sie l-mal stetig differenzierbar sind. Dazu kommt eine Normfamilie bzw. eine Supermetrik $\rho(\varphi, \psi)$. *L. Schwartz* bezeichnete ursprünglich die linear-stetigen Funk-tionale über $\mathcal{D}^l(E)$, $\mathcal{D}(E)$ als Distributionen. Wir wollen die Distributionen über $\mathcal{D}^l(E)$ auch als *linear-l-stetige Funktionale* bezeichnen.

---

[1] Aus Konvention wird l sowohl als Bezeichnung linear-stetiger Funktionale als auch als Zeichen für eine ganze Zahl (in $\mathcal{D}^l, \ldots$) benutzt. Ist man sich dessen bewusst, sind Verwechslungen wohl nicht möglich.

S. Großmann, *Funktionalanalysis*, DOI 10.1007/978-3-658-02402-4_7,
© Springer Fachmedien Wiesbaden 2014

Eine wichtige Rolle in der Physik spielt auch der Raum S der in R^n definierten, beliebig oft differenzierbaren und stärker als jede Potenz abfallenden Funktionen, s. 2.3.2.c). Die linear-stetigen Funktionale über S nennen wir *temperierte Distributionen*.

Dem Leser wird empfohlen, sich noch einmal in Abschn. 2.2 und 2.3 über die genannten Räume zu unterrichten.

Distributionen sind als linear-stetige Funktionale stets relativ zu einem gegebenen Raum $\mathcal{M}$, i. Allg. einem Funktionenraum definiert. Konventionell bezeichnet man die Funktionen $\varphi \in \mathcal{M} (= \mathcal{D}^l, \mathcal{D}, S, \ldots)$ als *Testfunktionen*. Eine Distribution l ist durch die Menge der komplexen Zahlen $l(\varphi)$ charakterisiert. M. a. W.: Eine Distribution existiert nicht „an sich" sondern „als Anzuwendende" auf die (angenehm glatten und asymptotisch schnell verschwindenden) Testfunktionen φ aus dem jeweiligen Testfunktionenraum. Je nach Wahl von $\mathcal{M}$ liegt prinzipiell eine andere Distribution vor, wobei jedoch die Operationsvorschrift gleich sein kann.

Beispielsweise ist $l(\varphi) \equiv l_\delta(\varphi) = \varphi(0)$, die δ-Distribution, linear-stetig sowohl über $S, \mathcal{D}, \mathcal{D}^l$, sofern $0 \in E$. Sie ist insbesondere linear-0-stetig sowie l-stetig für alle $l > 0$.

Gleichungen zwischen Distributionen haben Sinn als solche zwischen linearen Funktionalen, d. h. *nach Anwendung* auf die Testfunktionen φ, dann aber für *alle* $\varphi \in \mathcal{M}$.

$$l_1 = l_2 \text{ heißt } l_1(\varphi) = l_2(\varphi) \text{ für alle } \varphi \in \mathcal{M}.$$

Wir wissen schon, dass *einige* linear-stetige Funktionale über Funktionenräumen als Riemann-Integral über eine stetige Funktion geschrieben werden können (s. Abschn. 6.2):

$$l(\varphi) = \int\limits_a^b \overline{g}(x)\varphi(x)\mathrm{d}x. \tag{7.1}$$

Wenn (!) das möglich ist, legt die Distribution l die stetige Funktion $g(x)$ fest. Denn wäre

$$l(\varphi) = \int\limits_a^b \overline{g}_1(x)\varphi(x)\mathrm{d}x = \int\limits_a^b \overline{g}_2(x)\varphi(x)\mathrm{d}x, \text{ so } \int\limits_a^b \overline{g}_{12}(x)\varphi(x)\mathrm{d}x = 0 \text{ für alle } \varphi,$$

so können wir aus $g_{12} \equiv g_1 - g_2$ stetig schließen, dass es Null sein muss. Wäre es nämlich an einer Stelle x_0 und damit in einer Umgebung $\neq 0$, wählen wir $\varphi > 0$ mit Träger auf dieser Umgebung und bekämen $\int \overline{g}_{12}\varphi\mathrm{d}x \neq 0$. Man kann also stetige Funktionen $g(x)$ statt durch die Skala der Funktionswerte auch durch ihre Distributionswerte kennzeichnen. Daher identifzieren wir stetige Funktionen $g(x)$ formal mit der zugehörigen Distribution über einem Testfunktionenraum: $g(x) \cong l_g$. Der *Distributionssinn* von $g(x)$ ist dann: Man integriere $\overline{g}(x)$ mit $\varphi(x)$ im Riemannsinne. Wir nennen solche Distributionen, die durch eine stetige Funktion charakterisiert sind, *reguläre Distributionen*.

Die Beispiele (6.7), (6.8) haben uns gezeigt, dass es auch *nicht-reguläre*, genannt *singuläre Distributionen* gibt. Sie eben kann man als Verallgemeinerung des Funktionsbegriffs ansehen! Obwohl es keinen Sinn mehr hat, bei singulären Distributionen von ihrem „Wert an der Stelle x" zu sprechen, was bei regulären Distributionen möglich war, kann man per definitionem formal jeder Distribution l ein Symbol $l(x)$ zuordnen, das seinen Sinn durch folgende definierende Gleichung bekommt (siehe auch Bemerkung c) im Abschn. 6.4):

$$l(\varphi) := \int \overline{l(x)} \varphi(x) \mathrm{d}x. \tag{7.2}$$

Dieses heißt: $l(x)$ *und* $\int \mathrm{d}x \ldots$ sind *zusammen so gemeint*, dass (7.2) gilt! Falls l regulär ist, hat $l(x)$ einen Sinn als gewöhnliche Funktion, anderenfalls ist $l(x)$ eine *verallgemeinerte Funktion*, die keinen punktweisen Sinn hat, sondern unter einem „Integral", d. h. als linearstetiges Funktional in „Anwendung" auf Testfunktionen.

Beispiel: $\delta(x)$ ist die Distribution $l_\delta(\varphi) \equiv \int \delta(x)\varphi(x)\mathrm{d}x := \varphi(0)$. Wegen weiterer Beispiele sei der Leser auf Abschn. 6.2 zurückverwiesen.

Man kann, wie schon im Abschn. 6.2 bemerkt, (7.2) auch als „Inneres Produkt" $\langle l|\varphi\rangle$ lesen: $l(x) \in \mathcal{M}^*$, $\varphi(x) \in \mathcal{M}$. Sein Sinn ist eben die wohldefinierte linke Seite, ein linearstetiges Funktional. In der Ausdrucksweise des Inneren Produktes sind Distributionen l als sogenannte *schwach definierte* Gebilde zu betrachten, d. h. als gekennzeichnet durch die Menge der komplexen Zahlen $\langle l|\varphi\rangle$.

7.2 Distributionen als Limes stetiger Funktionen

Man kann die Verallgemeinerung der stetigen Funktionen zu Distributionen auch auf andere Weise vornehmen. Man benutzt das in den Anwendungen sehr oft. Beliebige Distributionen über Funktionenräumen ergeben sich dabei als Grenzwerte stetiger Funktionen $g_n(x)$. Allerdings nicht als punktweise Limites der Folge g_n, sondern als Limes der von ihnen erzeugten Inneren Produkte! So findet man z. B. die verschiedenen physikalisch gebräuchlichen Darstellungen der δ-Funktion, siehe sogleich im Abschn. 7.3. Wir überlegen uns daher jetzt eine äquivalente Definition der Distributionen.

Gegeben sei eine Folge $g_n(x)$ von stetigen Funktionen, d. h. $g_n(x) \in C(E)$. Dabei sei E das Grundintervall des betrachteten Testfunktionenraumes $\mathcal{M} : \mathcal{D}^l(E), \ldots$. Jede Funktion $g_n(x)$ ordnet mithilfe des Inneren Produktes (s. Abschn. 2.4.1) den Testfunktionen φ komplexe Zahlen zu, die mittels Riemann-Integralen berechnet werden.

$$l_n(\varphi) \equiv \langle g_n|\varphi\rangle = \int \overline{g}_n(x)\varphi(x)\mathrm{d}x =: a_n \in K. \tag{7.3}$$

Wenn (!) nun diese Zahlenfolge a_n für *jedes* feste $\varphi \in \mathcal{D}^l, \ldots$ in sich konvergent ist, so ist durch den Limes $a_n \to a$ jedem φ eine komplexe Zahl zugeordnet, d. h. ein Funktional definiert:

$$l(\varphi) := \lim_{n \to \infty} \langle g_n|\varphi\rangle. \tag{7.4}$$

Es ist offensichtlich linear und überall definiert. Ist es auch stetig? Ja, wie das Prinzip der gleichmäßigen Beschränktheit von *Banach* und *Steinhaus* (Abschn. 5.4.3) gewährleistet. Denn die a_n sind als Cauchy-Folge beschränkt, also die $l_n \equiv g_n$ punktweise gleichmäßig beschränkt: $|l_n(\varphi)| \leq c_\varphi$, weil Cauchy-Folge bezgl. n, $\Rightarrow |l_n(\varphi)| \leq c\|\varphi\|$ für alle n, also auch im Limes $n \to \infty$. In den abzählbar-normierten Räumen $\mathcal{D}, \mathcal{S}$ garantiert ebenfalls das Prinzip der gleichmäßigen Beschränktheit – und zwar in der 2. Formulierung – die Stetigkeit von $l(\varphi)$: Denn mit $\varphi_\nu \Rightarrow 0$ gilt $|l_n(\varphi_\nu)| \xrightarrow[\nu]{} 0$, gleichmäßig bezgl. n, also auch $|l(\varphi_\nu)| \xrightarrow[\nu]{} 0$. Folglich (Abschn. 6.5) ist l ein linear-stetiges Funktional über dem Raum, über dem die Folge $g_n(x)$ „schwach“, d. h. als Inneres Produkt $\langle g_n|\varphi\rangle$ konvergiert. Selbstverständlich *muss nicht* etwa $l(\varphi)$ auch als Integral über stetige Funktionen zu schreiben sein! Das *ist* es sogar sicher *nicht immer*, denn wir überlegen uns jetzt:

Nicht nur erzeugen schwach konvergente stetige Funktionen $g_n(x)$ linear-stetige Funktionale. Auch umgekehrt ist *jedes* linear-stetige Funktional so (d. h. gemäß (7.4)) darzustellen!

Satz

Sei $l \in \mathcal{D}^{l*}, \dots$ ein linear-stetiges Funktional über $\mathcal{D}^l, \dots$. Dann *gibt* es eine schwach konvergente Folge $\{g_n\}$ stetiger Funktionen, sodass $l(\varphi) = \lim\limits_{n\to\infty} \langle g_n|\varphi\rangle$ für jede Testfunktion φ ist.

▸ **Beweis** Wir stellen uns zunächst dar

$$\varphi(x) = \lim_{n\to\infty} \int h_n(x,\zeta)\varphi(\zeta)\mathrm{d}\zeta. \tag{7.5}$$

Ob das möglich ist, liegt an der Wahl geeigneter Funktionen h_n. Dann ist[2]

$$l(\varphi(\underline{x})) = l\left(\lim_n \int h_n(\underline{x})\varphi\right) = \lim_n l\left(\int h_n(\underline{x})\varphi\right) = \lim_n \int l(h_n(\underline{x};\zeta))\varphi(\zeta)\mathrm{d}\zeta. \tag{7.6}$$

Dabei ist mehrfach die Stetigkeit des Funktionals l benutzt worden, sowie dass $\int h_n(x;\zeta)\varphi(\zeta)\mathrm{d}\zeta$ und die Summanden der Riemann-Summen *auch* Testfunktionen sind, was wiederum Bedingungen an $h_n(x;\zeta)$ stellt. Sofern auch noch $l(h_n(\underline{x};\zeta))$ als Funktion von ζ stetig ist, hätten wir bereits alles gezeigt. Gibt es solche Hilfsfunktionen $h_n(x;\zeta)$? Wir bejahen diese Frage, indem wir welche nennen, siehe auch Abb. 7.1.

Ausgehend von

$$\psi(x;a) := \begin{cases} 0 & x < -a \\ e^{-e^{x/(x^2-a^2)}} & -a \leq x \leq +a \\ 1 & a < x \end{cases} \tag{7.7}$$

---

[2] $\underline{x}$ bedeutet, bezgl. dieser Koordinate werde das lineare Funktional l „angewendet“, d. h. $l(\varphi) \equiv \int l(\underline{x})\varphi(\underline{x})\mathrm{d}\underline{x} \equiv l(\varphi(\underline{x}))$.

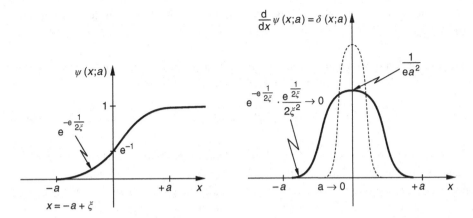

Abb. 7.1 Hilfsfunktionen zum Nachweis der Darstellung von Distributionen als Limes stetiger Funktionen

bilden wir

$$\delta(x;a) := \frac{d}{dx}\psi(x;a). \qquad (7.8)$$

Dann ist $\delta(x;a) \in \mathcal{D}^\infty(-a,+a)$ und $\int_{-a}^{+a}\delta(x;a)dx = 1$ für alle a. $h_n(x;\zeta) := \delta\left(x - \zeta;\frac{1}{n}\right)$ leistet alles Gewünschte. Nämlich zunächst (7.5): Sei n hinreichend groß, so erstreckt sich das Integral über einen Bereich, wo $\varphi(\zeta)$ *ein* Vorzeichen hat, also

$$\varphi_{min}\int \delta\left(x - \zeta;\frac{1}{n}\right)d\zeta = \varphi_{min}1 \leq \int \delta\left(x - \zeta;\frac{1}{n}\right)\varphi(\zeta)d\zeta \leq \varphi_{max}.$$

Dabei bedeutet $\varphi_{min,max} := min, max\,\varphi(\zeta)$ in $\left[x - \frac{1}{n}, x + \frac{1}{n}\right]$. Da φ stetig, ist für $n \to \infty\,\varphi_{min} \to \varphi(x) \leftarrow \varphi_{max}$ q. e. d. $\qquad\square$

Bei festem n erstreckt sich das ζ-Integral nur über einen endlichen Bereich, und da $\delta\left(x - \zeta;\frac{1}{n}\right) \in \mathcal{D}^\infty$, kann man leicht die weiteren obigen Eigenschaften nachweisen.

Damit können wir folgende *äquivalente Definition der Distributionen* formulieren:

Definition

Als Distribution $l := \lim g_n$ bezeichnen wir dasjenige Objekt, das in Anwendung auf die Testfunktionen φ eines interessierenden Funktionenraumes $\mathcal{D}^l, \dots$ den Wert hat

$$l(\varphi) = \lim_{n\to\infty}\langle g_n|\varphi\rangle, \qquad (7.9)$$

wobei die g_n eine Folge stetiger Funktionen sind, die schwach, d. h. für jedes φ konvergiert.

Hier ist die Verallgemeinerung des Funktionsbegriffes besonders handgreiflich. Auch legt (7.9) nahe, die Distributionen als Inneres Produkt zu schreiben:

$$l(\varphi) := \langle l|\varphi \rangle := \lim_{n} \langle g_n|\varphi \rangle. \tag{7.10}$$

Die Darstellung von Distributionen als Limes stetiger Funktionen lehrt uns etwas sehr Nützliches für den konkreten Umgang. Es könnte ja sein, dass die Funktionen $g_n(x)$ für alle x gleichmäßig gegen eine stetige Funktion $g(x)$ konvergieren; dann wäre auch der Limes, also $\lim_{n\to\infty} g_n(x) = g(x)$ eine reguläre Distribution. Es kann auch vorkommen, dass die punktweise gleichmäßige Konvergenz wenigstens in Teilintervallen $\tilde{E}$ des Grundbereichs erfolgt. Für alle Testfunktionen φ, deren Träger in $\tilde{E}$ ist, kann man dann $\lim_{n\to\infty} g_n(x)$ ebenfalls als reguläre Distribution verwenden! M. a. W.: Man kann Distributionen nicht nur eventuell ganz, sondern auch *stückweise mit Funktionen identifizieren*.

So ist etwa $\delta(x - x_0)$ für alle Intervalle, die nicht x_0 enthalten, identisch mit $g(x) = 0$. Insofern ist die Aussage richtig, $\delta(x - x_0) = 0$ für $x \neq x_0$. Man kann auch sagen: Der „Träger" der δ-Distribution ist x_0. Allgemein verstehen wir unter dem *Träger einer Distribution* l die kleinste abgeschlossene Menge, außerhalb derer $l = 0$ ist.

7.3 Die δ-Funktion

Besonders oft macht man von der Darstellung einer Distribution als Limes stetiger Funktionen beim Umgang mit der δ-Funktion (6.7) in der Physik Gebrauch. Die δ-Funktion ist ein linear-stetiges Funktional über $\mathcal{D}^l, \mathcal{D}, \mathcal{S}, \ldots$; definiert durch

$$l_\delta(\varphi) \equiv \langle \delta|\varphi \rangle \equiv \int \delta(x)\varphi(x)\mathrm{d}x := \varphi(0), \tag{7.11a}$$

wobei $0 \in E$ sei, aber $0 \notin \mathrm{Rand}\, E$, bzw.

$$l_{\delta_{x_0}}(\varphi) \equiv \langle \delta_{x_0}|\varphi \rangle \equiv \int \delta(x - x_0)\varphi(x)\mathrm{d}x := \varphi(x_0). \tag{7.11b}$$

Jede Folge stetiger Funktionen $g_n(x)$, für die das Integral $\int \overline{g}_n(x)\varphi(x)\mathrm{d}x$ für $n \to \infty$ gegen $\varphi(0)$ strebt, heißt eine *Darstellung der δ-Funktion*. Bezeichnen wir die Folge als $g_n(x) \equiv \delta_n(x)$, so kann man als Distributionsgleichung schreiben

$$\lim_{n\to\infty} \delta_n(x) = \delta(x). \tag{7.12}$$

Ihr Sinn ist also:

$$\lim_{n\to\infty} \int \delta_n(x)\varphi(x)\mathrm{d}x = \varphi(0) = \delta(\varphi).$$ (7.13)

Also: *Erst* mit den stetigen Funktionen $\delta_n(x)$ über die glatten Testfunktionen $\varphi(x)$ integrieren und *dann* $n \to \infty$ betrachten.

Die folgenden, häufig verwendeten Darstellungen der δ-Funktion können als Beispiele dienen:

$$\delta(x) = \lim_{n\to\infty} \frac{1}{\pi}\frac{n}{1+n^2x^2},$$ (7.14)

$$\delta(x) = \lim_{n\to\infty} ne^{-\pi x^2 n^2},$$ (7.15)

$$\delta(x) = \lim_{n\to\infty} \frac{n}{\pi}\left(\frac{\sin nx}{nx}\right)^2.$$ (7.16)

Spaltet man das Integral über x in drei Teile auf, $\int_{...}^{-\varepsilon}\int_{-\varepsilon}^{+\varepsilon}\int_{+\varepsilon}^{...}$, so spielt offensichtlich jeweils nur $\varphi(x)$ bei $x \approx 0$ eine Rolle, dort kann man $\varphi(0)$ herausziehen und die Limites als Darstellung des δ-Funktionals nachweisen.

▸   Man beachte (was man beliebigen Tabellenbüchern entnehmen kann):

$$\int_{-\infty}^{+\infty} \frac{\mathrm{d}x}{1+x^2} = \pi, \quad \int_{-\infty}^{+\infty} \frac{\sin^2 a}{a^2}\mathrm{d}a = \pi, \quad \int_{-\infty}^{+\infty} e^{-ax^2}\mathrm{d}x = \sqrt{\frac{\pi}{a}}.$$

Aus (7.14) folgt mit $\varepsilon = \dfrac{1}{n} \to 0$ die wichtige Darstellung

$$\delta(x) = \lim_{\varepsilon\to 0} \frac{1}{\pi}\frac{\varepsilon}{x^2+\varepsilon^2}.$$ (7.17)

Das ist der Imaginärteil folgender wichtiger Gleichung (P bedeutet, beim Ausrechnen des Integrals ist der Hauptwert zu nehmen; P/x ist ebenfalls eine Distribution.):

$$\lim_{\varepsilon\to 0} \frac{1}{x \pm i\varepsilon} = \frac{P}{x} \mp i\pi\delta(x).$$ (7.18)

(Übrigens, $\chi(x^2+\varepsilon^2)$ und $\dfrac{\mp\varepsilon}{x^2+\varepsilon^2}$ sind der Real- bzw. der Imaginärteil von $\dfrac{1}{x\pm i\varepsilon}$. Die jeweiligen Integrale kann man – außer mit Hilfe der schon besprochenen passenden Darstellung der δ-Funktion – auch durch Integration in der komplexen Ebene ausrechnen.)

Tab. 7.1 Eigenschaften des δ-Funktionals

$$l_{\delta_{x_0}}(\varphi) \equiv \int \delta(x - x_0)\,\varphi(x)\,\mathrm{d}x = \varphi(x_0)\,,\ x_0 \in E,\ x_0 \notin RdE$$

$\delta(x)$ „gerade Funktion" von x, also $\delta(x) = \delta(-x)$

$\delta(x) = \dfrac{\mathrm{d}}{\mathrm{d}x}\theta(x),\ \theta(x)$ Stufenfunktion

$\varphi(x)\,\delta(x - x_0) = \varphi(x_0)\,\delta(x - x_0)$

$x\delta(x) = 0$

$\delta(ax) = \dfrac{1}{|a|}\delta(x)$

$\delta(f(x)) = \dfrac{1}{|f'(x_0)|}\delta(x - x_0)$

(sofern eine einfache Nullstelle x_0 im Integrationsbereich liegt)

$\delta(x^2 - x_0^2) = \dfrac{1}{2|x_0|}(\delta(x - x_0) + \delta(x + x_0))$

$|x|\delta(x^2) = \delta(x)$

$-x\delta'(x) = \delta(x)$

$\delta(\mathbf{r}) = \delta(x)\,\delta(y)\,\delta(z)$

Hier wie in den vorigen Beispielen ist zu beachten, dass dieser Limes eben *nicht* punktweise zu verstehen ist, sondern *nach* Integrieren über Testfunktionen $\varphi(x)$, eben als Distributionslimes! Das gilt auch im folgenden Beispiel:

$$\delta(x) = \lim_{n \to \infty} \frac{1}{2\pi} \int\limits_{-n}^{+n} e^{ikx}\,\mathrm{d}k. \tag{7.19}$$

Denn

$$\lim_{n \to \infty} \langle \delta_n | \varphi \rangle = \lim_{n \to \infty} \int \mathrm{d}x\,\varphi(x) \frac{1}{2\pi} \int\limits_{-n}^{+n} e^{-ikx}\,\mathrm{d}k$$

$$= \lim_{n \to \infty} \int \mathrm{d}x\,\varphi(x) \frac{1}{2\pi i} \frac{e^{inx} - e^{-inx}}{x} = \varphi(0).$$

Zum Beweis kann das nach (7.16) beschriebene Verfahren benutzt werden. (Riemann-Lebesgue-Lemma für das 1. und 3. Integral, Residuensatz für das 2.) Es folgt noch

$$\delta(x) = \lim_{n \to \infty} \frac{1}{\pi} \frac{\sin nx}{x}. \tag{7.20}$$

In Tab. 7.1 sind die Eigenschaften des δ-Funktionals für den praktischen Gebrauch zusammengestellt[3].

Aus den genannten Darstellungen der δ-Funktion lässt sich herleiten, dass $\int\limits_{0}^{\infty} \delta(x)\mathrm{d}x = \dfrac{1}{2}$ gilt.

Träger der δ-Funktion ist ein Punkt. Es gilt aber auch umgekehrt: Hat eine Distribution als Träger einen isolierten Punkt, so lässt sie sich als Linearkombination der δ-Funktion und ihrer Ableitungen bis zu einer endlichen Ordnung schreiben. Der Beweis wird auf später verschoben, wenn Ableitungen von Distributionen definiert worden sind. Siehe auch *Courant*, *Hilbert*, Band II, Kap. VI, Abschn. 2, S. 784/5.

7.4 Distributionen als Ableitung einer stetigen Funktion

In Abschn. 6.2, Beispiel 4) bzw. 5) haben wir eine Darstellung linear-stetiger Funktionale kennengelernt, welche eine neue Idee nahelegt[4].

$$l(\varphi) = \varphi^{(k)}(0) \text{ bzw. } l(\varphi) = \int \partial^k \varphi(x)\mathrm{d}\mu(x), \quad \varphi \in \mathcal{D}^l, k \le l. \tag{7.21}$$

Hier ist $l(\varphi)$ durch ein Riemann-Stieltjes-Integral definiert. Ferner bedeutet ∂ die Ableitung.

Da man wegen des Verschwindens der Testfunktionen am Rande des Integrationsbereichs partiell integrieren kann, ohne Randterme zu behalten, ist

$$l(\varphi) = -\int \partial^{k+1} \varphi(x)\mu(x)\mathrm{d}x, \quad \text{wenn} \quad k+1 \le l.$$

$\mu(x)$ kann als Funktion von beschränkter Variation nochmals integriert werden. Man erhält eine stetige Funktion $\overline{g(x)} = \int\limits^{x} \mu(\xi)\mathrm{d}\xi$ und

$$l(\varphi) = \int \partial^{2+k} \varphi(x)\overline{g(x)}\mathrm{d}x, \quad \text{wenn} \quad k+2 \le l. \tag{7.22}$$

Integrationskonstanten in g spielen keine Rolle, da $\int \partial^{2+k} \varphi \, \mathrm{d}x = 0$. Man kann auch Linearkombinationen solcher Funktionale bilden, d. h.

$$l(\varphi) := \int \overline{g(x)} L\varphi(x)\mathrm{d}x, \quad L \equiv \sum_{k=0}^{l-2} a_k \partial^{k+2}, \quad \varphi \in \mathcal{D}^l \tag{7.23}$$

ist auch linear-l-stetiges Funktional. Dabei kann man sogar zulassen, dass die $a_k = a_k(x)$ sind, sofern diese Koeffizienten des linearen Differentialoperators L hinreichend glatt sind und einen kompakten Träger haben.

---

[3] Einige Beziehungen werden erst später abgeleitet.
[4] Siehe Fußnote 1

Falls nun $g(x)$ nicht nur stetig, sondern vielleicht sogar differenzierbar ist, könnte man die Darstellung (7.23) durch partielles Integrieren umschreiben:

$$l(\varphi) = \int \overline{(L^*g)} \varphi \, dx, \quad L^* = \sum_{k=0}^{l-2} (-\partial)^{k+2} \overline{a}_k. \tag{7.24}$$

L^* heißt die *zu L adjungierte Operationsvorschrift* und ist durch das Ergebnis der partiellen Integration in (7.23) definiert. (7.24) hat die Form eines Inneren Produktes, sodass man das linear-l-stetige Funktional kennzeichnen könnte durch $l := L^*g$, d. h. durch eine stetige Funktion g und einen Differentialausdruck L^* der Ordnung l.

Aber auch wenn $g(x)$ *nicht* die partielle Integration erlaubt, kennzeichnen g und L^* via (7.23) das linear-stetige Funktional. Man kann also sagen: Jede stetige Funktion $g(x)$ und jeder lineare Differentialausdruck L^* der Ordnung l definieren durch

$$l(\varphi) \equiv \langle L^*g | \varphi \rangle =: \int \overline{g(x)} (L\varphi)(x) dx, \quad \text{mit} \quad L^* \equiv \sum_{k=0}^{l-2} (-\partial)^{k+2} \overline{a}_k. \tag{7.25}$$

ein linear-l-stetiges Funktional aus $\mathcal{D}^{l*}$.

Als Beispiel diene wieder einmal das δ-Funktional.

$$l_\delta(\varphi) = \varphi(0) = \int \varphi(x) d\theta(x) = - \int \varphi'(x) \theta(x) dx = \int \varphi''(x) (x\theta(x)) dx,$$

d. h.

$$\delta(x) = \frac{d^2}{dx^2} (x\theta(x)). \tag{7.26}$$

Es gilt also $g(x)\theta(x)$, $a_0 = 1$, alle anderen $a_k = 0$.

Die Gl. (7.26) hat nur als Distributionsgleichung einen Sinn, da $g = x\theta(x)$ zwar stetig, aber nicht differenzierbar ist. Die Darstellung

$$\int_0 \varphi''(x) x\theta(x) dx = \int_0 \varphi''(x) x \, dx = x\varphi' \Big|_0 - \int_0 \varphi' dx = \varphi(0).$$

kann man auch konventionell auswerten.

Interessanterweise kann man das soeben gefundene Ergebnis auch umkehren! Es gilt nämlich der[5]

Satz

Gegeben sei ein linear-l-stetiges Funktional über dem Raume $\mathcal{D}^l(E_0)$, wobei E_0 endlich, $l \geq 0$ sei. Dann kann man eine über $\overline{E} \subset E_0$ stetige Funktion $g(x)$ finden, sodass die Funktionalvorschrift $l(\varphi)$ über $\mathcal{D}^{l+2}(\overline{E})$ durch $l = \partial^{l+2}g$ dargestellt wird.

E ist Träger von g bzw. $g = 0$ außerhalb des abgeschlossenen Intervalls $\overline{E}$.

---

[5] Siehe Fußnote 1.

Wegen eines Beweises sei auf die Literatur verwiesen, z. B. *Gelfand, Schilow*, 1960ff; oder *Courant, Hilbert*, II, 1962 (Kap. VI, Abschn. 2). Für die Anwendungen benötigen wir diesen nicht.

Somit wäre auch folgende *äquivalente Definition* möglich: Eine Distribution $l \equiv L^* g$ ist eine zu jeder stetigen Funktion $g(x)$ und jedem linearen Differentialausdruck L^* gehörige Bildung, die in Anwendung auf die Testfunktionen durch

$$l(\varphi) := \int \overline{g(x)} L\varphi(x)\mathrm{d}x \qquad (7.27)$$

definiert ist.

Offenbar kennzeichnen eventuell verschiedene g dieselbe Distribution; nämlich zu g sind auch alle $\tilde{g}$ mit $L^*(g - \tilde{g}) = 0$ äquivalent. Sogar: $L_1^* g_1 = L_2^* g_2$ (als Distributionen), sofern $\langle g_2 | L_1^* \varphi \rangle = \langle g_2 | L_a^* \varphi \rangle$ für alle φ. Zum Beispiel kennzeichnen beide, $x\theta(x)$ und $x\theta(x) + (\alpha + \beta x)$ die δ-Distribution.

7.5   Differentiation von Distributionen

Nachdem uns nun die Distributionen als lineare Funktionale bzw. „Grenzwerte" stetiger Funktionen bzw. „Ableitungen" stetiger Funktionen bekannt geworden sind und wir sie als verallgemeinerte Funktionen aus dem dualen Raum $\mathcal{M}^*$ zum Testfunktionenraum $\mathcal{M}$ addieren und mit Zahlen $a \in K$ multiplizieren können, besprechen wir jetzt die für den Gebrauch besonders wichtige Verallgemeinerung der Ableitung, d. h. die Differentiation von Distributionen!

Zunächst einmal kann man nicht a priori sagen, was differenzieren einer Distribution überhaupt heißen soll; wir müssen es erst einmal definieren! Die für Funktionen bekannte Bildung

$$f'(x) = \lim_{h \to 0} \frac{f(x + h) - f(x)}{h}$$

hat keinen Sinn mehr, da Distributionen nicht punktweise, sondern als linear-stetige Funktionale definiert sind. Andererseits gibt es aber Distributionen, die man mit differenzierbaren Funktionen identifizieren kann, nämlich die regulären Distributionen

$$l(\varphi) = \langle g | \varphi \rangle = \int \overline{g}(x)\varphi(x)\mathrm{d}x, \qquad (7.28)$$

sofern $g(x)$ sogar gewöhnlich differenzierbar ist. Es sollte deshalb als Definition für die verallgemeinerte Ableitung eine solche gewählt werden, die a) im Falle der Darstellung von l durch eine differenzierbare Funktion $g(x)$ in die gewöhnliche Ableitung übergeht und b) möglichst einfache Rechenregeln gestattet.

Ersteres ist gewährleistet, wenn für reguläre Distributionen $g(x)$, für die $g'(x)$ existiert, die zu definierende Ableitung ∂l durch $g'(x)$ dargestellt wird, also $\partial l(\varphi) = \int \overline{g}'(x)\varphi(x)\mathrm{d}x =$

$\int \overline{g}(-\varphi')\mathrm{d}x = l(-\varphi')$, durch partielles Integrieren. Die rechte Seite ist aber auch *dann* noch sinnvoll, wenn g *nicht* differenzierbar ist bzw. l nicht einmal regulär. Daher treffen wir nun die

---

Definition

Sei l eine beliebige Distribution über $\mathcal{D}, \mathcal{S}$. Dann sei die (verallgemeinerte) Ableitung ∂l diejenige (l zugeordnete) Distribution, die als linear-stetiges Funktional gegeben ist durch

$$\partial l(\varphi) = l(-\varphi'). \tag{7.29}$$

Schreibt man l als $l(x)$, so ∂l als $\partial_x l(x)$. Wir haben dabei als Testfunktionen die beliebig oft differenzierbaren Elemente aus $\mathcal{D}(E)$ bzw. $\mathcal{S}$ genommen, weil dann φ' stets bildbar ist, und sogar $\varphi^{(n)}$ für alle n. In $\mathcal{D}^{l*}$ könnte man genau l-mal die verallgemeinerte Ableitung bilden. Für l aus $\mathcal{D}^*, \mathcal{S}^*$ gilt die schöne Aussage:

▸ **Distributionen darf man beliebig oft differenzieren!**

$$\partial^n l(\varphi) = l((-1)^n \varphi^{(n)}), \; n = 1, 2, \ldots. \tag{7.30}$$

So sind etwa auch stetige Funktionen oder gar die so „singuläre" δ-Funktion beliebig oft differenzierbar – wenn man das Ergebnis immer als Distribution liest, d. h. als Anzuwendende auf Testfunktionen gemäß (7.30). Dies ist eine brillante Verallgemeinerung der gewöhnlichen Analysis!

Beispiele:

1) $\partial\theta(x) = \delta(x)$
2) $f(x)$ stückweise stetig differenzierbar, Sprünge der Höhe a_i an den Stellen x_i $\Rightarrow$ $\partial f(x) = f'(x) + \sum_i a_i \delta(x - x_i)$ ist die Distributionsableitung von f.
3) $\partial^2 x\theta(x) = \delta(x)$
4) $\partial\delta(x) \equiv \delta'(x) = -\dfrac{\delta(x)}{x}$; denn: $\partial_x(x\delta(x)) = \partial_x 0 = 0$, wegen $(x\delta(x))(\varphi) =$ $\int x\delta(x)\varphi(x)\mathrm{d}x = 0 \cdot \varphi(0) = 0$, andererseits gleich $x\delta' + \delta$, wie man durch Anwenden auf Testfunktionen sieht; siehe hierzu auch Abschn. 7.7, Formel (7.34)
5) $\partial^k l_\delta(\varphi) = (-1)^k \varphi^{(k)}(0)$
6) $\partial(a_1 l_1 + a_2 l_2) = a_1 \partial l_1 + a_2 \partial l_2$, d. h. die verallgemeinerte Ableitung ist eine lineare Operation.
7) Im $R^n (n > 1)$ ist die Reihenfolge der Ableitungen $\partial_x, \partial_y, \ldots$ stets vertauschbar, weil das nämlich bei den φ so ist.

8) Sei $f(x) \equiv f(x_1, x_2, \ldots, x_n)$ eine stetig differenzierbare Funktion über $E \subseteq R^n$ und auf der Oberfläche F von E hinreichend glatt sowie außerhalb E Null. Dann ist die Distributionsableitung

$$\partial_{x_j} l_f = l_{\partial_{x_j} f} + l_{F,j} \quad \text{mit} \quad l_{F,j}(\varphi) \equiv - \int_F dF_j(x) \overline{f}(x) \varphi(x).$$

Bei kompaktem Träger von φ ist der Oberflächenanteil $l_{F,j} = 0$.

9) Wir kommen noch einmal auf eine schon in der heuristisch-physikalischen Einleitung genannte Beziehung zurück.

$$\Delta \frac{1}{|\mathbf{r}|} = -4\pi \delta(\mathbf{r}).$$

Offenbar ist $\frac{1}{|\mathbf{r}|}$ eine Distribution, da $\int \frac{d\mathbf{r}}{|\mathbf{r}|} \varphi(\mathbf{r}) = \int r \, dr \, d\omega \, \varphi(r, \omega)$ linear-stetig ist.

Dann ist auch $\Delta \frac{1}{|\mathbf{r}|}$ wohlerklärt und einfach auszurechnen:

$$\left\langle \Delta \frac{1}{|\mathbf{r}|} \Big| \varphi \right\rangle = \left\langle \frac{1}{|\mathbf{r}|} \Big| \Delta \varphi \right\rangle = \int \frac{d\mathbf{r}}{|\mathbf{r}|} \Delta \varphi = \lim_{\varepsilon \to 0} \int_{|r| \geq \varepsilon} \frac{d\mathbf{r}}{|\mathbf{r}|} \Delta \varphi$$

$$= \lim_{\varepsilon \to 0} \left\{ \int_{|r|=\varepsilon} d\mathbf{f_r} \cdot \left[\frac{1}{|\mathbf{r}|} \operatorname{grad} \varphi - \varphi \operatorname{grad} \frac{1}{|\mathbf{r}|} \right] + \int_{|r| \geq \varepsilon} d\mathbf{r} \varphi \Delta \frac{1}{|\mathbf{r}|} \right\}$$

(Normale nach innen)

$$= 0 + \lim_{\varepsilon \to 0} \int_{|r|=\varepsilon} d\mathbf{f_r} \frac{\mathbf{r}}{|\mathbf{r}|} \varphi \frac{1}{r^2} + 0 = - \int d\omega \varphi(\varepsilon, \omega) = -4\pi \varphi(0) \equiv -4\pi \langle \delta | \varphi \rangle.$$

Eine weitere angenehme Eigenschaft ist, dass die *Distributionsableitung eine stetige Operationsvorschrift ist, also mit Grenzprozessen vertauscht.* Etwa: Beliebige Summen von Distributionen lassen sich gliedweise differenzieren (was ja für die gewöhnliche Ableitung keineswegs gilt!).

$$l = \lim l_n \Rightarrow \partial l = \lim \partial l_n; \tag{7.31a}$$

$$l = \sum_{\nu=1}^{\infty} l_\nu \Rightarrow \partial l = \sum_{\nu=1}^{\infty} \partial l_\nu. \tag{7.31b}$$

Denn: $\partial l(\varphi) = l(-\varphi') = \lim l_n(-\varphi') = \lim \partial l_n(\varphi)$.

10) $l_n \equiv g_n = \dfrac{1}{in} e^{inx}$. Im *gewöhnlichen* Sinne ist $\lim g_n = 0$. Dann ist also $\partial \lim g_n = \partial 0 = 0$. Im gewöhnlichen Sinne kann man die Reihenfolge der Operationen ∂ und $\lim$ nicht vertauschen, weil $\lim_{n} \partial g_n = \lim e^{inx}$ im Funktionensinne gar nicht existiert. Im Distributionssinne ist natürlich auch $\lim g_n = 0$ und $\partial \lim g_n = 0$, aber auch $\lim \partial g_n(\varphi) = \lim \int e^{-inx} \varphi(x) \mathrm{d}x = 0$ nach dem Riemann-Lebesgueschen Lemma; dann darf man somit munter ∂ mit $\lim_{n}$ vertauschen.

7.6 Integration von Distributionen

Nachdem wir nun Distributionen differenzieren können, möchte man sie natürlich auch integrieren können. Das einzuführen, soll dieser Abschnitt dienen.

Gesucht wird eine Distribution $L \in \mathcal{M}^*$, die die Gleichung $\partial L = l$ löst, mit vorgegebener Distribution $l \in \mathcal{M}^*$. Sofern wir solche L zu bestimmen verstehen, bezeichnen wir sie als Integral von l, also $L = \int l$, selbstverständlich immer als Distributionsgleichung, also als anzuwenden auf alle $\varphi \in \mathcal{M}$.

Was besagt $\partial L = l$? Es soll $\partial L(\varphi) \equiv L(-\varphi') = l(\varphi)$ gelten. Daraus folgt, dass für alle $\psi \in \mathcal{M}$, die sich als Ableitung einer anderen Testfunktion schreiben lassen, $\psi \equiv \varphi'$, dann auch $L(\psi)$ erklärt ist, nämlich $L(\psi) = l(-\varphi)$. Dabei ist $\varphi(x) = \int\limits_{-\infty}^{x} \psi(x') \mathrm{d}x'$, d. h. die Integration beginne z. B. am linken Rand.

Eine Integrationskonstante aus der Integration von $\psi = \varphi'$ würde übrigens keine Rolle spielen. Denn zwar ist mit φ' auch $(\varphi + \text{const})'$ gleich ψ, aber nur φ ist Testfunktion, $\varphi \in \mathcal{M}$, aber $\text{const} \notin \mathcal{M}$, weil eine Konstante keinen kompakten Träger hat. Obiges φ jedoch hat einen solchen, ist doch $\varphi(-\infty) = 0$ (Integrationsbereich 0). Aber auch $\varphi(\infty) = \int\limits_{-\infty}^{+\infty} \psi(x') \mathrm{d}x' = 0$, weil ja ψ sich als Ableitung einer Funktion schreiben lässt und $\int\limits_{-\infty}^{+\infty} \mathrm{d}x\, \varphi'(x) = \varphi(x) \Big|_{-\infty}^{+\infty} = 0 - 0 = 0$. Während somit mögliche Integrationskonstanten bei den Testfunktionen keine Rolle spielen, gibt es beim Integral über Distributionen sehr wohl Integrationskonstanten, siehe sogleich!

Eine beliebige Testfunktion $\psi \in \mathcal{M}$ ist dann und nur dann als Ableitung einer anderen Testfunktion $\varphi \in \mathcal{M}$ darstellbar, wenn $\int\limits_{-\infty}^{+\infty} \psi(x) \mathrm{d}x = 0$ (allgemeiner: integriere über E).

▸ **Beweis**

i) *Sei* $\psi \in \mathcal{M}$ *und* $\psi \equiv \varphi'$ *mit geeignetem* $\varphi \in \mathcal{M}$ *darstellbar; dann ist* $\int\limits_{-\infty}^{+\infty} \psi(x) \mathrm{d}x =$ $\int\limits_{-\infty}^{+\infty} \varphi' \mathrm{d}x = \varphi(x) \Big|_{-\infty}^{+\infty} = 0 - 0 = 0.$

ii) Sei andererseits $\psi \in \mathcal{M}$ und $\int\limits_{-\infty}^{+\infty} \varphi'(x)\mathrm{d}x = 0$. Wir definieren dann $\varphi(x) := \int\limits_{-\infty}^{x} \psi(x')\mathrm{d}x'$.

Dann *ist* dieses φ Testfunktion; denn $\varphi(x)$ ist hinreichend oft differenzierbar; es existiert, weil ψ stetig und daher integrierbar ist. Wegen der Integralbedingung hat φ denselben kompakten Träger.

Somit ist $L(\psi) = -l(\varphi)$ für alle diese $\psi \in \mathcal{M}$ erklärbar. Um den Definitionsbereich festzusetzen auf alle Testfunktionen, greifen wir $\chi \in \mathcal{M}$ beliebig heraus. Dann ist χ entweder schon als Ableitung (φ') zu schreiben und damit $L(\chi) = -l(\varphi)$ erklärt, oder $\int\limits_{E} \chi(x)\mathrm{d}x \neq 0$.

Dann zerlegen wir χ mittels einmal fest gewähltem χ_0, $\chi_0 \in \mathcal{M}$, $\int\limits_{E} \chi_0(x)\mathrm{d}x = 1$ wie folgt:

$\chi(x) = \chi_0(x) \int \chi(\xi)\mathrm{d}\xi + \psi_\chi(x)$. Offenkundig gilt $\int \psi_\chi(x)\mathrm{d}x = 0$, ist also in der Testfunktionenklasse, über der L bereits erklärt *ist*.

(Hinweis: Mindestens *ein* geeignetes χ_0 gibt es, sonst wären ja alle Testfunktionen als Ableitung zu schreiben. Das ist nicht möglich, weil es Testfunktionen gibt, die rein positiv sind.)

Auf diese Weise kann man für *alle* $\chi \in \mathcal{M}$ eindeutig ein $\psi_\chi \in \mathcal{M}$ finden und damit *für alle* χ ein $L_0(\chi) := L(\psi_\chi)$ definieren. L_0 ist linear und beschränkt. Ferner hat $L_0(\chi)$ für alle $\chi \in \mathcal{M}$ die Ableitung l, d. h. $\partial L_0 = l$. Folglich ist L_0 *ein* Integral von l!

Denn:

$$\partial L_0(\varphi) = L_0(-\varphi') = L(-\varphi') = l(\varphi),$$

weil entweder ψ schon geeignet ist oder ψ_χ verwendet werden kann.

Was nun, wenn man die eine andere feste Teilfunktion χ_0 wählt, sofern nur $\chi_0 \in \mathcal{M}$ und $\int \chi_0(x)\mathrm{d}x = 1$ gilt? Im Prinzip liefert dies ein anderes $\widetilde{L}_0(\chi)$, was aber auch wieder $\partial \widetilde{L}_0 = l$ erfüllt. Wie unterscheiden sich L_0 und $\widetilde{L}_0$? Der Unterschied $L \equiv \widetilde{L}_0 - L_0$ genügt der Gleichung $\partial L = 0$.

Es gilt nun die Aussage: Sei $L \in \mathcal{M}^*$ eine Distribution mit der Eigenschaft $\partial L = 0$ für alle Testfunktionen χ. Bei festem χ_0 und Zerlegung $\chi \equiv \chi_0(x) \int\limits_{E} \chi(\xi)\mathrm{d}\xi$ und $\psi_\chi = a_\chi \chi_0(x) + \psi_\chi$ ergibt $L(\chi) = a_\chi l(\chi_0) + 0 = a_\chi C_0$, weil L linear ist und $L(\psi_\chi) = 0$. Somit gilt $L(\chi) = C_0 a_\chi = C_0 \int\limits_{E} \chi(x)\mathrm{d}x = \int \overline{C_0 \chi}(x)\mathrm{d}x$, d. h. $L \equiv C_0$, also konstant, q. e. d. $\qquad\qquad\square$

Jetzt können wir das Integral einer Distribution l definieren:

Definition

$\partial L = l \quad \Leftrightarrow \quad L = L_0 + \mathrm{const}$, mit $L_0(\chi) = -l(\psi_\chi)$, wobei $\psi_\chi = \chi - \chi_0 \int\limits_{E} \chi$.

Wir sagen: $L \equiv \int l$.

Sofern l eine reguläre Distribution ist, also durch eine stetige Funktion $g(x)$ repräsentiert werden kann, ist $L \triangleq G(x) = \int^x g(x')\mathrm{d}x'$. Dies sieht man so ein:

$$L_0(\chi) = L(\psi_\chi) = -l(\varphi); \quad \text{mit} \quad \psi'_\chi \equiv \varphi; \text{ also}$$

$$L_0 = -l(\varphi) = -\int \overline{g}(x)\varphi(x)\mathrm{d}x = -\int \overline{g}(x)\psi'_\chi(x)\mathrm{d}x$$

$$= \int \overline{G}(x)\psi_\chi(x)\mathrm{d}x \text{ mit } G = \int g.$$

Vergleich zeigt $L \triangleq G(x)$, q. e. d.

Im Raum $\mathcal{M}^*$ der *Distributionen ist Integration stets ausführbar.* $\partial L(x) = l(x)$ hat stets eine Lösung, bis auf eine Konstante: $L(x) = \int^x l(x')\mathrm{d}x' = L_0(x) + C$. Sofern $l(x)$ eine reguläre Distribution ist, versteht man $\int^x l(x')\mathrm{d}x'$ wie in der gewöhnlichen Analysis.

7.7 Produktbildungen bei Distributionen

Wie bei den besprochenen Beispielen erkennbar, wird man generell versuchen, die Rechenregeln für Funktionen auf Distributionen zu *erweitern.* Daher können wir uns im Folgenden kurzhalten.

a) Bei der Untersuchung von *Produkten* stellt man fest, dass hier ein gewisser Preis zu zahlen ist für die sonst so vereinfachende Verallgemeinerung von Funktionen zu Distributionen. Das gewöhnliche Produkt zweier stetiger Funktionen, $g_1(x)g_2(x)$ wirkt als Funktional wie $\int \overline{g_1(x)g_2(x)}\varphi(x)\mathrm{d}x$. Sofern *ein* Faktor ($g_1$ oder g_2) zusammen mit φ immer noch Testfunktion ist, darf der andere eine verallgemeinerte Funktion sein! Dies gilt beispielsweise, wenn $\varphi \in \mathcal{D}^l$ und $g_2 \in C^\infty$. Das ist nämlich $\varphi g_2 \in \mathcal{D}^l$.
In diesem Fall können wir so definieren:

Definition
Das Produkt $lg \equiv gl$ einer Distribution l mit einer regulären Distribution g ist das linear-stetige Funktional, definiert durch

$$(gl)(\varphi) := l(\overline{g}\varphi). \tag{7.32}$$

So ist z. B. $x\delta(x) = 0$ zu verstehen, s. o. Offenbar ist $(al) = \overline{a}l$.

Für zwei *singuläre* Distributionen ist ihr Produkt *nicht* definiert! Das bereitet in den physikalischen Anwendungen oft genug Schwierigkeiten.
Für die Ableitung von (erlaubten) Distributionsprodukten gilt die Produktregel:

$$\partial(gl) = g\partial l + l\partial g. \tag{7.33}$$

Das sehen wir so ein:

$$\partial(gl)(\varphi) = (gl)(-\varphi') = \int dx \bar{l}(x)\bar{g}(x)(-\varphi(x))$$

$$= \int dx \bar{l}(x)[\bar{g}'(x)\varphi(x) - (\bar{g}(x)\varphi(x))'] = l(\bar{g}'\varphi) + \partial l(\bar{g}\varphi)$$

$$= g'l(\varphi) + g\partial l(\varphi) = l\partial g + g\partial l.$$

Anwendung:

$$\partial(x\delta(x)) = 0 = x\delta' + \delta \quad \text{d. h.}$$

$$x\delta'(x) = -\delta(x). \tag{7.34}$$

b) Stets bildbar ist das *direkte Produkt* von Distributionen, d. h. das Produkt von Distributionen zweier verschiedener „Variablen" x_1, x_2. Es ist eine Distribution über dem Produktraum $E = \{(x_1, x_2)\}$, d. h. lineares Funktional für die $\varphi = \varphi(x_1, x_2)$:

$$(l_1 \times l_2)(\varphi) := l_1(l_2\varphi(x_1, \dots))). \tag{7.35}$$

Seien z. B. $l_1 \equiv g_1$, $l_2 \equiv g_2$ reguläre Distributionen, so ist $l_1 \times l_2 = g_1(x_1)g_2(x_2)$. Oder: $\delta(\mathbf{r}) = \delta(x)\delta(x)\delta(z)$ ist als direktes Produkt gemeint.

c) Wir hatten früher (bis auf einen Faktor $(2\pi)^{-\frac{1}{2}}$) das *Faltungsprodukt* zweier Funktionen $g_1(x), g_2(x)$ definiert:

$$f \equiv g_1 * g_2 = \int\limits_{-\infty}^{+\infty} g_1(\xi)g_2(x - \xi)d\xi = \int\limits_{-\infty}^{+\infty} g_1(x - \xi)g_2(\xi)d\xi. \tag{7.36}$$

$f(x)$ definiert ebenfalls ein lineares Funktional

$$l_f(\varphi) = \int \bar{f}(x)\varphi(x)dx = \int d\eta\, d\xi\, \bar{g}_1(\eta)\bar{g}_2(\xi)\varphi(\eta + \xi). \tag{7.37}$$

Dies kann, wie nun schon mehrfach geübt, zu einer Distributionsdefinition erweitert werden:
$l := l_1 * l_2$ ist das linear-stetige Funktional, welches wirkt wie

$$l(\varphi) = (l_1(\eta) \times l_2(\xi))(\varphi(\xi + \eta)) = \int d\eta\, d\xi\, \bar{l}_1(\eta)\bar{l}_2(\xi)\varphi(\xi + \eta). \tag{7.38}$$

Diese Definition ist sicher dann sinnvoll – Näheres siehe z. B. *Gelfand-Schilow*, 1960, oder *Marchand*, 1962 – wenn gilt:

i) *Eine* Distribution im Faltungsprodukt hat einen beschränkten Träger.

ii) Die Träger beider Distributionen sind nach derselben Seite hin beschränkt.

Hat man $l_1 = \partial^{n_1} g_1$ und $l_2 = \partial^{n_2} g_2$ durch Ableitung stetiger Funktionen g_1, g_2, also regulärer Distributionen dargestellt, so ist $l_1 * l_2 = \partial^{n_1+n_2}(g_1 * g_2)$.

Ferner: $l_1 * l_2 = l_2 * l_1$; $l_1 * (l_2 * l_3) = (l_1 * l_2) * l_3$, das Faltungsprodukt ist kommutativ und assoziativ.

$$\delta * l = l \ (!) \tag{7.39}$$

$$\partial(l_1 * l_2) = l_1 * \partial l_2 \quad \text{oder} \quad \partial l_1 * l_2 \ (!) \tag{7.40}$$

Beides sind geeignete Fortsetzungen der Definition der Ableitung auf Faltungsprodukte.

Unter geeigneten Voraussetzungen ist die Faltungsbildung eine stetige Operation:

$$l_n \to l \Rightarrow l_n * g \to l * g. \tag{7.41}$$

$$\frac{\mathrm{d}}{\mathrm{d}t}(l_t * g) = \frac{\mathrm{d}l_t}{\mathrm{d}t} * g. \tag{7.42}$$

Diese Formeln benutzt man in Anwendungen oft, z. B. so:

$$\varphi(\mathbf{r}) = \int \rho(\mathbf{r}') \frac{1}{|\mathbf{r} - \mathbf{r}'|} \mathrm{d}\mathbf{r}' = \rho * \frac{1}{|\mathbf{r}|},$$

$$\Rightarrow \Delta\varphi = \rho * \left(\Delta \frac{1}{|\mathbf{r}|}\right) = \rho * (-4\pi\delta) = -4\pi\rho.$$

Oder: Die inhomogene Differentialgleichung $Lf = g$ sei zu lösen. Dann bestimmen wir erst die „greensche Funktion" u aus $Lu = \delta$. Die Lösung der inhomogenen Gleichung lautet dann $f = u * g$. Denn $Lf = Lu * g = \delta * g = g$.

7.8 Fouriertransformation von Distributionen

Wir hatten in Abschn. 3.5 gelernt, Funktionen $f(x)$ nach *Fourier* zu transformieren. Lässt sich auch das auf Distributionen übertragen? Wiederum dient zur bejahenden (!) Beantwortung als Leitschnur die Fouriertransformation gewöhnlicher Funktionen (sofern ausführbar):

$$\tilde{f}(k) = \frac{1}{\sqrt{2\pi}} \int_{-\infty}^{+\infty} e^{-ikx} f(x)\mathrm{d}x; \quad f(x) = \frac{1}{\sqrt{2\pi}} \int_{-\infty}^{+\infty} e^{ikx} \tilde{f}(k)\mathrm{d}k.$$

Als Funktional wirkt $f(x)$ wie $f(\varphi) = \int \overline{f}(x)\varphi(x)\mathrm{d}x = \langle f|\varphi\rangle$. Die parsevalsche Gl. (3.29) zeigte, dass dann $\langle \tilde{f}|\tilde{\varphi}\rangle = \langle f|\varphi\rangle$. Damit ist das Rezept zur Definition der Fouriertransformation von Distributionen gewonnen:

Sofern mit φ zugleich $\tilde{\varphi}$ eine Testfunktion ist, *definieren* wir als *Fouriertransformation* $\tilde{l}$ eines linear-stetigen Funktionals l dasjenige linear-stetige Funktional, welches wirkt wie

$$\tilde{l}(\tilde{\varphi}) = l(\varphi). \tag{7.43}$$

Damit diese Definition sinnvoll ist, *muss* zugleich mit φ auch $\tilde{\varphi}$ Testfunktion sein. Diese Eigenschaft erfüllten aber gerade die Funktionen aus S, dem Raum der beliebig oft differenzierbaren und schnell abfallenden Funktionen: Mit φ ist auch $\tilde{\varphi} \in S$ und umgekehrt, wie wir in Abschn. 3.5 gelernt haben. Die Fouriertransformation ist in S überall definiert, offenbar eine lineare Operation sowie stetig (Übung). Es gilt

$$(a_1\widetilde{\varphi_1 + a_2\varphi_2}) = a_1\tilde{\varphi}_1 + a_2\tilde{\varphi}_2, \quad \varphi_n \Rightarrow \varphi \Leftrightarrow \tilde{\varphi}_n \Rightarrow \tilde{\varphi}.$$

Daher definiert man durch (7.43) in der Tat sinnvoll ein linear-stetiges Funktional $\tilde{l}$, eben die *Fouriertransformation im Raume der temperierten Distributionen* (wie ja die linear-stetigen Funktionale über S genannt werden); $\tilde{l}$ ist ebenfalls eine *temperierte* Distribution. Wichtig ist dabei die Symmetrie von Testfunktionen φ und ihren Fouriertransformierten $\tilde{\varphi}$, welche z. B. in $\mathcal{D}^l$, $\mathcal{D}$ nicht besteht (denn die Fouriertransformierte eines φ mit kompaktem Träger hat *nicht notwendigerweise* wiederum einen kompakten Träger).

$$\text{Da} \quad \mathcal{D} \subset S \Leftrightarrow \mathcal{D}^* \supset S^*.$$

Die Fouriertransformation im Raume S^* der temperierten Distributionen vermittelt eine lineare, stetige Abbildung von S^* auf S^*.

$$a_1\widetilde{l_1 + a_2}l_2 = a_1\tilde{l}_1 + a_2\tilde{l}_2; \quad l_n \Rightarrow l \quad \text{gemeinsam mit} \quad \tilde{l}_n \Rightarrow \tilde{l}. \tag{7.44}$$

Beispiele und Anwendungen:

1) Für die δ-Funktion gilt:

$$\delta \in S^* \Leftrightarrow \tilde{\delta} = \frac{1}{\sqrt{2\pi}} \in S^*.$$

Denn:

$$\tilde{\delta}(\tilde{\varphi}) = \delta(\varphi) = \varphi(x)\Big|_{x=0} = \int \frac{1}{\sqrt{2\pi}} \tilde{\varphi}(k)\mathrm{d}k = \left\langle \frac{1}{\sqrt{2\pi}} \Big| \tilde{\varphi} \right\rangle$$

Die Rücktransformation sagt aus, dass die Fouriertransformierte der 1 bildbar ist und $\sqrt{2\pi}\delta(x)$ lautet. Dies ist aber stets im Distributionssinne gemeint!

$$\tilde{1}(\tilde{\varphi}) = 1(\varphi) = \langle 1|\varphi \rangle = \int \varphi(x)\mathrm{d}x = \sqrt{2\pi}\tilde{\varphi}(k)\Big|_{k=0} = \sqrt{2\pi}\delta(\tilde{\varphi}).$$

2) Wir merken uns die *Zuordnungen durch Fouriertransformation* (Beweis als Übung):

$$
\begin{aligned}
\delta(x) &\longleftrightarrow \frac{1}{\sqrt{2\pi}} \\[2ex]
\delta(x - x_0) &\longleftrightarrow \left(\frac{1}{\sqrt{2\pi}}\right) e^{-ix_0 k} \\[2ex]
\frac{1}{i}\partial_x &\longleftrightarrow k \quad (\text{beachte } (al) = l(\overline{a}\ldots)) \\[2ex]
x &\longleftrightarrow -\frac{1}{i}\partial_k \\[2ex]
P\left(\frac{1}{i}\partial_x\right)\delta(x) &\longleftrightarrow \frac{1}{\sqrt{2\pi}}P(k) \quad (P \text{ Polynom, konst. Koeffiz.})
\end{aligned}
$$

3) Lösung einer linearen Differentialgleichung, $Lf = 0$, eventuell verallgemeinerte Lösungen. Im Raume der temperierten Distributionen wenden wir das Gelernte, insbesondere die Fouriertransformation, an: $Lf = L(\delta * f) = L\delta * f = 0. \Rightarrow \tilde{L}(ik)\cdot \tilde{f}(k) = 0$. Also hat $\tilde{f}(k)$ seinen Träger genau da, wo das Polynom $\tilde{L}(ik)$ seine Nullstellen (oder Null-Hyperflächen) hat. Man kann Aussagen über die Lösungen $\tilde{f}(k)$ gewinnen, indem man sie aus δ-Funktionen und ihren Ableitungen auf diesen Trägern aufbaut.

7.9   Operatorwertige Distributionen

Wir haben den Umgang mit den Distributionen als linear-stetigen Abbildungen eines Testfunktionenraumes $\mathcal{M}$ in den Körper K der komplexen Zahlen kennengelernt. Die Eigenschaften von K sind dabei nur insofern benutzt worden, als K ein normierter Raum ist. Man kann also die Überlegungen sofort in der Hinsicht verallgemeinern, dass man an Stelle von K einen anderen normierten Bildraum wählt.

In der Physik besonders wichtig ist der Fall, dass φ nicht auf eine komplexe Zahl, sondern auf einen Operator über einem Hilbertraum abgebildet wird. Betrachtet man z. B. die skalare Feldgleichung

$$(\Box + m^2)A(x) = 0 \tag{7.45a}$$

oder analoge Gleichungen für Spinorfelder oder elektro-magnetische Felder, $F^{\mu\nu}$, mit

$$F_{|\mu}^{\mu\nu}(x) = j^{\nu}(x), \tag{7.45b}$$

so behandelt man im Rahmen der klassischen Physik die *Felder als verallgemeinerte Funktionen* $A(x)$, $F^{\mu\nu}(x)$, . . ., also als Distributionen. Ihr Distributionssinn ist, dass

$$\int A(x)\varphi(x)\mathrm{d}^4x \equiv A(\varphi), \ldots \tag{7.46}$$

ein bezüglich φ linear-stetiges Funktional, also eine für jedes φ endliche komplexe Zahl ist.

Untersucht man die Felder dagegen quantentheoretisch, so sollen die Feldgrößen $A(x)$, $F^{\mu\nu}(x)$, . . . Operatoren über einem Hilbertraum der physikalischen Zustände sein. Dies erfassen wir, indem wir als Bildraum *nicht* K, sondern einen geeigneten Raum von Operatoren wählen, z. B. den Raum $\mathcal{B}(\mathcal{H} \to \mathcal{H})$ der linear-beschränkten Operatoren über einem Hilbertraum $\mathcal{H}$. Dann bedeutet $A(\varphi)$ gemäß (7.46) einen linear-beschränkten Operator, den man jedem φ zuordnet. Es ist eine Frage der Zweckmäßigkeit, ob man φ aus $\mathcal{S}(R^4)$, $\mathcal{D}(R^4)$ oder noch anders wählt. Man kann als Testfunktionen-Raum $\mathcal{M}$ auch den Hilbertraum $\mathcal{L}_2$ benutzen.

So lässt sich etwa ein nicht-relativistisches Vielteilchensystem durch Operatoren $\Psi(\varphi)$, $\Psi^+(\varphi)$ beschreiben, die Teilchenvernichtung oder -erzeugung im Zustand φ repräsentieren („Fockdarstellung"). Durch

$$\Psi(\varphi) \equiv \langle\Psi|\varphi\rangle \equiv \int \Psi(x)\varphi(x)\mathrm{d}x \tag{7.47}$$

ordnet man ihnen formal die Operatoren der Vernichtung $\Psi(x)$ oder Erzeugung $\Psi^+(x)$ eines Teilchens „an der Stelle" x zu, die aber ihren Sinn erst *nach* Integrieren über Hilbertraumelemente φ erhalten. Die Vertauschungsrelationen lauten

$$[\Psi(\varphi_1), \Psi^+(\varphi_2)]_\pm = \langle\varphi_1|\varphi_2\rangle \quad \text{bzw.} \quad [\Psi(x), \Psi^+(x')]_\pm = \delta(x - x'). \tag{7.48}$$

Damit ist der Begriff der *operatorwertigen Distribution* klar: Wir verstehen darunter eine linear-stetige Abbildung eines interessierenden Testfunktionenraumes auf einen Raum von Operatoren. Ebenso wie die verallgemeinerten Funktionen sind auch die operatorwertigen Distributionen „durch Anwendung auf die Testfunktionen" definierte Objekte, siehe (7.46).

Die Linear-Stetigkeit der Abbildung $\varphi \to A(\varphi)$ des Testfunktionenraumes $\mathcal{M} = \{\varphi\}$ in den Bildraum $\mathcal{M}' \supseteq \{A(\varphi)\}$ besagt, dass

1. $A(\varphi)$ ein für alle $\varphi \in \mathcal{M}$ definierter Operator ist,
2. $A(a_1\varphi_1 + a_2\varphi_2) = a_1A(\varphi_1) + a_2A(\varphi_2)$, er linear ist,
3. $A(\varphi_n) \Rightarrow A(\varphi)$ wenn $\varphi_n \Rightarrow \varphi$, er stetig ist.

Insbesondere letzteres setzt voraus, dass im Testfunktionenraum sowie im Bildraum der Konvergenzbegriff durch Norm oder Metrik bzw. Supermetrik definiert ist (allgemein: eine Topologie vorhanden ist). Diesbezüglich hat man auch im Bildraum noch einigen Spielraum.

▶ So kann man z. B. auf die Linear-Beschränktheit der $A(\varphi)$ verzichten, wenn man
   die Stetigkeit so abschwächt, dass sie nur für Matrixelemente $\langle f|A(\varphi)f\rangle$ für fes-
   tes $f \in \mathcal{H}$ gelten soll. Lässt man nur die f eines Definitionsbereiches $D \subset \mathcal{H}$ zu,
   auf dem $A(\varphi)$ ein selbstadjungierter Operator sein soll, so braucht $A(\varphi)$ kein
   beschränkter Operator zu sein. (Diesbezügliche Untersuchungen siehe z. B. A. S.
   Wightman, L. Gårding, Arkiv för Fysik, 28, 1964, Nr. 13, 129–184.)

7.10 Gelfandsche Raumtripel

Wir haben die Funktionenräume $\mathcal{D}^l, \mathcal{D}, \mathcal{S}$ in zweierlei Hinsicht benutzt: Sie dienten als
Testfunktionenräume $\mathcal{M}$ für Distributionen l aus dem jeweils dualen Raum $\mathcal{M}^*$. Dabei
benutzten wir die max-Norm bzw. die max-Normfamilie zur Metrisierung. Andererseits
waren dieselben Funktionen auch Elemente des Funktionen-Hilbertraumes $\mathcal{L}_2$. In $\mathcal{L}_2$ gibt
es aber *ebenfalls* eine, und zwar eine *andere*, Metrik, nämlich die durch das Innere Produkt
mittels des Lebesgue-Integrals induzierte,

$$\|f - g\| = \int |f - g|^2 \mathrm{d}\mu. \tag{7.49}$$

Bezüglich dieser Integralnorm sind die Funktionenmengen $\mathcal{D}^l, \mathcal{D}, \mathcal{S}$ *nicht* vollständig, liegen aber dicht in $\mathcal{L}_2$, siehe Abschn. 3.2.

Wir haben also folgende Situation: Im Hilbertraum $\mathcal{L}_2$ gibt es eine (dichte) Teilmenge
$\mathcal{M} \subset \mathcal{L}_2$, für die nicht nur die Hilbertraum-Metrik erklärt, was „konvergieren" heißt:

$$\varphi_n \underset{\mathcal{H}}{\Longrightarrow} \varphi \quad \text{wenn} \quad \int |\varphi_n - \varphi|^2 \mathrm{d}\mu \to 0, \quad \varphi_n, \varphi \in \mathcal{H}, \tag{7.50}$$

also Konvergenz im Mittel; es gibt vielmehr – allerdings nicht für alle Funktionen aus $\mathcal{L}_2$,
sondern *nur* die aus $\mathcal{M} \in \mathcal{L}_2$ – noch eine andere Metrik über $\mathcal{M}$, die „konvergieren" erklärt:

$$\varphi_n \underset{\mathcal{M}}{\Longrightarrow} \varphi, \text{ wenn} \quad \max_{x \in E} |\varphi_n(x) - \varphi(x)| \to 0, \quad \varphi_n, \varphi \in \mathcal{M} \subset \mathcal{H}. \tag{7.51}$$

(Wir haben zur Vereinfachung nur die max-Norm für $\mathcal{D}^{(0)}(E)$ mit endlichem Grundraum E hingeschrieben; in (7.51) steht gegebenenfalls die ganze für $\mathcal{D}, \mathcal{S}$ charakteristische
Normfamilie.)

Nun folgt aus $\varphi_n \underset{\mathcal{M}}{\Longrightarrow} \varphi$ erst recht $\varphi_n \underset{\mathcal{H}}{\Longrightarrow} \varphi$, *nicht* aber umgekehrt!

Denn: Betrachten wir als Beispiel $\mathcal{D}^l(E)$ über einem endlichen Grundraum, so bedeutet
zwar die gleichmäßige Konvergenz (7.51) erst recht diejenige im Mittel (s. Abschn. 2.5.1):
$\int |\varphi_n - \varphi|^2 \mathrm{d}\mu \leq \max |\varphi_n - \varphi|^2 \mu(E)$. Umgekehrt jedoch könnte eine im Mittel konvergierende Folge von $\varphi_n \in \mathcal{D}^l$ einen nicht einmal stetigen Limes haben, ist also nach der max-Norm
nicht konvergent.

Oder: In $\mathcal{S}$ mit der Supermetrik (2.26) bedeutet $\varphi_n \Rightarrow 0$, dass $\rho(\varphi_n, 0) \equiv \varepsilon_n =$ $\sum_{v=0}^{\infty} \frac{1}{2^v} \frac{\|\varphi_n\|_v}{1 + \|\varphi_n\|_v} \to 0$. Folglich $\frac{1}{2^v} \frac{\|\varphi_n\|_v}{1 + \|\varphi_n\|_v} \le \varepsilon_n$ für jedes Mitglied $v \equiv (i, j)$ der Normfamilie $\max_x |x^i \partial^j \varphi|$. Bei hinreichend kleinem ε_n und festem v, insbesondere $v = (0, 0)$ und $v = (1, 0)$ also

$$\|\varphi_n\|_0 = \max|\varphi_n(x)| \le \frac{\varepsilon_n}{1 - \varepsilon_n}, \qquad \|\varphi_n\|_1 = \max|x\varphi_n(x)| \le \frac{2\varepsilon_n}{1 - 2\varepsilon_n},$$

$$\Rightarrow |\varphi_n(x)| \le \frac{\varepsilon_n}{1 - \varepsilon_n} \min\left\{1, \frac{1}{|x|} \frac{2(1 - \varepsilon_n)}{1 - 2\varepsilon_n}\right\} \le \frac{4}{3}\varepsilon_n \min\left\{1, \frac{3}{|x|}\right\} \text{ für } \varepsilon_n \le \frac{1}{4}.$$

Also ist $\int |\varphi_n(x)|^2 \mathrm{d}\mu(x) \le C\varepsilon_n \to 0$. Das aber heißt: Aus der Konvergenz im Sinne der Supermetrik in $\mathcal{S}$ folgt sehr wohl die Konvergenz im Mittel, aus $\varphi_n \underset{\mathcal{S}}{\Longrightarrow} 0$ folgt $\varphi \underset{\mathcal{L}_2}{\Longrightarrow} 0$. Aus dieser Sachlage lernen wir zweierlei.

a) Jedes Element $f(x)$ des Hilbertraumes $\mathcal{L}_2(E)$ (welches über E quadratsummabel und damit auch lokalsummabel ist) induziert über den Testfunktionenräumen $\mathcal{M} = \mathcal{D}^l, \mathcal{D}$, $\mathcal{S}, \dots$ ein linear-stetiges Funktional vermittels des Lebesgue-Integrals

$$l(\varphi) := \int \overline{f}(x)\varphi(x)\mathrm{d}\mu(x) \equiv \langle f|\varphi\rangle. \tag{7.52}$$

Denn es ist als Inneres Produkt in $\mathcal{L}_2$ für alle $\varphi \in \mathcal{M}$ definiert, ist linear in φ und stetig; letzteres, da eine $\mathcal{M}$-Cauchy-Folge auch eine $\mathcal{L}_2$-Cauchy-Folge ist und bezüglich dieser ein Inneres Produkt stetig ist, siehe Abschn. 2.5.3. Man kann also *jedes Hilbertraumelement $f(x) \in \mathcal{L}_2$ auch als Distribution* auffassen! Als solches ist es unter anderem beliebig oft im Distributionssinne differenzierbar und es gelten alle Distributionsrechenregeln!

b) Da jedes $f \in \mathcal{L}_2$ linear-stetiges Funktional ist, also $f \in \mathcal{M}^*$, gilt $\mathcal{L}_2 \subset \mathcal{M}^*$. Tatsächlich ist $\mathcal{M}^*$ echt größer als $\mathcal{L}_2$, denn etwa $\delta(x - x_0) \in \mathcal{D}^{l*}, \mathcal{D}^*, \mathcal{S}^*$ ist *nicht* in $\mathcal{L}_2$ oder $e^{ikx} \in \mathcal{S}^*$ ist *nicht* aus $\mathcal{L}_2(-\infty, +\infty)$.

Man muss also zwischen drei Typen von Räumen unterscheiden:

1. $\mathcal{M}$ = Testfunktionenraum wie etwa $\mathcal{D}^l, \mathcal{D}, \mathcal{S}, \dots$ mit eigener Metrik.
2. $\mathcal{H} = \mathcal{L}_2$ mit Metrik via Inneres Produkt, bezüglich derer $\mathcal{M}$ dicht liegt bzw. $\mathcal{L}_2$ der Abschluss von $\mathcal{M}$ ist; ferner $\varphi_n \underset{\mathcal{M}}{\Longrightarrow} \varphi \Rightarrow \varphi_n \underset{\mathcal{H}}{\Longrightarrow} \varphi$.
3. $\mathcal{M}^*$ = dualer Raum der linear-stetigen Funktionale über $\mathcal{M}$, also etwa $\mathcal{D}^{l*}, \mathcal{D}^*, \mathcal{S}^*, \dots$.

Es gilt folgende Relation zwischen den drei Räumen:

$$\mathcal{D}^l, \mathcal{D}, \mathcal{S}, \dots \subset \mathcal{L}_2 \subset \mathcal{D}^{l*}, \mathcal{D}^*, \mathcal{S}^*, \dots. \tag{7.53a}$$

Man bezeichnet dieses Tripel von drei Räumen, zwischen denen die genannten Beziehungen bestehen – die man allgemein definieren kann, siehe Abschn. 15.8 – als

$$\text{\textit{gelfandsches Raumtripel}} \quad \boxed{\mathcal{M} \subset \mathcal{H} \subset \mathcal{M}^*} \tag{7.53b}$$

Die *gelfandschen Raumtripel* gestatten insbesondere eine verallgemeinerte und sehr befriedigende *Behandlung des Eigenwertproblems linearer Operatoren*. Da wir das Eigenwertproblem erst später genauer untersuchen werden, seien hier nur einige vorläufige Bemerkungen an Hand von Beispielen gemacht, insbesondere die Verallgemeinerung des Begriffes Eigenfunktion (s. ebenfalls Abschn. 15.8).

Im Raume $\mathcal{L}_2$ hat der Operator „Multiplikation mit x" auf $\mathcal{D}_x$ keine Eigenfunktionen; d. h. kein $f(x) \in \mathcal{L}_2$, $f \neq 0$ erfüllt

$$x f(x) = \lambda f(x). \tag{7.54a}$$

Hieraus folgt nämlich $(x - \lambda) f(x) = 0$, d. h. $f(x) = 0$ wenn $x \neq \lambda$. Als Element des Funktionenraumes $\mathcal{L}_2$ ist folglich $f = 0$. Jedoch unter den verallgemeinerten Funktionen aus $\mathcal{M}^*$ gibt es eine nicht-triviale Lösung, nämlich $f(x) = \delta(x - \lambda) \in \mathcal{M}^* \supset \mathcal{L}_2$. Es gibt also keine Eigenfunktion, wohl aber eine *Eigendistribution*:

$$x \delta(x - \lambda) = \lambda \delta(x - \lambda). \tag{7.54b}$$

Diese Gleichung ist als Distributionsgleichung zu verstehen, d. h. in Anwendung auf *alle* Testfunktionen φ. Einerseits ist nämlich

$$\int x \delta(x - \lambda) \varphi(x) \mathrm{d}x = \int \lambda \delta(x - \lambda) \varphi(x) \mathrm{d}x = \lambda l_{\delta_\lambda}(\varphi) = l_{\delta_\lambda}(\lambda \varphi) \tag{7.55a}$$

Andererseits gilt

$$\int x \delta(x - \lambda) \varphi(x) \mathrm{d}x = \int \delta(x - \lambda) x \varphi(x) \mathrm{d}x = l_{\delta_\lambda}(x \varphi). \tag{7.55b}$$

Als weiteres Beispiel diene $\dfrac{1}{i} \dfrac{\mathrm{d}}{\mathrm{d}x}$ auf $\mathcal{D}_{\mathrm{d}/\mathrm{d}x}$ in $\mathcal{L}_2(-\infty, +\infty)$.

$$\frac{1}{i} \frac{\mathrm{d} f(x)}{\mathrm{d}x} = \lambda f(x) \Rightarrow f(x) = e^{i\lambda x} \equiv l_\lambda(x) \notin \mathcal{L}_2. \tag{7.56}$$

Wiederum aber ist $l_\lambda(x)$ eine Distribution über $\mathcal{S}$, da $l_\lambda(\varphi) = \int e^{-i\lambda x} \varphi(x)$ linear-stetig in φ ist. $l_\lambda(x)$ ist sogar eine reguläre und differenzierbare Distribution. Es gilt die Eigenwertgleichung für diese *Eigendistribution*:

$$\frac{1}{i} \partial l_\lambda = \lambda l_\lambda; \text{ und weil } l_\lambda \text{ differenzierbar, gilt } \frac{1}{i} \partial = \frac{1}{i} \frac{\mathrm{d}}{\mathrm{d}x}. \tag{7.57}$$

Liest man diese Gleichung als Distributionsgleichung, so gilt

$$\left(\frac{1}{i}\partial l_\lambda\right)(\varphi) = (\lambda l_\lambda)(\varphi) = l_\lambda(\lambda\varphi) \quad \text{sowie} \quad -\frac{1}{i}\partial l_\lambda(\varphi) = l_\lambda\left(\frac{1}{i}\frac{d}{dx}\varphi\right). \tag{7.58}$$

Wiederum also gilt $l_\lambda(A\varphi) = l_\lambda(\lambda\varphi)$, wie im Falle $A = x$ jetzt auch für $A = \frac{1}{i}\frac{d}{dx}$. Das legt die Verallgemeinerung der Definition eines Eigenvektors nahe. Als *Eigenvektor* eines Operators A auf $\mathcal{D}_A \subset \mathcal{H}$ zum Eigenwert λ bezeichnen wir ja jeden, der nicht-trivial die Gleichung löst

$$Af = \lambda f, \quad f \in \mathcal{D}_A, \quad f \neq 0. \tag{7.59}$$

Sofern es im Hilbertraum $\mathcal{H}$ kein solches f gibt, kann es immer noch sein, dass (7.59) eine Lösung im Raume $\mathcal{M}^* \supset \mathcal{H}$ der Distributionen des gelfandschen Raumtripels hat, d. h. (7.59) gilt, wenn auch nicht für $f \in \mathcal{D}_A \subset \mathcal{H}$, so doch als Distributionsgleichung:

$$(Af)(\varphi) = (\lambda f)(\varphi) \quad \text{für alle} \quad \varphi \in \mathcal{M}. \tag{7.60}$$

Eine solche Distribution f bezeichnen wir als *Eigendistribution des Operators A in $\mathcal{M}^*$ zum Eigenwert λ*.

In unseren Beispielen war die Wirkung des (linearen) Operators A auf eine Distribution jeweils unmittelbar klar. Im Allgemeinen kann man das Bild Af als lineares Funktional erklären durch eine Vorschrift der Art $(Af)(\varphi) \equiv f(A^*\varphi)$. Eigenfunktionale erkennt man dann durch Lösen der Gleichung

$$f(A^*\varphi) = f(\lambda^*\varphi), \quad f \in \mathcal{M}^*; \text{ für alle Testfunktionen } \varphi \in \mathcal{M}. \tag{7.61}$$

Wir bemerken noch Folgendes. Sowohl die Menge der Eigendistributionen $\delta(x - \lambda)$ für alle λ als auch die der $e^{i\lambda x}$ bildet ein *vollständiges System von Eigendistributionen* in dem Sinne, dass man jedes $\varphi \in \mathcal{M}$ danach „entwickeln" kann und die parsevalsche Gleichung gilt.

$$\left.\begin{array}{l} \tilde\varphi(\lambda) = \int \delta(\lambda - x)\varphi(x)dx \\[2mm] \tilde\varphi(\lambda) = \dfrac{1}{\sqrt{2\pi}} \int e^{-i\lambda x}\varphi(x)dx \end{array}\right\} \int |\tilde\varphi(\lambda)|^2 d\lambda = \int |\varphi(x)|^2 dx.$$

Das ist kein Zufall, sondern ein sehr tiefliegendes Ergebnis, welches bei Benutzung der gelfandschen Raumtripel abzuleiten ist! Wir verweisen auf später, Abschn. 15.8. (Siehe auch I. M. Gelfand, N. J. Wilenkin, IV, 1964, Kap. I, Abschn. 4.5.)

Wir beenden die Besprechung der Distributionen mit einer nützlichen Neubetrachtung eines schon besprochenen Sachverhaltes. Der Definitionsbereich des Operators $\frac{d}{dx}$ in $\mathcal{L}_2$ war in (5.3) usw. durch die absolut stetigen Funktionen $f \in \mathcal{L}_2$ mit $f' \in \mathcal{L}_2$ gekennzeichnet worden. Mittels des Begriffs der verallgemeinerten Ableitung kann man sehr schön sehen, dass dieser Definitionsbereich sich von selbst aufdrängt.

Wenn (!) $f \in \mathcal{L}_2$, f absolut stetig (also f' f.ü. existiert) und $f' \in \mathcal{L}_2$, dann gilt die Distributionsgleichung $\partial f = f'$. Denn:

$$\partial f(\varphi) = f(-\varphi') = - \int \overline{f}(x)\varphi'(x)\mathrm{d}\mu(x) = \int \overline{f}'(x)\varphi(x)\mathrm{d}\mu(x) = f'(\varphi).$$

Aber auch umgekehrt: Wenn $f \in \mathcal{L}_2$, (und folglich ∂f als Distribution allemal existiert) und außerdem $\partial f \in \mathcal{L}_2$, so folgt, dass f absolut stetig ist. Denn: Da $\partial f \in \mathcal{L}_2$, ist es lokal summabel, es existiert also $\hat{f}(x) := \int_{x_0}^{x} (\partial f)(\xi)\mathrm{d}\mu(\xi)$ und ist absolut stetig. Die Distribution $F := f - \hat{f}$ hat aber die Eigenschaft $\partial F = 0$. Hieraus folgt, wie man in dem Abschnitt über Integration von Distributionen (7.6) lernt, dass, $F = $ const; also ist $f = \hat{f} + $ const. absolut stetig.

Man kann also den Definitionsbereich des Differentiationsoperators im Hilbertraum auch dadurch kennzeichnen, dass sowohl f als auch die (sicher existierende) verallgemeinerte Ableitung ∂f in $\mathcal{L}_2$ (als Bildbereich) liegen.

Anmerkung: Allgemeiner spielen folgende Räume oft eine Rolle (*Sobolev-Räume*).

$$W_p^k(E) = \{f | f(x) \text{ komplexwertig über } E, f \in \mathcal{L}_p(E), \partial^i f \in \mathcal{L}_p \text{ für } 0 \leq i \leq k\}. \quad (7.62)$$

Der Definitionsbereich von $\mathrm{d}/\mathrm{d}x$ ist dann der Sobolev-Raum W_2^1.

Funktionalableitung

8

8.1 Physikalische Bedeutung

In den letzten Abschnitten haben wir den Umgang mit linearen Operatoren bzw. linearen Funktionalen gelernt. Nun spielen aber sehr oft in der Physik nicht-lineare Operatoren eine Rolle. Als Beispiel haben wir in Abschn. 1.4 den boltzmannschen Stoßoperator kennengelernt; weitere Beispiele sind:

a) Extremalprinzipien für Bewegungsgleichungen.
   Man berechnet etwa in der klassischen Punktmechanik die *Wirkungsfunktion* $\mathcal{L}$ eines Teilchens, welches die Bahn $x(t)$ mit einer Geschwindigkeit $\dot{x}(t)$ zurücklegt:

$$\mathcal{L} = \int_{t_1}^{t_2} L(t, x(t), \dot{x}(t)) \mathrm{d}t. \tag{8.1}$$

Die Wahl der *Lagrange-Funktion L* charakterisiert das speziell vorgegebene System. Allgemein gesehen vermitteln L und auch $\mathcal{L}$ eine Abbildung einer Funktion, nämlich der Bahn $x(t)$, auf eine reelle Zahl, d. h. $\mathcal{L}(x)$ ist ein Funktional! Es ist allerdings ein nicht-lineares Funktional. Zum Beispiel für ein Teilchen im Potential $V(x)$ lautet bekanntlich $L = \frac{m}{2}\dot{x}^2 - V(x)$.

Nun braucht man aber nicht das ganze Funktional $\mathcal{L}$, sondern die „Stelle" $x(t)$, an der es extremal $\equiv$ stationär wird. Eben diese Bahn $x(t)$ ist diejenige, die in der Natur realisiert wird. Es liegt also nahe, das Funktional $\mathcal{L}$ um diese Stelle zu „entwickeln", ähnlich wie auch im Falle des nicht-linearen boltzmannschen Stoßoperators eine Entwicklung um die Gleichgewichtsverteilung $f_E(\mathbf{p})$ zweckmäßig war. Eine solche Entwicklung führt man bei Funktionen mithilfe der Ableitung durch, eventuell sogar einer mehrgliedrigen Taylorreihe. Somit erhebt sich die Frage nach einer *Verallgemeinerung* des Begriffes der Ableitung einer Funktion auf den der *Ableitung eines Funktionals*.

S. Großmann, *Funktionalanalysis*, DOI 10.1007/978-3-658-02402-4_8,
© Springer Fachmedien Wiesbaden 2014

b) Als weiteres Beispiel eines nicht-linearen Funktionals sei die thermodynamische Freie Energie pro Teilchen f erwähnt. Sie hängt von der Wechselwirkungsenergie $w(\mathbf{r})$ zwischen den das System konstituierenden Teilchen ab, wobei alle möglichen Abstände $\mathbf{r} = \mathbf{r}_i - \mathbf{r}_j$ der Teilchenpaare i, j vorkommen. Also ist $f = f(w)$ ein (nicht-lineares) Funktional der Wechselwirkung; natürlich auch eine Funktion der Temperatur T und der Dichte $n \equiv v^{-1}$. Bei Anwendung der klassischen Physik ist

$$f = f_{\text{ideal}}(T, n) - \kappa T \ln \frac{1}{V^N} \int_V e^{-\frac{1}{kT} \sum_{i<j} w(\mathbf{r}_i - \mathbf{r}_j)} \, d\mathbf{r}_1 \ldots d\mathbf{r}_N. \tag{8.2}$$

Der erste Summand, f_{ideal}, beschreibt ein ideales Gas und hängt folglich nicht von $w(\mathbf{r})$ ab; κ ist die Boltzmannkonstante, V das Volumen.

Wiederum interessiert man sich für die Veränderungen von f bei Veränderung seiner Variablen. Sie haben alle eine wichtige physikalische Bedeutung: $-\partial f / \partial T$ ist die Entropie pro Teilchen, $-\partial f / \partial v$ ist der Druck und $\partial f / \partial w(\mathbf{r})$ ist die Paarverteilungsfunktion. Wie aber hat man die „Ableitung nach einer Funktion", $w(\mathbf{r})$, zu verstehen? Gerade in der statistischen Physik braucht man sie häufig!

c) Nicht nur nicht-lineare Funktionale, also Abbildungen nach K, spielen eine Rolle in der Physik. Auch nicht-lineare Operatoren, also Abbildungen in allgemeinere Räume $\mathcal{M}$, treten auf. Schon der boltzmannsche Stoßoperator war hierfür ein Beispiel. Er beschreibt die Stoß-Übergänge an der Stelle $\mathbf{r}, \mathbf{p}$ im Phasenraum, bildet also auf eine Funktion von $\mathbf{r}, \mathbf{p}$ ab als Funktional der Verteilungsfunktion $f(\mathbf{r}', \mathbf{p}', t)$. Oder: In der Quantenmechanik berechnet man Wirkungsquerschnitte mit der T-Matrix, den Matrixelementen $\langle p_1 p_2 | T(z) | p_1' p_2' \rangle$ des Operators $T(z)$ zwischen den Impulszuständen p_1, p_2 vor bzw. p_1', p_2' nach dem Stoß bei der vor und nach dem Stoß gleichen Energie $z = E$. Der T-Operator wird nicht-linear vom Wechselwirkungsoperator V bestimmt ($H = H_{\text{kin}} + V$, Hamiltonoperator):

$$T = V - V \frac{1}{H - z} V = V - V \frac{1}{H_{\text{kin}} - z} T. \tag{8.3}$$

Damit ist die Bedeutsamkeit des Begriffs der *Funktionalableitung* klar, d. h. der *Ableitung eines beliebig vorgegebenen Operators A* auf $\mathcal{D}_A \subseteq \mathcal{M}$ nach seinem „Argument", einem Element $f \in \mathcal{M}$. In der Regel ist A ein Funktional, daher der Name „Funktionalableitung". Wir werden diese in völliger Analogie zur gewöhnlichen Ableitung definieren, um den Umgang mit ihr leicht und bequem zu machen. Es wird sich dabei zeigen, dass die *Funktionalableitung eine Distribution ist*, weshalb sich ihre Untersuchung gerade im Anschluss an Kap. 7 anbietet. Beachtet man diesen Distributionscharakter, ist der Gebrauch der Funktionalableitung dem Physiker ohne mathematische Probleme an die Hand gegeben!

8.2 Definition der Funktionalableitung

Sei A auf $\mathcal{D}_A$ ein Operator, der von $\mathcal{M}$ nach $\mathcal{M}'$ vermittelt. Wir setzen zur Vereinfachung voraus, $\mathcal{M}$ und $\mathcal{M}'$ seien Banachräume, obwohl eine Verallgemeinerung auf lineare, metrische Räume bei gewissen Eigenschaften der Metrik möglich ist. Sei $f \in \mathcal{D}_A$. Wir fragen uns, wie sich $Af \in \mathcal{W}_A \subseteq \mathcal{M}'$ verändert, wenn man f „etwas" verändert. Dabei heißt „etwas" verändern, dass wir $f + h \in \mathcal{D}_A$ mit „kleinem" $h \in \mathcal{M}$ betrachten, d. h. $\|h\|$ klein. Wenn $\|h\| \to 0$, sollte $A(f + h) \Rightarrow Af$ sein. Sonst ist A an der Stelle f nicht einmal stetig, und dann kann man auch in der gewöhnlichen Analysis keine Ableitung definieren. *Wie aber konvergiert $A(f + h)$ gegen Af?* In Analogie zu differenzierbaren Funktionen könnte das in h linear sein. Da hier aber h ein Punkt aus einem Banachraum $\mathcal{M}$ ist, heißt *linear* genauer: Es sollte

$$A(f + h) \approx Af + Lh, \quad \text{wenn} \quad h \approx 0, \tag{8.4}$$

sein, wobei L *ein linearer Operator* ist. Selbstverständlich hängt L von A und von der Stelle f ab, weshalb wir diese Abhängigkeit durch die Schreibweise $L \equiv \dfrac{\delta A}{\delta f}$ symbolisieren und als *Ableitung von A an der Stelle f* bezeichnen. $\dfrac{\delta A}{\delta f}$ ist ein linearer Operator, ja wir fordern definitionsgemäß sogar die Linear-Beschränktheit (siehe Abschn. 5.4).

Definition

Ein *Operator A auf $\mathcal{D}_A$ heißt an der Stelle $f \in \mathcal{D}_A$ differenzierbar*, wenn es einen linearbeschränkten Operator $\dfrac{\delta A}{\delta f}$ gibt, sodass

$$\left\| A(f + h) - AF - \frac{\delta A}{\delta f} h \right\| \leq \|h\| \, \varepsilon(\|h\|), \quad \text{für alle } h \text{ mit } \|h\| < \delta. \tag{8.5}$$

Dabei ist ε eine Nullfunktion, $\varepsilon(x) \to 0$ mit $x \to 0$.

▸ Die Norm auf der linken Seite ist diejenige in $\mathcal{M}'$, $\|h\|$ ist diejenige in $\mathcal{M}$. In linearen, metrischen Räumen hätte man $\rho\left(A(f + h) - Af, \dfrac{\delta A}{\delta f} h \right)$ auf der linken Seite von (8.5) zu untersuchen bzw. $\rho(h, 0)$ auf der rechten. Nur solche h werden verwendet, für die $f + h \in \mathcal{D}_A$. Doch soll $\dfrac{\delta A}{\delta f}$ als linear-beschränkter Operator überall definiert sein. Man beachte, dass $\dfrac{\delta A}{\delta f}$ von $f \in \mathcal{M}$ abhängt *und* als linearer Operator über $\mathcal{M}$ wirkt. Bezüglich f ist die Funktionalableitung selbstverständlich *nicht* notwendig linear! Man bezeichnet diese Ableitung auch als

Variationsableitung oder *Fréchet-Ableitung*, da sie zuerst von *M. Fréchet* 1910 eingeführt wurde (Ann. Ec. Norm. 27, 1910, 3; 193–216).

Wir überzeugen uns zunächst, dass diese Definition der Ableitung eines Operators sinnvoll ist. Wenn (!) es eine solche Ableitung gibt, so ist sie nämlich eindeutig. Gäbe es zwei lineare Operatoren L_1, L_2, die der Definition genügen, so müssen sie gleich sein:

$$\|L_1 h - L_2 h\| \le \|L_1 h - A(f + h) + Af\| + \|L_2 h - A(f + h) + Af\|$$

$$\le \|h\|(\varepsilon_1(\|h\|) + \varepsilon_2(\|h\|))$$

$$\Rightarrow \quad \|L_1 - L_2\| \le \varepsilon_1(\|h\|) + \varepsilon_2(\|h\|), \Rightarrow \|L_1 - L_2\| = 0.$$

Ein differenzierbarer Operator ist *erst recht stetig*. Denn aus (8.5) folgt

$$\|A(f + h) - Af\| \le \|h\| \left(\varepsilon(\|h\| + \left\| \frac{\delta A}{\delta f} \right\| \right) \to 0 \quad \text{mit} \quad \|h\| \to 0.$$

Sofern A auf $\mathcal{D}_4$ auf die komplexen Zahlen abbildet, ist es ja Funktional, $\Phi(f)$. Deshalb bezeichnen wir die Operatorableitung (8.5) auch als *Funktionalableitung*. Als linear-stetiges Funktional hat folglich $\dfrac{\delta \Phi}{\delta f}$ seine Bedeutung als Anzuwendendes auf die Elemente aus $\mathcal{M}$, $\left(\dfrac{\delta \Phi}{\delta f} \middle| h \right)$. Speziell über Funktionenräumen $\mathcal{M}$ schreiben wir das Innere Produkt mit $h \in \mathcal{M}$ und $\dfrac{\delta \Phi}{\delta f} \in \mathcal{M}^*$ als (eventuell formales!) Integral:

$$\left(\frac{\delta \Phi}{\delta f} \middle| h \right) = \int \frac{\delta \Phi}{\delta f(\xi)} h(\xi) \mathrm{d}\xi. \tag{8.6}$$

(8.6) verleiht der Schreibweise $\dfrac{\delta \Phi}{\delta f(x)}$ für die Funktionalableitung einen Sinn, gelesen als *Änderung des Funktionals $\Phi(f)$ bei Änderung der Funktion f an der Stelle x*. Diese Deutung lesen wir aus (8.6) ab, indem wir $h(\xi)$ nur in der Umgebung von x von Null verschieden wählen, also $f + h$ letztlich nur an der Stelle x gegenüber f verändert ist.

8.3 Beispiele

a) Betrachten wir die Wirkung $\mathcal{L}$ gemäß (8.1) als Funktional der Bahnkurve $x(t) \in C^1(t_1, t_2)$, so können wir die Funktionalableitung leicht bestimmen.

$$\mathcal{L}(x + \xi) - \mathcal{L}(x) = \int_{t_1}^{t_2} L(t, x(t) + \xi(t), \dot{x}(t) + \dot{\xi}(t)) \mathrm{d}t - \int_{t_1}^{t_2} L(t, x(t), \dot{x}(t)) \mathrm{d}t$$

$$= \int_{t_1}^{t_2} \left[\frac{\partial L}{\partial x}(t) \xi(t) + \frac{\partial L}{\partial \dot{x}}(t) \dot{\xi}(t) + \frac{1}{2} \xi^2 \frac{\partial^2 L}{\partial x^2}(t) + \ldots + \frac{1}{2} \dot{\xi}^2 \frac{\partial^2 L}{\partial \dot{x}^2}(t) \right] \mathrm{d}t.$$

Die Lagrangefunktion L wird als zweimal stetig differenzierbar vorausgesetzt. Die Schreibweise $\frac{\partial L}{\partial x}(t)$ heißt genauer $\frac{\partial L(t,y,z)}{\partial y}\Big|_{y=x(t),z=\dot{x}(t)}$ usw. In den quadratischen Gliedern wähle man y, z an einem geeigneten Zwischenwert; sie sind offenbar von der Größenordnung $\|\xi\|^2$. Also

$$\mathcal{L}(x+\xi) - \mathcal{L}(x) = \int_{t_1}^{t_2} \left[\frac{\partial L}{\partial x}(t) - \frac{d}{dt}\frac{\partial L}{\partial \dot{x}}(t)\right]\xi(t)dt + \xi(t)\frac{\partial L}{\partial \dot{x}}(t)\Big|_{t_1}^{t_2} + \sim \|\xi\|^2.$$

Die Funktionalableitung lautet also – einfach aus $\int \ldots \xi(t)dt$ abzulesen –

$$\begin{aligned}\frac{\delta\mathcal{L}}{\delta x(t)} = {}& \frac{\partial L}{\partial x}(t,x(t),\dot{x}(t)) - \frac{d}{dt}\frac{\partial L}{\partial \dot{x}}(t,x(t),\dot{x}(t)) \\ & + [\delta(t-t_2) - \delta(t-t_1)]\frac{\partial L}{\partial \dot{x}}(t,x(t),\dot{x}(t)).\end{aligned} \qquad (8.7a)$$

Beschränkt man sich auf Änderungen $\xi(t) \in C_0^1(t_1 t_2)$, die am Rande des Zeitintervalls $[t_1, t_2]$ Null sind, so fallen die Randterme i. Allg. weg:

$$\frac{\delta\mathcal{L}}{\delta x(t)} = \frac{\partial L}{\partial x}(t,x(t),\dot{x}(t)) - \frac{d}{dt}\frac{\partial L}{\partial \dot{x}}(t,x(t),\dot{x}(t)). \qquad (8.7b)$$

Das Extremalprinzip der Punktmechanik besagt, dass diejenige Bahn $x(t)$ realisiert wird, für die die Wirkung extremal ist, d. h. $\frac{\delta\mathcal{L}}{\delta x(t)} = 0$. Folglich gilt gemäß (8.7b) die lagrangesche Gleichung

$$\frac{\partial L}{\partial x} - \frac{d}{dt}\frac{\partial L}{\partial \dot{x}} = 0. \qquad (8.8)$$

Sie ist genau genommen eine Distributionsgleichung, was aber bei den physikalisch interessierenden Lagrangefunktionen L deshalb nicht auffällt, weil dabei reguläre Distributionen vorliegen.

b) Sei $\Phi(f)$ die Zuordnung $\Phi(f) := f(y) \in K$. Dann ist $\Phi(f+h) - \Phi(f) = h(y) \equiv \int \frac{\delta\Phi}{\delta f(x)}h(x)dx$. Folglich existiert die Funktionalableitung, und es gilt die einfache, aber nützliche Formel für $\frac{\delta\Phi}{\delta f(x)} \equiv \frac{\delta f(y)}{\delta f(x)}$ mit

$$\boxed{\frac{\delta f(y)}{\delta f(x)} = \delta(x-y).} \qquad (8.9)$$

Wenden wir im Beispiel a) die Kettenregel an sowie (8.9), finden wir sogleich (8.8). Ob dieses einfache Verfahren erlaubt ist, überlegen wir uns in Abschn. 8.5.2. Da die Handhabung jedoch so zweckmäßig und leicht ist, üben wir sie im nächsten Beispiel.

c) Feldgleichungen aus dem Extremalprinzip.

$$\mathcal{L}(f) = \int d^4x L(x, f(x), f_{|\mu}(x)). \quad \frac{\delta \mathcal{L}}{\delta f(x)} = 0 \Leftrightarrow \frac{\partial L}{\partial f} - \frac{\partial}{\partial x^\mu} \frac{\partial L}{\partial f_{|\mu}} = 0. \quad (8.10)$$

c1) Für ein reelles, skalares Feld setzen wir für L:

$$L := \frac{1}{2}(\varphi_{|\nu} \varphi^{|\nu} - m^2 \varphi^2). \quad \text{Es folgt } (\Box + m^2)\varphi = 0, \text{ Klein-Gordon-Gleichung.}$$
$$(8.11)$$

c2) Komplexes Spinorfeld; nach ψ und $\overline{\psi}$ ableiten.

$$L := -\frac{1}{2}\overline{\psi}(-i\gamma^\mu \partial_\mu + m)\psi - \frac{1}{2}(i\partial_\mu \overline{\psi}\gamma^\mu + m\overline{\psi})\psi.$$

$$\Rightarrow \frac{\partial L}{\partial \overline{\psi}}\left(\frac{1}{2}i\gamma^\mu \partial_\mu - m\right)\psi \quad \text{und} \quad \frac{\partial L}{\partial \overline{\psi}_{|\mu}} = -\frac{1}{2}i\gamma^\mu \psi$$

$$\Rightarrow \text{Dirac-Gleichung: } (-i\gamma^\mu \partial_\mu + m)\psi = 0. \quad (8.12)$$

c3) Komplexes (geladenes), skalares Klein-Gordon-Feld φ, angekoppelt an ein elektromagnetisches Potentialfeld A^μ mit dem Feldstärketensor $F_{\mu\nu} = A_{\nu|\mu} - A_{\mu|\nu}$.

$$L := -\frac{1}{4}F^{\mu\nu} F_{\mu\nu} - m^2 \varphi^* \varphi + (\varphi_{|\mu}^* + ieA_\mu \varphi^*)(\varphi^{|\mu} - ieA^\mu \varphi).$$

Ohne φ-Feld ergeben sich mittels (8.10) die maxwellschen Gleichungen ohne Ladungen oder Ströme. Da $\partial L/\partial A_\mu = 0$, ist nämlich

$$0 = -\frac{\partial}{\partial x^\mu} \frac{\partial L}{\partial A_{\nu|\mu}} = \dots = A^{\nu|\mu}{}_{|\mu} - A^{\mu|\nu}{}_{|\mu} = F^{\mu\nu}{}_{|\mu}. \quad (8.13)$$

Berücksichtigt man φ, so erhält man

$$\frac{\partial L}{\partial A_\nu} = ie[\varphi^*(\varphi^{|\nu} - ieA^\nu \varphi) - (\varphi^{*|\nu} + ieA^\nu \varphi^*)\varphi] =: -j^\nu,$$

d. h.

$$F^{\mu\nu}{}_{|\mu} = \Box A^\nu = j^\nu. \tag{8.14}$$

d) Der Zusammenhang (1.22) zwischen statischer elektrischer Ladungsverteilung $\rho(\mathbf{r}')$ und dem elektrostatischen Potential $\varphi(\mathbf{r})$ ist linear.

$$\Phi(\rho) \equiv \varphi(\mathbf{r}) = \int \frac{1}{|\mathbf{r} - \mathbf{r}'|} \rho(\mathbf{r}') d\mathbf{r}'. \tag{8.15}$$

Die Existenz der Funktionalableitung ist leicht zu sehen. Es gilt

$$\frac{\delta\varphi(\mathbf{r})}{\delta\rho(\mathbf{r}')} = \frac{1}{|\mathbf{r} - \mathbf{r}'|}. \tag{8.16}$$

Da diesmal Φ linear in ρ ist, hängt $\dfrac{\delta\Phi}{\delta\rho}$ nicht mehr von ρ ab. Die Distribution (8.16) ist für $\mathbf{r} \neq \mathbf{r}'$ mit einer Funktion zu identifizieren. Die Ableitung der Distribution (8.16) haben wir in Abschn. 7.5, Beispiel 9), gelernt.

$$\Delta_r \varphi(\mathbf{r}) = \Delta_r \int \frac{\delta\varphi(\mathbf{r})}{\delta\rho(\mathbf{r}')} \rho(\mathbf{r}') d\mathbf{r}'$$

$$= \int \Delta_{r'} \frac{1}{|\mathbf{r} - \mathbf{r}'|} \rho(\mathbf{r}') d\mathbf{r}' = -4\pi \int \delta(\mathbf{r} - \mathbf{r}') \rho(\mathbf{r}') d\mathbf{r}' = -4\pi\rho(\mathbf{r}'),$$

eine im Distributionssinn also eine einfache Rechnung, dass (8.15) die Lösung der Potentialgleichung ist.

8.4   Die Richtungsableitung von Operatoren

In manchen Anwendungen ist es zweckmäßig, die Funktionalableitung auf die gewöhnliche Ableitung dadurch zurückzuführen, dass man $A(f + \tau h)$ als Funktion des Zahlenparameters τ auffasst. Dann kann man das *Richtungsdifferential des Operators A an der Stelle f* definieren durch

$$\partial A(f; h) := \lim_{\tau \to 0} \frac{A(f + \tau h) - A(f)}{\tau}, \tag{8.17}$$

sofern dieser Limes existiert. $\partial A(f; h)$ ist in zweifachem Sinne eine zweifache Abbildung von $\mathcal{M}$ nach $\mathcal{M}'$. Das Richtungsdifferential hängt nicht nur von „der Stelle" f ab, sondern auch von „der Richtung" h.

Über die Abhängigkeit des Richtungsdifferentials von der Richtung $h \in \mathcal{M}$ kann man *allgemein nichts* sagen. Sie könnte linear sein, muss es aber nicht. Wenn (!) $\partial A(f; h)$ bezüglich h durch einen linearen Operator zu beschreiben ist,

$$\partial A(f; h) \overset{!}{=} \frac{\partial A}{\partial f} h \equiv \left(\frac{\partial A}{\partial f} \bigg| h \right),\tag{8.18}$$

so nennen wir den linearen Operator $\dfrac{\partial A}{\partial f}$ über $\mathcal{M}$ *die Richtungsableitung.*

Der Zusammenhang mit der allgemeinen Funktionalableitung wird durch folgende Aussagen klargestellt.

Satz

    a) Wenn (!) A an der Stelle f differenzierbar ist, so existiert erst recht die Richtungsableitung, und beide sind gleich:

$$\frac{\delta A}{\delta f} = \frac{\partial A}{\partial f}, \quad \text{linear-beschränkt.} \tag{8.19}$$

    b) Existiert (!) das Richtungsdifferential $\partial A(f; h)$ in einer Umgebung $\|f - f'\| \le r$ von f für alle h *und* ist es in h stetig sowie in f gleichmäßig (bezüglich f, h) stetig, dann ist A in der genannten Umgebung differenzierbar; konsequenterweise, wegen (8.19), stimmt die Ableitung mit der Richtungsableitung überein.

Durch Prüfung der Zusatz-Eigenschaften des Richtungsdifferentials kann man also das in der Physik oft benutzte Vorgehen rechtfertigen und die Funktionalableitung recht einfach berechnen. Eventuell genügt auch schon die *schwächere* Eigenschaft der Richtungs-Differenzierbarkeit in einer physikalisch ausgezeichneten Richtung.

▸ **Beweis**

zu a) Es möge $\dfrac{\delta A}{\delta f}$ existieren. Dann ist gemäß (8.5) $A(f + \tau h) = Af + \dfrac{\delta A}{\delta f} \tau h + g$ mit $\|g\| \le \tau \|h\| \varepsilon(\tau \|h\|)$. Folglich existiert $\lim\limits_{\tau \to 0} \dfrac{1}{\tau} g = 0$ und deshalb $\partial A(f, h) = \dfrac{\delta A}{\delta f} h$, wie man direkt nachrechnet.

zu b) Zuerst einmal muss geprüft werden, ob das Richtungsdifferential überhaupt bezüglich h linear ist. Dies garantieren die Zusatzeigenschaften in der Tat. Man sieht es so:

$$\partial A(f + \tau h, h) = \lim_{\tau' \to 0} \frac{A(f + \tau h + \tau' h) - A(f + \tau h)}{\tau'}$$

$$= \frac{\mathrm{d}}{\mathrm{d}\tau'} A(f + \tau h + \tau' h)\Big|_{\tau'=0} = \frac{\mathrm{d}}{\mathrm{d}\tau} A(f + \tau h).$$

$$\Rightarrow \quad A(f + th) - Af = \int_0^t \mathrm{d}\tau\, \partial A(f + \tau h, h) \quad (\pm \partial A(f, h))$$

$$= t\, \partial A(f, h) + g(t),$$

wobei $g(t) \equiv \int_0^t [\partial A(f + \tau h, h) - \partial A(f, h)]\mathrm{d}\tau$.

Das kann man direkt ausrechnen: Gemäß Voraussetzung ist der Integrand stetig von τ abhängig. Somit ist das Riemann-Integral bildbar. In den Partialsummen fällt $\Delta\tau_i$ gegen $\mathrm{d}\tau_i^{-1}$ weg. Beim Aufsummieren bleiben somit nur das erste und das letzte Glied übrig, die gerade auf der linken Seite stehen.

Wegen der Stetigkeit der Richtungsableitung im ersten Argument gilt für hinreichend kleines t, dass $\|g\| \leq t\varepsilon(t)$, mit $\varepsilon \to 0$ für $t \to 0$. Auch gilt die mittels Umformung zu erhaltende Darstellung

$$\partial A(f, h) = \frac{1}{t}[A(f + th) - Af - g(t)]. \tag{8.20}$$

Hiermit folgt leicht die Additivität des Richtungsdifferentials bzgl. h:

$$\partial A(f, h_1) + \partial A(f + th_1, h_2) - \partial A(f, h_1 + h_2) = \frac{1}{t}[-g_1 - g_2 + g_3] \Rightarrow 0,$$

wegen der gleichmäßigen Stetigkeit im ersten Argument. Aus der Additivität folgern wir mittels der Stetigkeit in h die volle Linearität $\partial A(f, h) = \dfrac{\partial A}{\partial f} h$. Damit ist der 1. Beweisschritt ausgeführt, da es für alle h laut Voraussetzung definiert ist.

Nun noch die Fréchet-Differenzierbarkeit: (8.20) mit $t = 1$ liefert sie, sofern $\|g(1)\| \leq \|h\|\varepsilon(\|h\|)$ gezeigt werden kann. Es ist aber

$$\|g\| \leq 1 \max_{0 \leq \tau \leq 1} \left\| \frac{\partial A}{\partial(f + \tau h)} - \frac{\partial A}{\partial f} \right\| \|h\|.$$

Wiederum wegen der gleichmäßigen Stetigkeit im ersten Argument geht die Norm der Richtungsableitungs-Differenz mit $\|h\| \to 0$, q. e. d.   □

8.5   Rechenregeln für die Funktionalableitung

8.5.1   Höhere Ableitungen

Die Funktionalableitung $\dfrac{\delta A}{\delta f}$ ist ein linearer Operator über $\mathcal{M}$ der im Allgemeinen von der Stelle f abhängt, an der man die Ableitung gebildet hat. Bei *festem* h ist also $\dfrac{\delta A}{\delta f} h \in \mathcal{M}'$ wiederum eine Abbildung der f aus $\mathcal{M}$ nach $\mathcal{M}'$, die man nach der gerade gelernten Regel differenzieren kann. Durch

$$\left\| \frac{\delta A}{\delta f} h \bigg|_{f+k} - \frac{\delta A}{\delta f} h \bigg|_{f} - \frac{\delta^2 A}{\delta f^2} hk \right\| \leq \|k\| \, \varepsilon(\|k\|) \tag{8.21}$$

wird die 2. Ableitung $\dfrac{\delta^2 A}{\delta f^2}$ als doppelt linear-beschränkter Operator über $\mathcal{M}$ eindeutig definiert, sofern sie existiert.

$$\frac{\delta^2 A}{\delta f^2} hk \equiv \frac{\delta}{\delta f} \left(\frac{\delta A}{\delta f} h \right) k.$$

Analog ist die n. Funktionalableitung als n-facher linear-beschränkter Operator über $\mathcal{M}$ zu verstehen, $\dfrac{\delta^n A}{\delta f^n} h_1 h_2, \ldots h_n \in \mathcal{M}'$. Als Inneres Produkt geschrieben definiert dieses Distributionen von n Argumenten,

$$\frac{\delta A}{\delta f(x)}, \quad \frac{\delta^2 A}{\delta f(x_1) \delta f(x_2)}, \ldots, \frac{\delta^n A}{\delta f(x_1) \ldots \delta f(x_n)}.$$

Interessant ist der Fall, dass die Funktionalableitungen eines Operators A gebildet werden, der selbst linear-beschränkt ist. Dann ist $A(f+h) - Af = Ah$, d. h. $\dfrac{\delta A}{\delta f} = A$, unabhängig von f. Die zweite Ableitung ist Null, denn $\dfrac{\delta A}{\delta(f+k)} h - \dfrac{\delta A}{\delta f} h = Ah - Ah = 0$, wie man es erwartet. Von linear-beschränkten Operatoren A existiert also stets die 1. Fréchet-Ableitung, ist gleich A, und alle höheren (Fréchet)-Ableitungen sind Null. Als physikalisches Beispiel diene etwa Abschn. 8.3, Nummer d).

8.5.2   Kettenregel und Produktregel

Die aus der Analysis bekannten Ableitungen einer mittelbaren Funktion $f(g(x))$ bzw. eines Funktionenproduktes $f(x)g(x)$ sind zwei Spezialfälle von Ableitungen hintereinander auszuführender Abbildungsvorschriften. Da wir das Hintereinanderausführen als

Operatorprodukt definiert haben, wollen wir jetzt die allgemeine Ableitung eines Operatorproduktes untersuchen. Damit ist sowohl die Ketten- als auch die Produktregel erfasst. Sie lautet:

$$\frac{\delta(AB)}{\delta f} = \frac{\delta A}{\delta(Bf)} \frac{\delta B}{\delta f}.$$ (8.22)

Dabei ist natürlich vorausgesetzt, dass die Faktoren A und B einzeln differenzierbar sind. Die Abbildungsverhältnisse $\mathcal{M} \to \mathcal{M}' \to \mathcal{M}''$ mache sich der Leser selber klar.

Zum Beweis schätzen wir $\left\| AB(f+h) - ABf - \frac{\delta A}{\delta Bf}\frac{\delta B}{\delta f}h \right\|$ ab, indem wir $\pm\frac{\delta A}{\delta g}k$ einschieben, wobei $g \equiv Bf$ und $k \equiv B(f+h) - Bf$ sei.

$$\|\dots\| \le \left\| A(g+k) - Ag - \frac{\delta A}{\delta g}k \right\| + \left\| \frac{\delta A}{\delta g}\left(k - \frac{\delta B}{\delta f}h\right) \right\|$$

$$\le \|k\|\,\varepsilon_1(\|k\|) + \left\| \frac{\delta A}{\delta g} \right\| \|h\|\,\varepsilon_2(\|h\|), \quad \text{da } \frac{\delta A}{\delta g} \text{ linear-beschränkt ist.}$$

Beachten wir noch $\|k\| = \left\| B(f+h) - Bf \pm \frac{\delta B}{\delta f}h \right\| \le \|h\|\,\varepsilon_3(\|h\|) + \left\| \frac{\delta B}{\delta f} \right\| \|h\|$, so ist $\|k\| \le$ const $\|h\|$ und damit alles klar.

Beispiel: A differenzierbar, L linear-beschränkt. Dann ist

$$\frac{\delta(LA)}{\delta f} = L\frac{\delta A}{\delta f} \quad \text{und} \quad \frac{\delta(AL)}{\delta f} = \frac{\delta A}{\delta Lf}L.$$ (8.23)

Der lineare Operator L kann also wie ein konstanter Faktor behandelt werden.

8.5.3 Mittelwertsatz und Taylorentwicklung

Der große Nutzen der Taylorentwicklung von Funktionen für vielerlei Anwendungen ist bekannt. Daher wollen wir sie auch für die allgemeine Operatorableitung kennenlernen. Eine vereinfachte Vorstufe ist der Mittelwertsatz, an dem man sich alles Wesentliche klar machen kann.

Der klassische Mittelwertsatz lautet ja: Sei $\varphi(x)$ stetig differenzierbar in $[a,b]$, dann ist für geeignetes $\tau \in [0,1]$.

$$\varphi(x+h) - \varphi(x) = h\varphi'(x + \tau h).$$

Dieser Satz kann für Operatoren, die ja verallgemeinerte Funktionen sind, im Allgemeinen *nicht* stimmen, denn schon wenn $\mathcal{M} = K$ ist, geht er verloren. Sei etwa $\varphi(z) = e^z$; dann ist $\varphi(2\pi i) - \varphi(0) = 0$, jedoch $2\pi i\varphi'(0 + \tau 2\pi i) = 2\pi i e^{2\pi i\tau} \ne 0$ ist für kein τ Null. Für den

Absolutbetrag gilt jedoch eine schwächere Aussage, die man auf Operatoren übertragen kann:

$$|\varphi(x + h) - \varphi(x)| = |h|\,|\varphi'(x + \tau h)| \le |h|\max_{0 \le \tau \le 1}|\varphi'(x + \tau h)|. \qquad (8.24)$$

Satz (Mittelwertsatz für Operatoren)

Sei A auf der Strecke f bis $f + h$ stetig differenzierbar. Dann gilt die Abschätzung

$$\|A(f + h) - Af\| \le \|h\|\max_{0 \le \tau \le 1}\left\|\frac{\delta A}{\delta(f + \tau h)}\right\|. \qquad (8.25)$$

Man beweist das durch Rückführung auf den abgeschwächten klassischen Mittelwertsatz (8.24). Dazu bilden wir die Operatoraussage (8.25) einfach auf den R^1 ab, indem wir $l(A(f + \tau h)) =: \varphi(\tau) \in K$ betrachten; das linear-beschränkte Funktional l wählen wir sogleich passend. $\varphi(\tau)$ ist offenbar eine bezüglich τ stetig differenzierbare Funktion, da A das ist. Wegen (8.23) gilt $\varphi'(\tau) = l\left(\dfrac{\delta A}{\delta(f + \tau h)}h\right)$. Nach (8.24) ist $|\varphi(1) - \varphi(0)| \le \max\limits_{0 \le \tau \le 1}|\varphi'(\tau)|$ (Setze $x = 0$ und $h = 1$). Also

$$|\varphi(1) - \varphi(0)| = |l(A(f + h) - Af)| = \|A(f + h) - Af\| \le \max_{0 \le \tau \le 1}\|l\|\left\|\frac{\delta A}{\delta(f + \tau h)}h\right\|.$$

Dabei haben wir das linear-beschränkte Funktional l so gewählt, dass es aus dem einen Vektor $A(f + h) - Af$ gerade seine Norm macht und auf ganz $\mathcal{M}$ mit $\|l\| = 1$ fortgesetzt ist. Das ist zulässig, wie uns der Fortsetzungssatz von *Hahn* und *Banach* aus Abschn. 6.5 (insbesondere der letzte Satz) gewährleistet. Beachtet man noch die Linear-Beschränktheit von $\dfrac{\delta A}{\delta(f + \tau h)}$, so folgt schon (8.25).

Ganz analog kann man nun auch höhere Restglieder abschätzen. Wir formulieren den

---

Satz (über die Taylorentwicklung mit Restgliedabschätzung)

Sei A ein $(n + 1)$ mal stetig differenzierbarer Operator. Dann gilt (sofern alle $f + \tau h \in \mathcal{D}_A$, $\tau \in [0, 1]$)

$$\left\|A(f + h) - \left[Af + \frac{1}{1!}\frac{\delta A}{\delta f}h + \frac{1}{2!}\frac{\delta^2 A}{\delta f^2}hh + \ldots + \frac{1}{n!}\frac{\delta^n A}{\delta f^n}hh\ldots h\right]\right\|$$

$$\le \frac{\|h\|^{n+1}}{(n+1)!}\max_{0 \le \tau \le 1}\left\|\frac{\delta^{n+1}A}{\delta(f + \tau h)^{n+1}}\right\|. \qquad (8.26)$$

M. a. W.: $A(f + h) = Af + \dfrac{\delta A}{\delta f}h + \ldots + \dfrac{1}{n!}\dfrac{\delta^n A}{\delta f^n}hh\ldots h + \text{Rest}, \qquad (8.27)$

wobei der Rest eine kleine Norm hat, $\sim \|h\|^{n+1}$. Man kann also mit der allgemeinen Operatorabbildung völlig analog zur klassischen Analysis Taylorentwicklungen durchführen! Nicht-lineare Operatoren behandelt man somit ähnlich wie Funktionen durch lineare, quadratische usw. Näherungen.

Der Beweis von (8.26) gelingt natürlich mit den beim Mittelwertsatz gelernten Hilfsmitteln. Für $\varphi(\tau) = l(A(f + \tau h))$ gilt die klassische Formel

$$\left| \varphi(1) - \left[\varphi(0) + \frac{1}{1!}\varphi'(0) + \frac{1}{2!}\varphi''(0) + \ldots + \frac{1}{n!}\varphi^{(n)}(0) \right] \right|$$
$$\leq \frac{1}{(n+1)!} \max_{0 \leq \tau \leq 1} \left| \varphi^{(n+1)}(\tau) \right|.$$

l wird diesmal so gewählt, dass der in (8.26) stehende Vektor auf seine Norm abgebildet wird sowie $\|l\| = 1$.

Die verschiedenen Konvergenzbegriffe

9

Wir haben mehrfach vom Begriff der Konvergenz Gebrauch gemacht, sogar in den verschiedenartigsten Formen. Ursprünglich wurde Konvergenz in Abschn. 2.5.1 mittels der Metrik definiert. Später betrachteten wir die Konvergenz von Operatorfolgen, auch diejenige von linear-stetigen Funktionalen. Von letzteren benutzten wir ferner in Abschn. 7.2 zur Definition von Distributionen punktweise konvergente Folgen $\langle g_n | \varphi \rangle$. Daher ist es zweckmäßig, jetzt einmal die verschiedenen Konvergenzbegriffe übersichtlich zusammenzustellen und ihre Eigenschaften aufzuzählen. Wir werden sogleich an Hand eines physikalischen Beispiels sehen, dass sie alle in der Physik Verwendung finden.

9.1 Konvergenzbegriffe für Elemente aus allgemeinen Räumen

9.1.1 Definitionen der starken und schwachen Konvergenz

Unser ursprünglicher Konvergenzbegriff lautete so:

$$f_n \Rightarrow f, \text{ wenn } \| f_n - f \| < \varepsilon, \text{ für alle } n > N(\varepsilon). \tag{9.1}$$

Wir bezeichnen (9.1) hinfort präziser als *starke Konvergenz*, manchmal auch *Normkonvergenz* im Banachraum. Starke Konvergenz setzt allein den Begriff einer Metrik voraus. Dieser Konvergenzbegriff ist also in metrischen, normierten oder unitären Räumen verwendbar.

Der Begriff der starken Konvergenz ist für manche physikalischen Anwendungen zu eng. Beschreibt man etwa gestreute Teilchen durch die Schrödingerwellenfunktion $\psi_t = e^{-iHt}\psi_0$, so sollte die Aufenthaltswahrscheinlichkeit an jedem Raumpunkt für hinreichend große Zeiten Null werden. Denn an jedem festen Raumpunkt laufen die Teilchen schließlich vorbei. Es ist aber $\| \psi_t - 0 \| = \| \psi_t \| = \| \psi_0 \| \not\to 0$; die Folge ψ_t für verschiedene t ist auch gar nicht in sich konvergent. Was also bedeutet die physikalische Aussage des

S. Großmann, *Funktionalanalysis*, DOI 10.1007/978-3-658-02402-4_9,
© Springer Fachmedien Wiesbaden 2014

Verschwindens infolge Vorbeilaufens genauer? Die Wahrscheinlichkeit, eine bestimmte feste Ortsverteilung vorzufinden, verschwindet mit $t \to \infty$ d. h. $|\langle \varphi | \psi_t \rangle|^2 \to 0$. Es ist also $\langle \varphi | \psi_t \rangle \to 0$ als Zahlenlimes für jede Verteilung φ. Nun ist aber allgemein gesehen $\langle \varphi | \psi_t \rangle$ ein lineares Funktional $l_\varphi(\psi_t)$. Das führt auf folgende Definition:

Definition

Eine Folge $\{f_n\}$ von Banach- oder Hilbertraumelementen heißt *schwach konvergent* gegen $f \in \mathcal{M}$, $f_n \rightharpoonup f$, wenn die Zahlenfolge $l(f_n) \to l(f)$ konvergiert für *jedes* linear-stetige Funktional $l \in \mathcal{M}^*$.

$\{f_n\}$ heißt *schwache Cauchyfolge* bzw. *in sich schwach konvergent*, wenn für jedes linear-stetige Funktional $l \in \mathcal{M}^*$ die Folge $\{l(f_n)\}$ in sich konvergent ist.

Im Hilbertraum $\mathcal{H}$ bedeutet schwache Konvergenz einer Vektorfolge f_n, dass die Wahrscheinlichkeitsamplituden $\langle g | f_n \rangle$ für alle Zustände g konvergieren. Denn die linearen Funktionale $l \in \mathcal{H}^* = \mathcal{H}$ sind ja nach dem rieszschen Satz gerade alle $\langle g |$.

Die Bezeichnungen schwach bzw. stark konvergent werden durch die Tatsache gerechtfertigt:

▸   **Eine stark konvergente Folge ist erst recht schwach konvergent, nicht aber umgekehrt.**

Nämlich: $f_n \Rightarrow f$ hat zur Folge, dass $|l(f_n) - l(f)| = |l(f_n - f)| \le \|l\| \, \|f_n - f\| \to 0$. Also sind die f_n auch schwach konvergent. Umgekehrt ist z. B. jedes unendliche o. n. S. $\{\varphi_n\}$ in $\mathcal{H}$ schwach konvergent, offensichtlich aber nicht stark konvergent: $\langle g | \varphi_n \rangle \to 0$ für jedes $g \in \mathcal{H} = \mathcal{H}^*$ wegen der besselschen Ungleichung; jedoch $\|\varphi_n - \varphi_m\| = \sqrt{2} \not\to 0$.

In *endlich dimensionalen* Hilberträumen *fallen die Begriffe* stark und schwach konvergent zusammen; daher benötigt man ihre Unterscheidung in der analytischen Geometrie des R^n nicht. Denn $f_v \to f$ bedeutet für *jedes feste* v. o. n. S. $\{\varphi_i\}$ komponentenweise Konvergenz, $a_v^{(i)} \equiv \langle \varphi_i | f_v \rangle \xrightarrow[v \to \infty]{} a^i$, auch in beliebig dimensionalen $\mathcal{H}$; ist doch $\langle \varphi_i | f_v \rangle$ für jedes φ_i ein linear-stetiges Funktional. Aber

$$\|f_v - f\|^2 = \sum_{i=1}^{n} |a_v^{(i)} - a^i|^2 \to 0$$

macht von der *Endlichkeit* der Summe Gebrauch. Folglich gilt $f_n \Rightarrow f$ im R^n.

Eine Konsequenz ist etwa, wie schon besprochen, dass für jedes v. o. n. S. $\{\varphi_n\}$ gilt $\varphi_n \rightharpoonup 0$, jedoch $\varphi \not\Rightarrow 0$.

Satz

Eine schwach konvergente Folge ist ebenso wie eine stark konvergente Folge *beschränkt*.

▸ **Beweis** Für stark in sich konvergente Folgen wissen wir das schon, siehe Abschn. 2.5.3: Jede Cauchyfolge ist beschränkt. Sei nun $f_n \rightharpoonup f$. Daraus folgt $l(f_n) \to l(f)$ für alle $l \in \mathcal{M}^*$. Nun fassen wir die f_n als Elemente des bidualen Raumes $\mathcal{M}^{**}$ auf, $f_n = L_{f_n} \in \mathcal{M}^{**}$. Da $|\overline{l(f_n)}| = \{L_{f_n}(l)\}$ für jedes l, d. h. punktweise, als Cauchyfolge beschränkt ist, sind die L_{f_n} nach dem Prinzip von *Banach* und *Steinhaus* gleichmäßig beschränkt: $\|L_{f_n}\| = \|f_n\| \leq C$ q. e. d. □

9.1.2 Konvergenzkriterien

Von großem Interesse sind zwei Typen von Fragen.

a) Eine stark konvergente Folge ist zwar schwach konvergent; unter welchen zusätzlichen Bedingungen ist umgekehrt eine schwach konvergente Folge stark konvergent?

Satz

Im Hilbertraum $\mathcal{H}$ ist eine schwach konvergente Folge $f_n \rightharpoonup f$ d. u. n. d. stark konvergent, wenn zusätzlich $\|f_n\| \to \|f\|$.

▸ **Beweis** $f_n \rightharpoonup f \Rightarrow \langle g|f_n \rangle \to \langle g|f \rangle$ für alle $g \in \mathcal{H}$. Prüfen wir nun die starke Konvergenz:

$$\|f_n - f\|^2 = \langle f_n - f | f_n - f \rangle = \|f_n\|^2 - \langle f_n|f \rangle - \langle f|f_n \rangle + \|f\|^2$$

$$\downarrow \qquad \downarrow \qquad \downarrow \qquad \downarrow$$

$$\|f\|^2 \quad - \langle f|f \rangle \quad - \langle f|f \rangle \quad + \|f\|^2 = 0.$$

Ist umgekehrt $f_n \Rightarrow f$, so folgt ja $f_n \rightharpoonup f$. Die Dreiecksungleichung gibt dann die Normkonvergenz $| \|f_n\| - \|f\| | \leq \|f_n - f\| \to 0$. □

Satz

Im Banachraum $\mathcal{M}$ konvergiert $f_n \rightharpoonup f$ d. u. n. d. sogar stark, wenn $l(f_n)$ für alle $l \in \mathcal{M}^*$ mit $\|l\| \leq 1$ gleichmäßig konvergiert.

▸ **Beweis** Sei $f_n \rightharpoonup f$ gleichmäßig für alle $\|l\| \leq 1$. Also $|l(f_n) - l(f)| < \varepsilon$ für alle l mit $\|l\| \leq 1$. Daraus folgt $\Rightarrow \sup_{\|l\| \leq 1} |l(f_n - f)| = \sup_{\|l\| \leq 1} |L_{f_n - f}(l)| = \|L_{f_n - f}\| = \|f_n - f\| < \varepsilon$. Ist umgekehrt $f_n \Rightarrow f$, so folgt ja $f_n \rightharpoonup f$ und damit $|l(f_n) - l(f)| \leq \|l\| \|f_n - f\| \leq \|f_n - f\|$ für $\|l\| \leq 1$, also gleichmäßige Konvergenz. □

b) Die von uns betrachteten Räume sind vollständig bezüglich der starken Konvergenz, d. h. jede starke Cauchyfolge *hat* auch wirklich einen Grenzwert in $\mathcal{M}$. Wie verhält es sich bei *schwachen Cauchyfolgen?*

Sicher ist, dass eine schwache Cauchyfolge *höchstens einen* Limes hat. (Sofern nämlich $f_n \rightharpoonup f$ und $f_n \rightharpoonup f'$, ist $l(f - f') = l(f - f_n) + l(f_n - f') < 2\varepsilon$, also $f - f' = 0$.)
Ob (?) aber eine schwache Cauchyfolge tatsächlich einen Limes hat, kann man allgemein nicht wissen. Sicher jedoch gilt:

Satz

In regulären $\equiv$ reflexiven Banachräumen, also erst recht in Hilberträumen, haben schwache Cauchyfolgen stets einen Limes in $\mathcal{M}$. Das heißt, wenn $\{f_n\}$ in sich schwach konvergent ist, so folgt: Es existiert f mit $f_n \rightharpoonup f$.

Beweis

Offenbar ist $L_{f_n}(l) = \overline{l(f_n)}$ in sich konvergent für jedes l, wobei wieder die Isomorphie von $\mathcal{M}$ zu einem Teil von $\mathcal{M}^{**}$ benutzt wurde. Nun ist $\mathcal{M}^{**}$ punktweise vollständig, nämlich als dualer Raum von $\mathcal{M}^*$ (wegen der Vollständigkeit von K und dem Prinzip von *Banach-Steinhaus*, das die Beschränktheit des Funktionals L gewährleistet.) Also existiert $L \in \mathcal{M}^{**}$ und $L_{f_n}(l) \to L(l)$. Da aber wegen der vorausgesetzten Regularität $\mathcal{M}^{**} \cong \mathcal{M}$ entspricht $L \cong f \in \mathcal{M}$ sodass also $f_n \rightharpoonup f$.

Der Satz bedeutet: Reguläre Banachräume, also insbesondere Hilberträume, sind *schwach vollständig.*

9.1.3 Ergänzungen

Im *Raum der linearen Funktionale*, $\mathcal{M}^*$, haben wir drei Arten der Konvergenz zu unterscheiden.

$\qquad\qquad \alpha$) Starke oder Normkonvergenz, $l_n \Rightarrow l$.

$\overrightarrow{\nleftarrow} \quad \beta$) Schwache Konvergenz, $L(l_n) \to L(l)$ für alle $L \in \mathcal{M}^{**}$. $\qquad$ (9.2)

$\overrightarrow{\nleftarrow} \quad \gamma$) Punktweise Konvergenz, $l_n(f) \to l(f)$ für alle $f \in \mathcal{M}$.

Dabei heißt $\nleftarrow$: möglich, aber nicht zwingend zu folgern. Von α) zu β) ist das klar; von β) zu γ) bedenke man, dass im Allgemeinen $\mathcal{M} \subset \mathcal{M}^{**}$. In regulären Banachräumen allerdings sind schwache und punktweise Konvergenz identisch; insbesondere also auch in Hilberträumen.

▸   **Linear-beschränkte Operatoren sind nicht nur stark stetig, sondern auch schwach stetig.**

Denn Beschränktheit und Stetigkeit, und zwar im starken Sinn, hatten wir in Abschn. 5.1 als äquivalent nachgewiesen:

$$\text{Aus} \quad f_n \Rightarrow f \quad \text{folgt} \quad A f_n \Rightarrow A f. \tag{9.3}$$

Aber auch:

$$\text{Aus} \quad f_n \rightharpoonup f \quad \text{folgt} \quad A f_n \rightharpoonup A f. \tag{9.4}$$

Denn sei l' ein beliebiges linear-stetiges Funktional des Bildraumes von A, $\mathcal{M}'$, so ist $l'(Af) \equiv l_A(f)$ linear-stetig über dem Urbildraum $\mathcal{M}$. Also gilt $l'(Af_n - Af) = l_A(f_n - f) \to 0$ wegen $f_n \rightharpoonup f$.

Speziell im Hilbertraum ist (9.4) so zu lesen:

$$\text{Aus} \quad \langle g|f_n \rangle \to \langle g|f \rangle \quad \text{folgt} \quad \langle g|A f_n \rangle \to \langle g|A f \rangle, \tag{9.5}$$

sofern A linear-beschränkt ist.

9.2 Konvergenzbegriffe für Operatoren

9.2.1 Definition der drei Konvergenztypen

Wir betrachten jetzt Folgen von Operatoren $\{A_n\}$, die von allgemeinen Räumen $\mathcal{M}$ nach $\mathcal{M}'$ abbilden. Sie können in dreierlei Hinsicht in sich konvergieren und entsprechende Grenzelemente haben, die wiederum einen Operator A auf $\mathcal{D}_A$ nach $\mathcal{M}'$ darstellen.

a) *Norm-Konvergenz von Operatoren.*

Sofern alle A_n einer Folge eine endliche Norm haben und

$$\boxed{\|A_n - A\| \to 0 \quad \underset{\text{Def}}{\Longleftrightarrow} \quad A_n \underset{\text{Norm}}{\Longrightarrow} A,} \tag{9.6}$$

heißt die Folge *Operatornorm-konvergent* gegen A. Das bedeutet

$$\|(A_n - A)f\| = \|A_n f - A f\| < \varepsilon \|f\| \quad \text{für alle } f \in \mathcal{D}, \quad \text{für alle } n > N(\varepsilon). \tag{9.7}$$

Dabei ist $\mathcal{D}$ ein allen A_n, A gemeinsamer Definitionsbereich, i. Allg. ganz $\mathcal{M}$. $N(\varepsilon)$ ist *nicht* von f abhängig; folglich bedeutet Operatornorm-Konvergenz eine punktweise *gleichmäßige starke* Konvergenz der $A_n f$ auf beschränkten Mengen $\{f\} \subseteq \mathcal{D}$.

b) *Starke Konvergenz von Operatoren.*

Eine *Operatorfolge* $\{A_n\}$ heißt *stark konvergent* gegen A, wenn für jedes $f \in \mathcal{D}$ (gemeinsamer Definitionsbereich)

$$\boxed{A_n f \Rightarrow Af \quad \underset{\text{Def}}{\Longleftrightarrow} \quad A_n \Rightarrow A} \tag{9.8}$$

im Sinne der starken Konvergenz im Bildraum $\mathcal{M}'$. Starke Konvergenz ist somit gleichwertig mit einer punktweisen Konvergenz, die jedoch *nicht* gleichmäßig bezüglich f sein muss!

$$A_n \Rightarrow A \Leftrightarrow \|Af_n - Af\| < \varepsilon \quad \text{für } n > N(\varepsilon; f), \quad \text{für jedes } f \in \mathcal{D}. \tag{9.9}$$

c) *Schwache Konvergenz von Operatoren.*

Eine *Operatorfolge* $\{A_n\}$ heißt *schwach konvergent* gegen A, wenn für jedes $f \in \mathcal{D}$

$$\boxed{A_n f \rightharpoonup Af \quad \underset{\text{Def}}{\Longleftrightarrow} \quad A_n \rightharpoonup A.} \tag{9.10}$$

Es gilt offenbar folgende Rangordnung zwischen den drei Konvergenztypen:

$$\boxed{A_n \underset{\text{Norm}}{\Longrightarrow} A \quad \overrightarrow{\not\Leftarrow} \quad A_n \Rightarrow A \quad \overrightarrow{\not\Leftarrow} \quad A_n \rightharpoonup A.}$$

Speziell im Hilbertraum ist schwache Operatorkonvergenz identisch mit der Konvergenz der Folge der bildbaren Matrixelemente.

$$A_n \rightharpoonup A \Leftrightarrow \langle g|A_n f \rangle \rightarrow \langle g|Af \rangle, \quad f \in \mathcal{D} \subseteq \mathcal{H}, g \in \mathcal{H}.$$

Bei linearen Funktionalen ist ja $\mathcal{M}' = K$ und dort stimmen starke und schwache Funktional-Konvergenz gemäß (9.8) und (9.10) überein, da in endlich dimensionalen Räumen starke und schwache Konvergenz gleich sind, wie wir in Abschn. 9.1.1 gelernt haben.

Analog zur Elemente-Konvergenz gilt speziell für linear-beschränkte Operatoren auch bei Operatorkonvergenz der

---

Satz

Sofern eine Folge linear-beschränkter Operatoren, $\{A_n\}$, auf eine der drei Arten in sich konvergiert, ist sie beschränkt, d. h. $\|A_n\| \leq C$ für alle n.

▶ **Beweis** Sofern $A_n \underset{\text{Norm}}{\Longrightarrow} A$, ist alles klar, da (s. Abschn. 2.5.3) Cauchyfolgen beschränkt sind. Falls $A_n \Rightarrow A$, ist $\{A_n f\}$ Cauchyfolge, also beschränkt, $\|A_n f\| < c_f$. Dies gilt aber auch bei $A_n \rightharpoonup A$, weil nach dem letzten Satz von Abschn. 9.1.1 auch schwache Cauchyfolgen beschränkt sind. Nun folgt die Aussage mittels des Prinzips von *Banach* und *Steinbaus*; hierzu erst braucht man die Voraussetzung der Linear-Beschränktheit der A_n.   □

9.2.2 Konvergenzkriterien

Wieder tauchen die beiden in Abschn. 9.1.2 genannten Fragen auf.

a) Zunächst ein Kriterium, wann man auf eine höher-rangige Konvergenz schließen kann; der Beweis ist wohl nach dem vorher Gesagten klar.

Satz

$\{A_n\}$ ist Operatornorm-konvergent d. u. n. d., wenn es *gleichmäßig stark* konvergent ist, d. h. $\{A_n f\}$ für alle $\|f\| \le 1$ gleichmäßig stark konvergiert; oder d. u. n. d., wenn $l(A_n f)$ für alle $\|f\| \le 1$ und alle $\|l\| \le 1$ gleichmäßig konvergiert.

---

b) Sicherlich gilt bei jeder der drei Konvergenzarten notwendigerweise das jeweils entsprechende Cauchykriterium. Die umgekehrte Frage, ob eine in sich konvergente Operatorfolge $\{A_n\}$ auch tatsächlich einen Limes A hat, beantworten wir jetzt für den wichtigen *Spezialfall* linear-beschränkter Operatoren. Den Beweis führe der Leser als leichte Übung mit Hilfe des schon Gelernten.

Satz

Gegeben eine in sich konvergente Folge $\{A_n\}$ linear-beschränkter Operatoren von $\mathcal{M}$ nach $\mathcal{M}'$, d. h. es gelte das Cauchykriterium. Gilt es für die Operatornormen, so existiert ein (linear-beschränktes) Grenzelement A; gilt es im starken Sinne, so existiert ebenfalls ein (linear-beschränktes) Grenzelement A; gilt es im schwachen Sinn, so existiert ein (linear-beschränktes) Grenzelement A gewiss dann, wenn der Bildraum $\mathcal{M}'$ regulär ist, d. h. $\mathcal{M}' \cong \mathcal{M}'^{**}$.

Weil Hilberträume ja regulär sind, genügt für die Existenz eines linear-beschränkten Grenzoperators A, wenn alle Matrixelemente $\langle g | A_n f \rangle$ bezüglich n in sich konvergieren.

Da der Körper K der komplexen Zahlen regulär ist, gilt der Satz insbesondere für linear-stetige Funktionale. Die starke und die schwache In-sich-Funktionalkonvergenz fallen dann sogar zusammen und bedeuten die punktweise Konvergenz, $l_n(f) \to l(f)$. Bezüglich dieser punktweisen Konvergenz ist also das Cauchy-Kriterium notwendig und hinreichend. Dies wurde im Beweis des letzten Satzes von Abschn. 9.1.2 schon gesagt und die Gründe genannt.

9.2.3 Ergänzungen

Die drei Typen von Operatorkonvergenz gelten für beliebige Operatoren $\mathcal{A}_n$. Die Aussagen zum Cauchy-Kriterium oder über die Beschränktheit von Folgen sind nur für linear-beschränkte Operatoren gültig.

Sei $a_n \to a$, $A_n \to A$, $B_n \to B$ nach einem der Konvergenztypen. Dann gilt:

$$a_n A_n \to aA; \quad A_n + B_n \to A + B; \quad A_n B_n \to AB.$$

9.3   Vektorwertige und operatorwertige Funktionen

Häufig betrachtet man nicht nur Folgen f_n, A_n von Vektoren oder Operatoren, die mit einem diskreten Index n nummeriert werden, sondern solche, die durch einen kontinuierlich veränderlichen Index zu kennzeichnen sind, f_t, A_t. Man kann die Menge $\{f_t | t \in T\}$, wobei T z. B. ein Intervall $[t_1, t_2]$ der reellen Achse ist, auch als vektorwertige Funktion bezeichnen, d. h. eine Abbildung der $t \in T$ auf $f_t \equiv f(t) \in \mathcal{M}$. Analog ist $\{A_t | t \in T\}$ eine operatorwertige Funktion. Der Umgang mit solchen Funktionen gehört zum Alltäglichen; deshalb seien sie jetzt diskutiert.

Mit vektor- bzw. operatorwertigen Funktionen kann man die gewohnten Rechnungen durchführen, wenn man nur dazu sagt, bezüglich welcher der soeben genannten Arten von Konvergenz eventuelle Grenzprozesse gemeint sind. Zum Beispiel heißt $f(t)$ stark stetig in t, wenn aus $t \to t_0$ folgt $f(t) \Rightarrow f(t_0)$. $f(t)$ heißt schwach stetig, wenn aus $t \to t_0$ folgt $f(t) \rightharpoonup f(t_0)$, d. h. $l(f(t))$ ist stetig im üblichen Zahlensinn für jedes linear-stetige Funktional l. Ähnlich ist die Ableitung nach der Variablen t definiert, z. B. bei Operatoren als Operatornorm-, operatorstarker oder operatorschwacher Limes von $\frac{1}{\tau}[A(t + \tau) - A(t)]$ für $\tau \to 0$. Eine Operatorfunktion kann norm-stetig, stark-stetig oder schwach-stetig sein.

Sofern insbesondere die unabhängige Variable komplex ist, $T \subseteq K$ – wir schreiben dann z für die unabhängige Variable t –, heißt $f(z) \in \mathcal{M}$ eine holomorphe vektorwertige Funktion, kurz holomorphe Vektorfunktion, falls

$$\lim_{z \to z_0} \frac{f(z) - f(z_0)}{z - z_0} =: f'(z_0) \equiv \frac{\mathrm{d}f}{\mathrm{d}z}(z_0).$$

existiert. In diesem Falle braucht man zwischen stark und schwach holomorphen Vektorfunktionen nicht zu unterscheiden! Denn natürlich ist eine stark holomorphe Vektorfunktion erst recht schwach holomorph. Es gilt aber auch umgekehrt:

▸ *Eine in einem Gebiet D schwach holomorphe Vektorfunktion $f(z)$ ist dort auch stark holomorph.*

▸ Denn: Nach Voraussetzung ist $l(f(z))$ in D holomorph im gewöhnlichen Sinne, und zwar für jedes $l \in \mathcal{M}^*$. Also gilt die Cauchydarstellung $l(f(z)) = \frac{1}{2\pi i} \int_C \frac{l(f(z'))\mathrm{d}z'}{z' - z}$. Hieraus folgern wir die starke Holomorphie so, dass wir die schwache Holomorphie als gleichmäßig für alle l mit $\|l\| \leq 1$ nachweisen und das Kriterium aus Abschn. 9.1.2 anwenden. Nämlich

$$l\left(\frac{f(z+h_1)-f(z)}{h_1} - \frac{f(z+h_2)-f(z)}{h_2}\right)$$

$$= \frac{1}{2\pi i} \int_C dz' l(f(z')) \frac{h_1 - h_2}{(z'-z-h_1)(z'-z)(z'-z-h_2)}.$$

Die rechte Seite ist aber $\leq |h_1 - h_2|$ const, da $(f(z'))$ auf C (da holomorph) stetig, also beschränkt ist. Folglich ist $|l(f(z'))| = |L_{f(z')}(l)|$ punktweise, d. h. für jedes l beschränkt und nach dem Prinzip von *Banach* und *Steinhaus* $\|L_{f(z')}\| = \|f(z')\| \leq$ const. auf der Kurve C. Somit ist $\|l(f(z'))\| \leq \|l\|$ const. $\leq$ const., gleichmäßig beschränkt für $\|l\| \leq 1$. Es folgt, dass $\dfrac{f(z+h)-f(z)}{h}$ sogar starke Cauchyfolge ist, q. e. d.

Völlig analog fällt bei holomorphen Operatorfunktionen die Normholomorphie mit der starken sowie der schwachen Operatorholomorphie zusammen. Bei holomorphen Vektor- bzw. Operatorfunktionen fallen somit die sonst sehr wichtigen Unterschiede zwischen den verschiedenen Typen von Differenzierbarkeit, Stetigkeit, usw. weg.

Mit holomorphen Vektor- bzw. Operatorfunktionen darf man rechnen, wie man es aus der Funktionentheorie kennt. Es gelten die bekannten Formeln, etwa die cauchysche Integral-Darstellung (s. o.)

$$A(z) = \frac{1}{2\pi i} \int_C \frac{A(z')}{z'-z} dz',$$

die Taylordarstellung im Konvergenzbereich

$$A(z) = A(z_0) + (z-z_0)\frac{dA}{dz}(z_0) + \frac{1}{2!}(z-z_0)^2\frac{d^2A}{dz^2}(z_0) + \ldots,$$

die Laurentformel oder der Liouville-Satz, dass $A(z) =$ const, wenn A in der ganzen komplexen Ebene einschließlich ∞ holomorph ist, usw.

Hier ist soeben das Integral über Operatoren aufgeschrieben worden. Dieses ist wie in der gewöhnlichen Analysis zu verstehen, auch bei Funktionen einer reellen Variablen $t \in T$. $\int f(t)d\mu(t),\ldots$ ist als entsprechender Limes (stark, schwach, $\ldots$) von Riemann- oder Riemann-Stieltjes- oder Lebesgue-Summen aufzufassen. Es gelten die bekannten Integraleigenschaften.

Dabei heißt $f(t)$ z. B. im Hilbertraum messbar, wenn $\langle g|f(t)\rangle$ für alle $g \in \mathcal{H}$ messbar ist (bezüglich eines Maßraumes $(E, \mathcal{F}, \mu)$); $A(t)$ messbar, wenn $A(t)f$ für alle $f \in \mathcal{H}$ messbar ist, d. h. alle Matrixelemente $\langle g|A(t)f\rangle$ im üblichen Sinn messbar sind.

Wenn $\int \langle g|f(t)\rangle d\mu(t)$ existiert, ist es ein antilineares Funktional bezüglich g; also gibt es nach dem Darstellungssatz von *F. Riesz* ein eindeutiges $h \in \mathcal{H}$, sodass das Integral gleich

$\langle g|h \rangle$ ist. Natürlich nennen wir dann $h \equiv \int f(t)\mathrm{d}\mu(t)$. Somit ist

$$\int \langle g|f(t)\rangle \mathrm{d}\mu(t) = \left\langle g\Big| \int f(t)\mathrm{d}\mu(t)\right\rangle.$$

Im Sinne des jeweils betrachteten Konvergenztyps kann man also mit vektorwertigen bzw. operatorwertigen Funktionen wie gewohnt rechnen! Bei holomorphen Funktionen braucht man nicht einmal zwischen den verschiedenen Konvergenztypen zu unterscheiden; sonst wohl, was aber der Rechensicherheit keinerlei Abbruch tut.

Wir merken uns noch einige Formeln, deren Beweis als Übung aufgegeben sei.

$$\frac{\mathrm{d}}{\mathrm{d}t}A(t)f(t) \equiv (A(t)f(t))' = A'f + Af',$$

$$\frac{\mathrm{d}}{\mathrm{d}t}A(t)B(t) \equiv (A(t)B(t))' = A'B + AB',$$

$$\frac{\mathrm{d}}{\mathrm{d}t}A^{-1}(t) = -A^{-1}A'A^{-1},$$

$$B\int f(t)\mathrm{d}\mu(t) = \int Bf(t)\mathrm{d}\mu(t), \quad \text{sofern } B \text{ linear-beschränkt},$$

$$B\int A(t)\mathrm{d}\mu(t) = \int BA(t)\mathrm{d}\mu(t), \quad \text{sofern } B \text{ linear-beschränkt},$$

$$\frac{\mathrm{d}}{\mathrm{d}t}l(f(t)) = 0 \text{ hat zur Folge } f(t) = \text{const}.$$

9.4   Schwache Kompaktheit

Wir hatten bereits in Abschn. 2.9 den Begriff „kompakt" in abstrakten Räumen untersucht. Die wesentliche Erkenntnis war, dass *nicht*-endlich-dimensionale Räume im Allgemeinen *nicht* die Eigenschaft haben, dass beschränkte Mengen kompakt sind. Es gilt im Allgemeinen *nicht* der Satz von *Bolzano-Weierstraß*, dass man aus beschränkten Mengen stets eine Cauchyfolge auswählen kann.

Dabei wurde immer *der* Konvergenzbegriff verwendet, den wir soeben als starke Konvergenz präzisiert haben. Nachdem wir nun einen schwächeren Konvergenzbegriff kennengelernt haben, lohnt es sich, die Frage der Kompaktheit erneut zu diskutieren. Wir werden dabei sehr wichtige Erkenntnisse lernen, die wir für das Studium der bedeutsamen Klasse der vollstetigen ($\equiv$ kompakten) Operatoren gut werden brauchen können, s. Kap. 11.

Definition

Eine Menge $\mathcal{N}(\subseteq \mathcal{M})$ aus einem Banach- oder Hilbertraum $\mathcal{M}$ heiße *schwach kompakt*, wenn jede unendliche Teilmenge aus $\mathcal{N}$ eine *schwache Cauchyfolge* enthält.

Sofern die Limes-Punkte der schwachen Cauchyfolgen auch stets zu $\mathcal{N}$ gehören, heiße $\mathcal{N}$ *in sich schwach kompakt.*

Bezüglich dieses *schwächeren* Kompaktheitsbegriffs ordnen sich nun eine Reihe von wichtigen abstrakten Räumen in das aus dem R^n bekannte Ergebnis von *Bolzano- Weierstraß* ein. Denn:

Satz

Mindestens in folgenden Räumen sind beschränkte Mengen schwach kompakt, gibt es also in jeder beschränkten unendlichen Menge eine schwache Cauchyfolge (auch als *schwaches Auswahlprinzip* bezeichnet):

a) In allen Hilberträumen, auch nicht-separablen; ja sogar

b) in regulären ≡ reflexiven Banachräumen, auch nicht separablen;

c) in Banachräumen $\mathcal{M}$ bei denen $\mathcal{M}^*$ separabel ist (woraus übrigens *folgt*, dass dann auch $\mathcal{M}$ separabel ist, s. o. Abschn. 6.4).

▶ **Beweis** Wir führen ihn am einfachsten in der umgekehrten Reihenfolge. Stets genügt es, als die beschränkte Menge, über die die schwache Kompaktheit ausgesagt wird, eine Folge $\{f_n | n = 1, 2, \ldots\} \subseteq \mathcal{M}$ zu wählen und hierfür den Beweis zu führen; dabei ist $\|f_n\| \leq C$, wegen der vorausgesetzten Beschränktheit. Zu prüfen ist, ob es wenigstens eine Teilfolge f_λ gibt, sodass $\{l(f_\lambda)\}$ in sich konvergent ist, und zwar für alle $l \in \mathcal{M}^*$.

zu c) Da $|l(f_n)| \leq \|l\| C$ für festes l beschränkt ist und K kompakt, gibt es zu jedem festen linear-stetigen Funktional $l \in \mathcal{M}^*$ eine Teilfolge f_{n_ν}, für die $\{l(f_{n_\nu})\}$ in sich konvergent ist. Doch könnte die Teilfolge für jedes l anders sein. Wenn aber $\mathcal{M}^*$ separabel ist, lässt sich eine für *alle* l geeignete Teilfolge $\{f_\lambda\}$ nach dem Diagonalverfahren konstruieren!

Nämlich, wenn $\mathcal{M}^*$ separabel ist, gibt es eine abzählbare, dichte Menge $\mathcal{D}_{\mathcal{M}^*} = \{l_1, l_2, \ldots\}$ linear-stetiger Funktionale darin. Suchen wir zunächst für l_1 aus den $l_1(f_n)$ eine in sich konvergente Teilfolge aus, $\{l_1(f_{1_\nu})\}$; nach dem Satz von *Bolzano-Weierstraß* gibt es eine solche unendliche Folge. Betrachtet man nun $\{l_2(f_{1_\nu}\}$, so gibt es hierin aus demselben Grund wieder eine Teilfolge $\{f_{2_\nu}\} \subseteq \{f_{1_\nu} \subseteq \{f_n\}$, sodass $\{l_2(f_{2_\nu}\}$ fundamental ist; usw. Aus der abzählbaren Folge von Teilfolgen, $\{f_{1_\nu}\} \supseteq \{f_{2_\nu}\} \supseteq \{f_{3_\nu}\} \supseteq \ldots$, wählen wir die Diagonalelemente aus, $\{f_{1_1}, f_{2_2}, \ldots\} \equiv \{f_\lambda\}$. Dies ist eine unendliche Teilfolge $\{f_\lambda\} \subseteq \{f_n\}$, die in der Tat bezüglich aller $l \in \mathcal{M}^*$ schwach konvergiert.

Denn sicher ist das so für jedes $l_m \in \mathcal{D}_{\mathcal{M}^*}$, da ab $\lambda = m$ die f_λ aus $\{f_{m_\nu}\}$ stammen. Sofern $l \in \mathcal{M}^*$ beliebig, ist

$$|l(f_\lambda) - l(f_{\lambda'})| \leq |l(f_\lambda) - l_m(f_\lambda)| + |l_m(f_\lambda) - l_m(f_{\lambda'})| + |l_m(f_{\lambda'}) - l(f_{\lambda'})|$$

$$\leq \|l - l_m\| \|f_\lambda\| + \varepsilon + \|l - l_m\| \|f_{\lambda'}\| \leq 2C\varepsilon' + \varepsilon \to 0,$$

da l_m beliebig nahe an l gewählt werden kann. Damit ist die Aussage c) bewiesen.

zu b) Wir führen diesen Fall auf den vorigen zurück, indem wir den durch die abgeschlossene lineare Hülle von $\{f_\nu\}$ gebildeten Banachraum $\mathcal{N}(\{f_\nu\})$ betrachten. Dieser ist separabel. Da ferner $\mathcal{N}$ als Teilraum eines regulären Raumes $\mathcal{M}$ (der selbst nicht separabel zu sein braucht) selbst auch regulär ist, gilt $\mathcal{N}^{**} = \mathcal{N}$. Also ist $\mathcal{N}^{**}$ auch separabel und folglich auch $\mathcal{N}^*$. Wenn aber $\mathcal{N}^*$ separabel ist, sind gemäß c) alle beschränkten Mengen in $\mathcal{N}$, insbesondere $\{f_n\} \subset \mathcal{N}$, schwach kompakt. Das gilt genau genommen bezüglich aller linear-stetigen Funktionale über $\mathcal{N}$, nämlich aller $l \in \mathcal{N}^*$. Sei l über $\mathcal{M}$ beliebig, so ist die Einschränkung auf $\mathcal{N}$ auch aus $\mathcal{N}^*$, also enthält $\{l(f_n)\}$ eine schwache Fundamentalfolge für alle $l \in \mathcal{M}^*$, q. e. d.

zu a) Da Hilberträume insbesondere regulär sind, ist durch b) alles bewiesen.   □

9.5   Zusammenfassung für den Hilbertraum

Wegen der für viele Anwendungen besonderen Bedeutung gerade der Hilberträume, die wir in den folgenden Paragraphen überwiegend benutzen werden, seien noch einmal die wichtigsten Ergebnisse dieses Kapitels für Hilberträume $\mathcal{H}$ zusammengestellt.

Der Hilbertraum ist ein regulärer, selbstdualer Banachraum, in dem alle linearen Funktionale als Inneres Produkt darstellbar sind.

Daher bedeutet schwache Konvergenz $f_n \rightharpoonup f$ die Konvergenz der Matrixelemente $\langle g|f_n \rangle \to \langle g|f \rangle$.

Sowohl stark als auch schwach konvergente Folgen sind beschränkt.

Schwach konvergente Folgen sind sogar stark konvergent, wenn auch die Normen $\|f_n\| \to \|f\|$ konvergieren oder die Matrixelemente für $\|g\| \le 1$ gleichmäßig konvergieren.

Der Hilbertraum ist sowohl *stark vollständig* als auch *schwach vollständig*.

Im Hilbertraum sind zwar beschränkte Mengen im Allgemeinen *nicht kompakt*, wohl aber stets *schwach kompakt*.

Linear-beschränkte Operatoren im Hilbertraum 10

In diesem Abschnitt sollen *die* Eigenschaften linear-beschränkter Operatoren A besprochen werden, die zu den schon behandelten dadurch hinzukommen, dass A in einem Hilbertraum wirkt, also ein Inneres Produkt zur Verfügung steht. Der Urraum $\mathcal{M}$ sei also unitär und vollständig, eben ein Hilbertraum $\mathcal{H}$. Zur Vereinfachung nehmen wir im Allgemeinen als Bildraum eben diesen Hilbertraum $\mathcal{H}$, betrachten also Operatoren A *im* Hilbertraum. Zudem sei A linear-beschränkt, d. h. überall definiert, linear und von endlicher Norm. Wir behandeln insbesondere den physikalisch so wichtigen zu A adjungierten Operator A^* (den man allerdings auch einführen könnte, wenn $\mathcal{M}$ ein Banachraum wäre), betrachten die selbstadjungierten Operatoren, die Projektoren (die insbesondere für den Spektralsatz wichtig werden), unitäre, isometrische und antiunitäre Operatoren (in der Physik etwa benutzt, um das Transformationsverhalten von Quantensystemen hinsichtlich gewisser physikalischer Eigenschaften zu beschreiben) sowie die rechentechnisch nützliche Matrixdarstellung.

10.1 Der adjungierte Operator

10.1.1 Definition

Sei A ein linear-beschränkter Operator im Hilbertraum $\mathcal{H}$. Dann definieren die Matrixelemente $\langle g|Af \rangle$ bei festem $g \in \mathcal{H}$ bezüglich f eine Abbildung von $f \in \mathcal{H}$ nach K, den Körper der komplexen Zahlen. Diese Abbildung ist folglich ein Funktional; es ist offenbar überall in $\mathcal{H}$ definiert, linear und stetig, da nämlich A diese Eigenschaften hat und auch das Innere Produkt $\langle g|\cdot \rangle$. Das linear-stetige bzw. -beschränkte Funktional $l_{g,A}(f)$ in einem Hilbertraum kann aber nach dem rieszschen Satz als Inneres Produkt dargestellt werden!

Also gibt es einen eindeutigen Vektor $\tilde{g} = \tilde{g}(g, A)$, sodass

$$\langle g|Af \rangle \equiv l_{g,A}(f) = \langle \tilde{g}|f \rangle$$

S. Großmann, *Funktionalanalysis*, DOI 10.1007/978-3-658-02402-4_10,
© Springer Fachmedien Wiesbaden 2014

ist. Weil $\tilde{g}$ bei gegebenem und festem A eindeutig durch g festgelegt ist, kann man die Zuordnung $g \to \tilde{g}$ als Operator im Hilbertraum ansehen, der sogar überall definiert ist, da alle $g \in \mathcal{H}$ in $\langle g|Af \rangle$ zugelassen sind. Dieser Operator hängt offenbar von der Wahl von A ab und heißt deshalb der *zu A adjungierte Operator* A^*:

$$\tilde{g} := A^* g.$$

Wir können unsere Überlegung so zusammenfassen:

▸ **Zusammengefasst** Jedem linear-beschränkten Operator A im Hilbertraum kann man einen zu A *adjungierten Operator* A^* eindeutig zuordnen, und zwar durch die Gleichung

$$\langle g|Af \rangle = \langle A^* g|f \rangle \quad \text{für alle} \quad f, g \in \mathcal{H}. \tag{10.1}$$

Äquivalent kann man schreiben: $\langle f|A^* g \rangle = \langle Af|g \rangle$. Dieser so definierte adjungierte Operator A^* ist *ebenfalls linear-beschränkt*. Es gilt sogar

$$\|A^*\| = \|A\|. \tag{10.2}$$

Um das einzusehen, ist nur noch nachzutragen, dass A^* linear ist sowie (10.2) gilt.

Wie aber wirkt A^* auf $(a_1 g_1 + a_2 g_2)$?

$$\langle A^*(a_1 g_1 + a_2 g_2)|f \rangle = \langle a_1 g_1 + a_2 g_2|Af \rangle = \overline{a}_1 \langle A^* g_1|f \rangle + \overline{a}_2 \langle A^* g_2|f \rangle$$
$$= \langle a_1 A^* g_1 + a_2 A^* g_2|f \rangle.$$

Da das für alle $f \in \mathcal{H}$ gilt, ist in der Tat

$$A^*(a_1 g_1 + a_2 g_2) = a_1 A^* g_1 + a_2 A^* g_2, \quad \text{linear.} \tag{10.3}$$

A^* ist beschränkt wegen

$$\|A^* g\|^2 = \langle A^* g|A^* g \rangle = \langle g|A(A^* g) \rangle \le \|g\| \, \|A\| \, \|A^* g\|.$$

Entweder ist also sowieso $A^* g = 0$ oder es gilt $\|A^* g\| \le \|A\| \, \|g\|$. Also kann z. B. $\|A\|$ als Beschränktheitszahl dienen. M. a. W.: $\|A^*\| \le \|A\|$. Untersucht man genauso $\|Ag\|^2$, erhält man $\|A\| \le \|A^*\|$ und somit die Gleichheit der Normen, (10.2), vom Operator und seinem Adjungierten.

Beispiele

a) Sei A der Operator der Multiplikation mit einer beschränkten Funktion $F(x)$ in $\mathcal{L}_2(a, b)$. Dann ist A^* die Multiplikation mit $\overline{F}(x)$, der konjugiert komplexen Funktionen.

b) Sei A die Matrix (a_{ij}) in l_2 (mit geeigneten, in Abschn. 10.10 zu besprechenden Eigenschaften). Dann ist A^* die Matrix mit den Elementen

$$a_{ij}^* = \overline{a_{ji}}, \tag{10.4}$$

denn $\langle g | Af \rangle = \sum_{i,j} \overline{x_i} a_{ij} y_i = \sum_{i,j} \overline{(\overline{a_{ij}} x_i)} y_i$, d. h. $x_j' = \sum_i \overline{a_{ij}} x_i \equiv \sum_i a_{ji}^* x_i$. (Vertauschbarkeit der Summen wegen der Stetigkeit des Inneren Produktes, (2.54).)

c) A sei der Operator der Komponentenverschiebung in l_2.

$$A(y_1, y_2, \ldots) := (y_2, y_3, \ldots) \quad \text{auch geschrieben als } A = T_\leftarrow. \tag{10.5a}$$

Dann ist $\langle g | Af \rangle \equiv \sum_{i=1}^{\infty} \overline{x_i} y_{i+1} = \langle A^* g | f \rangle \equiv \sum_{j=1}^{\infty} \overline{z_j} y_j$, also $z_j = x_{j-1}$ für $j = 2, 3, \ldots$ und $z_1 = 0$. Somit

$$A^*(x_1, x_2, \ldots) = (0, x_1, x_2, \ldots) \quad \text{geschrieben als } A^* = T_\rightarrow. \tag{10.5b}$$

Speziell auf die Basis $\varphi_n = (0, 0, \ldots, 1, 0, \ldots)$ wirken die Operatoren so:

$$A\varphi_n = \varphi_{n-1}, \quad A\varphi_1 = 0; \tag{10.6a}$$

$$A^*\varphi_n = \varphi_{n+1}. \tag{10.6b}$$

Solche Verschiebungs-Operatoren treten z. B. als Vernichtungs- bzw. Erzeugungsoperatoren von Energiequanten eines harmonischen Oszillators auf, als Teilchenvernichtungs- oder -erzeugungsoperatoren in der Vielkörperphysik, auch im Zusammenhang mit dem Drehimpuls, usw. Die Erzeuger bzw. Vernichter sind jeweils adjungiert zueinander.

▸ **Bemerkung** Auch im Banachraum kann man den zu einem Operator A adjungierten Operator einführen. Dazu muss man nur unsere Überlegungen vom Hilbertraum sinngemäß übertragen. Sei also A linear-beschränkter Operator vom Banachraum $\mathcal{M}$ zum Raum $\mathcal{M}'$. Dann ist $l'(Af)$ für festes l' aus dem dualen Raum $\mathcal{M}'^*$ ein linear-stetiges Funktional, $l_{l',A}(f) \in \mathcal{M}^*$. Also ist jedem l' ein l zugeordnet; diese Zuordnung zwischen linear-stetigen Funktionalen definiert den zu A adjungierten Operator:

$$l =: A^* l'.$$

A^* wirkt also in den jeweils dualen Räumen zu $\mathcal{M}$ bzw. $\mathcal{M}'$.

$$\mathcal{M} \xrightarrow{A} \mathcal{M}', \quad \mathcal{M}'^* \xrightarrow{A^*} \mathcal{M}^*. \tag{10.7}$$

Die definierende Gleichung ist

$$l'(Af) = (A^* l')(f) \quad \text{für alle} \quad f \in \mathcal{M} \quad \text{und alle} \quad l' \in \mathcal{M}'^*. \tag{10.8}$$

Wiederum ist A^* linear-beschränkt sowie

$$\|A^*\| = \|A\|. \tag{10.9}$$

Nämlich $\|A^* l'\| = \|l\| = \sup_f \dfrac{|l(f)|}{\|f\|} = \sup_f \dfrac{|l'(Af)|}{\|f\|} \le \sup_f \dfrac{\|l'\| \|Af\|}{\|f\|} = \|l'\| \|A\|$. Folglich gilt $\|A^*\| \le \|A\|$. Analog $\|A^{**}\| \le \|A^*\| \le \|A\|$. Da man andererseits leicht erkennt, dass $A^{**} \supseteq A$ sein muss, gilt $\|A^{**}\| \ge \|A\|$ und es folgt in der Tat (10.9).

10.1.2 Eigenschaften der Adjunktion

Wir stellen einige Eigenschaften zusammen, die im Hilbertraum den Umgang mit dem zu einem linear-beschränkten Operator A adjungierten Operator A^*, ebenfalls linearbeschränkt, regeln.

$$A^{**} \equiv (A^*)^* = A \tag{10.10}$$
$$(A + B)^* = A^* + B^* \tag{10.11}$$
$$(aA)^* = \overline{a} A^* \tag{10.12}$$
$$(AB)^* = B^* A^* \tag{10.13}$$

Falls A^{-1}, der zu A inverse Operator, existiert und linear-beschränkt ist, hat auch A^* ein Inverses, und es gilt

$$(A^{-1})^* = (A^*)^{-1}. \tag{10.14}$$

Denn $(AA^{-1})^* = \mathbf{1}^* = \mathbf{1} = (A^{-1})^* A^*$ gemäß (10.13). Hieraus liest man die Existenz des Inversen sowie (10.14) ab.

Konvergenzeigenschaften übertragen sich auf die adjungierte Folge so:

$$A_n \xRightarrow[\text{Norm}]{} A \quad \Rightarrow \quad A_n^* \xRightarrow[\text{Norm}]{} A^*, \tag{10.15a}$$
$$A_n \Longrightarrow A \quad \nRightarrow \quad A_n^* \Longrightarrow A^*, \tag{10.15b}$$
$$A_n \rightharpoonup A \quad \Rightarrow \quad A_n^* \rightharpoonup A^*. \tag{10.15c}$$

Nämlich zu (10.15a): $\|A_n^* - A_m^*\| = \|(A_n - A_m)^*\| = \|A_n - A_m\| \to 0$; also ist mit $\{A_n\}$ zugleich auch $\{A_n^*\}$ eine Cauchyfolge, deren (existierenden) Limes man leicht als A^* nachweist, indem man in $\langle A_n^*|f \rangle = \langle g|A_n f\rangle$ den Grenzübergang vollzieht.

Zu (10.15b) geben wir ein Gegenbeispiel. Sei $B_n = A^n$ mit dem in (10.5a) und (10.5b) definierten Verschiebungsoperator, d. h. $B_n(y_1, y_2, \ldots) = (y_{n+1}, y_{n+2}, \ldots)$. Dann ist $B_n^* = (A^*)^n$, also $B_n^*(y_1, y_2, \ldots) = (0, 0, \ldots, y_1, y_2, \ldots)$. Nun sieht man $\|B_n f\|^2 = \sum\limits_{n+1}^{\infty} \|y_i\|^2 \to 0$, jedoch $\|B_n^* f\| = \|f\| \not\to 0$. Die $B_n^* f$ sind nicht einmal eine Cauchyfolge.

Schließlich zu (10.15c): Das ist deshalb klar, weil ja A^* durch Matrixelemente definiert ist. Bemerkt sei noch, dass natürlich aus $A_n \Rightarrow A$ folgt $A_n \to A$ und deshalb $A_n^* \to A^*$. Das erfüllt auch unser soeben genanntes Gegenbeispiel, nämlich $B_n^* \to 0^* = 0$.

Wir haben bei der Einführung von A^* wesentlich benutzt, dass A linear-beschränkt ist. Wie wichtig das ist, zeigt uns folgende gewissermaßen umgekehrte Aussage.

Satz

Wenn (!) es zu einem linearen, überall definierten Operator A (von dem nicht bekannt ist, ob er beschränkt ist) einen anderen Operator, bezeichnet als A^*, gibt, der ebenfalls linear und überall definiert ist, und zwar so, dass

$$\langle g|Af\rangle = \langle A^* g|f\rangle \quad \text{für alle} \quad f, g \in \mathcal{H}, \tag{10.16}$$

dann muss A beschränkt sein; folglich auch der andere Operator A^*, und beide sind zueinander adjungiert.

Mit anderen Worten: Die Existenz eines A^* nach (10.16) ist bei einem überall definierten, linearen Operator hinreichend für seine Beschränktheit!

Der Beweis ist einfach. Sei A nicht beschränkt; dann gibt es eine Folge f_n mit $\|Af_n\| / \|f_n\| \equiv c_n \to \infty$. Es ist für jedes *feste* n der Ausdruck $\left(A\dfrac{f_n}{\|f_n\|}\Big|g\right) =: l_n(g)$ ein linear-beschränktes Funktional hinsichtlich g, gilt doch, dass es als inneres Produkt linear und überall definiert ist sowie $|l_n(g)| \leq \left\|A\dfrac{f_n}{\|f_n\|}\right\| \|g\|$. Andererseits ist die Folge l_n bezüglich n *punktweise gleichmäßig* beschränkt: $|l_n(g)| = \left|\left\langle \dfrac{f_n}{\|f_n\|}\Big|A^* g\right\rangle\right| \leq \|A^* g\| \equiv C_g$. Nach dem Prinzip von *Banach* und *Steinhaus* ist somit $\|l_n\| \leq C$, gleichmäßig beschränkt. Aber es ist per Konstruktion $\|l_n\| = \left\|A\dfrac{f_n}{\|f_n\|}\right\| = c_n \to \infty$, also ein Widerspruch, das heißt, A kann nicht nicht-beschränkt sein.

Damit haben wir das Kriterium 5) für Linear-Beschränktheit aus Abschn. 5.6 bewiesen. Das Kriterium 3) bzw. 4) geht daraus hervor, sofern man A selbst als den Operator A^* in (10.16) verwenden kann. Wir formulieren das wegen seiner Wichtigkeit nochmals gesondert.

Satz (von Hellinger und Toeplitz)

Ein überall definierter, linearer Operator, der symmetrisch ist, muss beschränkt sein.

Dabei sei noch einmal an die Definition eines *symmetrischen Operators* gemäß Formel (2.85) erinnert:

$$\langle f|Ag \rangle = \langle Af|g \rangle \text{ für alle } f, g \text{ des Definitionsbereiches } \mathcal{D}_A,$$
$$\text{im vorliegenden Falle also } \mathcal{H}. \tag{10.17}$$

10.2   Selbstadjungiert-beschränkte Operatoren

Möglicherweise ergibt sich beim Aufsuchen des zu einem linear-beschränkten Operator A adjungierten Operators A^*, dass letzterer mit A übereinstimmt. Zum Beispiel x auf $\mathcal{L}_2(a, b)$ erfüllt das, oder eine Matrix über l_2 die reelle, symmetrische Matrixelemente hat, allgemeiner $a_{ij} = \overline{a_{ji}}$; auch Projektoren sind Beispiele für $P^* = P$. Solche Operatoren spielen in der Physik eine besonders wichtige Rolle! Quantenmechanische Observablen, also messbare physikalische Größen, werden durch sie gekennzeichnet, die Eigenwertaufgaben sind für sie stets (wenn auch verallgemeinert) lösbar, usw.

Definition

Ein Operator A heißt *selbstadjungiert-beschränkt*[1], wenn A linear, überall definiert und beschränkt (also linear-beschränkt) ist, sowie

$$A^* = A \tag{10.18}$$

gilt.

Vier Eigenschaften charakterisieren also den selbstadjungiert-beschränkten Operator. – Sofern ein linearer symmetrischer Operator überall definiert ist, ist er nach dem Satz von *Hellinger* und *Toeplitz* beschränkt, also selbstadjungiert-beschränkt. Symmetrisch und selbstadjungiert sind bei linear-beschränkten Operatoren synonyme Begriffe.

Satz

Ein selbstadjungiert-beschränkter Operator hat nur reelle Erwartungswerte $\langle f|Af \rangle$; und umgekehrt, wenn ein linear-beschränkter Operator nur reelle Erwartungswerte hat, ist er selbstadjungiert-beschränkt. (Dieser Zusammenhang besteht übrigens auch für lineare symmetrische Operatoren A auf $\mathcal{D}_A$.)

---

[1] Manchmal auch „hermitesch" oder „hermitisch" genannt

Denn: $\overline{\langle f|Af\rangle} = \langle Af|f\rangle = \langle f|Af\rangle \Rightarrow$ die Erwartungswerte sind reell. Andererseits führt man die Erwartungswerte so auf beliebige Matrixelemente zurück, dass man auf Selbstadjungiertheit schließen kann. Es gilt nämlich:

$$\langle f + g|A(f + g)\rangle - \langle f - g|A(f - g)\rangle + i\langle f - ig|A(f - ig)\rangle$$
$$- i\langle f + ig|A(f + ig)\rangle = 4\langle f|Ag\rangle.$$

Man rechne dies einfach aus. Sofern die Erwartungswerte nun reell sind, geht die linke Seite bei Konjugiertkomplexbildung in sich über, wenn man noch f mit g vertauscht; folglich muss das auch die rechte Seite tun, d. h. $\langle f|Ag\rangle = \langle Af|g\rangle$. (Dies ist übrigens ein ähnlicher Schluss wie in Abschn. 2.4, Gl. (2.31), dass das Innere Produkt durch die Norm ausgedrückt werden kann.)

Alle *Eigenwerte* selbstadjungierter Operatoren sind *reell*:

$$\text{Aus} \quad Af_! = \lambda f \quad \text{folgt} \quad \lambda = \langle f|Af\rangle/\|f\|^2 \quad \text{reell.}$$

Eigenvektoren zu verschiedenen Eigenwerten sind bei selbstadjungierten Operatoren orthogonal.

$$\text{Sei} \quad Af_1 = \lambda_1 f_1 \quad \text{und} \quad Af_2 = \lambda_2 f_2, \quad \text{mit} \quad \lambda_1 \neq \lambda_2$$
$$\Downarrow \quad \left. \begin{array}{l} \langle f_1|Af_2\rangle = \langle f_1|\lambda_2 f_2\rangle = \lambda_2\langle f_1|f_2\rangle \\[2mm] = \langle Af_1|f_2\rangle = \langle \lambda_1 f_1|f_2\rangle = \lambda_1\langle f_1|f_2\rangle \end{array} \right\} \Rightarrow \langle f_1|f_2\rangle = 0.$$

Ein *Produkt* selbstadjungiert-beschränkter Operatoren $A = A^*$, $B = B^*$ ist genau dann auch selbstadjungiert-beschränkt, wenn die Operatoren vertauschbar sind!

$$AB = (AB)^* \quad \text{d. u. n. d., wenn} \quad AB = BA. \tag{10.19}$$

Bei selbstadjungiert-beschränkten Operatoren kann man die Norm bereits aus den Erwartungswerten bestimmen:

$$\|A\| = \sup_f \frac{|\langle f|Af\rangle|}{\|f\|^2} = \sup_{\|f\|=1} |\langle f|Af\rangle|. \tag{10.20}$$

▸ Nämlich bezeichnen wir die rechte Seite von (10.20) per Definition als C_A, so ist C_A die kleinste Zahl, für die $|\langle f|Af\rangle| \leq C_A\|f\|^2$ gilt. Mithilfe der schwarzschen Ungleichung ist aber $|\langle f|Af\rangle| \leq \|f\|\,\|Af\| \leq \|f\|^2\|A\|$, d. h. $C_A \leq \|A\|$. Doch auch umgekehrt ist richtig, dass $\|A\| \leq C_A$. Denn da $A^* = A$, ist

$$\|Af\|^2 = \frac{1}{4}\left[\left\langle A\left(\lambda f + \frac{1}{\lambda}Af\right)\middle|\left(\lambda f + \frac{1}{\lambda}Af\right)\right\rangle - \left\langle A\left(\lambda f - \frac{1}{\lambda}Af\right)\middle|\left(\lambda f - \frac{1}{\lambda}Af\right)\right\rangle\right]$$

für alle reellen $\lambda \neq 0$. Dies ist andererseits

$$\|Af\|^2 \leq \frac{1}{4} C_A \left[\left\| \lambda f + \frac{1}{\lambda} Af \right\|^2 + \left\| \lambda f - \frac{1}{\lambda} Af \right\|^2 \right] = \frac{1}{2} C_A \left[\lambda^2 \|f\|^2 + \frac{1}{\lambda^2} \|Af\|^2 \right].$$

Man kann das Minimum bezüglich λ^2 bestimmen; es liegt bei $\|Af\|/\|f\|$, sofern $\|Af\| \neq 0$. Daraus folgt $\|Af\|^2 \leq C_A \|Af\| \|f\|$, also $\|A\| \leq C_A$, da $\|A\|$ die kleinste Zahl ist, die dieser Ungleichung genügt. Sollte $\|Af\| = 0$ sein, gilt sowieso $\|Af\| \leq C_A \|f\|$.

Man kann die selbstadjungiert-beschränkten Operatoren in gewisser Hinsicht als „reelle Operatoren" betrachten, mit denen man ähnlich wie mit reellen Zahlen umgehen kann. Zum Beispiel kann man *nicht-negative* bzw. *nicht-positive selbstadjungierte Operatoren* durch

$$\langle f | A f \rangle \geq 0 \quad \text{bzw.} \quad \leq 0, \quad \text{für alle} \quad f \in \mathcal{H} \tag{10.21}$$

definieren. Zum Beispiel sind Orthogonalprojektionen positiv (nicht negativ), denn

$$\langle f | P f \rangle = \langle f | P^2 f \rangle = \langle P f | P f \rangle = \|P f\|^2 \geq 0.$$

Durch

$$A \geq B, \quad \text{sofern} \quad \langle f | A f \rangle \geq \langle f | B f \rangle \quad \text{für alle} \quad f, \tag{10.22}$$

definiert man eine Teilordnung zwischen selbstadjungierten Operatoren. (Man zeige die drei Ordnungseigenschaften, also $A \leq A$; aus $A \leq B$ und $B \leq A$ folgt $A = B$; aus $A \leq B$ und $B \leq C$ folgt $A \leq C$. Keine Ordnungsbeziehung besteht, falls (10.22) nur für einige f gilt.) Stets ist

$$M_1 \mathbf{1} \leq A \leq M_2 \mathbf{1}, \quad \max\{|M_1|, |M_2|\} = \|A\|. \tag{10.23}$$

$$\text{Ferner:} \quad \text{Aus } A \leq B \text{ und } a \geq 0, \text{ reell, folgt } aA \leq aB. \tag{10.24}$$

$$\text{Aus } A \leq B \text{ und } C \text{ selbstadjungiert-beschränkt folgt } A + C \leq B + C. \tag{10.25}$$

Es gilt der von den reellen Zahlen gut bekannte

Satz

Sei A_n eine monotone, beschränkte Folge selbstadjungiert-beschränkter Operatoren. Dann existiert ein selbstadjungiert-beschränkter Grenzwert. Genauer: $A_n \Rightarrow A$, folglich *auch* $A_n \to A$, jedoch nicht unbedingt Normkonvergenz.

Diese Tatsache ist für viele mathematische Schlüsse ebenso fundamental wie derselbe Satz in der Analysis, auf den man beim Beweis natürlich zurückgeht. Denn sei $0 \leq A_1 \leq$

$A_2 \leq \dots \leq A_n \leq \dots \leq 1$; jede andere Schranke der Folge kann man auf 1 zurückführen. Dann ist $\langle f|A_n f\rangle$ als monotone, beschränkte Zahlenfolge konvergent, und zwar für jedes f. Daraus folgt

$$\|A_n f - A_m f\|^2 = \langle (A_n - A_m)f|(A_n - A_m)f\rangle = \langle f|(A_n - A_m)^2 f\rangle$$

$$\overset{!}{\leq} \langle f|(A_n - A_m)f\rangle = \langle f|A_n f\rangle - \langle f|A_m f\rangle \to 0,$$

sofern $\overset{!}{\leq}$ gezeigt werden kann. Das bedeutet dann, die A_n bilden eine starke Cauchyfolge. Nach Abschn. 9.2.2 ist das hinreichend für die Existenz des Limes, den man leicht als ebenfalls selbstadjungiert-beschränkt erkennt. Nun holen wir noch $\overset{!}{\leq}$ nach. Das gilt wegen $B^2 \leq B$ für $0 \leq B \leq 1$; denn $B - B^2 = B(1-B) = B(1-B)(1-B+B) = B(1-B)B + (1-B)B(1-B) \geq 0$, da es eine Summe zweier offensichtlich positiver Operatoren ist. In der Tat ist $0 \leq A_n - A_m$ für $n \geq m$ wegen der Monotonie sowie $1 - (A_n - A_m) = (1 - A_n) + A_m \geq 0$ wegen der Beschränktheit.

Aus der starken Operatorkonvergenz folgt selbstverständlich die schwache. Bezüglich der Normkonvergenz genügt ein Gegenbeispiel, um zu zeigen, dass diese nicht notwendig folgt. Sei $\{\varphi_i\}$ ein o. n. S. aus unendlich vielen Elementen. Dann ist $A_n \equiv P_n := \sum_{i=1}^{n} |\varphi_i\rangle\langle\varphi_i|$ eine Folge von Projektoren, die alle Voraussetzungen erfüllt: $\dots \leq P_m \leq \dots \leq P_n \leq \dots$ für $m \leq n, P_n \leq 1$. Jedoch ist (wie in Abschn. 10.3 noch gezeigt werden wird) $\|P_n - P_m\| = 1 \not\to 0$, also sind die A_n gar nicht in sich operatornorm-konvergent. Trotzdem gilt selbstverständlich der

Eine monotone Folge von Orthogonalprojektoren konvergiert stark gegen einen Projektor, $P_n \Rightarrow P$.

Das ist im Wesentlichen ein Spezialfall des gerade bewiesenen Satzes; $P^2 = P$ gilt, weil alle P_n das erfüllen.

Eine weitere Analogie zu den reellen Zahlen zeigt folgender

Satz

Ein positiver selbstadjungiert-beschränkter Operator besitzt eine – und nur eine positive – Quadratwurzel, genannt $A^{\frac{1}{2}}$, also $A^{\frac{1}{2}} A^{\frac{1}{2}} = A$. Man kann sie konstruieren (darstellen, finden) als starken Limes einer Folge von Polynomen in $1 - A$. Deshalb vertauscht $A^{\frac{1}{2}}$ mit A sowie allen Funktionen von A.

Hieraus folgt: Das Produkt *vertauschbarer* positiver Operatoren ist wiederum positiv und selbstadjungiert-beschränkt.

Denn $\langle f|ABf\rangle = \langle f|A^{\frac{1}{2}} A^{\frac{1}{2}} B^{\frac{1}{2}} B^{\frac{1}{2}} f\rangle = \|A^{\frac{1}{2}} B^{\frac{1}{2}} f\|^2 \geq 0$, weil $A^{\frac{1}{2}}$ mit $B^{\frac{1}{2}}$ vertauschbar ist, nämlich als Polynomlimites der vertauschbaren Operatoren A und B. (Hiervon konnten und brauchten wir im obigen Monotonkonvergenzsatz noch nicht Gebrauch zu machen, da der Quadratwurzelsatz erst mit seiner Hilfe bewiesen wird!)

$$A \leq B \Rightarrow AC \leq BC, \quad \text{sofern } C \geq 0 \text{ und mit } A \text{ und } B \text{ vertauschbar.} \qquad (10.26)$$

$$A \leq B \Rightarrow A^2 \leq B^2 \quad \text{sofern } A \text{ mit } B \text{ vertauschbar.} \qquad (10.27)$$

Diese Formeln sehen wir aus $(B - A)C \geq 0$ bzw. $A^2 \leq AB \leq B^2$.

▸ **Nachgeholter Beweis** der eindeutigen Existenz der Wurzel. Wir konstruieren sie als Taylorreihe, analog zum früheren Beispiel $(1 - A)^{-1}$. Sofern $A = 0$, ist alles klar. Sofern $A \neq 0$, können wir $\|A\| = 1$ annehmen, d. h. $0 \leq A \leq 1$. Entwickelt man formal um die Stelle **1**, so erhält man

$$\sqrt{A} = 1 - \left[\frac{1}{2}(1 - A) + b_2(1 - A)^2 + b_3(1 - A)^3 + \dots \right]$$

mit $b_i = \dfrac{1 \cdot 3 \cdot \dots \cdot (-3 + 2i)}{i! 2^i}$. Die rechte unendliche Summe existiert aber in der Tat, denn die Partialsummen sind monoton wachsend, da $b_i > 0$ und $(1 - A)^i \geq 0$; denn $\langle f | (1 - A)^{2j} f \rangle = \|(1 - A)^j f\|^2 \geq 0$ und $\langle f | (1 - A)^{2j+1} f \rangle = \langle g | (1 - A) g \rangle \geq 0$) und beschränkt, da $\sum_i b_i < \infty$. Dieses ergibt sich formal aus $A = 0$. Andererseits ist $\|1 - A\| \leq 1$, weil $0 \leq A \leq 1$ und damit $-1 \leq A - 1 \leq 0$ ist.

Der obige Konvergenzsatz ergibt die starke Konvergenz der Reihe in $(1 - A)$. Nun braucht man nur noch analog zur reellen Analysis auszurechnen, dass $(1 - [\dots])^2 = A$ ist.

Jetzt fehlt nur noch die Eindeutigkeit von $\sqrt{A}$. Sie folgt so: Sei B' irgendeine andere Wurzel, d. h. $B'^2 = A$ und $B' \geq 0$. Es folgt $[B', A] = 0$, weil $[B', B'^2] = 0$. Wenn aber B' mit A vertauscht, dann vertauscht B' auch mit jeder Funktion von A, insbesondere also mit der soeben konstruierten Wurzel $B(A)$. Daraus können wir schließen, dass $[B', B] = 0$. Denn bilden wir $g \equiv (B - B')f$, so können wir zeigen, dass $g = 0$ für alle f:

$$\left\| B^{\frac{1}{2}} g \right\|^2 + \left\| B'^{\frac{1}{2}} g \right\|^2 = \langle g | Bg \rangle + \langle g | B'g \rangle = \langle g | (B + B') g \rangle = \langle (B - B')f | B + B'g \rangle$$

$$= \langle f | (B^2 - B'^2) g \rangle = \langle f | (A - A) g \rangle = 0. \Rightarrow Bg = 0 \text{ und } B'g = 0.$$

$$\Rightarrow \|g\|^2 = \|(B - B')f\|^2 = \langle (B - B')f | (B - B')f \rangle = \langle f | (B - B') g \rangle = 0, \quad \text{q. e. d.}$$

□

Es könnte ja nun auch noch sein, dass es eine (oder mehrere) weitere Wurzeln $\hat{B}$ gibt, die *nicht* Polynomlimites sind. Aber auch solche gibt es nicht. Denn aus $\hat{B}^2 = A$ und $\hat{B} \geq 0$ folgt, dass $[\hat{B}, A] = 0$, weil $[\hat{B}, \hat{B}^2] = 0$ ist. Wenn aber $\hat{B}$ mit A vertauscht, dann auch mit der Polynomlimes-Wurzel $B(A)$, somit ist $[\hat{B}, B] = 0$.

10.3 Projektoren

Eine wichtige Klasse von selbstadjungiert-beschränkten Operatoren im Hilbertraum sind die idempotenten Operatoren, die durch folgende Eigenschaften definiert sind:

$$P^2 = P, \quad \text{linear, überall definiert,} \quad P^* = P. \tag{10.28}$$

Wir kennen sie bereits aus Abschn. 2.10.1. Sie haben die physikalische Bedeutung eines Operators der Orthogonalprojektion. Das bedeutet, zu jedem Operator P mit den Eigenschaften (10.28) gehört ein Teilraum $\mathfrak{r}$ des Hilbertraumes $\mathcal{H}$, auf den P projiziert und auch umgekehrt. Die Orthogonalprojektion ist definiert durch die eindeutige Zerlegung jedes $f \in \mathcal{H}$ in einen Teil $f_\mathfrak{r}$ innerhalb $\mathfrak{r}$ und einen zweiten Teil senkrecht dazu, $f_{\mathfrak{r}\perp}$, siehe Abschn. 2.10.1.

$$f = f_\mathfrak{r} + f_{\mathfrak{r}\perp}, \quad Pf = f_\mathfrak{r}. \tag{10.29}$$

Es gilt die Darstellung

$$P_\mathfrak{r} = \sum_{i \in I} |\varphi_i\rangle\langle\varphi_i|, \quad \{\varphi_i\} \text{ v. o. n. S. in } \mathfrak{r}. \tag{10.30}$$

Wir hatten gelernt, dass $P^2 = P$ bereits einen Projektor kennzeichnet, sofern P linear und überall definiert ist (es folgte die Abgeschlossenheit und damit die Beschränktheit). $P^* = P$ ist Ausdruck der Symmetrie $\langle g|Pf\rangle = \langle Pf|g\rangle$ und charakterisiert die Orthogonalität der Projektion. Wir wollen Orthogonalprojektionen im Hilbertraum kurz als *Projektoren* bezeichnen.

Projektoren treten in vielen Anwendungen auf. Insbesondere bei der Formulierung des Spektralsatzes spielen sie eine große Rolle.

▶ Wegen der Wichtigkeit sei der Beweis der soeben wiederholend zusammengefassten Eigenschaften von Projektoren noch einmal kurz dargestellt. Sei P Projektor, definiert durch (10.29). ⇒ P linear, überall definiert, aber auch beschränkt, denn $\|Pf\|^2 = \langle Pf|Pf\rangle = \langle f_\mathfrak{r}|f_\mathfrak{r}\rangle = \langle f_\mathfrak{r}|f_\mathfrak{r} + f_{\mathfrak{r}\perp}\rangle = \langle Pf|f\rangle \le \|Pf\| \|f\|$. Somit $\|Pf\| \le \|f\|$, also $\|P\| \le 1$. Folglich existiert P^* und sogar $P^* = P$: $\langle g|(P^* - P)f\rangle = \langle Pg|f\rangle - \langle g|Pf\rangle = \langle g_\mathfrak{r}|f_\mathfrak{r} - \langle g_\mathfrak{r}|f_\mathfrak{r}\rangle = 0$. Die Idempotenz liefert (10.29) sofort.
Gelte umgekehrt Idempotenz und Selbstadjungiert-Beschränktheit, (10.28). Dann definiert die Menge $\mathfrak{r} := \{Pf|\text{alle } f \in \mathcal{H}\}$ offenbar einen Teilraum und dieser via (10.29) einen Projektor $P_\mathfrak{r}$. Es ist aber $P_\mathfrak{r} - P = 0$, denn $h := (P_\mathfrak{r} - P)g$ ist einerseits konstruktionsgemäß innerhalb $\mathfrak{r}$, andererseits senkrecht auf $\mathfrak{r}$: $\langle \mathfrak{r}|(P_\mathfrak{r} - P)g\rangle = \langle (P_\mathfrak{r} - P)\mathfrak{r}|g\rangle = 0$.
Die Beschränktheit braucht man in (10.28) nicht erst zu fordern, da die anderen Eigenschaften sie implizieren. Denn

$$\|Pf\|^2 = \langle Pf|Pf\rangle = \langle f|P^2f\rangle = \langle f|Pf\rangle \le \|f\| \|Pf\|.$$

Projektoren sind positive Operatoren mit Norm 1:

$$P \geq 0, \quad \text{da} \quad \langle f|Pf \rangle = \|Pf\|^2 \geq 0; \tag{10.31}$$

$$\|P\| = 1. \tag{10.32}$$

Es gelten folgende *Rechenregeln* für Projektoren $P_1, P_2, \ldots$:

1) Das Produkt $P_1 P_2$ ist Projektor d. u. n. d., wenn $P_1 P_2 = P_2 P_1$, also beide Faktoren vertauschbar sind. Denn genau dann ist (10.28) erfüllt.

2) Sofern $P_1 P_2$ Projektor ist, projiziert es auf den Durchschnitt von $\mathfrak{r}_1$ und $\mathfrak{r}_2$. Denn $P_1 P_2 f \in \mathfrak{r}_1$ und $\in \mathfrak{r}_2$ also im Durchschnitt gelegen. Andererseits ist für $g \in \mathfrak{r}_1 \cap \mathfrak{r}_2$ tatsächlich $P_1 P_2 g = g$.

3) $P_1 P_2 = 0$ ist äquivalent zu $\mathfrak{r}_1 \perp \mathfrak{r}_2$.
Denn: $\langle \mathfrak{r}_1 | \mathfrak{r}_2 \rangle = \langle P_1 \mathfrak{r}_1 | P_2 \mathfrak{r}_2 \rangle = \langle \mathfrak{r}_1 | P_1 P_2 \mathfrak{r}_2 \rangle = \langle \mathfrak{r}_1 | 0 \mathfrak{r}_2 \rangle = 0$.

4) $P_1 + P_2$ ist d. u. n. d. Projektor, wenn $P_1 P_2 = 0$, d. h. wenn $\mathfrak{r}_1 \perp \mathfrak{r}_2$.
Denn allemal ist $P_1 + P_2$ selbstadjungiert-beschränkt; idempotent ist die Summe d. u. n. d., wenn $P_1 P_2 + P_2 P_1 = 0 \Leftrightarrow P_1 P_2 = 0$. (Zum letzten Schluss: $P_1 P_2 = 0 \Rightarrow P_2 P_1 = 0$ durch Adjunktion. Umgekehrt sei $P_1 P_2 = -P_2 P_1 \Rightarrow \langle f|P_1 P_2 f \rangle$ rein imaginär (konjugiert-komplex bilden) *und* rein reell (da $P_1 P_2 = -(P_1 P_2)^2$), folglich Null; oder schließe so: $P_1 P_2 + P_2 P_1 = 0 \Rightarrow 0 = P_1 (P_1 P_2 + P_2 P_1) = P_1 P_2 + (-P_2 P_1) P_1 = P_1 P_2 - P_2 P_1$; wenn aber Summe und Differenz gleichzeitig Null sind, verschwindet jeder Summand für sich.)

5) Sofern $P_1 + P_2$ Projektor ist, projiziert er auf $\mathfrak{r}_1 \oplus \mathfrak{r}_2$.

6) $P_1 + P_2 + \ldots + P_n$ ist d. u. n. d. Projektor, und zwar auf $\sum \oplus \mathfrak{r}_i$, wenn $\mathfrak{r}_i \perp \mathfrak{r}_j$, d. h. $P_i P_j = 0$, für alle Paare i, j. Die Summe darf auch unendlich sein: $\sum P_n = P$ gemäß dem Konvergenzsatz im Zusatz in Abschn. 10.2. Sofern $\sum P_n = \mathbf{1}$, heißt das System $\{P_n\}$ von Projektoren vollständig.

7) $P_1 - P_2$ ist d. u. n. d. Projektor, wenn $\mathfrak{r}_1 \supseteq \mathfrak{r}_2$.
Dies zeigen wir durch Rückführung auf bekannte Eigenschaften:
$P_1 - P_2$ Projektor $\Leftrightarrow \mathbf{1} - (P_1 - P_2)$ Projektor $\Leftrightarrow (\mathbf{1} - P_1) + P_2$ Projektor $\Leftrightarrow (\mathbf{1} - P_1) P_2 = 0 \Leftrightarrow P_2 = P_1 P_2 \underset{\text{Übung}}{\Leftrightarrow} \mathfrak{r}_2 \subseteq \mathfrak{r}_1$.

8) Sofern $P_1 - P_2$ Projektor ist, projiziert es auf $\mathfrak{r}_1 \ominus \mathfrak{r}_2$, d. h. auf das Orthogonalkomplement von $\mathfrak{r}_2$ bezüglich $\mathfrak{r}_1$.
Denn $P_1 - P_2 = P_1 - P_1 P_2 = P_1 (\mathbf{1} - P_2)$ projiziert senkrecht zu $\mathbf{r}_2$, aber innerhalb $\mathbf{r}_1$.

9) $P_2 \leq P_1$ d. u. n. d., wenn $\mathfrak{r}_2 \subseteq \mathfrak{r}_1$.
Denn sei $\mathfrak{r}_2 \subseteq \mathfrak{r}_1 \Rightarrow P_2 = P_1 P_2 = P_2 P_1$, da die linke Seite selbstadjungiert ist. Folglich $\langle f|P_2 f \rangle = \|P_2 f\|^2 = \|P_2 P_1 f\|^2 \leq \|P_2\|^2 \|P_1 f\|^2 = \langle f|P_1 f \rangle$. Ist umgekehrt $P_2 \leq P_1$, also $\|P_2 f\|^2 \leq \|P_1 f\|^2$, so verwende man speziell $f = P_2 g$ und finde $\|P_2 g\|^2 \leq \|P_1 P_2 g\|^2 \leq \|P_1\|^2 \|P_2 g\|^2 = \|P_2 g\|^2$, d. h. $\|P_2 g\| = \|P_1 P_2 g\|$. Hieraus aber folgt $\|(P_2 - P_1 P_2) g\|^2 = 0$ durch Ausrechnen, also $P_2 = P_1 P_2 \Leftrightarrow \mathfrak{r}_2 \subseteq \mathfrak{r}_1$.

10.4   Unitäre Operatoren

Aus der Geometrie ist die Bedeutung von *Drehungen* eines Koordinatensystems oder von Vektoren bekannt. Die solche Drehungen beschreibenden Matrizen haben spezielle, charakteristische Eigenschaften (Spalten bzw. Zeilen normiert und paarweise orthogonal). Kann man diese Begriffe nicht auch auf beliebig dimensionale unitäre Räume, also Hilberträume, übertragen?

Wir orientieren uns an der charakteristischen Eigenschaft von Drehungen, den ganzen Vektorraum R^3 in sich überzuführen und bei dieser Abbildung alle Längen von und Winkel zwischen Vektoren gleich zu lassen. Wir bezeichnen solche Operatoren als unitär und treffen folgende allgemeine

Definition

Ein Operator U im Hilbertraum heißt *unitär*, wenn:

U ist in ganz $\mathcal{H}$ definiert, $\mathcal{D}_U = \mathcal{H}$,   (10.33a)

U bildet auf ganz $\mathcal{H}$ ab, $\mathcal{W}_U = \mathcal{H}$,   Längen und Winkel bleiben erhalten,   (10.33b)

$\langle Uf|Ug\rangle = \langle f|g\rangle$ für alle $f, g \in \mathcal{H}$.   (10.33c)

Eine unmittelbare Konsequenz aus diesen Eigenschaften ist, dass unitäre Operatoren linear-beschränkt sein *müssen*; nämlich (10.33c) bedeutet ja für $f = g$ gerade

$$\|U\| = 1. \tag{10.34}$$

(10.33a) garantiert, dass U überall definiert ist. Die Linearität erkennen wir, indem wir die Wirkung von U auf $a_1 f_1 + a_2 f_2$ untersuchen. Um dabei die charakteristische Eigenschaft von U, (10.33c), auszunutzen, multiplizieren wir mit $\langle Ug|$:

$$\langle Ug|U(a_1 f_1 + a_2 f_2)\rangle = \langle g|a_1 f_1 + a_2 f_2\rangle = a_1\langle g|f_1\rangle + a_2\langle g|f_2\rangle$$
$$= a_1\langle Ug|Uf_1\rangle + a_2\langle Ug|Uf_2\rangle$$
$$= \langle Ug|a_1 Uf_1 + a_2 Uf_2\rangle.$$

Da Ug ganz $\mathcal{H}$ durchläuft, wenn man alle $g \in \mathcal{H}$ benutzt, nämlich wegen (10.33b), $\Rightarrow$ $U(a_1 f_1 + a_2 f_2) = a_1 Uf_1 + a_2 Uf_2$. M. a. W.:

Ein gemäß (10.33a)–(10.33c) *unitärer Operator* ist erst recht *linear-beschränkt*.

Ferner: Jeder unitäre Operator *besitzt* ein Inverses, welches selbst wiederum unitär ist. Insbesondere gilt

$$U^* = U^{-1}. \tag{10.35}$$

Denn: U unitär $\Rightarrow U$ linear-beschränkt $\Rightarrow U^*$ existiert und ist selbst linear-beschränkt. Folglich ist für alle $g \in \mathcal{H}$

$$\langle Uf | Ug \rangle = \langle f | g \rangle$$
$$\Downarrow$$
$$= \langle U^*Uf | g \rangle, \quad \text{d. h.} \quad U^*Uf = f, \text{ also } U^*U = 1.$$

Da ferner $D_{U^*} = \mathcal{H} = \mathcal{W}_U$, (10.33b), erfüllt U^* alle Eigenschaften eines Inversen; dieses existiert somit und (10.35) gilt. U^{-1} ist seinerseits ebenfalls unitär, denn $\mathcal{D}_{U^{-1}} = \mathcal{H}$, $\mathcal{W}_{U^{-1}} = \mathcal{D}_U = \mathcal{H}$ und $\langle U^{-1}f | U^{-1}g \rangle = \langle UU^{-1}f | UU^{-1}g \rangle = \langle f | g \rangle$. Dagegen sind unitäre Operatoren *nicht* selbstadjungiert! Denn (10.35) besagt, dass U^* eben *nicht* U, sondern U^{-1} ist.

Im Allgemeinen ist die Linearität eines Operators leicht zu prüfen. Wenn wir sie aus den definierenden Eigenschaften (10.33a)–(10.33c) für einen unitären Operator folgern können, so fragt man sich, ob man nicht im Austausch gegen die Linearität auf eine andere Eigenschaft in (10.33a)–(10.33c) verzichten kann. In der Tat ist das möglich: Es genügt, die Erhaltung der Länge zu wissen, ohne über die Winkel Kenntnisse zu haben, wenn dafür die Linearität bekannt ist. Wir formulieren das als

Äquivalente Definition (oder auch: Unitaritätskriterium)

Ein Operator U im Hilbertraum $\mathcal{H}$ ist *unitär*, genau wenn:

$$U \text{ ist in ganz } \mathcal{H} \text{ definiert,} \quad \mathcal{D}_U = \mathcal{H}, \tag{10.36a}$$

$$U \text{ bildet auf ganz } \mathcal{H} \text{ ab,} \quad \mathcal{W}_U = \mathcal{H}, \tag{10.36b}$$

$$U \text{ ist linear und } \|Uf\| = \|f\| \text{ für alle } f \in \mathcal{H}. \tag{10.36c}$$

Wir haben schon gelernt, *dass* alle Eigenschaften (10.36a)–(10.36c) gelten, sofern U gemäß (10.33a)–(10.33c) unitär ist. Aber auch umgekehrt können wir schließen. Dazu genügt es, die Gleichheit der Inneren Produkte aus (10.36c) zu zeigen.

$$\langle U(f + ag) | U(f + ag) \rangle = \langle f + ag | f + ag \rangle, \quad \text{Längentreue,}$$
$$\Rightarrow \|Uf\|^2 + a\langle Uf | Ug \rangle + \overline{a}\langle Ug | Uf \rangle + |a|^2 \|Ug\|^2 = \|f\|^2 + a\langle f | g \rangle + \overline{a}\langle g | f \rangle$$
$$+ |a|^2 \|g\|^2, \quad \text{Linearität,}$$
$$\Rightarrow \text{Re}(a\langle Uf | Ug \rangle) = \text{Re}(a\langle f | g \rangle).$$

Benutzt man $a = 1$ sowie $a = i$, $\Rightarrow \langle Uf | Ug \rangle = \langle f | g \rangle$, q. e. d.

Man hätte auch mit anderen Worten schließen können: Gemäß (2.31) lässt sich das Innere Produkt durch Längen ausdrücken, nämlich $\|f + g\|^2 - \|f - g\|^2 + i\|if + g\|^2 - i\|if - g\|^2 = 4\langle f | g \rangle$. Aus der Gleichheit der Längen kann man also auf die Gleichheit der Winkel schließen.

Ein weiteres, nützliches Unitaritätskriterium lässt sich aus $U^* = U^{-1}$ herleiten. Da U^{-1} auch (s. o.) unitär ist, also insbesondere auf ganz $\mathcal{H}$ definiert ist und auf ganz $\mathcal{H}$ abbildet, ist $U^*U = 1$ und $UU^* = 1$.

Äquivalente Definition (oder auch: Unitaritätskriterium)

Ein Operator U im Hilbertraum ist unitär, genau wenn:

$$U \text{ ist linear, überall definiert und beschränkt}, \qquad (10.37a)$$

$$U^*U = 1, \qquad (10.37b)$$

$$UU^* = 1. \qquad (10.37c)$$

Wir brauchen nur noch zu zeigen, dass aus diesen Eigenschaften (10.37a)–(10.37c) die ursprüngliche Definition (10.33a)–(10.33c) folgt, denn das Umgekehrte haben wir ja soeben gelernt. Es gilt nun aber (10.33a), da nach (10.37a) U überall definiert ist; dies wird natürlich auch durch $U^*U = 1$ impliziert, da 1 überall definiert ist. Die Längen- und Winkeltreue (10.33c) erkennen wir ebenfalls aus $U^*U = 1$: $\langle Uf|Ug\rangle = \langle U^*Uf|g\rangle = \langle f|g\rangle$. Schließlich bedeutet $UU^* = 1$, dass $\mathcal{W}_U = \mathcal{H}$ sein muss. Nämlich dies ist d. u. n. d. richtig, wenn jedes f durch Ux erreichbar ist, d. h. $Ux = f$ für jedes f lösbar. Wenn (!) es ein solches x gibt, ist $U^*(Ux) = x = U^*f$. Ist dies auch tatsächlich eine Lösung? Dazu muss man die Probe machen: $U(U^*f) \overset{?}{=} f$. Das gilt d. u. n. d., wenn $UU^* = 1$ ist!

Es sind also alle *drei* Bedingungen (10.37a)–(10.37c) erforderlich. Natürlich, sofern U linear-beschränkt ist, existiert U^* und ist auch linear-beschränkt. Also kann man U^*U und UU^* bilden. Aber nur, wenn *beides* 1 ist, folgt die Unitarität von U!

Wir machen uns das am *Beispiel der Verschiebungsoperatoren* A (10.5a), genannt $T_\leftarrow$, in l_2 klar. $A(y_1, y_2, \ldots) = (y_2, y_3, \ldots)$ ist linear-beschränkt, d. h. insbesondere $\mathcal{D}_A = \mathcal{H}$. Es existiert auch A^*, (10.5b), nämlich $A^*(x_1, x_2, \ldots) = (0, x_1, x_2, \ldots)$, auch $T_\rightarrow$ genannt. Jedoch der Bildbereich von A^* ist $\mathcal{W} = \mathcal{H} \ominus \{\varphi_1\} \subset \mathcal{H}$, denn $A^*f \perp \varphi_1$. Ferner $A^*A(y_1, y_2, \ldots) = A^*(y_2, y_3, \ldots) = (0, y_2, y_3, \ldots) \neq (y_1, y_2, \ldots)$, d. h. $A^*A = P_\mathcal{W} \neq 1$. $AA^*(y_1, y_2, \ldots) = A(0, y_1, y_2, \ldots) = (y_1, y_2, \ldots)$, d. h. $AA^* = 1$. Der Verschiebungsoperator ist folglich *nicht unitär*. Verwendet man die erste Definition, so ist zwar $\mathcal{D}_A = \mathcal{H}$ und $\mathcal{W}_A = \mathcal{H}$, jedoch $\|A\varphi_1\| = 0 \neq \|\varphi_1\| = 1$. Der Verschiebungsoperator A hat *kein Inverses*! Denn zu verschiedenen Urbildern $(y_1, y_2, y_3, \ldots)$ und $(y_1', y_2, y_3, \ldots)$ gehören gleiche Bilder. Wohl aber hat A^* ein Inverses A^{*-1}, und ist es $A^{*-1} \subset A$. Also gilt $A \supset (A^*)^{-1}$, nicht aber gleich $(A^{-1})^*$, was es nicht gibt. $(A^*)^{-1}A^* = AA^* = 1$, jedoch $A^*(A^*)^{-1} = P_\mathcal{W} \neq 1$.

Unitäre Operatoren treten in den Anwendungen oft auf. Zum Beispiel ist der Zeittranslationsoperator $e^{-\frac{i}{\hbar}Ht}$ für die Zustände von Quantenteilchen unitär, da man von ihm verlangt, dass sich alle Zustände unter Erhaltung der Normierung und des Superpositionsprinzips zeitlich entwickeln. Koordinatentransformationen, Drehungen usw. beschreibt man durch unitäre Operatoren. Der Streuoperator S ist unitär.

Es lohnt sich, im Vorgriff auf eine spätere genauere Betrachtung, die Bedeutung weiterer, analoger unitärer Operatoren zu besprechen. Wir betrachten den Operator einer

Translation im Raum. Im einfachsten eindimensionalen Fall wird einer Funktion $f(x)$ die verschobene Funktion $f(x - a)$ zugeordnet. (Wäre f z. B. an der Stelle 0 maximal, so liegt das Maximum von $f(x)$ bei $x = 0$, während es bei $f(x - a)$ an der Stelle $x = a$ liegt, also um a verschoben ist.)

Sofern $f \in C_0^\infty(-\infty, +\infty)$, erhalten wir durch Taylorentwicklung $f(x - a) = \sum_n \frac{1}{n!} \left(-a \frac{d}{dx}\right)^n f(x)$, also formal $f(x - a) = e^{-a \frac{d}{dx}} f(x)$ oder mittels $p \equiv \frac{\hbar}{i} \frac{d}{dx}$, dem quantenmechanischen Impulsoperator, $f(x - a) = e^{-\frac{i}{\hbar} p a} f(x)$. Wir können deshalb den Operator

$$U_a = e^{-\frac{i}{\hbar} p a}, \qquad U_a f(x) = f(x - a)$$

als Operator einer Verschiebung im Raum um a verstehen. (Analog ist $e^{-\frac{i}{\hbar} H t}$ der Operator der Verschiebung in der Zeit um t.)

Nun ist p nicht überall in $\mathcal{H}$ definiert, sondern nur auf einer in $\mathcal{H}$ dichten Teilmenge C_0^∞. U_a ist seiner Definition nach beschränkt, denn $\|f(x - a)\| = \|f(x)\|$. U_a ist linear. Und U_a kann auf ganz $\mathcal{H}$ fortgesetzt werden, wird so zum unitären Operator auf $\mathcal{H}$, der abgeschossen ist (siehe Abschn. 5.3). Diese Fortsetzung ist aber *nicht* für p möglich! Gibt es doch nicht-differenzierbare $f(x) \in \mathcal{H}$. Der Verschiebungsoperator hat aber nach Fortsetzung auf ganz $\mathcal{H}$ alle Merkmale eines unitären Operators, insbesondere $\|U_a\| = 1$. U_a^{-1} ist $U_{(-a)}$, die Verschiebung zurück. Übrigens, auch H ist nur dicht in $\mathcal{H}$ definierbar, $e^{-\frac{i}{\hbar} H t}$ aber in ganz $\mathcal{H}$ definierbar.

Die Fourierabbildung (3.23), (3.25) in $\mathcal{L}_2$ ist eine unitäre Transformation, da sie ganz $\mathcal{L}_2$ auf ganz $\mathcal{L}_2$ abbildet und die Winkel und Längen erhält, (3.29). Man kann auch die Fouriertransformation mittels der Theorie unitärer Operatoren ableiten (*Bochner, Plancherel*, siehe z. B. *Riesz, Sz.-Nagy*, 1956, § 112/3), statt sie wie in Abschn. 3.5 direkt zu gewinnen.

10.5 Isometrische Operatoren

Das Beispiel des Vorwärts-Verschiebungsoperators $A^* = T_\to$ gemäß (10.5b), zeigt uns Folgendes. Es ist $\langle A^* f | A^* g \rangle = \langle (0, x_1, x_2, \ldots) | 0, x_1', x_2', \ldots \rangle = \langle f | g \rangle$. A^* ist also längen- und damit auch winkeltreu. Trotzdem ist A^* *nicht* unitär, wie wir sahen; denn zwar ist $\mathcal{D}_{A^*} = \mathcal{H}$; jedoch $\mathcal{W}_{A^*} = \mathcal{H} \ominus \{\varphi_1\} \subset \mathcal{H}$, also echt kleiner als der Ausgangsraum.

Dies Beispiel legt es nahe, folgende *allgemeinere Definition* zu treffen:

Definition

Ein Operator T von einem Hilbertraum $\mathcal{H}$ nach $\mathcal{H}'$ heiße *isometrisch*, wenn:

T ist auf ganz $\mathcal{H}$ definiert, $\mathcal{D}_T = \mathcal{H}$,	(10.38a)
T bildet auf einen (womöglich) anderen Hilbertraum ab, $\mathcal{W}_T = \mathcal{H}'$,	(10.38b)
T ist längen- und winkeltreu, d. h. $\langle T f | T g \rangle = \langle f | g \rangle$, alle $f, g \in \mathcal{H}$.	(10.38c)

Sofern $\mathcal{H} = \mathcal{H}'$, ist ein isometrischer Operator sogar unitär. Doch allgemeiner könnte auch $\mathcal{H}'$ entweder ein anderer Hilbertraum sein oder ein Teilraum von $\mathcal{H}$.

Zum Beispiel ist der Aufsteige-Verschiebungsoperator A^* oder $T_\rightarrow$ gemäß $A^*\varphi_n = \varphi_{n+1}$ nach (10.5b) isometrisch; nicht aber der Absteige-Verschiebungsoperator A oder $T_\leftarrow$ nach (10.5a), da $\|A\varphi_1\| = \|0\| = 0 \neq \|\varphi_1\| = 1$. – Die diskrete Fourierabbildung von $\mathcal{L}_2(-\pi, +\pi)$ auf l_2 ist isometrisch. – Isometrische Operatoren treten z. B. in der quantenmechanischen Streutheorie oft auf.

Isometrische Operatoren T sind stets *linear-beschränkt*. (Man schließt wie bei unitären Operatoren, siehe oben.) Also gibt es einen adjungierten Operator T^*, der von $\mathcal{H}'$ nach $\mathcal{H}$ abbildet.

Jeder isometrische Operator T *besitzt* ein Inverses, T^{-1}, welches selbst auch isometrisch, insbesondere also auf $\mathcal{H}'$ linear-beschränkt ist.

Es gilt

$$T^{-1} = T^* \quad \text{auf} \quad \mathcal{H}'(!), \tag{10.39}$$

bzw.

$$T^*T = \mathbf{1} \quad \text{auf} \quad \mathcal{H}. \tag{10.40}$$

Vorsicht aber bei TT^*, siehe sogleich! Der Beweis läuft wie bei dem spezielleren Fall unitärer Operatoren: T isometrisch $\Rightarrow$ T linear-beschränkt $\Rightarrow$ T^* von $\mathcal{H}'$ nach $\mathcal{H}$ existiert und ist selbst linear-beschränkt. Folglich ist für alle $f, g \in \mathcal{H}$

$$\langle Tf|Tg\rangle = \langle f|g\rangle$$
$$\Downarrow$$
$$= \langle T^*Tf|g\rangle, \quad \text{d.h.} \quad T^*Tf = f, \quad \text{alle} \quad f \in \mathcal{H},$$

folgt (10.40).

Da ferner $\mathcal{D}_{T^*} = \mathcal{H}' = \mathcal{W}_T$, existiert das Inverse und (10.39) gilt. Wie oben sieht man, dass T^{-1} isometrisch ist.

Sofern nun allerdings $\mathcal{H}' \subseteq \mathcal{H}$, ist T^* *nicht nur* auf $\mathcal{H}'$ definiert, sondern als adjungierter Operator zu T in ganz $\mathcal{H}$! Es gilt dann offenbar allgemeiner

$$\left(T^{-1} \text{ auf } \mathcal{H}'\right) \subseteq \left(T^* \text{ auf } \mathcal{H}\right), \quad \mathcal{H}' \subseteq \mathcal{H}. \tag{10.41}$$

Es ist also nach wie vor $T^*T = T^{-1}T = \mathbf{1}$, jedoch $TT^{-1} \subseteq \mathbf{1}$! Nur wenn das Gleichheitszeichen gilt, liegt der spezielle Fall eines unitären Operators vor.

Selbstverständlich kann man TT^* stets ausrechnen, nur ist es beim isometrischen Operator *nicht* $\mathbf{1}$, sondern $\neq \mathbf{1}$.

Daher können wir formulieren die folgende

Äquivalente Definition (oder auch: Isometrie-Kriterium)

Ein Operator T von $\mathcal{H}$ nach $\mathcal{H}'$ ist isometrisch, wenn:

$$T \text{ ist linear-beschränkt } (\Rightarrow T^* \text{ existiert}), \tag{10.42a}$$

$$\text{d. h. } \mathcal{D}_T = \mathcal{H} \text{ und } \mathcal{W}_T \text{ ein Hilbertraum, } \equiv \mathcal{H}', \tag{10.42b}$$

$$T^*T = 1. \tag{10.42c}$$

Denn (10.42a) und (10.42b) implizieren (10.38a) und (10.38b); und $\langle f| \ldots |g\rangle$ von (10.42c) ergibt die Längen- und Winkeltreue. Sollte zusätzlich noch $TT^* = 1$ sein, so folgt die Unitarität von T. Übrigens gilt:

▸　Ein über einem endlich-dimensionalen Raum R^n isometrischer Operator ist notwendigerweise schon unitär. Im R^n genügt also das Kriterium $T^*T = 1$; nicht mehr zu prüfen braucht man (10.37c).

▸　**Beweis** $\mathcal{H} = R^n$ werde aufgespannt durch die Basis $\{\varphi_i | i = 1, \ldots, n\}$. Dann ist wegen der Längen- und Winkeltreue auch $\{T\varphi_i\}$ ein o. n. S., ja sogar ein vollständiges, d. h. $TR^n = R^n$. Denn sei $f' \in \mathcal{H}'$ beliebig, so ist es erreichbar durch $f' = Tf = T \sum_{i=1}^{n} a_i \varphi_i = \sum_{i=1}^{n} a_i T\varphi_i$, d. h. auszudrücken als Linearkombination der $\{T\varphi_i\}$. □

Ergänzt sei noch die auf völlig analoge Weise wie bei unitären Operatoren beweisbare

---

Äquivalente Definition (oder auch: Isometrie-Kriterium)

Ein Operator T von $\mathcal{H}$ nach $\mathcal{H}'$ ist isometrisch, wenn:

$$T \text{ ist in ganz } \mathcal{H} \text{ definiert, } \mathcal{D}_T = \mathcal{H}, \tag{10.43a}$$

$$T \text{ bildet auf einen Hilbertraum ab, } \mathcal{W}_T = \mathcal{H}', \tag{10.43b}$$

$$T \text{ ist linear und } \|Tf\| = \|f\| \quad \text{für alle} \quad f \in \mathcal{H}. \tag{10.43c}$$

Abschließend eine Bemerkung zu den *Eigenwerten isometrischer* bzw. *unitärer Operatoren*. Sie müssen stets auf dem Einheitskreis liegen. Es gilt nämlich: Die Eigenwerte λ eines isometrischen oder unitären Operators erfüllen $|\lambda| = 1$, d. h. $\lambda = e^{ia}$; Eigenvektoren zu verschiedenen Eigenwerten sind orthogonal.

Denn: $Tf = \lambda f \Rightarrow \|Tf\| = |\lambda| \|f\| = \|f\| \Rightarrow |\lambda| = 1$. Ist ferner $Tg = \mu g \Rightarrow \langle g|f\rangle = \langle Tg|Tf\rangle = \overline{\mu}\lambda\langle g|f\rangle$, $\overline{\mu}$ konjugiert komplex zu μ, also $\langle g|f\rangle = 0$, da $\overline{\mu}\lambda \neq 1$, weil $\lambda \neq \mu$.

▸　Zum Beispiel hat der Fourier-Operator als einzige Eigenwerte $1, i, -1, -i$. Denn man erkennt leicht, dass $U^2 f(x) = f(-x)$, also $U^4 f = f$, woraus $\lambda^4 = 1$ folgt, also die λ die 4-ten Einheitswurzeln sind.

10.6 Unitär-Äquivalenz

Bekanntlich verändern sich bei einer unitären Drehung im Vektorraum nicht nur die Komponenten der Vektoren, sondern auch die Matrixelemente von Matrix-Operatoren. So etwa dienen Drehungen oft zur Vereinfachung von Matrizen. Zum Beispiel kann man den Trägheitstensor $\theta_{ij} = \delta_{ij} q_{kk} - q_{ij}$ mit $q_{ij} \equiv \int x_i x_j dm$ durch Drehung des Koordinatensystems „auf Hauptachsen" transformieren, d. h. diagonalisieren, $\theta'_{ij} = \theta_i \delta_{ij}$.

Wie führt man Drehungen bei Matrizen durch? Da den mit einer Matrix gebildeten Formen eine unmittelbare physikalische Bedeutung zukommt, $\langle f | Ag \rangle$, sollen diese physikalischen Größen von der Koordinatendrehung unberührt bleiben. Daher soll

$$\langle f | Ag \rangle \overset{!}{=} \langle Uf | A' Ug \rangle$$

sein, also $A = U^* A' U$ bzw. $A' = UAU^*$. Operatoren, die miteinander in diesem Zusammenhang stehen, sollten also physikalisch in gewisser Hinsicht als gleichwertig angesehen werden.

Diese physikalische Überlegung führt uns zu folgendem allgemeinem Konzept.

Definition

Sei A ein linear-beschränkter Operator *in* $\mathcal{H}$ und A' ein ebensolcher *in* $\mathcal{H}'$ (gleich oder ungleich $\mathcal{H}$). A und A' heißen zueinander *unitär-äquivalent* bzw. *isomorph*, wenn es einen isometrischen Operator T (mit $T\mathcal{H} = \mathcal{H}'$) gibt, sodass

$$A' = T A T^*. \tag{10.44}$$

Gleichbedeutend ist

$$A' T = T A. \tag{10.45}$$

Unitär-äquivalente Operatoren A und A' haben dieselben Eigenwerte (jedoch i. Allg. verschiedene Eigenvektoren). Denn ist λ ein Eigenwert von A zum Eigenvektor f, so ist Tf Eigenvektor von A' zum *selben* Eigenwert λ. Das beweist sofort (10.45). Natürlich gilt analog: Wenn λ' ein Eigenwert von A' mit Eigenvektor $\mathbf{g}$ ist, so ist $T^*\mathbf{g}$ Eigenvektor von A zum selben Eigenwert λ'.

Unitär-äquivalente Operatoren kann man somit bezüglich ihres Eigenwert-Spektrums nicht unterscheiden! Dazu bedarf es weiterer Messungen.

Als Beispiele seien genannt: k und $\frac{1}{i} \partial$ in $\mathcal{L}_2(-\infty, +\infty)$ sind unitär-äquivalent; H_{kin} und $H_{\text{kin}} + V$ mit rein abstoßender Wechselwirkung V sind unitär-äquivalent.

10.7 Partiell-isometrische Operatoren

In vielen Anwendungen, z. B. in der quantenmechanischen Streutheorie, spielt eine Art von Operatoren eine Rolle, die den isometrischen sehr verwandt ist.

Definition

Ein Operator T von $\mathcal{H}$ nach $\mathcal{H}'$ heißt *bezüglich eines Teilraumes* $\mathfrak{r} \subset \mathcal{H}$ *partiell-isometrisch*, wenn T von $\mathfrak{r}$ nach $\mathfrak{r}' \subseteq \mathcal{H}'$ isometrisch ist und in $\mathfrak{r}^\perp = \mathcal{H} \ominus \mathfrak{r}$ als Nulloperator wirkt.

Kriterien für Partiell-Isometrie bzw. äquivalente Definitionen sind augenscheinlich folgende:

Äquivalente Definition

T ist partiell-isometrisch bezüglich $\mathfrak{r}$ mit Projektor P, wenn T linear-beschränkt ist und

$$\|Tf\| = \|Pf\|, \quad \text{alle} \quad f \in \mathcal{H}. \tag{10.46}$$

Äquivalente Definition

T ist partiell-isometrisch bezüglich $\mathfrak{r}$ mit Projektor P, wenn T linear-beschränkt ist ($\Rightarrow T^*$ existiert) und

$$T^* T = P. \tag{10.47}$$

(10.47) garantiert, dass $\|Tf\| = \|Pf\|$ ist und umgekehrt.

Als Beispiel eines partiell-isometrischen Operators sei der Absteige-Verschiebungsoperator $A \equiv T_\leftarrow$ nach (10.5a) und (10.5b) genannt. Er ist isometrisch auf $l_2 \ominus \{\varphi_1\}$ und bildet $\mathfrak{r}^\perp = \{\varphi_1\}$ auf 0 ab.

Weitere Eigenschaften partiell-isometrischer Operatoren sind:

$$T = TP, \text{ da } T(\mathbf{1} - P)f = 0; \tag{10.48}$$

$$T = P'T, \text{ wobei } P' \text{ auf } \mathfrak{r}' \equiv T\mathfrak{r} \text{ projiziert}; \tag{10.49}$$

$$P'T = TP; \tag{10.50}$$

$$T = TT^*T, \tag{10.51}$$

da (10.48) und $P = T^* T$ gilt.

Zugleich mit T ist auch T^* partielle Isometrie bezüglich $\mathfrak{r}'$. Denn sei $g' \in \mathfrak{r}'$, dann ist $g' = Tg$ darzustellen. Also $\|T^* g'\| = \|T^* Tg\| = \|Pg\| = \|Tg\| = \|g'\|$. Das heißt also, von $\mathfrak{r}'$ nach $\mathfrak{r}$ bildet T^* längentreu ab. Ist aber $h' \perp \mathfrak{r}'$, so folgt, dass $0 = \langle h'|T\mathfrak{r}\rangle =\rangle h'|T(\mathfrak{r} + \mathfrak{r}^\perp)\rangle = \langle T^* h'|\mathcal{H}\rangle$, d. h. $T^* h' = 0$.

Daher gelten für T^* ganz analoge Formeln:

$$\|T^* f'\| = \|P' f'\|, \quad \text{für alle} \quad f' \in \mathcal{H}'; \tag{10.52}$$

$$T T^* = P'; \tag{10.53}$$

$$T^* P' = T^* = P T^*; \tag{10.54}$$

$$T^* = T^* T T^*. \tag{10.55}$$

10.8 Antiunitäre Operatoren

Wir wollen uns aufgrund eines physikalischen Beispiels jetzt mit einem Operator-Typ befassen, der zwar nicht mehr linear ist, aber relativ ähnliche Eigenschaften hat. Da wir gesehen hatten, wie man mithilfe unitärer Operatoren U physikalisch äquivalente Operatoren durch $A' = UAU^{-1}$ bekommt, wobei $U^* = U^{-1}$ ist, wenden wir diesen Gedanken einmal an auf den Fall der Zeitspiegelungstransformation. Statt die Zeitskala von 0 bis $+\infty$ zu beschriften, könnte man das auch von 0 bis $-\infty$ tun. Was ändert sich dadurch an den physikalischen Messwerten?

Impulsmesswerte p bekommen negative Messzahlen, $-p$. Ortsmesswerte x verändern sich nicht. Für die im Rahmen der Quantenmechanik zugeordneten Operatoren gilt also $p \to -p$ und $x \to x$. Der die Transformation beschreibende Operator heiße θ. Folglich gilt

$$\theta x \theta^{-1} = x, \quad \theta p \theta^{-1} = -p.$$

Die Vertauschungsrelationen von Ort und Impuls als Ausdruck für die Unschärferelation erfordern dann die Gleichung

$$\left[\theta x \theta^{-1}, \theta p \theta^{-1}\right] = \theta [x, p] \theta^{-1} = \theta i \theta^{-1}$$
$$= [x, -p] = -i, \quad \text{d.h.} \quad -\theta i \theta^{-1} = i \quad \text{bzw.} \quad \theta i = -i\theta.$$

Der Operator θ darf also mit der Multiplikation mit i *nicht* vertauschbar sein. Wohl aber sollte er noch additiv sein, damit für die Zustände das Superpositionsprinzip erhalten bleibt. Das veranlasst uns zu folgender

Definition

Ein Operator A heißt *antilinear*, wenn $\mathcal{D}_A$ eine Linearmannigfaltigkeit ist und

$$A(a_1 f_1 + a_2 f_2) = \overline{a}_1 A f_1 + \overline{a}_2 A f_2, \tag{10.56}$$

d.h. A ist additiv und „antihomogen".

Als Beispiel eines antilinearen, überall definierten und beschränkten Operators sei genannt K, die Konjugiert-Komplexbildung in $\mathcal{L}_2$:

$$Kf(x) := \overline{f}(x). \qquad (10.57)$$

Unser obiges physikalisches Beispiel führt uns aber zu einem weiteren wichtigen Begriff. Da die Transformation der Zustände mit θ die physikalisch allein wichtigen Überlagerungswahrscheinlichkeiten erhalten müsste, weil ja nur die Zeitskala umnummeriert wurde, sollte $|\langle \theta f | \theta g \rangle|^2 = |\langle f | g \rangle|^2$ gelten. Wählt man als speziellen antilinearen Operator zum Beispiel die Bildung des konjugiert Komplexen K nach (10.57), so ist das erfüllt, denn $\langle Kf | Kg \rangle = \langle g | f \rangle = \overline{\langle f | g \rangle}$. Das wiederum führt uns auf folgende

Definition

Ein Operator V im Hilbertraum $\mathcal{H}$ heiße *antiunitär*, wenn:

$$V \text{ ist überall definiert, } \mathcal{D}_V = \mathcal{H}, \qquad (10.58a)$$

$$V \text{ bildet auf ganz } \mathcal{H} \text{ ab, } \mathcal{W}_V = \mathcal{H}, \qquad (10.58b)$$

$$\langle Vf | Vg \rangle = \langle g | f \rangle, \quad \text{für alle} \quad f, g \in \mathcal{H}. \qquad (10.58c)$$

Als *Folgerungen* sehen wir,

1) dass ein antiunitärer Operator beschränkt ist. Es ist sogar $\| V \| = 1$.
2) Ferner ist jeder antiunitäre Operator antilinear, d. h. erfüllt (10.56). Nämlich wie bei unitären Operatoren prüfen wir die Wirkung von V auf eine Linearkombination:

$$\langle Vg | V(a_1 f_1 + a_2 f_2) \rangle = \langle a_1 f_1 + a_2 f_2 | g \rangle = \overline{a}_1 \langle f_1 | g \rangle + \overline{a}_2 \langle f_2 | g \rangle$$
$$= \overline{a}_1 \langle Vg | V f_1 \rangle + \overline{a}_2 \langle Vg | V f_2 \rangle = \langle Vg | \overline{a}_1 V f_1 + \overline{a}_1 V f_2 \rangle.$$

Wegen $V\mathcal{H} = \mathcal{H}$ folgt die Antilinearität.

3) Ein antiunitärer Operator *besitzt* ein Inverses, das selbst ebenfalls antiunitär ist. Denn V^{-1} existiert, weil verschiedenen f auch verschiedene Vf und umgekehrt entsprechen: $\| Vf - Vg \| = \| V(f - g) \| = \| f - g \|$. Da $\mathcal{D}_{V^{-1}} = \mathcal{W}_V = \mathcal{H}$ und $\mathcal{W}_{V^{-1}} = \mathcal{D}_V = \mathcal{H}$, gelten schon (10.58a) und (10.58b). Aber auch (10.58c) gilt:

$$\langle V^{-1}f | V^{-1}g \rangle = \langle V V^{-1} g | V V^{-1} f \rangle = \langle g | f \rangle.$$

4) Sehr nützlich und daher wichtig ist die Eigenschaft: Jeder antiunitäre Operator V lässt sich darstellen als Produkt eines speziellen antiunitären Operators mit einem geeigneten unitären Operator.

Denn sei V vorgegeben und V_0 ein speziell gewählter, fester antiunitärer Operator. Da V_0^{-1} existiert, schreiben wir $V = V_0 V_0^{-1} V$ oder auch $V = V V_0^{-1} V_0$. Es sind aber $V_0^{-1} V$ bzw. $V V_0^{-1}$ unitär, weil gilt:

5) Das Produkt zweier antiunitärer Operatoren ist unitär.

6) Das Produkt eines unitären mit einem antiunitären Operator ist antiunitär.

7) Zu einem antiunitären Operator (allgemein zu einem antilinear-beschränkten) kann man einen adjungierten Operator, V^*, definieren, der ebenfalls antiunitär ist.

Er wird mittels des rieszschen Darstellungssatzes eindeutig auf ganz $\mathcal{H}$ definiert durch

$$\langle V^* g | f \rangle = \overline{\langle g | V f \rangle}, \tag{10.59}$$

denn die rechte Seite ist ein linear-stetiges Funktional, das g ein Bild $g' := V^* g$ zuordnet. Offenbar ist jedes g zugelassen, d. h. $\mathcal{D}_{V^*} = \mathcal{H}$. Es wird aber auch jedes g' erreicht, d. h. $\mathcal{W}_{V^*} = \mathcal{H}$. Nämlich $\langle g' | f \rangle = \overline{\langle V g' | V f \rangle}$ zeigt, dass $g \equiv V g'$ bei vorgegebenem g' die Dienste von g aus (10.59) erfüllt. Schließlich gilt auch (10.58c):

$$\langle V^* f | V^* g \rangle = \overline{\langle f | V V^* g \rangle} = \langle V^{-1} f | V^* g \rangle = \overline{\langle f | g \rangle},$$

wobei die Existenz und Antiunitarität von V^{-1} benutzt wurde.

Aus $\langle f | g \rangle = \langle V g | V f \rangle = \langle f | V^* V g \rangle$ schließen wir

8)

$$V^* V = \mathbf{1}, \tag{10.60}$$

und analog aus der Antiunitarität von V^*

$$V V^* = \mathbf{1}. \tag{10.61}$$

Somit ist

$$V^* = V^{-1}. \tag{10.62}$$

Hiervon haben wir übrigens in der physikalischen Einleitung schon Gebrauch gemacht.

9)

$$V^{**} = V, \tag{10.63}$$

$$(V_1 V_2)^* = V_2^* V_1^*. \tag{10.64}$$

10) Es gelten völlig analoge äquivalente Kriterien dafür, ob ein Operator antiunitär ist, wie wir sie für unitäre oder isometrische Operatoren in Abschn. 10.4 und 10.5 formuliert haben.

11) Die beiden Operatoren $A' \equiv V A V^*$ und A sind *unitär-äquivalent*, sofern A selbstadjungiert ist. Das heißt, es gibt ein U, sodass $A' = U A U^*$. Denn $U = V V_0$ mit einem solchen speziellen antiunitären Operator V_0 leistet das, der mit A vertauschbar ist, $V_0 A V_0^* = A$. So ein V_0 gibt es tatsächlich, nämlich den Operator der Konjugiert-Komplexbildung in der A-Darstellung des Hilbertraumes, $V_0 \equiv K$; es ist $K = K^* = K^{-1}$; $K^2 = \mathbf{1}$.

$$K \psi(\alpha) = \overline{\psi(\alpha)}; \ K A K \overline{\psi(\alpha)} = K A \psi(\alpha) = K \alpha \psi(\alpha) = \overline{\alpha \psi(\alpha)} = A \overline{\psi(\alpha)}.$$

10.9   Satz von Wigner über die mathematische Realisierung von Strahlabbildungen

Sowohl die unitären als auch die antiunitären Operatoren haben die Eigenschaft, die Überlagerungswahrscheinlichkeiten $|\langle f|g\rangle|^2$ invariant zu lassen. Daher eignen sie sich zur Beschreibung solcher Transformationen in physikalischen Systemen, die die Messwerte unverändert lassen, obwohl die mathematische Beschreibung geändert wird. Dies geschieht etwa in Quantensystemen durch Translation des Koordinatensystems, durch Spiegelung, Drehung, auch durch Änderung (z. B. Spiegelung) der Zeitskala usw.

Man kann sich nun fragen, ob es noch mehr Operatoren als die unitären oder antiunitären gibt, die sich zum genannten Zweck eignen, eine physikalische Symmetrietransformation mathematisch zu beschreiben. Um die Antwort zu finden, formulieren wir erst genau, was die Operatoren für Eigenschaften haben sollten.

1. Jeder Zustand f eines Hilbertraumes $\mathcal{H}$ sollte abbildbar sein, wenn die physikalische Symmetrietransformation, genannt T, vorgenommen wird. Das heißt, $\mathcal{D}_T$ soll ganz $\mathcal{H}$ sein.

2. Damit die Beschreibung nach der Transformation vom selben Typ ist, muss der Bildraum wieder ein ganzer Hilbertraum, $\mathcal{H}'$, sein. Das heißt: $\mathcal{W}_T = T\mathcal{H} = \mathcal{H}'$.

3. Die physikalisch messbaren Übergangswahrscheinlichkeiten sollen vor und nach der Abbildung gleich sein. Das heißt: $|\langle f|g\rangle|^2 = |\langle Tf|Tg\rangle|^2$.

Eine Abschwächung gegenüber den unitären bzw. isometrischen und den antiunitären Abbildungen besteht darin, dass *nicht* mehr alle Winkel, sondern nur noch die Beträge $|\langle f|g\rangle|$ der Inneren Produkte festgelegt sind. Der Grund ist, dass man physikalisch einen Zustand f von einem anderen, $e^{i\alpha}f$, nicht unterscheiden kann. Es sind die *Strahlen*, $\mathcal{F} = \{e^{i\alpha}f|f \in \mathcal{H}, \alpha$ reell, beliebig$\}$, die einen physikalischen Zustand beschreiben; eventuelle reelle Vorfaktoren fallen infolge Normierung weg.

Die physikalische Symmetrietransformation ist deshalb im Grunde genommen eine *Strahlabbildung* $\theta \mathcal{F} = \mathcal{F}'$ mit den Eigenschaften

$$\mathcal{D}_\theta : \text{ alle Strahlen in } \mathcal{H}, \tag{10.65a}$$

$$\mathcal{W}_\theta : \text{ alle Strahlen in } \mathcal{H}', \tag{10.65b}$$

$$\langle \mathcal{F}|\mathcal{G}\rangle =: |\langle f|g\rangle|, \quad \text{vertreter-unabhängig, ist unter } \theta \text{ invariant: } \langle \theta\mathcal{F}|\theta\mathcal{G}\rangle = \langle \mathcal{F}|\mathcal{G}\rangle. \tag{10.65c}$$

Diese aus physikalischen Erwägungen zugelassene Erweiterung erlaubt nicht nur die mathematische Realisierung solcher Strahlabbildungen θ durch einen isometrischen Operator T – der augenscheinlich das Gewünschte leistet – oder einen antiisometrischen Operator. Auch etwa $Tf = e^{i\alpha(f)}Uf$ (U isometrisch oder antiisometrisch) mit beliebiger Phase $\alpha(f)$ vermittelt eine Strahlabbildung (10.65a)–(10.65c); dieser Operator T ist nicht notwendig linear, weil ja α von f irgendwie abhängen darf, also nicht nur linear.

Es *gibt* also tatsächlich noch andere Strahlabbildungen θ; es sind allerdings relativ triviale Erweiterungen, dem bis auf eine Phase sind sie eben doch durch einen isometrischen oder antiisometrischen Operator U zu kennzeichnen. Es ist das Verdienst von E. P. *Wigner* (Nobelpreis 1963), gezeigt zu haben, dass es echte andere Möglichkeiten der Realisierung einer Strahlabbildung nicht gibt.

Satz (Satz von Wigner)

Gegeben sei eine Strahlabbildung θ eines Strahl-Hilbertraumes $\mathcal{H}$ auf $\mathcal{H}'$, sodass die Strahlprodukte invariant bleiben, $\langle \mathcal{F} | \mathcal{G} \rangle = \langle \theta \mathcal{F} | \theta \mathcal{G} \rangle$. Dann *existiert* eine Realisierung dieser Strahlabbildung durch einen Operator T von $\mathcal{H}$ auf $\mathcal{H}'$, d. h. $T f = f'$ mit $\mathcal{D}_T = \mathcal{H}$ und $\mathcal{W}_T = \mathcal{H}'$, sodass T entweder isometrisch oder antiisometrisch ist.

Sofern θ ein-eindeutig ist, d. h. $\mathcal{H}' = \mathcal{H}$, ist T entweder unitär oder antiunitär.

T ist bis auf eine konstante Phase (also α unabhängig von f) *eindeutig* durch θ bestimmt. Ferner legt θ bereits fest, *ob T isometrisch oder antiisometrisch ist*, d. h. *welche* Realisierung θ konkret zulässt bzw. impliziert.

Anders ausgedrückt: Weil $\theta \mathcal{F} = \mathcal{F}'$, muss T jedes $f \in \mathcal{F}$ auf jeweils ein $f' \in \mathcal{F}'$ abbilden. Da aber die Phasen durch θ *nicht* beeinflusst werden, ist $f \xrightarrow{\;T\alpha\;} e^{i\alpha(f)} f'$ die allgemeine Wirkung von T_α. Die Aussage ist nun: man *kann* alle Phasen $\alpha(f)$ *so geeignet* wählen, dass T_α isometrisch oder antiisometrisch ist. Eine gemeinsame, f-unabhängige Phase α_0 allerdings bleibt offen.

▶ **Beweis** Wir wollen den Beweis dieses schönen Ergebnisses für den Fall $\mathcal{H}' = \mathcal{H}$ führen. Vorausgesetzt sei Dim $\mathcal{H} > 1$. Dann muss laut Satz T unitär oder antiunitär werden. Der allgemeinere Fall lässt sich analog behandeln. Im übrigen sei bezüglich der physikalischen Benutzung des Satzes auf die Literatur verwiesen, z. B. *Messiah*, 1961/2, *Ludwig*, 1954, u. a.; über die mathematischen Fragen siehe auch V. *Bargmann*, J. Math. Phys. 5, 1964, 862, oder U. *Uhlhorn*, Ark. f. Fys. 23, 1963, 307.

Die Aussage soll durch explizite Konstruktion von T bewiesen werden. Da ja $T f$ bereits bis auf einen Phasenfaktor $e^{i\alpha(f)}$ festliegt, s. o., müssen wir darangehen, die $\alpha(f)$ für alle f geeignet zu bestimmen.

a) Sei $\{\varphi_i\}$ ein v. o. n. S. in $\mathcal{H}$. Dann ist die Menge $\{T\varphi_i\}$ auch v. o. n. S., wie auch immer die Phasen gewählt werden. Denn $|\langle T\varphi_i | T\varphi_j \rangle| = |\langle \varphi_i | \varphi_j \rangle| = |\delta_{ij}| = \delta_{ij}$, also $\{T\varphi_i\}$ o. n. S. Die Vollständigkeit überprüfen wir so: sei $f' \perp T\varphi_j$ für alle j. Dann ist $\langle \mathcal{F}' | e^{i\alpha'_j} T\varphi_j \rangle = 0 = \langle \mathcal{F} | e^{i\alpha_j} \varphi_j \rangle$, also $\mathcal{F} \perp \varphi_j$ und folglich $\mathcal{F} = 0$, da $\{\varphi_j\}$ vollständig ist. Wegen $\|\mathcal{F}'\| = \|\mathcal{F}\| = 0$ muss somit $f' = 0$ sein. Hier wurde verwendet, dass ganz $\mathcal{H}$ der Bildbereich ist.

b) Es stehen uns also zwei v. o. n. S. in $\mathcal{H}$ zur Verfügung, nämlich $\{\varphi_i\}$ und $\{T\varphi_i\}$. Wir entwickeln alle f nach den φ_i und schreiben $x_i := \langle \varphi_i | f \rangle$; dagegen entwickeln wir die

Bilder Tf nach den $T\varphi_i$ und schreiben $x_i' := \langle T\varphi_i | Tf \rangle$. Da die Entwicklungskoeffizienten Innere Produkte sind, gilt also

$$|x_i| = |x_i'| \quad \text{für alle} \quad i \in \text{Indexmenge } I. \tag{10.66}$$

Unser Ziel ist zu zeigen, dass durch passende Wahl aller Phasen in Tf – und dazu gehören selbstverständlich auch die $T\varphi_i$ – sogar

$$\text{entweder } x_i = x_i' \quad \text{oder} \quad x_i = \overline{x_i'} \quad \text{für alle} \quad i \in I \quad \text{und für alle} \quad f \in \mathcal{H} \tag{10.67}$$

gilt. Dazu legen wir zuerst die Phasen der $T\varphi_i$ fest, und zwar so, dass die Additivität gewährleistet ist. Betrachten wir den Vektor $g \equiv \sum\limits_{i=1}^{\infty} \frac{1}{i}\varphi_i$. Sein Bild Tg sei $\sum y_i' T\varphi_i$ Wegen (10.66) ist dann $|y_i'| = \frac{1}{i'}$. Wir *wählen* nun die Phasen aller $T\varphi_i$ gerade so, dass $\frac{1}{i} = y_i'$. Damit sind die Bilder der Basis φ_i *vollständig* festgelegt. Auf das Element g wirkt T additiv: $T\sum \frac{1}{i}\varphi_i = \sum \frac{1}{i}T\varphi_i$.

c) Jetzt wählen wir die Phasen aller derjenigen f, die rein reelle Entwicklungskoeffizienten haben, $f = \sum x_i\varphi_i$, x_i reell. Jedes Teilstück dieser Summe wird auf das entsprechende Teilstück des Bildes $f' = \sum x_i' T\varphi_i$ abgebildet (denn es steht senkrecht auf allen anderen φ_j, also das Bild des Teilstückes senkrecht auf den entsprechenden $T\varphi_j$). Sei i_0 der niedrigste Index, für den $x_{i_0} \neq 0$ und $k > i_0$ beliebig.

$$= \left\| \left\langle \left(\sum_i \frac{1}{i}\varphi_i \right) \middle| x_{i_0}\varphi_{i_0} + x_k\varphi_k \right\rangle \right\| = \left| \frac{1}{i_0}x_{i_0} + \frac{1}{k}x_k \right|$$

$$\Downarrow$$

$$= \left\| \left\langle T\left(\sum_i \frac{1}{i}\varphi_i \right) \middle| T(x_{i_0}\varphi_{i_0} + x_k\varphi_k) \right\rangle \right\| = \left\| \left\langle \sum_i \frac{1}{i}T\varphi_i \middle| x_{i_0}' T\varphi_{i_0} + x_k' T\varphi_k \right\rangle \right\|$$

$$= \left| \frac{1}{i_0}x_{i_0}' + \frac{1}{k}x_k' \right|.$$

Nun wählen wir die eine freie Phase in f' gerade so, dass $x_{i_0}' = x_{i_0}$ ist: das ist möglich wegen $|x_{i_0}| = |x_{i_0}'|$. Dann folgt aber aus

$$\left| 1 + \frac{i_0}{x_{i_0}}\frac{x_k}{k} \right| = \left| 1 + \frac{i_0}{x_{i_0}}\frac{x_k'}{k} \right|,$$

und weil x_k reell ist, dass $x_k = x_k'$ für alle k. Das heißt, T wirkt additiv auf alle f mit rein reellen Entwicklungskoeffizienten.

$$T\sum x_i\varphi_i = \sum x_i T\varphi_i, \quad \text{wenn die } x_i \text{ reell sind.}$$

d) Sei nun $f = \sum_i x_i \varphi_i$ beliebig.

$$= \left|\langle \varphi_j + \varphi_{j+1} + \ldots + \varphi_{j+n} | f \rangle\right| = |x_j + x_{j+1} + \ldots + x_{j+n}|$$

$$\Downarrow$$

$$= \left|\langle T(\varphi_j + \varphi_{j+1} + \ldots + \varphi_{j+n}) | Tf \rangle\right|$$

$$\stackrel{!}{=} \left|\langle T\varphi_j + \ldots + T\varphi_{j+n} \Big| \sum x_i' T\varphi_i \rangle\right| = |x_j' + \ldots + x_{j+n}'|.$$

Dabei wurde benutzt, $\stackrel{!}{=}$, dass wegen Punkt c) der Operator T auf $(\varphi_j + \ldots + \varphi_{j+n})$ additiv wirkt. Es gilt somit für alle j, n

$$|x_j + x_{j+1} + \ldots + x_{j+n}| = |x_j' + x_{j+1}' + \ldots + x_{j+n}'|.$$

Hieraus folgert man (der Leser mache sich eine Zeichnung, beginnend mit x_{i_0}), dass nach Drehung der x_i' mit $e^{i\alpha(f)}$ entweder die beiden Polygonzüge in (10.67) direkt übereinstimmen oder es nach Bildung des Konjugiert-Komplexen tun. Folglich

$$T \sum x_i \varphi_i = \begin{array}{l} \nearrow \quad \sum x_i T\varphi_i \Rightarrow \langle Tf | Tg \rangle = \langle f | g \rangle, \\[2mm] \searrow \quad \sum \overline{x}_i T\varphi_i \Rightarrow \langle Tf | Tg \rangle = \langle g | f \rangle. \end{array} \tag{10.68}$$

Damit ist der Hauptteil der Aussage schon bewiesen; wir haben noch verwendet, dass für alle f entweder immer die eine oder immer die andere Möglichkeit realisiert wird. Denn käme für ein f die eine und für ein anderes g die andere Möglichkeit vor, so (zuerst reelle, dann beliebige x_i wählen)

$$\left|\langle \sum x_i \varphi_i \Big| \sum y_i \varphi_i \rangle\right| = \left|\langle T \sum x_i \varphi_i \Big| T \sum y_i \varphi_i \rangle\right| = \left|\langle \sum x_i T\varphi_i \Big| \sum \overline{y}_i T\varphi_i \rangle\right|, \text{ d. h.}$$

$$\left|\sum \overline{x}_i y_i\right| = \left|\sum \overline{x}_i \overline{y}_i\right|, \text{ für alle Teilsummen.}$$

Das ist nicht möglich.

e) Die Eindeutigkeit dieser Konstruktion von T bis auf eine Phase erkennen wir so. Sei $T_1 f \in \mathcal{F}'$ und $T_2 f \in \mathcal{F}'$, also $T_1 f = e^{i\alpha(f)} T_2 f = T_2 e^{\pm i\alpha(f)} f$. Da T_2^{-1} existiert und $T_2^{-1} T_1$ unitär oder antiunitär, erst recht also additiv und stetig ist, folgern wir

$$e^{\pm i\alpha(f+g)}(f + g) = e^{\pm i\alpha(f)} f + e^{\pm i\alpha(g)} g, \quad \text{d. h.} \quad \alpha(f+g) = \alpha(f) = \alpha(g) \equiv \alpha_0.$$

f) Schließlich überlegen wir uns noch, wie man der Strahlabbildung ansehen kann, ob die Realisierung T nun gerade unitär oder antiunitär ist. Dazu untersuchen wir die Größe

$$\Delta := \langle f_1 | f_2 \rangle \langle f_2 | f_3 \rangle \langle f_3 | f_1 \rangle. \tag{10.69}$$

Sie ist offenkundig unabhängig von der Phasenwahl in den $f_{1,2,3}$, also charakteristisch für die jeweiligen Strahlen. Auch

$$\theta\Delta := \langle \theta f_1 | \theta f_2 \rangle \langle \theta f_2 | \theta f_3 \rangle \langle \theta f_3 | \theta f_1 \rangle$$

ist von der Vertreterwahl in den Bildstrahlen unabhängig. $\theta\Delta$ wird somit schon durch die Strahlabbildung θ selbst festgelegt und nicht erst durch die Realisierung T. Andererseits ist, weil Δ aus drei Faktoren besteht,

$$\theta\Delta = \Delta \quad \text{im unitären Fall,}$$
$$\theta\Delta = \overline{\Delta} \quad \text{im antiunitären Fall.}$$

Sofern man also ein komplexes Δ wählen kann, was für $\text{Dim}\mathcal{H} \geq 2$ möglich ist, unterscheidet man auf diese Weise leicht, ob eine unitäre oder eine antiunitäre Strahlabbildung vorliegt. (Falls $\text{Dim}\mathcal{H} = 1 \Rightarrow f_i = a_i\varphi_0 \Rightarrow \Delta\|\varphi_0\|^6 |a_1|^2 |a_2|^2 |a_3|^2$, stets rein reell.) □

10.10 Matrixdarstellung

10.10.1 Matrixdarstellung linear-beschränkter Operatoren

Für linear-beschränkte Operatoren kann man eine spezielle Form für die Operationsvorschrift angeben, die aus der Analytischen Geometrie bekannt ist und jetzt auf beliebig dimensionale Hilberträume ausgedehnt werden soll: A wirkt wie eine Matrix (A_{ij}). Wichtige Voraussetzung für diese Möglichkeit ist die Linearität von A, denn die Anwendung einer Matrix ist naturgemäß linear. Aber auch die Beschränktheit von A ist wesentlich. Für nichtbeschränkte Operatoren A auf $\mathcal{D}_A$ ist der Zusammenhang zwischen Operator und einer Matrix problematisch und oft unmöglich herzustellen. Dies sollte man unbedingt beachten, wenn man die in vielerlei Anwendungen nützliche Matrixdarstellung nutzen möchte.

Die Matrixdarstellung eines linear-beschränkten Operators wird durch ein v. o. n. S. $\{\varphi_i | i \in I\}$ im Hilbertraum $\mathcal{H}$ vermittelt. Dabei ist die Dimension unerheblich, d. h. die Indexmenge I der φ_i kann endlich, abzählbar oder überabzählbar sein. Separabilität ist *nicht* vorauszusetzen. Da es jedoch viele v. o. n. S. im Hilbertraum gibt, sind ebenso viele Matrixdarstellungen mit einem interessierenden Operator A verknüpft. Im Allgemeinen rechnet man mit je *einem festen* v. o. n S., $\{\varphi_i | i \in I\}$ in $\mathcal{H}$ und $\{\chi'_j | j \in J\}$ im Bildraum $\mathcal{H}'$ von A. Sofern $\mathcal{H} = \mathcal{H}'$, benutzen wir nur $\{\varphi_i\}$.

Durch $\{\varphi_i\}$ wird jedem $f \in \mathcal{H}$ seine Koordinatenmenge $\{x_i\}$ zugeordnet, die höchstens abzählbar viele Elemente $x_i \equiv \langle \varphi_i | f \rangle \neq 0$ enthält, s. Abschn. 2.7. Jedes $f' \in \mathcal{H}'$ wird durch $\{y'_l\}$ dargestellt, $y'_j = \langle \chi_i | f' \rangle$.

Betrachten wir speziell $A\varphi_i \in \mathcal{H}'$ für festes φ_i:

$$A\varphi_i = \sum_{j \in J} \chi_j' \langle \chi_j' | A\varphi_i \rangle \equiv \sum_{j \in J} \chi_j' A_{ji}. \qquad (10.70)$$

Also ist $A_{ji} := \langle \chi_j' | A\varphi_i \rangle$ bei festem i bezüglich j für höchstens abzählbar viele $j \in J$ von Null verschieden und quadrat-summabel, $\sum_j |A_{ji}|^2 < \infty$. Da A^* existiert und linear-beschränkt von $\mathcal{H}'$ nach $\mathcal{H}$ vermittelt, ist analog

$$A^* \chi_j' = \sum_{i \in I} \varphi_i \langle \varphi_i | A^* \chi_j' \rangle \equiv \sum_{i \in I} \varphi_i A_{ij}^*. \qquad (10.71)$$

Da $A_{ij}^* := \langle \varphi_i | A^* \chi_j' \rangle = \langle A\varphi_i | \chi_j' \rangle = \overline{\langle \chi_j' | A\varphi_i \rangle} = \overline{A_{ji}}$, ist also A_{ji} auch bei festem j bezüglich i ein Vektor, d. h. an höchstens abzählbar vielen i von Null verschieden und $\sum_i |A_{ji}|^2 < \infty$. Ferner

$$(A^*)_{ij} \equiv A_{ij}^* = \overline{A_{ji}}. \qquad (10.72)$$

▶ **Zusammengefasst** Jedem linear-beschränkten Operator A von $\mathcal{H}$ mit $\{\varphi_i\}$ nach $\mathcal{H}'$ mit $\{\chi_j'\}$ als v. o. n. S. wird durch

$$A_{ji} := \langle \chi_j' | A\varphi_i \rangle \qquad (10.73)$$

eine *Matrixdarstellung* zugeordnet. A_{ji} ist bei festem i hinsichtlich j und bei festem j hinsichtlich i ein Vektor aus $l_{2,J}$ bzw. $l_{2,I}$. Der adjungierte Operator A^* hat die Matrixdarstellung (10.72).

Die Matrixdarstellung kennzeichnet den linear-beschränkten Operator A vollständig, d. h. man kann A aus der Matrix A_{ji} vollständig wiedergewinnen. Nämlich:
Wir untersuchen einmal die Wirkung von A in der Matrixdarstellung.

$$Af = A \sum_i \varphi_i x_i = \sum_i A\varphi_i x_i = \sum_i \sum_j \chi_j' A_{ji} x_i.$$

Dabei ist die Stetigkeit von A benutzt worden (die ja aus der linear-Beschränktheit folgt). Af ist aus $\mathcal{H}'$, also nach den χ_j' zu entwickeln. Die Entwicklungskoeffizienten bekommt man unter Beachtung der Stetigkeit des inneren Produktes:

$$y_k' = \langle \chi_k' | f' \rangle = \langle \chi_k' | Af \rangle = \sum_i \sum_j \delta_{kj} A_{ji} x_i = \sum_i A_{ki} x_i. \qquad (10.74)$$

Da $\sum_i$ als Inneres Produkt zwischen zwei Vektoren bezüglich i stets existiert, kann man also aus $f \leftrightarrow \{x_i\}$ mittels A_{ki} die Komponenten $\{y_k'\}$ eindeutig bestimmen und damit das Bild f'. Dies ist überall durchführbar und linear.

10.10.2   Rechenregeln für die Matrixdarstellung

Wir stellen hier die wichtigsten Rechenregeln für den Umgang mit der Matrixdarstellung zusammen. Dabei sei der Einfachheit halber $\mathcal{H} = \mathcal{H}'$ angenommen. Die Matrixdarstellung werde durch das v. o. n. S. $\{\varphi_i\}$ induziert und deshalb auch als $\{\varphi_i\}$-*Darstellung* von A bezeichnet. Sind die Basisvektoren etwa alle Energie-Eigenvektoren oder Impulseigenvektoren usw., so sprechen wir auch von der *Energiedarstellung, Impulsdarstellung* usw.

$$
\begin{aligned}
f &\leftrightarrow x_i = \langle \varphi_i | f \rangle \\[1.5ex]
A &\leftrightarrow A_{ij} = \langle \varphi_i | A \varphi_j \rangle \\[1.5ex]
A^* &\leftrightarrow A_{ij}^* = \overline{A_{ji}} \\[1.5ex]
Af &\leftrightarrow y_i = \sum_j A_{ij} x_j \\[1.5ex]
\langle g | Af \rangle &\leftrightarrow \sum_{i,j} \overline{z}_i A_{ij} x_j \\[1.5ex]
AB &\leftrightarrow (AB)_{ij} = \sum_k A_{ik} B_{kj} \\[1.5ex]
A + B &\leftrightarrow A_{ij} + B_{ij} \\[1.5ex]
aB &\leftrightarrow a A_{ij}
\end{aligned}
\tag{10.75}
$$

Oft benötigt man den Übergang von einer Darstellung, etwa der $\{\varphi_i\}$-Darstellung, zu einer anderen, z. B. der $\{\psi_\nu\}$-Darstellung. Den Zusammenhang zwischen den Darstellern A_{ij} bzw. $A_{\nu\mu}$ desselben linear-beschränkten Operators A gewinnen wir leicht.

$$
A_{ij} = \langle \varphi_i | A \varphi_j \rangle = \langle \varphi_i | A \sum_\mu \psi_\mu \langle \psi_\mu | \varphi_j \rangle \rangle = \sum_\mu \sum_\nu \langle \varphi_i | \psi_\nu \rangle \langle \psi_\nu | A \psi_\mu \rangle \langle \psi_\mu | \varphi_i \rangle .
$$

Die Umrechnung geschieht also mittels der Überlapp-Matrixelemente $U_{i\nu} := \langle \varphi_i | \psi_\nu \rangle$ der beiden Basissysteme.

$$
A_{ij} = \sum_{\nu\mu} \langle \varphi_i | \psi_\nu \rangle A_{\nu\mu} \langle \psi_\mu | \varphi_j \rangle ; \quad A_{\nu,\mu} = \sum_{i,j} \langle \psi_\nu | \varphi_i \rangle A_{ij} \langle \varphi_j | \psi_\mu \rangle .
\tag{10.76}
$$

(10.76) kann man sich leicht merken: Man „schiebe" in die jeweilige Matrix A_{ij} bzw. $A_{\nu\mu}$ eine „Darstellung der **1**" ein: $\mathbf{1} = \sum_\nu |\psi_\nu\rangle\langle\psi_\nu|$ usw.

Die Matrix $U_{i\nu} = \langle \varphi_i | \psi_\nu \rangle$ ist die Matrixdarstellung eines unitären Operators U, der eben die Drehung der beiden Darstellungen ineinander vermittelt. Denn da $U_{i\nu}$ bei festem

i Vektor in v und bei festem v Vektor in i ist, also U_{iv} einen linearen und überall definierten Operator darstellt, rechnen wir noch die kennzeichnenden Eigenschaften (10.37b) und (10.37c) aus.

$$\sum_v U_{iv} U_{vj}^* = \sum_v \langle \varphi_i | \psi_v \rangle \langle \psi_v | \varphi_j \rangle = \langle \varphi_i | \mathbf{1} \varphi_j \rangle = \delta_{ij}, \quad \text{d. h.} \quad UU^* = \mathbf{1}, \quad \text{usw.}$$

10.10.3   Kriterien für die Linear-Beschränktheit einer Matrix

Oft begegnet in der Physik primär nicht ein linear-beschränkter Operator, sondern eine Matrix a_{ij}. Wie sieht man ihr an, ob sie die Darstellung eines linear-beschränkten Operators A ist, mit $a_{ij} = \langle \varphi_i | A \varphi_j \rangle$?

Satz

Eine Matrix a_{ij} mit $i \in I$ und $j \in J$ stellt d. u. n. d. einen linear-beschränkten Operator von $\mathcal{H}$ nach $\mathcal{H}'$ (mit den durch die Mächtigkeit der Indexmengen I, J bestimmten Dimensionen) dar, wenn:

a) a_{ij} ist bei festem i an höchstens abzählbar vielen j und bei festem j an höchstens abzählbar vielen i von Null verschieden.

b) Für beliebige $(x_1, \dots, x_p)$ und $(y_1, \dots, y_q)$ gibt es eine Konstante C, sodass

$$\left| \sum_{i,j}^{p,q} \overline{x}_i a_{ij} y_i \right| \leq C \sqrt{\sum_i^p |x_i|^2} \sqrt{\sum_j^q |y_j|^2}.$$

▶ **Beweis** Die Notwendigkeit ist klar: a) kennen wir schon und b) folgt aus $|\langle f | A g \rangle| \leq \|f\| \, \|A\| \, \|g\|$ mit $C \equiv \|A\|$.

Doch sind diese Bedingungen auch hinreichend. Denn für $(x_1, \dots, x_p) = (0, 0, \dots, 1, 0, \dots)$ ist $\sum a_{ij} y_j$ offenbar linear-beschränktes Funktional über $l_{2,J}$, also nach dem rieszschen Satz darstellbar als $\sum_j a_{ij} y_j \equiv \sum \overline{z}_j y_j$ und $(z_j) \in l_{2,J}$. Für $y_i = (0, 0, \dots, 1, 0, \dots)$ folgt $\overline{a_{ij}} = z_j$, d. h. a_{ij} ist bei festem i ein Vektor bezüglich j.

Völlig analog schließt man, dass a_{ij} Vektor bezüglich i bei festem j ist. a_{ij} ist somit überall in $l_{2,J}$ linear anwendbar (da $\sum_j a_{ij} y_i$ als Inneres Produkt kleiner ∞) und auf der hierin dichten Menge $(y_1, y_2, \dots, y_q)$ beschränkt, somit beschränkt fortsetzbar (siehe Abschn. 5.3), und zwar eindeutig. Damit ist A konstruiert, linear-beschränkt, mit a_{ij} als Matrixdarstellung. □

Bemerkungen zu *nicht-beschränkten* Operatoren   Damit es überhaupt eine Matrixdarstellung geben kann, muss der betrachtete Operator A selbstverständlich mindestens linear sein. Aber folgende Probleme treten nun auf. Da A nicht-beschränkt ist, ist $\mathcal{D}_A \subset \mathcal{H}$ und ist der Definitionsbereich $\mathcal{D}_A$ echt kleiner als der ganze Raum $\mathcal{H}$. Dann gibt es folgende Möglichkeiten:

a) Wenn nicht alle $\varphi_i \in \mathcal{D}_A$, ist die Matrix A_{ji} gar nicht bildbar.

b) Wenn nicht alle $\chi'_j \in \mathcal{D}_{A^*}$, geht die Regel $A^*_{ji} = \overline{A_{ij}}$ verloren.

c) Selbst wenn die Matrix A_{ji} existiert (in einer geeigneten Basis), muss sie den Operator nicht darstellen, d. h. kann man aus ihr eventuell nicht Af ausrechnen. Denn stellt man $f = \sum x_i \varphi_i$ dar, so ist Af nicht unbedingt als $\sum A\varphi_i x_i (= \sum \chi'_j A_{ji} x_i)$ darstellbar, da ja A als nicht-beschränkter Operator nicht stetig ist.

d) Schließlich ist zu bedenken, dass erst *mit* Angabe des Definitionsbereiches $\mathcal{D}_A$ der Matrix der ganze Operator beschrieben werden kann. Denn wie wir ja schon aus Kap. 1, der physikalisch-heuristischen Einleitung, wissen, kann eine Operationsvorschrift, also auch die der Anwendung einer Matrix, ganz verschiedene Eigenschaften (z. B. andere Eigenwerte) haben, wenn man verschiedene Definitionsbereiche wählt. Sofern eine Matrix also *nicht* linear-beschränkt ist, stellt sie allein überhaupt keinen Operator dar (!), sondern nur eine Operationsvorschrift.

e) Wie eng die Linear-*Beschränktheit* mit der Möglichkeit einer Darstellung als Matrix verknüpft ist, hat schon das Kriterium 6) in Abschn. 5.6 gezeigt. Wir beweisen es hier.

Satz

Besitzt ein linearer, überall definierter Operator A von $\mathcal{H}$ nach $\mathcal{H}'$ eine Matrixdarstellung in wenigstens einer Basis, so muss er beschränkt sein.

Eine Matrixdarstellung a_{ji} „besitzen" heißt doch, dass für alle $f \leftrightarrow \{x_i\}$ aus $\mathcal{H}$ stets $y'_i \equiv \sum_i a_{ji} x_i$ zu bilden ist und hiermit $Af = f' = \sum y'_j \chi'_j$ dargestellt wird. Also ist $\sum_j \left| \sum_i a_{ji} x_i \right|^2 < \infty$, besonders für $x_i = \delta_{ik}$. Somit gilt $\sum_j |a_{jk}|^2 < \infty$. Folglich existiert für jeden Vektor $g' = \{z'_j\} \in \mathcal{H}'$ das Innere Produkt $\sum \overline{a_{ji}} z'_j < \infty$. Insbesondere auf der dichten Menge von Vektoren mit nur endlich vielen Komponenten ist

$$\left\langle \left\{ \sum_{j=1}^{n} \overline{a_{ji}} z_j \right\} \middle| \{x_i\} \right\rangle = \sum_{j=1}^{n} \sum_{i=1}^{m} \overline{\overline{a_{ji}}} \, \overline{z_j} x_i = \left\langle \{z_j\} \middle| \left\{ \sum_{i=1}^{m} a_{ji} x_i \right\} \right\rangle.$$

Nun kann man rechts offenbar $m \to \infty$ ausführen; ebenfalls links. Rechts und damit links bilde man nun $n \to \infty$ und findet, dass $\overline{a_{ji}}$ bezüglich j einen linearen, überall definierten Operator ergibt, der $\langle A^* g' | f \rangle = \langle g' | Af \rangle$ erfüllt. Es *gibt* also einen Adjungierten, A^*, der den Satz (10.16) aus Abschn. 10.1.2 erfüllt, d. h. A muss beschränkt sein.

Vollstetige Operatoren

11

Eine Teilklasse linear-beschränkter Operatoren spielt wegen ihrer besonderen mathematischen Eigenschaften auch in der Physik eine besondere Rolle: die *vollstetigen Operatoren* sowie speziell die *Hilbert-Schmidt-Operatoren*. Für sie ist das Eigenwertproblem in befriedigender Weise vollständig und übersichtlich gelöst; die aus der Analytischen Geometrie des R^n bekannten Rechenregeln für Matrizen lassen sich auf beliebige Hilberträume übertragen; die zugehörigen Integralgleichungen gestatten die Anwendung von Kriterien für die Lösbarkeit sowie von einfachen, auch numerisch zu verwendenden Lösungsverfahren. All dies macht sie bequem für die Benutzung in der Physik. Zum Beispiel geschieht die statistische Beschreibung von Quantensystemen durch vollstetige Operatoren (die sog. Dichtematrix bzw. der sog. statistische Operator); der aus Abschn. 1.4 bekannte lineare boltzmannsche Stoßoperator ist zum Teil vollstetig, woraus man direkt einen Überblick über das zeitliche Verhalten der Verteilungsfunktion $f(\mathbf{r}, \mathbf{p}, t)$ gewinnen kann; usw.

11.1   Definitionen vollstetiger Operatoren

Linear-beschränkte Operatoren bieten in unendlich-dimensionalen Räumen mehr Möglichkeiten, aber auch Schwierigkeiten, als für Matrix-Operatoren im R^n vorhanden sind. Daher wird man versuchen, durch *zusätzliche* Eigenschaften eine Vereinfachung im Umgang mit Operatoren zu gewinnen. Da manche Probleme dadurch entstehen, dass in unendlich-dimensionalen Räumen beschränkte Mengen nicht notwendig kompakt sind, andererseits linear-beschränkte Operatoren A ja gerade beschränkte Ur-Mengen in beschränkte Bild-Mengen abbilden, kann man diese Stetigkeit der Abbildung durch A dadurch verschärfen, dass die beschränkte Bildmenge sogar kompakt werden soll. Diese zusätzliche Eigenschaft von A erweist sich als äußerst nützlich!

S. Großmann, *Funktionalanalysis*, DOI 10.1007/978-3-658-02402-4_11,
© Springer Fachmedien Wiesbaden 2014

Definition 11.1

Ein linearer, überall definierter Operator A von einem Banachraum $\mathcal{M}$ in einen banachschen Bildraum $\mathcal{M}'$ heißt *kompakt* oder *vollstetig*, wenn er jede beschränkte Menge aus $\mathcal{M}$ in eine kompakte Menge aus $\mathcal{M}'$ abbildet.

Ausdrücklich hingewiesen sei darauf, dass die Bildmenge nicht in sich kompakt zu sein braucht, sondern eben nur als kompakt vorausgesetzt wird. Zu den Begriffen siehe Abschn. 2.9.

Ein vollstetiger Operator ist erst recht stetig und (linear-)beschränkt, nicht aber umgekehrt! (Daher: *voll*stetig)

$$\boxed{\text{vollstetig} \quad \overrightarrow{\;\nleftarrow\;} \quad \text{stetig}} \tag{11.1}$$

Denn der $\mathbf{1}$-Operator ist zwar stetig, aber nicht vollstetig, da die Bildmenge ja mit der nicht als kompakt vorausgesetzten Urmenge übereinstimmt; es *gibt* also stetige, aber nicht vollstetige Operatoren. Aus A vollstetig folgt andererseits so die Beschränktheit: Sei A unbeschränkt. Dann gibt es eine Folge f_n mit $\|Af_n\| / \|f_n\| =: c_n \to \infty$. Die Folge $g_n \equiv f_n / \|f_n\|$ ist dann beschränkt, jedoch ihr Bild unter A nicht kompakt, da $\|Ag_n - Ag_m\| \geq \left| \|Ag_n\| - \|Ag_m\| \right| = |c_n - c_m| \nrightarrow 0$; Widerspruch.

Alle bisher besprochenen Eigenschaften linear-beschränkter Operatoren gelten somit erst recht für vollstetige Operatoren.

Satz

Ein vollstetiger Operator macht aus einer schwach konvergenten Folge eine stark konvergente Folge.

$$f_n \rightharpoonup f \Rightarrow Af_n \Rightarrow Af, \quad \text{sofern } A \text{ vollstetig.} \tag{11.2}$$

Dies ist ein Ausdruck der Verstärkung der Stetigkeitseigenschaft!

▸ **Beweis** Aus $f_n \rightharpoonup f$ folgt $\{\|f_n\|\}$ beschränkt, siehe Abschn. 9.1. Also ist $\{Af_n\}$ kompakt. Wir können daher eine stark konvergente Teilfolge auswählen, $\{Af_{n_k}\}$. Ihr Limes sei $g' \in \mathcal{M}'$, d. h. $Af_{n_k} \to g'$, erst recht $Af_{n_k} \rightharpoonup g'$. Andererseits gilt wegen der schwachen Stetigkeit von A: $Af_n \rightharpoonup Af$; also $g' = Af$, da der schwache Limes einer Cauchyfolge eindeutig ist. Somit $Af_{n_k} \to Af$, d. h. eine Teilfolge von $\{Af_n\}$ konvergiert stark gegen Af. Dann muss es aber sogar die ganze Folge tun. Denn gäbe es mehr als endlich viele Af_{n_i} mit $\|Af_{n_i} - Af\| > \delta$, so enthielte die unendliche und kompakte Menge $\{Af_{n_i}\}$ wiederum eine stark konvergente Teilfolge, die aber, wie wir sahen, gegen Af konvergieren müsste, d. h. man stößt auf einen Widerspruch.   □

Kann man den Satz auch umkehren? Das ist dann möglich, wenn der Banachraum $\mathcal{M}$, in dem A wirkt, die in Abschn. 9.4 besprochene Eigenschaft hat, dass man aus beschränkten Mengen stets wenigstens schwache Cauchyfolgen auswählen kann. Wir nennen solche Räume $\mathcal{M}$, kurz *Räume mit schwachem Auswahlprinzip*.

Nämlich sei $\mathcal{N} \subseteq \mathcal{M}$ eine beliebige beschränkte Menge. Ist $A\mathcal{N} = \mathcal{N}' \subseteq \mathcal{M}'$ kompakt, sofern A aus schwachen Cauchyfolgen starke Cauchyfolgen macht? Ja! Denn wählen wir eine beliebige unendliche Teilmenge aus $\mathcal{N}'$ aus, so entspricht ihr eine unendliche Teilmenge aus $\mathcal{N}$, diese enthält wegen des schwachen Auswahlprinzips eine schwache Cauchyfolge, die durch A stark in sich konvergent gemacht wird. Auf diese Weise kann man in jeder unendlichen Teilmenge aus $\mathcal{N}'$ eine starke Cauchyfolge konstruieren.

In Räumen $\mathcal{M}$ mit schwachem Auswahlprinzip, insbesondere also (s. Abschn. 9.4) in Hilberträumen und regulären Banachräumen gilt somit die

Äquivalente Definition von Vollstetigkeit 11.1

Ein linear-beschränkter Operator A von $\mathcal{M}$ nach $\mathcal{M}'$ ist d. u. n. d. vollstetig, wenn er schwach konvergente Folgen $f_n \in \mathcal{M}$ stark konvergent in $\mathcal{M}'$ macht.

Speziell für Hilberträume, wo ja ein Inneres Produkt zur Verfügung steht, überlegen wir uns, wie man schon den Matrixelementen eines linear-beschränkten Operators ansehen kann, dass dieser vollstetig ist. Wir formulieren das als dritte

Äquivalente Definition von Vollstetigkeit

Ein linear-beschränkter Operator A im Hilbertraum $\mathcal{H}$ ist d. u. n. d. *vollstetig*, wenn für *alle schwach* konvergenten Folgen $f_n \rightharpoonup f$ und $g_n \rightharpoonup g$ gilt

$$\langle f_n | A g_n \rangle \underset{n}{\to} \langle f | A g \rangle. \tag{11.3}$$

▸ **Beweis** Sei A vollstetig; dann ist sogar $Ag_n \Rightarrow Ag$, stark konvergent. Also

$$|\langle f_n | A g_n \rangle - \langle f | A g \rangle| \leq |\langle f_n | A g_n - A g \rangle|$$
$$+ |\langle f_n - f | A g \rangle| \leq C \| A g_n - A g \| + |l(f_n - f)| \to 0.$$

Gelte umgekehrt (11.3). Daraus folgern wir die starke Konvergenz von Ag_n so: $\| Ag_n - Ag \|^2 = \langle Ag_n | Ag_n - Ag \rangle - \langle Ag | Ag_n - Ag \rangle \to 0$. Für den 2. Summanden begründet man das durch $Ag_n \rightharpoonup Ag$ wegen der Linear-Stetigkeit von A; für den 1. wenden wir (11.3) an. □

Ein Beispiel erläutere die Eigenschaft (10.5a) und (10.5b). Im Allgemeinen gilt $\langle f_n | g_n \rangle \nrightarrow \langle f | g \rangle$, auch wenn $f_n \rightharpoonup f$ und $g_n \rightharpoonup g$, beide Vektorfolgen schwach konvergieren. Denn 1 ist *nicht* vollstetig. Das mache folgendes explizite Gegenbeispiel klar.

Sei $f_n(x) = \theta_n(x)$, mit θ_n als charakteristische Funktion des Intervalls $[n, n+1]$, also 1 inner-, 0 außerhalb. Dann gilt $f_n \rightharpoonup 0$ (beweise es). Sei ferner $g_n(x) = n\theta_{n,n+\frac{1}{n}}(x)$ charakteristische Funktion des Intervalls $\left[n, n+\dfrac{1}{n}\right]$, das mit n immer kürzer wird. Auch hierfür gilt $g_n \rightharpoonup 0$, weil es nämlich einerseits beschränkt ist und andererseits für linear-stetige Funktionale $l \equiv f$ mit stetigem $f \in \mathcal{L}_2$ konvergiert. Das aber ist eine dichte Menge und damit gemäß Satz über ersatzweise Konvergenz von dichten Mengen linear-stetiger Funktionale.

11.2 Eigenschaften von und Umgang mit vollstetigen Operatoren

$$\text{Wenn } A \text{ und } B \text{ vollstetig} \quad \Rightarrow \quad A + B \text{ vollstetig;} \tag{11.4}$$

$$A \text{ vollstetig} \quad \Rightarrow \quad a\,A \text{ vollstetig;} \tag{11.5}$$

A vollstetig und B linear-beschränkt, wenn auch nicht notwendig vollstetig,
$\Rightarrow \; A B$ vollstetig, $B A$ vollstetig. $\tag{11.6}$

Sei A_n eine Folge vollstetiger Operatoren, die in sich normkonvergent sei. Dann existiert ein vollstetiger Limes,

$$A_n \underset{\text{Norm}}{\Longrightarrow} A, \quad \text{und es ist } A \text{ vollstetig.} \tag{11.7}$$

▸ **Beweis** Da die A_n linear-beschränkt und in sich normkonvergent sind, existiert nach Abschn. 9.2.2 der Normlimes A. Ist er aber auch vollstetig? Dazu untersuchen wir die Wirkung von A auf beschränkte Mengen, am einfachsten unendliche, beschränkte Folgen $\{f_n\}$. Durch Konstruktion einer stark konvergenten Teilfolge weisen wir nach, dass $\{Af_n\}$ kompakt ist. Es sei nämlich f_{1_k} eine Teilfolge, so dass $A_1 f_{1_k}$ stark konvergent ist. Ihre Auswahl ist möglich, da A_1 als vollstetig angenommen wurde. *Hieraus* wählen wir f_{2_k}, sodass auch $A_2 f_{2_k}$ stark konvergent ist, usw. Die Diagonalfolge $A f_{k_k}$ *ist* in sich stark konvergent. Schließe nämlich so: f_{k_k} ist unter *jedem* A_n in sich stark konvergent, laut Konstruktion. Es folgt $\left\| A f_{k_k} - A f_{k_j} \right\| = \left\| A f_{k_k} - A_n f_{k_k} + A_n f_{k_k} - A_n f_{k_j} + A_n f_{k_j} - A f_{k_j} \right\|$ usw. □

Man kann die Aussage (11.7) auch einprägsam *umformulieren*:

▸ **Alternativaussage 11.1** Jeder linear-beschränkte Operator A, der mit beliebiger Genauigkeit bzgl. der Norm durch einen vollstetigen Operator approximiert werden kann, ist selbst vollstetig.

Danach ist auch folgendes klar:
Die Menge $\mathcal{C}\,(\mathcal{M} \to \mathcal{M}')$ der kompakten, d. h. *vollstetigen Operatoren von* $\mathcal{M}$ nach $\mathcal{M}'$ *bildet selbst einen Banachraum!* $\mathcal{C}$ ist ein echter Teilraum des Banachraumes $\mathcal{B}\,(\mathcal{M} \to \mathcal{M}')$ der linear-beschränkten Operatoren. $\mathcal{C}$ und $\mathcal{B}$ sind i. Allg. nicht-kommutative Algebren.

Der Zusammenhang mit den Eigenschaften von A^* ist so:

Ist A vollstetig, so auch A^* und umgekehrt; $\hspace{3cm}$ (11.8)

A vollstetig $\;\Rightarrow\;$ AA^* und A^*A vollstetig; $\hspace{2cm}$ (11.9)

A linear-beschränkt und AA^* bzw. A^*A vollstetig $\;\Rightarrow\;$ A vollstetig. $\hspace{0.5cm}$ (11.10)

Wir zeigen das nur am Beispiel des Hilbertraumes, obwohl die Aussagen auch im Banachraum gelten. A vollstetig $\Rightarrow A$ linear-beschränkt $\Rightarrow A^*$ existiert. Da A^* durch ein Inneres Produkt definiert ist, (10.1), benutzen wir die Definition (11.3), um die Vollstetigkeit zu prüfen. $f_n \to f$, $g_n \to g$; $\langle f_n | A^* g_n \rangle = \langle A f_n | g_n \rangle \to \langle A f | g \rangle = \langle f | A^* g \rangle$, da A vollstetig; $\Rightarrow$ (11.8). (11.9) ist klar. Zu (11.10): $\mathcal{N}$ beschränkt, $\Rightarrow A^* A \mathcal{N}$ kompakt; sei $A^* A f_n$ eine in sich konvergente Teilfolge; doch dann ist auch $A f_n$ in sich konvergent: $\| A f_n - A f_m \|^2 = \langle f_n - f_m | A^* A f_n - A^* A f_m \rangle \le C\varepsilon$; $\Rightarrow A$ vollstetig. Im anderen Falle erst analog schließen, dass A^* vollstetig $\Rightarrow A$ vollstetig.

Für viele Anwendungen brauchbar ist folgendes Kriterium:

Satz 11.1

Ist von einem selbstadjungiert-beschränkten Operator A *irgendeine Potenz* A^n sogar *vollstetig*, so ist auch A selbst vollstetig.

Man kann die Vollstetigkeit also auch an „*iterierten*" *Kernen* prüfen.

Zum Beispiel konnte so die Vollstetigkeit des Integralteiles im linearen Boltzmannoperator nachgewiesen werden, s. H. *Grad*, 1963, sofern σ gewisse Eigenschaften hat (harte Kugeln oder Potenzwechselwirkung mit endlicher Reichweite).

Denn sei A^n vollstetig und n gerade, dann ist nach (11.10) auch $A^{n/2}$ vollstetig. Ist n ungerade, bildet man erst A^{n+1}, vollstetig, also $A^{(n+1)/2}$ vollstetig. Und so weiter, zu immer kleineren Potenzen, $\Rightarrow A$ vollstetig.

Für die Quantenmechanik wichtig sind die das statistische Verhalten einer Gesamtheit physikalischer Systeme kennzeichnenden statistischen Operatoren, W. Sie sind aus physikalischen Gründen linear-beschränkt, selbstadjungiert und positiv. Ferner ist $\mathrm{Sp}(W) := \sum \langle \varphi_\nu | W \varphi_\nu \rangle < \infty$. Daraus folgt notwendig bereits, dass W sogar vollstetig sein muss! Da man dann aber (s. u.) das Eigenwertproblem vollständig lösen kann, sind statistische Operatoren stets als Überlagerung von Zuständen aufzufassen.

$$W = W^*, \quad W \ge 0, \quad \mathrm{Sp}(W) < \infty \quad \Rightarrow \quad \text{vollstetig.} \hspace{1cm} (11.11)$$

Denn: $W^{\frac{1}{2}}$ existiert und $\mathrm{Sp}\,W = \sum_{\nu,\mu} \langle \varphi_\nu | W^{\frac{1}{2}} \varphi_\mu \rangle \langle \varphi_\mu | W^{\frac{1}{2}} \varphi_\nu \rangle = \sum_{\nu,\mu} |W^{\frac{1}{2}}_{\nu\mu}|^2 < \infty$.

Nach Beispiel 5) des nächsten Abschn. 11.3 ist folglich $W^{\frac{1}{2}}$ vollstetig, also $W^{\frac{1}{2}} W^{\frac{1}{2}} = W$ vollstetig.

▶   Man kann auch die stärkere Voraussetzung $W \geq W^2$ in (11.11) benutzen, weil
      dann $W \geq 0$ folgt. Abschwächen kann man noch bezüglich der Beschränktheit
      von W. Mittels des Spektralsatzes kann man nämlich aus Sp $W < \infty$ *folgern*,
      dass W beschränkt sein muss.

11.3   Beispiele vollstetiger Operatoren

1) Sei l ein linear-stetiges Funktional über $\mathcal{M}$ und $g \in \mathcal{M}$ fest gewählt.

$$Af := l(f)g \quad \text{ist vollstetig.} \tag{11.12}$$

Oder $l_1, \dots, l_n$ linear-stetig und $g_1, \dots, g_n$ beliebig, fest.

$$Af := \sum_{i=1}^{n} l_i(f)g_i \quad \text{ist vollstetig.} \tag{11.13}$$

Denn: $\mathcal{N}$ beschränkt, $A\mathcal{N} = \{l(f)g\} \cong \{l(f)\} \subset K$. Beschränkte Mengen in K sind
aber kompakt. (11.13) gilt, da Summen vollstetiger Operatoren auch vollstetig sind.

2) Insbesondere im Hilbertraum sind demzufolge Operatoren der Form

$$A := \sum_{i=1}^{n} |g_i\rangle\langle h_i| \text{ vollstetig.} \tag{11.14}$$

Man bezeichnet solche Operatoren als *von endlichem Rang* bzw. *ausgeartet*.

Speziell im $\mathcal{L}_2$ sei A ein Integralkern, $A(x, y) = \sum_{i=1}^{n} g_i(x)\overline{h}_i(y)$. Dieser ist also vollstetig,
wenn nur alle $g_i, h_i \in \mathcal{L}_2$. Die Funktionen selbst brauchen *nicht* etwa stetig zu sein.
Normlimites ausgearteter Kerne sind nach (11.10) auch vollstetig!

3) Sofern ein linear-beschränkter Operator in einen endlich-dimensionalen Raum hinein
abbildet, ist er vollstetig.

Beweisidee: $Af \in \mathcal{M}'$, endlich-dimensionaler Banachraum. Sei $\{g_1, \dots, g_n\}$ eine Basis darin. $Af = \sum_{i=1}^{n} a_i(f)g_i$ darstellbar. Die $a_i(f)$ sind nun linear-stetige Funktionale,
womit man auf Beispiel 1) zurückkommt. Nämlich augenscheinlich sind sie überall definiert, wegen der linearen Unabhängigkeit der g_i auch linear. Beschränkt sind sie, weil
in endlich-dimensionalen Räumen alle Normen äquivalent sind ($\overset{!}{\leq}$):

$$|a_i(f)| \leq \max_i |a_i(f)| \equiv \text{Norm von } Af \overset{!}{\leq} \text{const } \|Af\| \leq \text{const } \|A\| \, \|f\|.$$

4) Projektoren sind d. u. n. d. vollstetig, wenn sie auf endliche Räume projizieren.

5) Die Matrix a_{ij} in l_2 repräsentiert einen vollstetigen Operator gewiss dann, wenn

$$\sum_{i,j}^{\infty} |a_{ij}|^2 < \infty. \tag{11.15}$$

Diese *Bedingung ist allerdings keine notwendige*, sondern *nur eine hinreichende*. Denn: $Af = g \Leftrightarrow y_i = \sum_j a_{ij} x_j$. Sei $A_n f := (y_1, y_2, \ldots, y_n, 0, 0, \ldots)$. Dann ist A_n vollstetig, da der Bildraum endlich-dimensional ist. A ist jedoch Normlimes von A_n, folglich nach (11.7) selbst vollstetig.

$$\|(A - A_n)f\|^2 = \sum_{i=n+1}^{\infty} |y_i|^2 \le \sum_{i=n+1}^{\infty} \left(\sum_{j=1}^{\infty} |a_{ij}|^2 \right) \left(\sum_{j=1}^{\infty} |x_j|^2 \right) = \varepsilon \|f\|^2.$$

Die Aussage gilt auch in beliebigen separablen Hilberträumen $\mathcal{H}$ mit der Matrixdarstellung von A als $a_{ij} \equiv \langle \varphi_i | A \varphi_j \rangle$ in irgendeiner Basis. Sie ist auf l_p zu übertragen, wenn $\sum_{i,j}^{\infty} |a_{ij}|^q < \infty$ ist. $(p^{-1} + q^{-1} = 1)$

6) Notwendige *und* hinreichende Bedingung für Vollstetigkeit eines Matrixoperators (*Achieser-Glasmann*, 1954, S. 63f):

$$\lim_{i,j \to \infty} a_{ij} = 0, \quad \text{sofern} \quad a_{ij} = 0, \quad \text{wenn} \quad |i - j| > r \quad \text{bei festem } r. \tag{11.16}$$

7) Analog zu (11.15) ist im Hilbertraum $\mathcal{L}_2(E)$ über einem beliebigen Grundraum E (endlich, unendlich, R oder R^n) eine hinreichende, aber nicht notwendige Bedingung für die Vollstetigkeit eines Integralkerns:

$$\int |A(x, y)|^2 \mathrm{d}\mu(x) \mathrm{d}\mu(y) < \infty. \tag{11.17}$$

Der Kern $A(x, y)$ muss *keineswegs stetig* sein, nur messbar in $(E, \mathcal{F}, \mu)$, aber eben quadratsummabel. Dann gilt sogar:

$$A(x, y) = \lim_{\text{Norm}} \sum_{i=1}^{n} g_i(x) \overline{h_i}(y), \tag{11.18}$$

d. h. der Kern kann im Sinne der Norm beliebig gut durch ausgeartete Kerne (s. Beispiel 2)) approximiert werden.

Beweis
Die letzte Aussage hat die vorherige zur Folge, gemäß (11.7). Daher zeigen wir nur sie durch Übertragung der analogen Methode in l_2. Sei A_N der Operator mit Kern

$$A_N(x, y) =: \left\{ \begin{array}{ll} A(x, y), & x, y \in [-N, +N], \quad |A| \le N \\ 0, & \text{sonst} \end{array} \right\}.$$

Folglich gilt $|A_N - A|^2 \to 0$ mit $N \to \infty$ und $|A_N - A|^2 \leq |A|^2$. Man kann deshalb nach dem Satz von Lebesgue Integral und $\lim\limits_{N}$ vertauschen, da $|A|^2$ summabel ist.

$\|A_n - A\|^2 \leq \int |A_N(x, y) - A(x, y)|^2 d\mu(x)d\mu(y) \to 0$. $A_N(x, y)$ wiederum kann man nun durch Stufenfunktionen beliebig approximieren; letztere haben die Gestalt (11.18).

Es ist wohl klar, welche fundamentale Bedeutung die soeben besprochenen Tatsachen für die Theorie der Integralgleichungen haben; daher untersucht man in Anwendungen stets, ob nicht $A(x, y)$ oder ein iterierter Kern quadratsummabel ist. Denn dann gelten alle in diesem Kapitel und in Kap. 12 allgemein besprochenen Eigenschaften und Lösungsmethoden z. B. für die *fredholmschen Integralgleichungen*

$$\int A(x, y)f(y)d\mu(y) + g(x) = f(x) \quad \text{oder} \quad 0. \tag{11.19}$$

8) In $C(a, b)$ ist der lineare Integraloperator K mit dem Kern $K(x, y)$ sogar vollstetig, wenn $K(P)$ bezüglich $P \equiv (x, y)$ im Quadrat $[a, b] \times [a, b]$ *stetig* ist. Auch dies ist nur eine hinreichende, keine notwendige Bedingung.

$$g(x) = \int\limits_a^b K(x, y)f(y)dy, \quad K(P) \text{ stetig} \Rightarrow K \text{ vollstetig.} \tag{11.20}$$

Denn wir wissen schon, dass K linear-beschränkt ist (siehe Abschn. 4.4, wobei $\|K\| = (b - a)\max\limits_{x,y}|K(x, y)|$). Sei $\mathcal{N}$ eine beschränkte Funktionenmenge aus $C(a, b)$, dann ist auch $\{g\} := K\mathcal{N}$ beschränkt. Die $g(x)$ sind aber nicht nur gleichmäßig beschränkt, sondern auch gleichgradig stetig (d. h. die Abschätzung ist für jedes g gleichartig möglich), sodass nach dem Satz von *Arzela-Ascoli*, s. Abschn. 2.9, die Kompaktheit von $K\mathcal{N}$ folgt. Nämlich für $|x_1 - x_2| < \delta = \delta(\varepsilon)$ ist

$$|g(x_1) - g(x_2)| \leq \max\limits_{a \leq y \leq b} |f(y)| \int\limits_a^b |K(x_1, y) - K(x_2, y)|d\mu \leq C \cdot \varepsilon \cdot (b - a),$$

wegen der bezüglich y gleichmäßigen Stetigkeit von K in x nach Voraussetzung.

Übungen

a) Die Inversen der Differentialoperatoren aus Abschn. 5.2.2 sind vollstetig.

b) Wenn Dim $\mathcal{M} = \infty$, ist jeder vollstetige Operator A in $\mathcal{M}$ singulär, will sagen A^{-1} ist nicht beschränkt.

11.4   Der Hilbertraum der Hilbert-Schmidt-Operatoren

Eine Untermenge der vollstetigen Operatoren spielt in physikalischen Anwendungen eine besondere Rolle, nämlich die in den Beispielen 5) und 7) des vorigen Abschn. 11.3 besprochenen A mit quadrat-summabler Darstellungsmatrix, $\sum |a_{ij}|^2 < \infty$. Deshalb untersuchen wir diese *echte* Teilmenge der vollstetigen Operatoren – da ja (11.15) nur hinreichende, aber nicht notwendige Bedingung ist – jetzt noch einmal gesondert. Wir *beschränken uns* dabei *auf separable Hilberträume* $\mathcal{H}$.

Wenn $\sum\limits_{i,j} |a_{ij}|^2 < \infty$, kann man durch passende Abzählung $(i, j) \equiv k$ offenbar $(a_{ij}) \equiv$ (a_k) als Element aus l_2 auffassen. Daher bildet die Menge aller quadrat-summablen Matrizen (a_{ij}) einen linearen, unitären, vollständigen Raum, kurz einen Hilbertraum, genannt $\mathcal{E}_{\mathrm{HS}}$. Das Innere Produkt darin lautet $\langle (a_{ij})|(b_{ij})\rangle_{\mathrm{HS}} := \sum \overline{a_{ij}} b_{ij}$ und die Norm ist $\|(a_{ij})\|_{\mathrm{HS}}^2 := \sum\limits_{i,j} |a_{ij}|^2 < \infty$.

Da $a_{ij} = \langle \varphi_i | A \varphi_j \rangle$ die Darstellung eines Operators A im v. o. n. S. $\{\varphi_i\}$ sein sollte, taucht die Frage nach der Abhängigkeit des Inneren Produktes bzw. der H.-S.-Norm in $\mathcal{E}_{\mathrm{HS}}$ von der Basis auf bzw. die nach einer basisunabhängigen Formulierung. Da das Innere Produkt durch die Norm auszudrücken ist, genügt die Betrachtung der Norm.

$$
\begin{aligned}
\|(a_{ij})\|_{\mathrm{HS}}^2 &= \sum_{i,j} \overline{a_{ij}} a_{ij} = \sum_{i,j} \langle A\varphi_j | \varphi_i \rangle \langle \varphi_i | A\varphi_j \rangle = \sum_j \|A\varphi_j\|^2 \\
&= \sum_{j,\nu} |\langle \psi_\nu | A\varphi_j \rangle|^2 = \sum_\nu \|A^* \psi_\nu\|^2 = \sum_{\nu,\mu} |a_{\nu,\mu}^*|^2 = \|(a_{\nu\mu}^*)\|_{\mathrm{HS}}^2 .
\end{aligned}
\tag{11.21}
$$

Alle Rechnungen sind erlaubt wegen der parsevalschen Gleichung. Ferner, weil alle Summanden positiv sind, kommt es auf die Reihenfolge bei der Summation nicht an (siehe *Smirnov*, Band I, Absatz 142). Da die rechte Seite von $\{\varphi_i\}$ unabhängig ist bzw. die linke von $\{\psi_\nu\}$, spielt die Basiswahl also keine Rolle. Daher definieren wir nun zusammenfassend:

Definition

Die Menge der Operatoren A, für die die *Hilbert-Schmidt-Norm*

$$
\|A\|_{\mathrm{HS}} := \left(\sum_i \|A\varphi_i\|^2 \right)^{\frac{1}{2}} = \left(\sum_{i,j} |\langle \varphi_j | A\varphi_i \rangle|^2 \right)^{\frac{1}{2}} = \left(\sum_{i,j} |A_{ij}|^2 \right)^{\frac{1}{2}}
\tag{11.22}
$$

endlich ist, $\|A\|_{\mathrm{HS}} < \infty$, bildet einen linearen Raum bezüglich der üblichen Addition von Operatoren, der durch das Innere Produkt

$$
\langle A|B \rangle_{\mathrm{HS}} = \sum_i \langle A\varphi_i | B\varphi_i \rangle
\tag{11.23}
$$

zum unitären Raum wird. Die Wahl des v. o. n. S. $\{\varphi_i\}$ ist beliebig und ohne Einfluss auf diese Definitionen. Der Raum dieser *Hilbert-Schmidt-Operatoren* ist vollständig, also ein hilbertscher Raum, $\mathcal{E}_{\mathrm{HS}}$, von Operatoren $A, B, \dots$ über einem Hilbertraum $\mathcal{H}$ (wegen der Isomorphie zu l_2).

Es gilt außerdem:

$$\|A\|_{HS} = \|A^*\|_{HS},$$

(11.24)

wie (11.21) zeigte.

Zwischen der Menge $\mathcal{B}$ der linear-beschränkten, $\mathcal{E}$ der vollstetigen und $\mathcal{E}_{HS}$ der Hilbert-Schmidt-Operatoren bestehen folgende Relationen:

Hilbert-Schmidt-Operator $\overrightarrow{\leftarrow}$ vollstetig $\overrightarrow{\leftarrow}$ linear-beschränkt
$\mathcal{E}_{HS} \quad \subset \quad \mathcal{E} \quad \subset \quad \mathcal{B}$

(11.25)

Mit anderen Worten: Ein Hilbert-Schmidt-Operator ist sogar vollstetig, nicht aber ist jeder vollstetige Operator vom Hilbert-Schmidt-Typ, usw. Außerdem ist

$$\|A\| \le \|A\|_{HS}$$

(11.26)

Denn $\|A\| = \sup \dfrac{\|Af\|}{\|f\|} = \sup \dfrac{1}{\|f\|} \left(\sum_i |\langle\varphi_i|Af\rangle|^2 \right)^{\frac{1}{2}} \le \left(\sum_i \|A^*\varphi_i\|^2 \right)^{\frac{1}{2}} = \|A^*\|_{HS}$, in Übereinstimmung mit (11.25).

Mittels des *Spurbegriffes* $\mathrm{Sp}\ldots := \sum_1 \langle\varphi_i| \ldots |\varphi_i\rangle$, der Summe der Diagonalelemente einer Matrix, kann man das H.-S.-Innere Produkt bzw. die H.-S.-Norm so schreiben

$$\langle A|B\rangle \mathrm{Sp}A^*B; \quad \|A\|_{HS} = (\mathrm{Sp}A^*A)^{\frac{1}{2}}.$$

(11.27)

In der Physik rechnet man z. B. Erwartungswerte quantenmechanischer Messgrößen mithilfe der Spur aus. Dabei macht man oft von der (zyklischen) *Vertauschung* von Faktoren *unter der Spur* Gebrauch.

$$\mathrm{Sp}(AB) = \mathrm{Sp}(BA)$$

(11.28)

ist sicher dann richtig, wenn A und B Hilbert-Schmidt-Operatoren sind. (11.28) gilt ferner, wenn ein Faktor linear-beschränkt ist und der andere ein Produkt von Hilbert-Schmidt-Operatoren. (Zum Beispiel der statistische Operator $\mathcal{W} = \mathcal{W}^{\frac{1}{2}}\mathcal{W}^{\frac{1}{2}}$ ist von diesem Typ, da $\left\|\mathcal{W}^{\frac{1}{2}}\right\|_{HS}^2 = \sum_{HS} = \sum_i \left\langle \mathcal{W}^{\frac{1}{2}}\varphi_i \middle| \mathcal{W}^{\frac{1}{2}}\varphi_i \right\rangle = \mathrm{Sp}\,\mathcal{W} = 1$.)

▸ **Beweis** $A \in \mathcal{E}_{HS} \Rightarrow A$ vollstetig. Dann gilt die sog. *kanonische Darstellung* eines vollstetigen Operators (s. Abschn. 12.4)

$$A = \sum_i \alpha_i |\psi_i\rangle\langle\chi_i|, \quad A^* = \sum_i \alpha_i |\chi_i\rangle\langle\psi_i|, \quad \alpha_i \text{ reell und } \alpha_i \ge 0.$$

(11.29)

Die $\{\chi_i\}$ und die $\{\psi_i\}$ seien v. o. n. S. Hierin rechnen wir die Spur aus.

$$\mathrm{Sp}(BA) = \sum_i \langle \chi_i | BA \chi_i \rangle = \sum_i \langle \chi_i | B\alpha_i \psi_i \rangle = \sum_i \langle \alpha_i \chi_i | B\psi_i \rangle = \sum_i \langle A^* \psi_i | B\psi_i \rangle$$
$$= \mathrm{Sp}(AB).$$

Den zweiten Teil der Aussage erhalten wir so: A linear-beschränkt, $B = XY$, wobei $X, Y \in \mathcal{E}_{\mathrm{HS}}$. Es ist aber das Produkt eines Hilbert-Schmidt-Operators mit einem linear-beschränkten Operator wieder vom Hilbert-Schmidt-Typ:

$$\|AX\|_{\mathrm{HS}} \le \|A\| \, \|X\|_{\mathrm{HS}} < \infty, \tag{11.30}$$

wie man mittels der schwarzschen Ungleichung einsieht.

Der obige Vertauschbarkeitsbeweis lautet dann n Kompaktform

$$\mathrm{Sp}(AB) = \mathrm{Sp}(AXY) = \mathrm{Sp}(YAX) = \mathrm{Sp}(XYA) = \mathrm{Sp}(BA). \tag{11.31}$$

$\square$

▶ **Bemerkung 11.1** Im $\mathcal{L}_2$ ist ja i. Allg. ein Operator als Integralkern gegeben, $A(x, y)$. Dann gilt

$$\mathrm{Sp} A = \int A(x, x) \mathrm{d}x, \tag{11.32}$$

zumindest dann, wenn A als Produkt zweier Hilbert-Schmidt-Operatoren zu schreiben ist; siehe z B. *Kato*, 1966, S. 522.

▶ **Bemerkung 11.2** Es lohnt sich vielleicht, ein Beispiel eines vollstetigen Operators A zu betrachten, der *nicht* vom Hilbert-Schmidt-Typ ist. Die Hilbert-Schmidt-Operatoren sind eine *echte* Teilmenge der vollstetigen Operatoren!

Wirke ein Operator A in l_2 wie $a_{ij} = \delta_{ij} \lambda_i$, wobei $|\lambda_i| \to 0$ für $i \to \infty$. Dieser Operator ist nach dem Kriterium 6) aus Abschn. 11.3 vollstetig. Andererseits ist $\sum_{i,j} |a_{ij}|^2 = \sum_i |\lambda_i|^2$ nicht notwendig endlich; ein passendes Gegenbeispiel ist $\lambda_i = 1/\sqrt{i}$. Dieses A ist also zwar vollstetig, aber nicht Hilbert-Schmidt.

Man sieht den Unterschied in diesem konkreten Fall vielleicht noch deutlicher, indem man die Vollstetigkeit explizit so zeigt:

Es gilt: $A = \lim\limits_{\substack{n \to \infty \\ \text{Norm}}} \sum\limits_{i=1}^{n} \lambda_i |\varphi_i\rangle\langle\varphi_i|$, mit einem v. o. n. S. $\{\varphi_i\}$ und $|\lambda_i| \to 0$, ist Normlimes vollstetiger (weil endlich dimensionaler) Operatoren. Nämlich $\|(A_n - A_m)f\|^2 = \left\| \sum\limits_{i=m+1}^{n} \lambda_i \varphi_i \langle \varphi_i | f \rangle \right\| = \sum\limits_{i=m+1}^{n} |\lambda_i|^2 |\langle \varphi_i | f \rangle|^2 \le \max\limits_{m < i \le n} |\lambda_i|^2 \cdot \|f\|^2$. Somit $\|A_n - A_m\|^2 \le \max\limits_{m < i \le n} |\lambda_i|^2 \to 0$, q. e. d.

Diese für die Normkonvergenz nötige Eigenschaft bedeutet aber noch nicht, dass $\sum_i |\lambda_i|^2$ endlich sein muss, was für den Hilbert-Schmidt-Charakter aber nötig wäre. Obiges Beispiel $\lambda_i = 1/\sqrt{i}$ zeigt es.

▸ **Bemerkung 11.3** Wir haben die Gültigkeit der kanonischen Darstellung hier nicht bewiesen, weil sie nicht durch einfaches Nachrechnen zu zeigen ist. Man stieße dabei auf Doppelsummen, bei denen die Vertauschbarkeit der Reihenfolgen nicht so ohne Weiteres klar ist. Gesichert ist diese Vertauschbarkeit nur für unendliche Reihen aus lauter positiven Gliedern mit positiven Majoranten (siehe z. B. *Smirnov*, Band I, Abschn. 142). Wir zeigen sie jedoch in Abschn. 12.4 (siehe auch das Ende von Abschn. 12.2) für vollstetige und zusätzlich selbstadjungierte Operatoren. $\mathcal{E}_{HS}$

▸ **Anwendung (des Hilbertraumes $\mathcal{E}_{HS}$ in der Physik)** In der Quantenmechanik (und analog in der klassischen Hamiltonmechanik) erfüllt der statistische Operator $\mathcal{W} \in \mathcal{E}_{HS}$ die Bewegungsgleichung

$$i\hbar\dot{\mathcal{W}}_t = [H, \mathcal{W}_t] =: \mathcal{H}\mathcal{W}_t. \tag{11.33}$$

$\mathcal{H}$ bezeichnet hier einen Operator, wirkend auf die Operatoren $\mathcal{W}$ aus $\mathcal{E}_{HS}$! Er ist sogar selbstadjungiert, da $H^* = H$, weil $\langle \mathcal{H}\mathcal{W}_1|\mathcal{W}_2\rangle = \mathrm{Sp}([H, W_1]^* W_2) = \mathrm{Sp}(\mathcal{W}_1^*[H, \mathcal{W}_2]) = \langle \mathcal{W}_1|\mathcal{H}\mathcal{W}_2\rangle$. Nach Formel (11.33) kann man daher den statistischen Operator W und seine Bewegungsgleichung formal genauso wie die schrödingersche Theorie von Zuständen behandeln.

Das Eigenwertproblem bei vollstetigen Operatoren

12

Schon in der physikalisch-heuristischen Einleitung ist uns die große Bedeutung des Eigenwertproblems

$$Af = \lambda f, \quad f \neq 0, \quad f \in \mathcal{D}_A \tag{12.1}$$

klar geworden. Wir wollen es jetzt für die Klasse der vollstetigen Operatoren in sehr befriedigender, allgemeiner Weise klären.

12.1 Rückblick auf das Eigenwertproblem im unitären $\mathbb{R}^n$

Da die Bestimmung von Eigenwerten und Eigenvektoren im Hilbertraum eine Verallgemeinerung der Aufgabe ist, die man aus der Analytischen Geometrie des R^n kennt, wollen wir uns rückblickend eine gewisse Übersicht über letztere verschaffen, um zu sehen, was man ungefähr für Ergebnisse im Hilbertraum erwarten kann.

Im R^n ist der Operator A eine Matrix (a_{ij}) und (12.1) lautet

$$\sum_{j=1}^{n}(a_{ij} - \lambda \delta_{ij})x_j = 0. \tag{12.2}$$

Damit diese Gleichung eine Lösung $(x_1, \ldots, x_n) \neq (0, \ldots, 0)$ hat, muss die Systemdeterminante Null sein,

$$|a_{ij} - \lambda \delta_{ij}| = 0. \tag{12.3}$$

Die Erfüllung dieser *Säkulargleichung* (12.3) ist notwendig und hinreichend für die Existenz eines Eigenvektors. Sie ist ein Polynom n-ten Grades in λ und hat genau n Lösungen $\lambda_1, \lambda_2, \ldots, \lambda_n \in K$, im Körper der komplexen Zahlen K, die aber nicht alle verschieden sein müssen. Es gibt also mindestens einen, höchstens n verschiedene Eigenwerte bzw. Eigenvektoren. Genaueres kann man nicht sagen, wenn man nichts weiter über die Matrix (a_{ij}) weiß.

Wenn (!) jedoch (a_{ij}) selbstadjungiert ist, $a_{ij} = \overline{a_{ji}}$, kann man die stärkere Aussage machen: Es *gibt n reelle* Eigenwerte, die nicht notwendig verschieden sein müssen, sowie *genau n Eigenvektoren* $f_1, \ldots, f_n$. Diese kann man als o.n.S. konstruieren, das sogar vollständig ist, d. h. die Eigenvektoren einer selbstadjungierten Matrix eignen sich als Basis im R^n. In dieser Basis ist (a_{ij}) diagonal.

Ein Beispiel möge warnend verdeutlichen, dass für allgemeine Matrizen bei weitem weniger Aussagen möglich sind! Sei A die Matrix

$$A = \begin{pmatrix} 1 & 1 & & & & \\ & 1 & 1 & & & 0 \\ & & \cdots & \cdots & & \\ & & & \cdots & \cdots & \\ 0 & & & & 1 & 1 \\ & & & & & 1 \end{pmatrix}$$

d. h. $A(x_1, \ldots, x_n) \equiv (y_1, \ldots, y_n)$ wirke so:

$$y_i = x_i + x_{i+1}, \quad i = 1, 2, \ldots, n-1, \ y_n = x_n. \tag{12.4}$$

Dann ist $|a_{ij} - \lambda \delta_{ij}| = (1-\lambda)^n$, also $\lambda = 1$ der einzige Eigenwert, und zwar ein n-facher. Die Eigenvektoren erfüllen also die Bedingung $Af = f$, d. h. $x_i = x_i + x_{i+1}$, $i = 1, \ldots, n-1$ und $x_n = x_n$. Das wird *nur* durch $f = x_1(1, 0, \ldots, 0)$ gelöst, d. h. es gibt nur *einen einzigen* Eigenvektor.

Es besteht also nur bei den selbstadjungierten Operatoren Hoffnung auf eine befriedigende, als vollständig empfundene Lösung der Eigenwertaufgabe. Hier wird sie uns allerdings auch gelingen, und zwar bei den vollstetigen in völliger Analogie zu den endlichen Matrizen. Eben dadurch ist der Umgang mit vollstetigen Operatoren so bequem. Bei allgemeineren selbstadjungierten Operatoren muss man die Eigenwertaufgabe eventuell allgemeiner lösen, da es nicht einmal einen einzigen Eigenvektor zu geben braucht. Das geschieht im nächsten Kap. 13.

12.2 Beliebige vollstetige Operatoren im Hilbertraum

Wegen solcher Beispiele wie (12.4) kann man bei vollstetigen Operatoren, die nicht selbstadjungiert sind, keine vollständige Lösung des Eigenwertproblems (12.1) erwarten. Aus der Kenntnis der Vollstetigkeit kann man aber schon eine ganze Menge Informationen darüber herleiten, was die eventuellen Eigenwerte und Eigenvektoren *mindestens* für Eigenschaften haben!

▸ Einige Ergebnisse gelten auch schon ohne Vollständigkeit des Raumes; die meisten sind auch für vollstetige Operatoren über Banachräumen richtig, s. z. B. *Kato*, 1966. Auf diese Ausdehnungsmöglichkeit sei hier nur hingewiesen. Zur Vereinfachung werden hier stets Operatoren in vollständigen unitären Räumen $\mathcal{H}$ untersucht. Ihre Dimension allerdings darf beliebig sein, auch nicht-separabel.

Sei A beliebig, aber vollstetig in $\mathcal{H}$. Die Eigenwerte können beliebige komplexe Zahlen sein. Die eventuelle Verschiedenheit von Eigenvektoren erfassen wir mittels des Begriffes „linear unabhängig", da man nur bei selbstadjungierten Operatoren die Orthogonalität von Eigenvektoren verschiedener Eigenwerte beweisen kann. Wohl aber sind für *jeden* Operator Eigenvektoren zu *verschiedenen* Eigenwerten *linear unabhängig*. Denn aus $a_1 f_1 + a_2 f_2 = 0$ folgt durch Anwenden von A bzw. Multiplikation mit λ_1, dass $a_2 f_2 (\lambda_2 - \lambda_1) = 0$, d. h. aus $a_2 = 0$ folgt $a_1 = 0$.

Satz

1) Ein vollstetiger Operator A hat höchstens *endlich viele* linear unabhängige Eigenvektoren zu Eigenwerten λ mit $|\lambda| \geq \delta$, für jede Zahl $\delta > 0$.
2) Die Vielfachheit jedes Eigenwertes $\lambda \neq 0$ ist (höchstens) endlich.
3) Null ist der einzige (mögliche) Häufungspunkt der Eigenwerte.
4) Die Gesamtzahl der linear unabhängigen Eigenvektoren zu Eigenwerten $\lambda \neq 0$ ist höchstens abzählbar.

Alle diese Aussagen sind nur *einschränkend*; sie sagen nichts darüber, wie weit sie im konkreten Einzelfall ausgeschöpft werden!

▸ Hat man die 1. Eigenschaft nachgewiesen, so folgen die weiteren leicht: 2) ist wohl klar; 3) folgt, da ein Häufungspunkt ungleich Null zum Widerspruch zu 1) führen würde. 4) bekommt man durch abzählbare Vereinigung je endlich vieler Eigenvektoren zu λ in Kreisringen um Null.
Nun zu 1): Angenommen, es gäbe unendlich viele linear unabhängige Eigenvektoren f_i zu Eigenwerten $|\lambda_i| \geq \delta$. Wendet man auf sie das E. Schmidtsche Orthonormalisierungsverfahren an, so erhält man

$$\varphi_1 = a_{11} f_1$$
$$\varphi_2 = a_{21} f_1 + a_{22} f_2$$
$$\vdots$$
$$\varphi_n = a_{n1} f_1 + a_{n2} f_2 + \ldots + a_{nn} f_n$$
$$\vdots$$

Als o. n. S. sind die $\{\varphi_n\}$ eine beschränkte Menge, d. h. $\{A\varphi_n\}$ muss kompakt sein, da A vollstetig ist. Gerade das aber wird zum Widerspruch führen, d. h. es kann *nicht* unendlich viele f_i geben.

Man multipliziere $\varphi_n = \ldots$ mit λ_n sowie wende A an und subtrahiere.

$$A\varphi_n - \lambda_n\varphi_n = (\lambda_1 - \lambda_n)a_{n1}f_1 + \ldots + (\lambda_{n-1} - \lambda_n)a_{nn-1}f_{n-1}$$
$$= b_{n1}\varphi_1 + b_{n2}\varphi_2 + \ldots + b_{nn-1}\varphi_{n-1}.$$

Aus dieser Darstellung von $A\varphi_n$ folgt, dass *keine* Teilfolge $A\varphi_\nu$ stark konvergieren kann. Denn $A\varphi_\nu - A\varphi_\mu$ lässt sich als Linearkombination der $\varphi_1, \ldots, \varphi_\nu$ schreiben, deren höchstes Glied gerade $\lambda_\nu\varphi_\nu$ ist; also

$$\|A\varphi_\nu - A\varphi_\mu\|^2 \geq |\lambda_\nu|^2 \geq \delta^2 \nleq 0.$$

Die *einschränkenden Aussagen* des letzten Satzes kann man durch ein *positives Ergebnis ergänzen*, dessen unmittelbar klarer Inhalt erst später, im Zusammenhang mit der Resolvente, bewiesen werden wird, s. Kap. 14. Er ist jedoch von großer praktischer Bedeutung.

Satz

Sofern $\lambda \neq 0$ ein Eigenwert des vollstetigen Operators A ist, ist $\overline{\lambda}$ Eigenwert zu A^* und umgekehrt.

Der Eigenraum $\mathfrak{r}_{A,\lambda}$, von A zum Eigenwert λ hat dieselbe Dimension wie $\mathfrak{r}_{A^*,\lambda}$.

Eine *weitere positive Aussage* ist die der Möglichkeit der *kanonischen Darstellung* vollstetiger Operatoren,

$$A = \sum_i \alpha_i |\psi_i\rangle\langle\chi_i|. \tag{12.5}$$

Man gewinnt und versteht sie leicht im Anschluss an die komplette Lösung des Eigenwertproblems vollstetiger *und zusätzlich* selbstadjungierter Operatoren. Es sei daher auf Abschn. 12.4. verwiesen.

12.3   Vollstetige, selbstadjungierte Operatoren und das ritzsche Variationsprinzip

Sofern außer der Vollstetigkeit eines Operators A *zusätzlich* noch $A^* = A$ gilt, A also auch selbstadjungiert ist, kann man einen vollständigen Überblick über das Eigenwertproblem gewinnen. Denn dann kann man sukzessive die *Existenz* von hinreichend vielen Eigenvektoren *beweisen*, die insgesamt eine Basis im Hilbertraum bilden und eine Diagonaldarstellung von A ermöglichen, s. Gl. (12.7).

Das Verfahren hat auch für die physikalischen Anwendungen große Bedeutung, da es sich zur numerischen Behandlung eignet. Es ist unter dem Namen *ritzsches Variationsprinzip* bekannt. Es gestattet, Eigenwerte und Eigenfunktionen mittels sukzessiver Approximationen tatsächlich aufzufinden und wird in der Atom-, Molekül- bzw. Kern-Physik, in der Transporttheorie usw. oft benutzt.

Bei linear-beschränkten Operatoren ist die Norm $\|A\|$ eine endliche Zahl. Sofern A selbstadjungiert ist, lässt sie sich gemäß (10.20) durch $\|A\| = \sup_{\|f\|=1} |\langle f|Af\rangle|$ bestimmen. Ist A zusätzlich auch noch vollstetig, so ist $\|A\|$ sogar mit Sicherheit ein Eigenwert! Das ist der *Kernpunkt des ritzschen Verfahrens.*

Denn laut Definition des Supremums gibt es entweder einen diskreten Vektor, $\|f_0\| = 1$, sodass $\langle f_0|Af_0\rangle = \|A\|$ oder $-\|A\|$ ist, oder es gibt eine unendliche normierte Folge $\{f_n\}$, sodass $\langle f_n|Af_n\rangle \to \|A\|$ bzw. $-\|A\|$. Im ersteren Falle *ist* f_0 schon einer der gesuchten Eigenvektoren, u. z. zum Eigenwert $\lambda_0 \equiv \|A\|$ oder $-\|A\|$; im letzteren zeigen wir, dass die f_n (bzw. eine Teilfolge) gegen einen solchen Eigenvektor konvergieren *müssen*, nämlich wegen der Vollstetigkeit. Denn entweder

$$\|Af_0 + \lambda_0 f_0\|^2 = \|Af_0\|^2 - 2\lambda_0\langle f_0|Af_0\rangle + \lambda_0^2$$
$$= \|Af_0\|^2 - \lambda_0^2 \leq \|A\|^2\|f_0\|^2 - \lambda_0^2 = 0,$$

also

$$Af_0 = \lambda_0 f_0;$$

oder

$$\|Af_n - \lambda_0 f_n\|^2 = \|Af_n\|^2 - 2\lambda_0\langle f_n|Af_n\rangle + \lambda_0^2$$
$$\leq \|A\|^2 - 2|\lambda_0|\,|\langle f_n|Af_n\rangle| + \lambda_0^2 = 2|\lambda_0|(|\lambda_0| - |\langle f_n|Af_n\rangle|) \to 0$$

Die f_n lösen folglich näherungsweise das Eigenwertproblem; doch konvergieren sie überhaupt? Eben das garantiert nun die Vollstetigkeit von A! Denn $\{f_n\}$ ist eine normierte, somit beschränkte Menge, also $\{Af_n\}$ kompakt. Sei Af_ν eine der dann vorhandenen konvergenten Teilfolgen: Da Af_ν und *auch*, s. soeben, $Af_\nu - \lambda_0 f_\nu$ konvergiert, tut das auch die Differenz, also $f_\nu \Rightarrow f_0$. A ist stetig, somit $Af_0 = \lambda_0 f_0$, q. e. d.

Zusammengefasst gilt also der

Satz 12.1

Ein vollstetiger und selbstadjungierter Operator A im Hilbertraum $\mathcal{H}$ beliebiger Dimension *hat* mindestens einen Eigenwert, nämlich $+\|A\|$ oder $-\|A\|$, und damit auch einen Eigenvektor.

Das Variationsproblem $|\langle f|Af\rangle|$ = absolutes Maximum (Nebenbedingung $\|f\| = 1$) ist stets lösbar. Jede Lösung f ist Eigenvektor von A mit Eigenwert $+\|A\|$ oder $-\|A\|$.

Dieses wichtige Verfahren, um einen Eigenwert und dessen Eigenvektor zu finden, kann man fortsetzen. Hat man erst einmal einen Eigenwert λ_1, Eigenvektor $\varphi_1(\|\varphi_1\| = 1)$, so untersucht man A in $\mathcal{H}_1 := \mathcal{H} \ominus \{\varphi_1\}$. Dann ist $A\mathcal{H}_1 \subseteq \mathcal{H}_1$, weil $\langle A\mathcal{H}_1|\varphi_1\rangle = \langle \mathcal{H}_1|A\varphi_1\rangle = \lambda_1\langle \mathcal{H}_1|\varphi_1\rangle = 0$. Aber A ist auch in $\mathcal{H}_1$ vollstetig und selbstadjungiert. Folglich gibt es λ_2, φ_2

in $\mathcal{H}_1$ usw. Es muss ferner $|\lambda_1| \geq |\lambda_2| \geq \ldots \geq |\lambda_n| \geq \ldots$ gelten. Es gibt entweder nur endlich viele $\lambda_n \neq 0$ oder $|\lambda_n| \to 0$, wegen der Unmöglichkeit eines anderen Häufungspunktes vollstetiger Operatoren gemäß Abschn. 12.2.

Alle λ_i sind reell sowie höchstens endlich vielfach. Allein $\lambda = 0$ kann beliebig entartet sein, ja muss es sogar, falls $\mathcal{H}$ überseparabel ist, denn die $\{\varphi_i\}$ bilden ein höchstens abzählbares o. n. S. Orthonormiert ist es, da die φ_i zu verschiedenen λ_i sowieso orthogonal sind und die untereinander entarteten $\varphi_{i_1}, \ldots, \varphi_{i_m}$ orthonormalisiert werden können (da A linear!).

Man kann aus den Eigenvektoren eines vollstetigen und selbstadjungierten Operators A sogar eine Basis des Hilbertraumes bilden. Denn zerlegt man $\mathcal{H}$ in den von den φ_i zu $\lambda_i \neq 0$ aufgespannten Teilraum, $\overline{\{\varphi_i\}}$ und dessen Orthogonalkomplement, genannt $\mathfrak{r}$, also $\mathcal{H} = \overline{\{\varphi_i\}} \oplus \mathfrak{r}$, so sind beide Teile unter A invariant.

$$A\overline{\{\varphi_i\}} = \overline{\{\varphi_i\}}; \ A\mathfrak{r} \subseteq \mathfrak{r}, \quad \text{sogar} \quad A\mathfrak{r} = 0.$$

Mit anderen Worten: Der Teil $\mathfrak{r}$ des Hilbertraumes, der auf allen Eigenvektoren φ_i zu $\lambda_i \neq 0$ senkrecht steht, ist Eigenraum von A zum Eigenwert 0 (sofern überhaupt $\neq \{0\}$, er also nicht leer ist). Gälte nämlich nicht $Ag = 0$ für alle $g \in \mathfrak{r}$, so wäre $\|A\|_{\mathfrak{r}} \neq 0$, also ein Eigenwert $\lambda_j \neq 0$ möglich, gäbe es also ein $\varphi_j \in \mathcal{H}$ mit $\lambda_j \neq 0$ in $\mathfrak{r}$ im Widerspruch zur Voraussetzung.

Ergänzt man also die oben konstruierten Eigenvektoren φ_i noch durch eine Basis in $\mathfrak{r}$, letztere alles Eigenvektoren von A zum Eigenwert 0, so bildet die so verstandene Menge $\{\varphi_i\}$ ein v. o. n. S.!

Die Wirkung von A lässt sich mit diesem v. o. n. S. von Eigenvektoren leicht beschreiben. $Af = \sum_{i \in I} \varphi_i \langle \varphi_i | Af \rangle = \sum_{i \in I} \varphi_i \langle \lambda_i \varphi_i | f \rangle$. In der Summe kommen also de facto nur die höchstens abzählbar vielen φ_i zu Eigenwerten $\lambda_i \neq 0$ vor!

$$Af = \sum_{i=1}^{\infty} \lambda_i \varphi_i \langle \varphi_i | f \rangle. \tag{12.6}$$

Dies bedeutet, man kann die Bilder Af nach den höchstens abzählbaren φ_i senkrecht zum Nullraum entwickeln! Letztere sind in $A\mathcal{H}$ bereits ein vollständiges System; der Bildraum ist stets separabel. Abgekürzt bedeutet (12.6) die Darstellung

$$A = \sum_{i=1}^{\infty} \lambda_i |\varphi_i\rangle\langle\varphi_i|, \quad \lambda_i \text{ reell}, \quad |\lambda_i| \to 0. \tag{12.7}$$

(Formal kann man sich noch $0P_{\mathfrak{r}}$ ergänzt denken.) Die Summe ist *sogar* als *Normlimes* zu verstehen:

$$\|A_n f - A_m f\|^2 \equiv \left\| \sum_{m+1}^{n} \lambda_i \varphi_i \langle \varphi_i | f \rangle \right\|^2 = \sum_{m+1}^{n} \lambda_i^2 |\langle \varphi_i | f \rangle|^2 \leq \max_{m < i \leq n} \lambda_i^2 \|f\|^2$$

$$\Rightarrow \|A_n - A_m\| \leq \max_{m < i \leq n} |\lambda_i| \to 0.$$

Zusammenfassung im

Satz

Ein vollstetiger, selbstadjungierter Operator A im Hilbertraum $\mathcal{H}$ hat höchstens abzählbar viele, rein reelle Eigenwerte $\lambda_i \neq 0$ mit einzigem (möglichen) Häufungspunkt 0. Jeder Eigenwert ist höchstens endlichfach entartet. Alle λ_i und zugehörige φ_i sind aus dem Variationsverfahren

$$|\langle f|Af\rangle| = \text{absolutes Maximum}, \quad \|f\| = 1, \quad f \perp \varphi_i, \ldots, \varphi_{i-1} \qquad (12.8)$$

zu gewinnen. Die $\{\varphi_i\}$ zusammen mit dem Eigenraum von A zum Eigenwert 0 bilden ein v. o. n. S. Jeder Bildvektor Af kann bereits nach den $\{\varphi_i\}$ allein entwickelt werden, d. h. es gilt die Darstellung (12.7).

Diese Eigenschaften sind so charakteristisch, dass auch folgende *Umkehrung* gilt:

Ein linearer Operator mit rein reellen, höchstens endlichfach entarteten Eigenwerten λ_i mit $|\lambda_i| \to 0$, dessen Eigenvektoren φ_i ein v. o. n. S. bilden, ist vollstetig und selbstadjungiert. Er ist darzustellen als

$$A = \lim_{\text{Norm},k\to\infty} \sum_{i=1}^{k} \lambda_i |\varphi_i\rangle\langle\varphi_i|. \qquad (12.7')$$

Zum Beweis untersuchen wir die Wirkung von A nach (12.7′) auf eine schwache Cauchy-Folge $\{f_n\}$, die folglich beschränkt ist. $\|Af_n - Af_m\|^2 \leq \sum_{i=1}^{k} \lambda_k^2 |\langle\varphi_i|f_n - f_m\rangle|^2 + \lambda_k^2 \|f_n - f_m\|^2$. In der ersten Summe geht wegen der schwachen Konvergenz jeder Summand gegen Null, der zweite Summand ist $\leq \lambda_r^2 C \to 0$.

Als physikalische Anwendung sei erwähnt, dass der statistische Operator $\mathcal{W}$ eines Quantensystems, da vollstetig und selbstadjungiert, stets aus einer Überlagerung von Zuständen besteht.

$$\mathcal{W} = \sum_{i=1}^{\infty} w_i |\varphi_i\rangle\langle\varphi_i|, \quad \text{Sp}\,\mathcal{W} = \sum_{i=1}^{\infty} w_i = 1, \quad w_i \geq 0. \qquad (12.9)$$

12.4   Die kanonische Darstellung vollstetiger Operatoren

Nachdem die Struktur vollstetiger Operatoren, die sogar selbstadjungiert sind, völlig geklärt ist, kommen wir nochmals auf die nicht notwendig selbstadjungierten vollstetigen Operatoren zurück. A vollstetig $\Rightarrow A^*$ existiert und A^*A vollstetig sowie selbstadjungiert, sogar $A^*A \geq 0$! Man kann also die Eigenvektoren χ_i des Operators A^*A bestimmen sowie seine Eigenwerte. Letztere sind sogar positiv, also als α_i^2 mit α_i reell und positiv wählbar zu schreiben.

$$A^*A = \sum_{i=1}^{\infty} \alpha_i^2 |\chi_i\rangle\langle\chi_i|, \quad \alpha_i \text{ reell, positiv, mit } \alpha_i \to 0. \tag{12.10}$$

Hiermit definieren wir

$$\psi_i := \frac{1}{\alpha_i} A\chi_i. \tag{12.11}$$

Die $\{\psi_i\}$ sind ebenso wie die $\{\chi_i\}$ ein o. n. S., wie man leicht nachrechnet. Folglich existiert der Operatornorm-Limes der folgenden Summe und ist vollstetig:

$$B \equiv \sum_{i=1}^{\infty} \alpha_i |\psi_i\rangle\langle\chi_i|.$$

(Beweis wie soeben zu (12.7)). Er wirkt unter Beachtung von (12.11) auf die χ_j wie A:

$$B\chi_j = \alpha_j\psi_j = A\chi_j.$$

Die Fortsetzung von der linearen Hülle auf ganz $\mathcal{H}$ zeigt, dass also sogar $B = A$ *ist*. Somit gelten folgende Formeln, genannt die

$$
\boxed{
\begin{array}{ll}
\textbf{kanonische Darstellung} & A = \sum_i \alpha_i |\psi_i\rangle\langle\chi_i| \\[2mm]
 & A^* = \sum_i \alpha_i |\chi_i\rangle\langle\psi_i| \\[2mm]
A^*A = \sum_i \alpha_i^2 |\chi_i\rangle\langle\chi_i|, & AA^* = \sum_i \alpha_i^2 |\psi_i\rangle\langle\psi_i| \\[2mm]
A\chi_i = \alpha_i\psi_i, & A^*\psi_i = \alpha_i\chi_i
\end{array}
}
\tag{12.12}
$$

Falls der Operator A sogar selbstadjungiert ist, $A^* = A$, ist $\psi_i = \pm\chi_i$ nach (12.11) und $\alpha_i = |\lambda_i|$. Zu beachten ist allerdings, dass die Darstellung nicht notwendig eindeutig ist. Da nämlich sogar die χ_i als Eigenvektoren von A wählbar sind, erhalten wir

$$\psi_i = \frac{1}{\alpha_i} A\chi_i = \frac{1}{\alpha_i}(\pm\alpha_i\chi_i) = \pm\chi_i,$$

also schon hierdurch eine Mehrdeutigkeit.

12.5 Lösung inhomogener Gleichungen und die fredholmsche Alternative

Von großem Nutzen für viele Anwendungen ist die Lösung der Aufgabe

$$Af - zf = g, \quad z \in K, g \in \mathcal{H}, \text{ fest.} \tag{12.13}$$

Diese Operatorgleichung ist z. B. in $\mathcal{L}_2$ eine lineare Integralgleichung. Sofern A ein vollstetiger Operator ist, kann man die Frage nach den möglichen Lösungen f dieser Gleichung sehr befriedigend beantworten; ist A außerdem noch selbstadjungiert, so kann man die Lösung sogar (leicht) explizit angeben!

Es gilt nämlich folgender, auch die „*fredholmsche Alternative*" genannter

---

Satz

Notwendige, aber auch hinreichende Bedingung für die Lösbarkeit der inhomogenen Operatorgleichung (12.13) mit einem vollstetigen Operator A im Hilbertraum $\mathcal{H}$ ist, dass g senkrecht auf dem Eigenraum $\mathfrak{r}_{A^*,\bar{z}}$ von A^* zum Eigenwert $\bar{z}$ steht. Das gilt auch, falls z kein Eigenwert ist; dann ist $\mathfrak{r}_{A^*,\bar{z}} = \{0\}$ und eine Lösung existiert stets.

Mit anderen Worten: *Entweder* g ist nicht senkrecht auf $\mathfrak{r}_{A^*,\bar{z}}$; dann gibt es gar keine Lösungen der Operator- bzw. Integralgleichung (12.13).

Oder $g \perp \mathfrak{r}_{A^*,\bar{z}}$, dann *gibt* es Lösungen, und zwar eine spezielle Lösung f_1 plus die allgemeine Lösung der homogenen Gleichung. Letztere ist für $z \neq 0$ eine höchstens endliche Linearkombination der Eigenvektoren zum gegebenen Eigenwert z.

Denn: Sei $\mathcal{N} = \{h | h = (A - z)f, \text{ alle } f \in \mathcal{H}\}$, d. h. der Wertebereich von $A - z$. Natürlich ist $\mathcal{N}$ eine Linearmannigfaltigkeit, ja sogar wegen der Eigenschaften von A ein Teilraum (eventuell sogar ganz $\mathcal{H}$). Dies lernen wir später beim Studium der Resolvente. Wenn (!) nun $g \in \mathcal{N}$, dann existiert offensichtlich eine (bzw. mehrere) Lösung(en), nämlich die f, die durch $A - z$ auf $g \in \mathcal{N}$ abgebildet werden. Diese Bedingung ist aber auch notwendig. Also d. u. n. d. existiert eine Lösung, wenn $g \in \mathcal{N} \Leftrightarrow g \perp \mathcal{H} \ominus \mathcal{N}$. Aber $\mathcal{H} \ominus \mathcal{N} = \mathfrak{r}_{A^*,\bar{z}}$, nämlich $\psi \in \mathcal{H} \ominus \mathcal{N} \Leftrightarrow \langle \psi | \mathcal{N} \rangle = 0 \Leftrightarrow \langle (A^* - \bar{z})\psi | \mathcal{H} \rangle = 0 \Leftrightarrow (A^* - \bar{z})\psi = 0$.

Satz (Fortsetzung)

Ist nun A sogar *selbstadjungiert* und vollstetig, so lautet die *fredholmsche Alternative* noch stärker so:

Entweder g ist senkrecht zum Eigenraum von z, dann gibt es Lösungen; anderenfalls nicht.

Man kann dies im Falle selbstadjungierter Operatoren $A^* = A$ durch direkte Konstruktion einsehen und damit nicht nur die Alternative, sondern sogar die Lösung selbst finden.

Dazu benutzen wir die Diagonaldarstellung (12.7) für einen vollstetigen, selbstadjungierten Operator.

$$Af - zf = g \quad \text{dann} \quad \sum_i \lambda_i |\varphi_i\rangle\langle\varphi_i|f\rangle - zf = g \quad \text{folglich} \quad (\lambda_i - z)\langle\varphi_i|f\rangle = \langle\varphi_j|g\rangle.$$

$$\tag{12.14}$$

In der Basis $\{\varphi_i\}$ der Eigenvektoren von A kennt man somit schon die gesuchte Lösung (sofern $\varphi_j \in$ Nullraum, ist $\lambda_j = 0$ zu setzen): Man bestimmt aus g die Entwicklungskoeffizienten $\langle\varphi_i|g\rangle$ und dividiert sie durch $\lambda_i - z$, um so die Entwicklungskoeffizienten der gesuchten Lösung f in der Basis (v. o. n. S.) $\{\varphi_i\}$ zu bestimmen.

Nun lesen wir die fredholmsche Alternative direkt ab: Sofern z kein Eigenwert ist, d. h. $z \neq \lambda_j$ für alle λ_j, gibt es eine Lösung, nämlich $\langle\varphi_j|f\rangle = \dfrac{\langle\varphi_j|g\rangle}{\lambda_j - z}$. (Diese ist auch quadratsummierbar.) Sofern z ein Eigenwert ist, $z = \lambda_k$, gibt es *nur* eine Lösung, wenn $\langle\varphi_k|g\rangle = 0$, d. h. $g \perp \mathfrak{r}_{A,\lambda_k}$. *Ist* dies aber erfüllt, so *gibt* es auch eine Lösung, nämlich $\langle\varphi_j|f\rangle = \dfrac{\langle\varphi_j|g\rangle}{\lambda_j - \lambda_k}$, $\lambda_j \neq \lambda_k$, während $a_k \equiv \langle\varphi_k|f\rangle$ willkürlich vorgegeben werden kann.

$$f = \sum_i \frac{|\varphi_i\rangle\langle\varphi_i|}{\lambda_i - z} g, \quad z \text{ kein Eigenwert.} \tag{12.15a}$$

$$f = \sum_{\substack{i \\ \lambda_i \neq \lambda_k}} \frac{|\varphi_i\rangle\langle\varphi_i|}{\lambda_i - \lambda_k} g + \sum_{\nu=1}^{n_k} a_{k_\nu} \varphi_{k,\nu}, \quad z \equiv \lambda_k, \text{ Eigenwert.} \tag{12.15b}$$

Dies sind die *Lösungen* der Operatorgleichung (12.13) für $z \neq 0$, insbesondere in $\mathcal{L}_2$ die der fredholmschen Integralgleichung 2. Art.

Formal heißt die Lösung $f = (A-z)^{-1} g$. (12.15a) und (12.15b) gibt eine explizite Gestalt dieses Operator-Inversen, der so genannten *greenschen Funktion* der Operatorgleichung. Das Inverse hat *dieselben Eigenvektoren* wie der Operator A; das werden wir noch allgemeiner bestätigt finden.

$$(A - z)^{-1} \equiv \frac{1}{A - z} = \sum_i \frac{|\varphi_i\rangle\langle\varphi_i|}{\lambda_i - z} \tag{12.16}$$

Der zu diesem Inversen gehörige Integralkern *ist* die greensche Funktion von $A - z$.

Damit haben wir einen kurzen, aber sehr allgemeinen und sehr befriedigenden Überblick über die Behandlung von vielen, als Integralgleichung formulierten Problemen gewonnen. Voraussetzung war stets, dass A vollstetig ist! Daher wurde schon früh auf die große Bedeutung dieser Klasse von Operatoren hingewiesen.

Spektraldarstellung selbstadjungiert-beschränkter Operatoren

13

Wir haben im vorigen Kap. 12 das Eigenwertproblem für vollstetige Operatoren erschöpfend gelöst. Jetzt wollen wir dieselbe Aufgabe für die allgemeinere Klasse der linear-beschränkten Operatoren untersuchen, allerdings nur, sofern sie selbstadjungiert sind. Selbst dann ist eine Verallgemeinerung des Begriffes Eigenwert bzw. Eigenvektor nötig! Denn wir wissen schon, dass im unendlich-dimensionalen Hilbertraum, selbst falls $A^* = A$ ist, kein einziger Eigenvektor zu existieren braucht. Der Operator x in $\mathcal{L}_2$ ist ein Beispiel dafür.

In vollem Umfang lernen wir die Verallgemeinerung in den nächsten Kap. 14ff. kennen. In diesem Kapitel sollen zunächst die nunmehr bekannten Ergebnisse für vollstetige Operatoren so umgeformt werden, dass sie verallgemeinert werden können. Sodann besprechen wir die gewonnene Idee am Beispiel des Multiplikationsoperators x in $\mathcal{L}_2$ explizit. Dann lässt sich der Spektralsatz formulieren. Ein besonderer Abschnitt soll dem praktischen Umgang mit ihm gewidmet werden.

13.1 Spektraldarstellung vollstetiger Operatoren

Vollstetige selbstadjungierte Operatoren A im Hilbertraum lassen sich gemäß (12.7) durch ihre Eigenwerte λ_i und ihre Eigenvektoren φ_i darstellen als Summe über λ_i-fache Projektoren $|\varphi_i\rangle\langle\varphi_i|$ auf die durch die φ_i gebildeten Eigenräume. Sofern mehrere $\lambda_{j_1}, \ldots, \ldots \lambda_{j_n}$ gleich sind, kann man die $|\varphi_{j_v}\rangle\langle\varphi_{j_v}|$ zu einem mehrdimensionalen Projektor P_j addieren. Dann erhält man

$$A = \sum_j \lambda_j P_j, \quad \lambda_j \text{ reell}, |\lambda_j| \to 0, \quad \lambda_{j_1} \neq \lambda_{j_2}. \tag{13.1}$$

P_j ist Projektor auf den jeweils höchstens endlich-dimensionalen Eigenraum zum Eigenwert λ_j, $P_{j_1} \perp P_{j_2}$. Da A linear-beschränkt ist, gibt es ein Infimum M_1 und ein Supremum

S. Großmann, *Funktionalanalysis*, DOI 10.1007/978-3-658-02402-4_13,
© Springer Fachmedien Wiesbaden 2014

M_2 für die Eigenwerte, denn

$$M_1 \mathbf{1} \le A \le M_2 \mathbf{1}. \tag{13.2}$$

Die *Idee* zu einer Verallgemeinerung der Darstellung (13.1) ist, dass *aus der diskreten Summe ein Integral werden könnte*, wenn A *nicht* vollstetig ist! Welcher Art wäre dieses Integral?

Offenbar könnte man die λ_j als Zwischenwerte im j-ten Intervall einer *Zerlegung* $\mathfrak{z}$ der reellen Achse auffassen,

$$\mathfrak{z} : \mu_0 < M_1 < \mu_1 < \ldots < \mu_j < \ldots < M_2 < \mu_n, \tag{13.3}$$

$$\text{wobei} \quad \lambda_j \in (\mu_{j-1}, \mu_j], \quad j = 1, \ldots, n. \tag{13.4}$$

Die P_j könnte man als Differenzen einer operator-wertigen Funktion über der reellen Achse verstehen, bezeichnet als E_λ. Es müsste dann gelten

$$E_{\mu_j} - E_{\mu_{j-1}} =: \Delta E_j = P_j. \tag{13.5}$$

Das leistet offenbar die Funktion

$$E_\lambda = \sum_{\substack{i \\ \lambda_i \le \lambda}} P_i. \tag{13.6}$$

Die operator-wertige Funktion E_λ hat folgende Eigenschaften: $E_\lambda^* = E_\lambda$ und $E_\lambda^2 = E_\lambda$ für jedes λ, da $P_{i_1} \perp P_{i_2}$. Also ist jedes E_λ selbst ein Projektor, und zwar auf den ganzen Eigenraum zu $\lambda_i \le \lambda$. Es ist $E_\lambda = 0$, wenn $\lambda < M_1$ und $E_\lambda = \mathbf{1}$, wenn $M_2 < \lambda$. E_λ macht jeweils Sprünge bei $\lambda = \lambda_i$, nämlich um P_i, ist zwischen diesen Werten konstant sowie stetig in λ, wenn λ von rechts gegen ein λ_i geht. Die Projektoren E_λ umfassen einander mit wachsendem λ, $E_\lambda \le E_\mu$, falls $\lambda \le \mu$, d. h. $E_\lambda = E_\lambda E_\mu = E_\mu E_\lambda$ falls $\lambda \le \mu$. Daher sind alle E_λ auch untereinander vertauschbar.

Mithilfe dieser Projektorenfunktion E_λ kann man die Darstellung (13.1) des vollstetigen, selbstadjungierten Operators A offensichtlich als Operator-Riemann-Stieltjes-Summe lesen.

$$A = \sum \lambda_i P_i = \sum \lambda_i \Delta E_i, \tag{13.7}$$

sofern die Zerlegung $\mathfrak{z}$ hinreichend fein ist, sodass jedes Intervall $(\mu_{j-1}, \mu_j]$ höchstens einen Eigenwert λ_j enthält. Eine weitere Verfeinerung von $\mathfrak{z}$, bezeichnet als $\mathfrak{z} \to \infty$, gemeint als $\max_j |\mu_j - \mu_{j-1}| \equiv \delta_{\mathfrak{z}} \to 0$, ändert nichts mehr. Diesen Limes $\mathfrak{z} \to \infty$ bezeichnen wir aber trotzdem wie üblich als Integral:

$$A = \sum_i \lambda_i P_i = \lim_{\mathfrak{z} \to \infty} \sum_i \lambda_i \Delta E_i =: \int \lambda \mathrm{d}E_\lambda. \tag{13.8}$$

Diese Darstellung von A als Riemann-Stieltjes-Integral über eine projektor-wertige Stufenfunktion, genannt die *Spektraldarstellung* des Operators A, ist nun leicht zu verallgemeinern: Statt der Stufenfunktion E_λ braucht man nur allgemeinere operatorwertige Funktionen zuzulassen!

13.2 Spektraldarstellung des Multiplikationsoperators

Sei x in $\mathcal{L}_2(0,1)$ der schon bekannte Multiplikationsoperator $xf(x)$. Wir wissen schon, dass x *keine* Eigenwerte und Eigenvektoren im Sinne von (12.1) besitzt. Trotzdem werden wir eine Spektraldarstellung (13.8) konstruieren können, die zu verallgemeinerten, sogenannten *uneigentlichen Eigenvektoren* bzw. *Eigendistributionen* führen wird.

Die Kunst besteht offenbar darin, eine geeignete Projektorschar E_λ zu finden. Da E_λ auf den Eigenraum zu $\lambda_i \leq \lambda$ projizierte, erraten wir für den Multiplikationsoperator in $\mathcal{L}_2$ folgende zweckmäßige Definition:

$$f \in \mathcal{L}_2(0,1),\ E_\lambda f(x) \equiv g(x,\lambda) := \begin{cases} f(x) & x \leq \lambda \\ 0 & x > \lambda \end{cases} = \theta(\lambda - x)f(x). \tag{13.9}$$

Dieses E_λ ist wiederum eine operator-wertige Funktion mit folgenden Eigenschaften:

Jedes E_λ ist linear-beschränkt, $E_\lambda^2 = E_\lambda$, $E_\lambda^* = E_\lambda$, d. h. die E_λ sind Projektoren. $E_\lambda = 0$ für $\lambda < 0$ und $E_\lambda = 1$ für $\lambda \geq 1$. Es ist ferner $E_\lambda \leq E_\mu$ für $\lambda \leq \mu$ sowie $0 \leq E_\lambda \leq 1$. Auch vertauschen die E_λ untereinander.

Im Unterschied zu den E_λ eines vollstetigen Operators gemäß (13.6) macht E_λ aus (13.9) als Funktion von λ keine Sprünge, sondern ist stetig, und zwar stark-stetig, jedoch *nicht* normstetig. $E_{\lambda+\varepsilon} - E_\lambda \Rightarrow 0$ für $\varepsilon \to 0$. $\|(E_{\lambda+\varepsilon} - E_\lambda)f\|^2 = \int\limits_{\lambda}^{\lambda+\varepsilon} |f|^2 \mathrm{d}\mu \to 0$ mit $\varepsilon \to 0$; jedoch durch Wahl eines f mit Träger in $(\lambda, \lambda + \varepsilon)$ erkennt man, dass $\|E_{\lambda+\varepsilon} - E_\lambda\| = 1 \not\to 0$. Das ist klar, da die $\Delta E_\lambda \equiv E_{\lambda+\varepsilon} - E_\lambda$ Projektoren sind! Sie projizieren sogar auf *Fast-Eigenräume*. Denn in

$$\mathfrak{r} =: \Delta E_\lambda \mathcal{H} = \begin{cases} 0 & x \leq \lambda \\ f(x) & \lambda < x \leq \lambda + \varepsilon \\ 0 & \lambda + \varepsilon < x \end{cases} \Bigg\}\ \text{gilt } \lambda 1 \leq x 1 \leq (\lambda + \varepsilon)1. \tag{13.10}$$

Nur ist $\Delta E_\lambda \mathcal{H} \Rightarrow \{0\}$ mit $\varepsilon \to 0$, sodass man keine Eigenvektoren bekommt.

Trotzdem kann man mit der als *Spektralschar* bezeichneten Projektoren-Funktion E_λ aus (13.9) die *Spektraldarstellung* konstruieren

$$x = \lim_{\substack{\mathfrak{z} \to \infty \\ \text{Norm}}} \sum_i \lambda_i \Delta E_i =: \int \lambda \mathrm{d}E_\lambda, \tag{13.11}$$

indem man die Zerlegungen $\mathfrak{z}$ (13.3), (13.4) verfeinert. Diese Darstellung gilt als Normlimes der Riemann-Stieltjes-Summen.

▷ **Beweis**

$$\left\| \left(x - \sum_{i=1}^{n} \lambda_i \Delta E_i \right) f \right\|^2 = \int_0^1 |x f(x) - \sum \lambda_i \Delta E_i f(x)|^2 \mathrm{d}\mu(x)$$

$$= \sum_i \int_{\Delta_i} |x - \lambda_i|^2 |f(x)|^2 \mathrm{d}\mu(x) \leq \delta_{\mathfrak{z}}^2 \|f\|^2,$$

also

$$\left\| x - \sum_{i=1}^{n} \lambda_i \Delta E_i \right\| \leq \delta_{\mathfrak{z}} \xrightarrow[\mathfrak{z} \to \infty]{} = 0. \tag{13.12}$$

$\square$

Der Unterschied zur Spektraldarstellung eines vollstetigen Operators ist nur, dass hier erst im *Normlimes* der Operatorsumme $\sum \lambda_i \Delta E_i$ der Operator x dargestellt wird und nicht schon für endliche, wenn auch hinreichend feine Zerlegungen $\mathfrak{z}$.

Noch allgemeiner wäre es offenbar, wenn die bisher bekannten Eigenschaften der Spektralschar E_λ gemischt auftreten würden: E_λ hätte dann sowohl Sprünge als auch Konstanzintervalle als auch stetiges Anwachsen mit λ. Dass diese allgemeine Form zur Integral-Diagonaldarstellung selbstadjungiert-beschränkter Operatoren genügt, ist die Aussage des berühmten Spektralsatzes! Dieser wird jetzt in Abschn. 13.3 behandelt.

13.3   Der hilbertsche Spektralsatz

Wir *definieren* zunächst:

Definition

Eine operator-wertige Funktion E_λ über der reellen Achse heißt *Spektralschar*, wenn für alle reellen λ

1) E_λ Projektor; alle E_λ vertauschen miteinander;
2) $E_\lambda \leq E_\mu$, wenn $\lambda \leq \mu \Leftrightarrow E_\lambda = E_\lambda E_\mu = E_\mu E_\lambda$, wenn $\lambda \leq \mu$;
3) $E_{\lambda+0} = E_\lambda$, stark stetig von rechts.

Dagegen kann $E_\lambda - E_{\lambda-0} =: P_\lambda \neq 0$ sein; Hinweis: Statt rechts-stetig kann man auch links-stetig wählen.

4) $E_\lambda = \mathbf{0}$ wenn $\lambda < M_1$,

$E_\lambda = \mathbf{1}$ wenn $\lambda \geq M_2$.

$M_1 \to -\infty$ und $M_2 \to +\infty$ darf man zulassen; dies ist jedoch für die Spektraldarstellung linear-*beschränkter* Operatoren unnötig.

Es gilt nun der *Spektralsatz*:

Satz (Spektralsatz)

Jedem selbstadjungierten, linear-beschränkten Operator A über einem Hilbertraum $\mathcal{H}$ beliebiger Dimension kann man eindeutig eine Spektralschar E_λ zuordnen, sodass gilt

$$A = \int\limits_{-\infty}^{+\infty} \lambda \, dE_\lambda \quad \text{Spektraldarstellung.} \tag{13.13}$$

Das Integral erstreckt sich tatsächlich nur über einen *endlichen*, von der oberen und unteren Schranke von A bestimmten *Bereich*, $M_1 \mathbf{1} \leq A \leq M_2 \mathbf{1}$. Es ist als Operatornorm-Limes der entsprechenden Riemann-Stieltjes-Summen zu verstehen.

E_λ ist für jedes λ starker Grenzwert einer Folge von Polynomen in A; es ist folglich mit A vertauschbar.

Dieser theoretisch wie praktisch sehr wichtige Satz stammt von *David Hilbert* und hat inzwischen zahlreiche Beweise erhalten. Er gilt auch in über-separablen Hilberträumen. Wir wollen hier auf einen genauen Beweis verzichten und auf die genannte Literatur verweisen, z. B. *Riesz, Sz.-Nagy*, 1956, § 106/7. Die *Idee* besteht darin, sich eine Spektralschar aus der $\theta(\lambda - x)$-Funktion in Abschn. 13.2 als A-Polynom-Limes zu *konstruieren* – wobei der zweite Satz in Abschn. 10.2 fundamental ist – und dann das Integral als normkonvergente Summe zu gewinnen, indem man Ober- und Untersummen mit der Intervalleinteilung $\mathfrak{z}$ bildet. Grundlage ist dabei die Ungleichung

$$\mu_{j-1}(E_j - E_{j-1}) \leq A(E_j - E_{j-1}) \leq \mu_j(E_j - E_{j-1}),$$

die ja ganz analog für den Multiplikationsoperator galt, s. (13.10). Auch sie gewinnt man durch Übertragung des Verfahrens aus Abschn. 13.2 auf allgemeine Operatorbeziehungen.

Statt des formales Beweises wollen wir uns im praktischen Umgang mit der Spektraldarstellung üben.

Übungen

Man zeige: E_λ ist Projektor auf dem Teilraum, in dem $A \leq \lambda \mathbf{1}$ gilt.

13.4   Rechenregeln für die Spektraldarstellung

Die Spektraldarstellung wird so auf einen Vektor angewendet:

$$Af = \int \lambda dE_\lambda f = \lim \sum \lambda_i \Delta E_i f \equiv \lim \sum \lambda_i \Delta_i (E_\lambda f), \tag{13.14}$$

d. h. man bekommt ein *vektor-wertiges Riemann-Stieltjes-Integral*

$$Af = \int \lambda d(E_\lambda f). \tag{13.15}$$

Berechnung der Norm unter Beachtung der Stetigkeit des Inneren Produktes:

$$\|Af\|^2 = \lim \sum_{i,j} \lambda_i \lambda_j \langle \Delta E_i f | \Delta E_j f \rangle = \lim \sum_i \lambda_i^2 \|\Delta E_i f\|^2.$$

Es ist aber $\|\Delta E_i f\|^2 \equiv \|E_{\lambda_i} f - E_{\lambda_{i-1}} f\|^2 = \|E_{\lambda_i} f\|^2 - \|E_{\lambda_{i-1}} f\|^2 = \Delta_i \|E_\lambda f\|^2$, wobei die Eigenschaft 2) der Spektralschar benutzt wurde. Also ist die Norm mithilfe eines *gewöhnlichen Riemann-Stieltjes-Integrals* zu berechnen,

$$\|Af\|^2 = \int \lambda^2 d\|E_\lambda f\|^2. \tag{13.16}$$

Denn die *Spektralfunktion* von A zum Vektor f,

$$\sigma(\lambda) =: \|E_\lambda f\|^2 \equiv \sigma(\lambda; A, f), \tag{13.17}$$

hat die *Eigenschaften einer Verteilungsfunktion*: $\sigma(x)$ reell, positiv; monoton (nicht fallend), stetig von rechts sowie $\sigma(\lambda) = 0$, wenn $\lambda < M_1$, und $\sigma(\lambda) = \|f\|^2$, wenn $\lambda \geq M_2$. Die Spektralfunktion $\sigma(\lambda; A, f)$ enthält die gesamte Information über A und f, λ ist nur mehr Integrationsvariable.

Analog berechnet man Innere Produkte mit einer komplexen Maßfunktion, definiert als $z(\lambda) := \langle g | E_\lambda f \rangle = \langle E_\lambda g | E_\lambda f \rangle$. Dann ist

$$\langle g | Af \rangle = \lim \sum_i \lambda_i \langle g | \Delta E_i f \rangle = \lim \sum_i \lambda_i \Delta_i \langle g | E_\lambda f \rangle,$$

$$\Rightarrow \langle g | Af \rangle = \int \lambda d\langle g | E_\lambda f \rangle. \tag{13.18}$$

Mittels

$$z(\lambda) \equiv \langle g | E_\lambda f \rangle$$
$$= \frac{1}{4} \left\{ | \|E_\lambda (f+g)\|^2 - \|E_\lambda (f-g)\|^2 | + i | \|E_\lambda (f+ig)\|^2 - \|E_\lambda (f-ig)\|^2 | \right\}$$

ist die komplexe Maßfunktion $z(\lambda; f, g, A)$ mit der Spektralfunktion $\sigma(\lambda; f, g, A)$ verknüpft.

Kurz: Man darf alle Rechenoperationen in der Spektraldarstellung ersetzen durch $\int \lambda \mathrm{d}\dots$.

Leicht rechnet man Potenzen des selbstadjungiert-beschränkten Operators A aus.

$$A^n = \int \lambda^n \mathrm{d}E_\lambda, \quad n = 1, 2, 3, \dots . \tag{13.19}$$

Man verwende wiederum die approximierenden Riemann-Stieltjes-Summen.

Der Spezialfall $n = 0$ gilt auch; nämlich man sieht direkt

$$\mathbf{1} = \int \mathrm{d}E_\lambda. \tag{13.20}$$

Diese Formel bedeutet offenbar die *Verallgemeinerung der Vollständigkeitsrelation,*

$$\mathbf{1} = \sum_i P_i = \sum_i |\varphi_i\rangle\langle\varphi_i|, \quad \{\varphi_i\} \text{ v. o. n. S.} \tag{13.21}$$

Die Spektralschar E_λ eines vollstetigen Operators liefert nämlich auch gerade diese Vollständigkeitsrelation, wenn man sie in (13.20) einsetzt.

Die Orthonormalität der $\{\varphi_i\}$ spiegelt sich in der Spektralschar so wieder:

$$\Delta E_i \Delta E_j = \delta_{ij} \Delta E_i. \tag{13.22}$$

Wegen (13.20) und (13.22) nennt man eine Spektralschar oft auch *Zerlegung der Einheit.* Der Spektralsatz besagt dann, dass jeder selbstadjungiert-beschränkte Operator eine (seine!) Zerlegung der Einheit bestimmt. Jedoch auch *umgekehrt:*

▶ Jede Zerlegung der Einheit, d. h. jede Spektralschar mit den Eigenschaften 1) bis 4), definiert mittels (13.13) einen selbstadjungiert-beschränkten Operator.

Dies zeigt man durch Norm-Grenzübergang aus den Riemann-Stieltjes-Summen, die offensichtlich selbstadjungiert-beschränkt sind.

Eine weitere Bedeutung der Spektraldarstellung liegt in der Möglichkeit, *Funktionen eines Operators* bequem zu definieren. Für Potenzen und damit für Polynome ist das bereits durch (13.19) geschehen. Es lässt sich verallgemeinern auf beliebige *stetige Funktionen* eines Operators,

$$F(A) := \int F(\lambda) \mathrm{d}E_\lambda. \tag{13.23}$$

Diese Definition ist sinnvoll, da eine stetige Funktion im abgeschlossenen Intervall beschränkt ist und man wie in der klassischen Integrationstheorie Ober- und Untersummen,

Verfeinerungen usw. bilden und auf gewohnten Bahnen die Existenz von (13.23) als *Norm-limes* zeigen kann.

Als Beispiel sei genannt

$$e^{iA} = \int e^{i\lambda} dE_\lambda, \text{ ein unitärer Operator, } A \text{ selbstadjungiert.} \qquad (13.24)$$

Es gilt aber auch *umgekehrt* ein *Spektralsatz* in folgender Form:

Jeder *unitäre Operator U* in $\mathcal{H}$ definiert eindeutig eine (seine) Spektralschar E_α, die ihn durch

$$U = \int\limits_0^{2\pi} e^{i\alpha} dE_\alpha, \qquad (13.25)$$

darstellt. Dabei darf man die Stetigkeit von E_α bei $\alpha = 0$ fordern, wodurch erst eine (die) Eindeutigkeit der Zerlegung der Einheit erreicht wird. Die E_α sind starke Limites von Polynomen in U, U^*. (13.25) ist ebenfalls als Normlimes zu verstehen.

Aus dieser Spektralzerlegung eines unitären Operators U, die sich ganz analog wie die eines selbstadjungiert-beschränkten beweisen lässt (z. B. *Riesz, Sz.-Nagy*, § 109), kann man diejenige eines selbstadjungierten Operators A gewinnen mittels des Zusammenhanges

$$U = e^{iA}. \qquad (13.26)$$

Allerdings braucht A *nicht* notwendig beschränkt zu sein, sodass wir zwar hier einen Weg sehen, auch für unbeschränkte Operatoren eine Spektraldarstellung zu gewinnen, andererseits erst noch mehr über unbeschränkte A lernen müssen.

Spektrum und Resolvente linearer Operatoren 14

Die Spektraldarstellung des Multiplikationsoperators hat uns gezeigt, dass die Behandlung des Eigenwertproblems im nicht-endlich-dimensionalen Raum in allgemeinerer Weise erfolgen muss als im R^n. Dies legt die Frage nahe, wie man den Begriff des Eigenwertes sowie den der Eigenfunktion zweckmäßig verallgemeinern kann.

Dieses Kapitel soll der ersten Frage dienen: Statt der Menge der Eigenwerte eines Operators führen wir den Begriff des Spektrums ein. Im nächsten Kap. 15 soll die Verallgemeinerung des Eigenvektors zum uneigentlichen Eigenvektor bzw. zur Eigendistribution behandelt werden.

14.1 Die Resolvente eines linearen Operators

Wir wissen schon durch frühere (Gegen-)Beispiele aus der analytischen Geometrie des R^n, dass für beliebige Operatoren das Eigenwertproblem nur sehr bedingt zu lösen ist. Wohl aber gelingt das völlig, falls der Operator selbstadjungiert ist. Dieser Erfolg scheint im unendlich-dimensionalen Hilbertraum wieder verlorenzugehen, denn z. B. der Operator der Multiplikation mit x in $\mathcal{L}_2$ ist selbstadjungiert, hat aber keine Eigenwerte. Trotzdem ließ er sich auf Diagonalgestalt bringen. Denn eben *so* kann man die Spektraldarstellung (13.11) lesen, da sie der Diagonalgestalt (13.8) eines vollstetigen Operators sehr ähnlich ist. Es sieht also so aus, als ob aus den diskreten, einzelnen Eigenwerten λ_i ein ganzes Kontinuum werden könnte, sodass man den Eigenwertbegriff geeignet erweitern muss, um diesen Fall mit zu umfassen. Als geeignetes Hilfsmittel zu dieser Verallgemeinerung böte sich vielleicht die Spektralschar E_λ in ihrem Verhalten bezüglich λ an. Dies wäre aber nur für selbstadjungierte Operatoren zweckmäßig, da es nur für sie eine Spektralschar gibt. Deshalb wollen wir einen anderen Weg suchen, um den Begriff „Eigenwert" zu verallgemeinern. Etwas später, in Abschn. 14.6, werden wir sehen, wie sich der so gewonnene allgemeinere Begriff im Spezialfall in den Eigenschaften der Spektralschar widerspiegelt.

S. Großmann, *Funktionalanalysis*, DOI 10.1007/978-3-658-02402-4_14,
© Springer Fachmedien Wiesbaden 2014

Zunächst lassen wir also wieder beliebige, auch nicht-beschränkte, allerdings lineare Operatoren A im Hilbertraum $\mathcal{H}$ oder im Banachraum $\mathcal{M}$ zu. Ihre *Eigenwerte* λ sind definiert durch die inzwischen gut bekannte Gleichung

$$A f_\lambda = \lambda f_\lambda, \quad f_\lambda \in \mathcal{D}_A, \quad f_\lambda \neq 0. \tag{14.1}$$

Eventuell gibt es mehrere, linear unabhängige Eigenvektoren zum selben λ; dann heißt ja λ *entartet*. Sofern A zumindest ein abgeschlossener Operator ist, bildet die Menge der Eigenvektoren einen *Eigenraum* $\mathfrak{r}_\lambda$. Seine Dimension heißt *Vielfachheit* von λ bzw. *Entartungsgrad*.

Man kann (14.1) auch so schreiben: $(A - \lambda) f_\lambda = 0$. Die Idee zur *Verallgemeinerung des Eigenwertbegriffes* liegt nun darin, diesen mit dem *Inversen von $A - \lambda$ zu verknüpfen!* Denn wenn (!) λ Eigenwert ist, existiert der zu $A - \lambda$ inverse Operator nicht! Haben doch verschiedene Urbilder, g und $g + f_\lambda$, unter $A - \lambda$ *dasselbe* Bild. Auch umgekehrt muss λ Eigenwert sein, wenn verschiedene g auf dasselbe Bild abgebildet werden, also das Inverse nicht existiert. Somit gilt der

Satz

Der Operator $(A - z)^{-1}$ existiert d. u. n. d., wenn $z \in K$ *kein* Eigenwert ist.

Ist auf diese Weise an der bloßen *Existenz* des Operators $(A-z)^{-1}$ bereits abzulesen, ob z Eigenwert ist oder nicht, so ist über seine eventuellen weiteren Eigenschaften noch nicht viel gesagt. Denn zwar lernten wir schon, dass $(A - z)^{-1}$ sicher wiederum linear ist und auch abgeschlossen, sofern beides für A gilt, was in physikalisch interessierenden Fällen oft der Fall ist. Doch muss $(A - z)^{-1}$ weder beschränkt sein noch kann man viel über den Definitionsbereich sagen. Genau *diese weiteren Eigenschaften von* $(A-z)^{-1}$ sollen uns jetzt *zur Verfeinerung des Eigenwertbegriffes dienen!*

Deshalb ist es zunächst zweckmäßig, eine abkürzende Definition zu treffen.

Definition

Der Operator $R(z) := (A - z)^{-1}$ auf $\mathcal{D}_R = \mathcal{W}_{A-z} = (A - z)\mathcal{D}_A$ heißt *Resolvente* des linearen Operators A an der Stelle $z \in K$. Auch die gesamte operator-wertige Funktion von z bezeichnen wir als *Resolvente*.

Obiger Satz besagt nun: Die Resolvente existiert genau dann, wenn z kein Eigenwert ist.

Die Resolvente begegnet uns in vielen theoretischen und praktischen Anwendungen. Zum Beispiel ist die Resolvente als Integraloperator nichts anderes als die uns schon vertraute *greensche Funktion* von $A - z$. Die wichtigsten Regeln im Umgang mit der Resolvente sollen jetzt besprochen werden.

14.2 Die Einteilung der komplexen Ebene nach den Eigenschaften der Resolvente

Denkt man z. B. an die Analogie zwischen selbstadjungierten Operatoren und reellen Zahlen, so sollte bei selbstadjungierten A der Ausdruck $(A - z)^{-1}$ für komplexe, nicht reelle z ein vernünftiger Operator sein, da $A - z$ nie Null wird. Diese Idee konkretisieren wir in der

---

Definition

$z \in K$ heißt *regulärer Punkt* eines linearen Operators A, wenn die Resolvente $R(z)$ von A an der Stelle z linear-beschränkt ist, d. h. die Resolvente an der Stelle z nicht nur existiert und folglich linear ist, sondern auch beschränkt und überall definiert ist, $\mathcal{D}_R = (A - z)\mathcal{D}_A = \mathcal{M}$, der ganze Raum.

Die Menge $\rho(A)$ aller regulären Punkte heißt *Resolventenmenge* von A. Alle *nicht* regulären Punkte, d. h. die Komplementärmenge $\sigma(A) \equiv K - \rho(A)$, nennen wir das *Spektrum* von A.

Das *Spektrum von A umfasst die Eigenwerte λ von A*, offenkundig. Denn wenn z ein Eigenwert λ ist, existiert ja $R(\lambda)$ nicht einmal, geschweige denn, dass es linear-beschränkt wäre. Das heißt, die Eigenwerte λ sind *nicht* regulär, also $\lambda \in \sigma(A)$. Zu $\sigma(A)$ gehören aber auch solche z, für die $R(z)$ zwar existiert (also z kein Eigenwert ist), aber nicht beschränkt oder nicht auf ganz $\mathcal{M}$ definiert ist. Kurz: *Zum Spektrum gehören alle Punkte z, für die die Resolvente irgendeinen „Makel" hat.* Das verallgemeinert den Begriff Eigenwert, denn diese zumindest gehören zum Spektrum.

Daher *definieren* wir weiter:

Definition

Die Menge der Eigenwerte heiße *diskretes Spektrum*, $\sigma_d(A)$; alle anderen Punkte des Spektrums bilden das *kontinuierliche Spektrum*, $\sigma_c(A) = \sigma(A) - \sigma_d(A)$.

Physikalisch, aber auch für viele mathematische Fragen wichtig ist auch eine andere Aufteilung des Spektrums:

Eine Teilklasse des Spektrums umfasst danach die isolierten, endlich-vielfachen Eigenwerte, bezeichnet als *simples Spektrum*, σ_S, die andere heißt *wesentliches („essentielles")* *Spektrum*, σ_e:

$$\sigma_e = \sigma - \{\lambda_i; \text{ isolierte, endlichfache Eigenwerte}\} \equiv \sigma - \sigma_s.$$

σ_e kann *auch* Eigenwerte enthalten, nämlich unendlichfach entartete oder solche, die nicht isoliert sind, sei es, weil sie Häufungspunkt von Eigenwerten oder weil sie inmitten eines Kontinuums von σ gelegen sind. Besonders unter störungstheoretischem Gesichtspunkt ist σ_e wichtig, weil es gegenüber Veränderungen von A, sogenannten „Störungen" oft invariant ist, wenngleich dicht gelegene diskrete und kontinuierliche Teile von σ leicht ineinander übergehen können. Die $z \in \sigma_e$ heißen auch *Verdichtungspunkte* des Spektrums.

In den meisten *physikalischen* Fällen stimmt allerdings das diskrete Spektrum σ_d mit der Menge der isolierten, endlichfachen Eigenwerte, also dem simplen Spektrum überein sowie das kontinuierliche Spektrum mit dem essenziellen, σ_e gleich σ_c.

Auf der Resolventenmenge $\rho(A)$ ist nun die *inhomogene Operatorgleichung*

$$(A - z)f = g \tag{14.2}$$

stets lösbar, nämlich durch

$$f = R(z)g, \quad z \in \rho(A), \tag{14.3}$$

Für z aus dem Spektrum $\sigma(A)$ ist das nicht gesichert, wohl aber eventuell für gewisse g möglich; dann vielleicht sogar mehrfach als spezielle inhomogene plus allgemeine homogene Lösung. Die formale Lösung (14.3) mittels Integraloperator zeigt nochmals die enge Verknüpfung von *Resolvente* und *greenscher Funktion*.

Wie hängt das Spektrum $\sigma(A^*)$ des adjungierten Operators A^* mit $\sigma(A)$ zusammen? Nehmen wir schon einmal vorweg, dass der adjungierte Operator auch für nicht linearbeschränkte Operatoren definierbar ist, siehe Abschn. 16.2, so gilt:

Satz

Das Spektrum $\sigma(A^*)$ (und folglich auch die Resolventenmenge $\rho(A^*)$) des adjungierten Operators A^* zu einem abgeschlossenen und dicht definierten linearen Operator A ist das konjugiert-komplexe Spiegelbild von $\sigma(A)$ (bzw. $\rho(A)$).

Denn diese Aussage heißt quantitativ: wenn $R(z; A)$ linear-beschränkt ist, dann auch $R(\bar{z}; A^*)$. Nun ist aber letzteres $((A - z)^*)^{-1}$. Sofern $(B^*)^{-1} = (B^{-1})^*$ eine richtige Gleichung wäre, wäre mit $R(\bar{z}; A^*)$ linear-beschränkt auch $R(z; A)^*$ und damit $R(z; A)$ linearbeschränkt. Der Satz ist daher auf folgenden zurückgeführt:

Satz

Sei B ein linearer, abgeschlossener Operator im Banach- oder Hilbertraum $\mathcal{M}$ mit $\mathcal{D}_B$ dicht in $\mathcal{M}$, sodass B^* existiert. Wenn (!) B^{-1} existiert und linear-beschränkt ist, dann existiert auch $(B^*)^{-1}$, ist linear-beschränkt, und es gilt

$$(B^*)^{-1} = (B^{-1})^*. \tag{14.4}$$

Ist B sogar überall definiert, also linear-beschränkt, so kennen wir (14.4) bereits von (10.14), doch ist die hier gegebene Verallgemeinerung auch richtig (siehe z. B. *Kato*, 1966, S. 169, für einen Banachraum-Beweis, vergleiche auch Abschn. 16.1.2 Nr. 6) für den Hilbertraum).

Natürlich folgt auch umgekehrt aus der Existenz von B^{*-1}, dass B^{-1} existiert und (14.4) richtig ist.

14.3 Beispiele

Zum Einüben der soeben gelernten Begriffe betrachten wir einige nützliche Beispiele:

1) $Af(x) = xf(x)$ in $\mathcal{L}_2(a,b)$. Dann ist $\sigma(A) = [a,b]$, ein rein kontinuierliches Spektrum auf der reellen Achse. Denn wir wissen schon, dass es keine diskreten Eigenwerte gibt. Also existiert $R(z)$ für alle z. Aber wenn $z \in [a,b]$, also rein reell, ist $\mathcal{D}_R = \mathcal{W}_{A-z} = (A-z)\mathcal{H} = \{(x-z)f(x)\} \neq \mathcal{H}$, denn nicht jedes $g(x) \in \mathcal{H}$ ist als $(x-z)f(x)$ zu schreiben. Dann $f(x) = \dfrac{g(x)}{(x-z)} \notin \mathcal{L}_2$ ist für geeignete g nicht im Hilbertraum $\mathcal{L}_2$, sofern $z \in [a,b]$.

2) $A = \dfrac{d}{dx}$ in $C(a,b)$ (analog in $\mathcal{L}_2(a,b)$) mit verschiedenen Definitionsbereichen, wie sie in Abschn. 5.2.2, Beispiel b), definiert wurden.

Der Operatorgraph $\mathcal{A}$ nach (5.4) hat als Spektrum $\sigma(\mathcal{A})$ die ganze komplexe Ebene, die Resolventenmenge ρ ist nämlich leer. Das Spektrum ist trotzdem rein diskret. Es ist jedoch nicht simpel, denn die Eigenwerte sind nicht isoliert. Denn zu *jedem* z gibt es Eigenvektoren, $f(x) = ce^{zx} \in C \cap C^1$. Die Resolvente existiert nirgends.

$\mathcal{A}_a$ nach (5.5) hat ein leeres Spektrum σ, d. h. $\rho(\mathcal{A}_a)$ ist die ganze Ebene. Denn es gibt für kein z Eigenvektoren, da aus $f(a) = 0 \Rightarrow c = 0$. Die Resolvente existiert somit für alle z. Sie lautet (durch Ansatz $f(x) = e^{zx}h(x)$ aus $(A-z)f = g$ zu finden)

$$f(x) = Rg = e^{zx} \int_a^x e^{-z\xi} g(\xi)\,d\xi, \qquad (14.5)$$

ist offenbar überall definiert und beschränkt, d. h. R ist in der Tat für alle $z \in K$ linearbeschränkt.

Für $\mathcal{A}_{ab}$ nach (5.7) ist wiederum $\sigma(\mathcal{A}_{ab})$ die ganze Ebene und die Resolventenmenge leer. Jedoch ist diesmal das Spektrum rein kontinuierlich. Denn zwar *existiert* wie für $\mathcal{A}_a$ die Resolvente, doch ist $\mathcal{D}_R = \mathcal{W}_{A-z}\mathcal{D}_A \subset C$. Denn durch $(A-z)\mathcal{D}_A$ werden nur solche g erzeugt, die die Eigenschaft haben ($f(b) = 0$ in (14.5))

$$\int_a^b e^{-z\xi} g(\xi)\,d\xi = 0. \qquad (14.6)$$

Es gibt aber selbstverständlich $g \in C$, die (14.6) *nicht* erfüllen, also ist R für kein z überall definiert.

War für $\mathcal{A}$ der Definitionsbereich zu groß, sodass $\rho(\mathcal{A})$ leer und $\sigma(\mathcal{A})$ die ganze Ebene füllte, so für $\mathcal{A}_{ab}$ zu klein, mit demselben Effekt.

$\mathcal{A}_k$ nach (5.8) hat ein rein diskretes, sogar simples Spektrum $\sigma(\mathcal{A}_k) = \{z_n\}$. Die gesamte restliche komplexe Ebene gehört zur Resolventenmenge. Denn es gibt Eigenvektoren $f = ce^{zx}$, die die Randbedingung erfüllen: $ce^{za} = kce^{zb} \Rightarrow z_n = \dfrac{\ln k + n2\pi i}{(a-b)}$, $n =$

$0, \pm 1, \pm 2, \dots$. Für alle $z \neq z_n$ kann man leicht die Resolvente explizit angeben und als linear-beschränkt nachweisen:

$$f(x) = R(z)g := \frac{e^{zx}}{1 - ke^{z(b-a)}} \left[\int_a^x e^{-z\xi}g(\xi)\mathrm{d}\xi + ke^{z(b-a)} \int_x^b e^{-z\xi}g(\xi)\mathrm{d}\xi \right]. \quad (14.7)$$

(14.7) erfüllt nämlich $(A - z)f = g$ sowie $f(a) = kf(b)$ für alle g.

3) Man zeige als Übung, dass $\mathcal{A}$ in $\mathcal{L}_2(-\infty, +\infty)$, maximal definiert, als Spektrum σ die reelle Achse hat, ρ besteht aus den beiden (offenen) Halbebenen $\operatorname{Re} z \lessgtr 0$. Ferner

$$R(z)g = e^{zx} \cdot \begin{cases} -\int_x^\infty e^{-z\xi}g(\xi)\mathrm{d}\xi, & \operatorname{Re} z > 0, \\ \int_{-\infty}^x e^{-z\xi}g(\xi)\mathrm{d}\xi, & \operatorname{Re} z < 0. \end{cases} \quad (14.8)$$

Man untersuche ferner $\mathcal{A}, \mathcal{A}_a$ in $\mathcal{L}_2(0, \infty)$.

14.4   Das Spektrum vollstetiger Operatoren

Nach den speziellen Beispielen wollen wir jetzt für gewisse Klassen von Operatoren Aussagen über ihr Spektrum gewinnen. Es bietet sich an, zuerst das Spektrum vollstetiger Operatoren zu untersuchen, da wir dort das Eigenwertproblem erschöpfend behandeln konnten. Fraglich ist natürlich, ob es außer dem eventuellen diskreten, bis auf 0 sogar einfachen Spektrum σ_d noch weitere nicht reguläre Punkte z gibt. Doch das ist auch bei der allgemeineren Definition des Spektrums mittels der Resolvente nicht der Fall.

Satz

Das Spektrum eines vollstetigen Operators A im Hilbert- oder Banachraum ist rein diskret, eine höchstens abzählbare Punktmenge mit einzigem (möglichen) Häufungspunkt 0. *Alle* $z \in K$, die *nicht* Eigenwerte sind, gehören zur Resolventenmenge $\rho(A)$.

Mit möglicher Ausnahme von $z = 0$ ist das Spektrum also simpel.

▸ **Beweis** *Dass* die in Kap. 12 behandelten Eigenwerte zum Spektrum und nicht zur Resolventenmenge gehören, ist klar, weil für sie $R(\lambda_i)$ gar nicht existiert. Wir müssen zeigen, dass mit den Eigenwerten λ_i das Spektrum auch ausgeschöpft ist, m. a. W., dass $R(z)$ linear-beschränkt ist, sofern z kein Eigenwert λ_i ist. Da dann $R(z)$ *existiert* und linear ist, brauchen wir nur nachzuweisen, dass $R(z)$ beschränkt und $\mathcal{D}_R = \mathcal{H}$ ist.

Es genügt sogar, dass $\mathcal{D}_R = \mathcal{H}$ ist. Denn da A vollstetig, also abgeschlossen, ist R als Inverses eines abgeschlossenen Operators auch abgeschlossen und folglich automatisch beschränkt, sofern überall definiert, s. Abschn. 5.6. $\mathcal{D}_R = \mathcal{H}$ zeigen wir in zwei Schritten:

a) $\mathcal{D}_R = (A - z)\mathcal{H} \equiv \mathcal{N}$ muss ein abgeschlossener Teilraum sein. Dies ist eine Konsequenz der Vollstetigkeit (und zeigt zugleich eine schon früher gemachte Aussage, s. Abschn. 12.2). Ehe wir das zeigen, erst noch

b) $\mathcal{D}_R = (A - z)\mathcal{H} = \mathcal{N}$ ist sogar gleich $\mathcal{H}$. Dies deshalb, weil z kein Eigenwert ist. Denn wäre $\mathcal{N} \subset \mathcal{H}$, existierte $g \perp \mathcal{N}$, d. h. $0 = \langle g | \mathcal{N} \rangle = \langle (A^* - \bar{z})g | \mathcal{H} \rangle$, also $A^* g = \bar{z}g$ bzw. $\bar{z}$ Eigenwert zu A^* und folglich z doch Eigenwert zu A nach Abschn. 14.2.

Nun zu a) Ist $\mathcal{N}$ abgeschlossen? Dazu müsste eine Cauchy-Folge g_n aus $\mathcal{N}$ einen Limes g haben, der ebenfalls in $\mathcal{N}$ liegt. Jedes g_n ist als $(A - z)f_n$ zu schreiben. Die f_n müssen sogar beschränkt sein, siehe sogleich; also die Af_n (notfalls nach Herausgreifen einer Teilfolge) in sich stark konvergent (Vollstetigkeit!), etwa $Af_n \Rightarrow h \in \mathcal{H}$. Folglich $zf_n = Af_n - (A - z)f_n \Rightarrow h - g$, sowie durch Anwenden von A : $Azf_n = zAf_n \Rightarrow zh = Ah - Ag$. Also $zg = Ag - (A - z)g = (A - z)(h - g)$, und weil $z \neq 0$, ist g von der Form $g = (A - z)(h - g)/z \in \mathcal{N}$.

Die f_n sind aber beschränkt: Wären sie es nicht, so (notfalls eine Teilfolge) $\|f_n\| \to \infty$ Jedoch $f'_n := f_n / \|f_n\|$ ist sicher beschränkt sowie $(A - z)f'_n = \dfrac{g_n}{\|f_n\|} \to 0$, da die g_n als Cauchy-Folge beschränkt sind und der Nenner konstruktionsgemäß divergiert. Daher ist $\{Af'_n\}$ kompakt, also (notfalls Teilfolge) $Af'_n \Rightarrow h' \in \mathcal{H}$, sowie $zf'_n = Af'_n - (A - z)f'_n \Rightarrow h' - 0 = h'$. Wendet man hierauf A an, so $Azf'_n = zAf'_n \Rightarrow zh' = Ah'$, also wäre z doch Eigenwert (weil $\|h'\| \neq 0$ als $\lim \|zf'_n\| = |z| \neq 0$), im Gegensatz zur Voraussetzung. □

14.5 Das Spektrum selbstadjungierter Operatoren

Wir wissen bereits, welche besondere Rolle die selbstadjungierten Operatoren spielen. Was kann man generell über ihr Spektrum aussagen?

> **Satz**
>
> Das Spektrum $\sigma(A)$ eines selbstadjungierten Operators liegt auf der reellen Achse. Alle echt komplexen z gehören sicher zur Resolventenmenge eines selbstadjungierten Operators; doch können auch Teile der reellen Achse dazugehören.

Also nicht nur die Eigenwerte selbstadjungierter Operatoren sind reell, was wir bereits wissen, s. erster Satz in Abschn. 10.2. Auch die Verallgemeinerung, das Spektrum gemäß Abschn. 14.2, hat diese Eigenschaft, von der in den physikalischen Anwendungen oft Gebrauch gemacht wird.

▸ **Beweis**

a) Zunächst sehen wir, dass aus $z = x + iy$ und $y \neq 0$ folgt

$$\|(A - z)f\| \geq \delta \|f\| \quad \text{mit geeignetem } \delta > 0. \tag{14.9}$$

Nämlich $\|(A - x - iy)f\|^2 = \|(A-x)f\|^2 + y^2\|f\|^2 + iy\langle f|(A-x)f\rangle - iy\langle(A-x)f|f\rangle$.
Weil A selbstadjungiert ist, ergibt die Summe der letzten beiden Summanden gerade 0.
Also gilt bereits wegen der *Symmetrie* von A mit $y = \delta$ die Ungleichung (14.9). Sie
bedingt offenbar u. a., dass z kein Eigenwert sein kann.

b) Aus (14.9) folgt, dass $R(z)$ existiert und beschränkt ist sowie umgekehrt.
Denn sei $R(z)$ nicht beschränkt, dann existiert eine Folge g_n mit $\|Rg_n\|/\|g_n\| =: c_n \to$
∞. Aus $\dfrac{Rg_n}{\|g_n\|} =: f_n \Rightarrow \dfrac{g_n}{\|g_n\|} = (A - z)f_n$, also $1 = \|(A-z)f_n\| \geq \delta\|f_n\| = \delta c_n$, d. h. ein
Widerspruch.
Umgekehrt sei $R(z)$ auf $\mathcal{D}_R = \mathcal{W}_{A-z}$ beschränkt, also $\|Rg\| = \|R(A-z)f\| = \|f\| \leq$
$C\|g\| = C\|(A-z)f\|$. Somit gilt (14.9) mit $\delta = \dfrac{1}{C}$.

▸   Bisher ist nur die Symmetrie von A benutzt worden. Die Selbstadjungiertheit
(nicht notwendig die Beschränktheit) brauchen wir erst jetzt, wenn wir $\mathcal{D}_R = \mathcal{H}$
beweisen wollen. Für *symmetrische* Operatoren muss das *nicht* gelten, kann also
der Satz eventuell falsch sein!
Da (14.9) eine notwendige und hinreichende Bedingung für die Existenz und
Beschränktheit der Resolvente ist, nennt man $z \in K$, für die (14.9) gilt, *Punkte
regulären Typs.*
Da die Fortsetzung unseres Beweises zeigen wird, dass für selbstadjungierte
Operatoren aus (14.9) auch noch $\mathcal{D}_R = \mathcal{H}$ folgt, sind für $A = A^*$ die regulären Punkte mit denen regulären Typs identisch. Allgemein ist das nicht so, z. B.
schon für nur symmetrische Operatoren gilt das nicht unbedingt.

c) Es muss R überall in $\mathcal{H}$ definiert sein, wie man aus (14.9) schließt. Denn da $A = A^*$, ist
A *abgeschlossener* (!) Operator; sofern A sogar selbstadjungiert-beschränkt ist, wissen
wir das bereits; für nicht beschränkte Operatoren sei auf Kap. 16 verwiesen. Somit ist
$R = (A - z)^{-1}$ auch abgeschlossen; da R wegen b) beschränkt ist, ist $\mathcal{D}_R$ folglich ein
abgeschlossener Teilraum. Wäre $\mathcal{D}_R \subset \mathcal{H}$, gäbe es $h \neq 0$ mit $0 = \langle h|\mathcal{D}_R\rangle = \langle h|A\mathcal{D}_A\rangle -$
$\langle \bar{z}h|\mathcal{D}_A\rangle$. Also ist $h \in \mathcal{D}_{A^*}$ und $A^*h = \bar{z}h$, da $\mathcal{D}_A$ dicht in $\mathcal{H}$. Weil $A^* = A$, wäre somit
$\bar{z}$ Eigenwert, im Gegensatz zur Voraussetzung, diese seien rein reell. (Der Schluss geht
auch, wenn z reell, aber kein Eigenwert ist.)   □

Wir merken uns noch als ein nützliches Beiprodukt das

▸   **Kriterium** Für einen selbstadjungierten Operator $A = A^*$ ist $z \in K$ d. u. n. d. ein
regulärer Punkt, wenn

$$\|(A - z)f\| \geq \delta\|f\| \quad \text{mit geeignetem } \delta > 0. \tag{14.9'}$$

Zusatz

Bei selbstadjungiert-beschränkten Operatoren, $M_1 \leq A \leq M_2$, ist das Spektrum auf den Teil $[M_1, M_2]$ der reellen Achse beschränkt, d. h. die reellen λ mit $\lambda < M_1$ und $M_2 < \lambda$ gehören ebenfalls zur Resolventenmenge. $\rho(A)$ ist dann zusammenhängend.

Denn sei etwa $\lambda < M_1$. Dann ist

$$\|f\| \|(A - \lambda)f\| \geq |\langle f|(A - \lambda)f\rangle| = \langle f(A - M_1)f\rangle + \|f\|^2(M_1 - \lambda) \geq \|f\|^2(M_1 - \lambda).$$

Also gilt wiederum $(14.9')$ mit $\delta = M_1 - \lambda > 0$.
Nützlich ist die Kenntnis des folgenden Sachverhaltes:

Satz

Das Spektrum $\sigma(A)$ eines selbstadjungierten Operators ist stets eine abgeschlossene Menge, nämlich als Komplement der Resolventenmenge $\rho(A)$, die stets offen ist.

Denn wenn $z \in \rho(A)$, so ist stets eine ganze offene Umgebung von z auch regulär. $\|(A - z')f\| \geq \|(A - z)f\| - |z - z'| \|f\| \geq (\delta - |z - z'|)\|f\|$. Für hinreichend nahes z' ist wieder $(14.9')$ mit $\delta' \equiv \delta - |z - z'| > 0$ gültig, also gemäß dem obigen Kriterium z' regulär, weil A selbstadjungiert ist.

Wir notieren jetzt in einer *Übersicht* einige für selbstadjungierte Operatoren gültige Unterscheidungsmerkmale für reguläre Punkte bzw. für Spektralpunkte.

Übersicht

Sei stets $A = A^*$, selbstadjungiert, nicht notwendig beschränkt.

1) z regulär d. u. n. d., wenn $(A - z)\mathcal{D}_A = \mathcal{H}$ ist. (Dazu gehören mindestens alle echt komplexen z.)
2) $z \equiv \lambda$ aus dem Spektrum, also reell, d. u. n. d., wenn $(A - \lambda)\mathcal{D}_A \neq \mathcal{H}$ ist.
3) Wenn immer noch $\overline{(A - \lambda)\mathcal{D}_A} = \mathcal{H}$, ist $\lambda \in \sigma_c$, aus dem kontinuierlichen Spektrum, also *kein* Eigenwert.
4) λ ist d. u. n. d. Eigenwert, wenn $\overline{(A - \lambda)\mathcal{D}_A} \neq \mathcal{H}$ ist.
5) Der zum Eigenwert λ gehörige Eigenraum $\mathfrak{r}_\lambda$ ist das Orthogonalkomplement von $\overline{(A - \lambda)\mathcal{D}_A}$.

▸   Denn zu 1): Ein überall definierter und abgeschlossener Operator ist beschränkt. R existiert wegen 4). 2) ist nur Umformulierung von Aussage 1). 3) folgt aus 4). Dieses so: Sei λ Eigenwert; jeder Eigenvektor f_λ ist dann orthogonal zu $\overline{(A - \lambda)\mathcal{D}_A}$. Umgekehrt gebe es einen Vektor $f \neq 0$, senkrecht zu $\overline{(A - \lambda)\mathcal{D}_A}$; $0 = \langle f|(A - \lambda)\mathcal{D}_A\rangle = \langle f|A\mathcal{D}_A\rangle - \langle \lambda f|\mathcal{D}_A\rangle$; also $f \in \mathcal{D}_{A^*} = \mathcal{D}_A$, und weil $\mathcal{D}_A$ dicht in $\mathcal{H}$, ist $Af = \lambda f$, also λ Eigenwert. Somit ist auch 5) klar.

14.6 Spektrum und Spektralschar eines selbstadjungierten Operators

Wir haben soeben gelernt, dass das Spektrum $\sigma(A)$ eines selbstadjungierten Operators auf der reellen Achse liegt. Falls $A = A^*$ sogar beschränkt ist, liegt $\sigma(A)$ zwischen den Schranken für den Operator.

Andererseits definiert jeder selbstadjungierte Operator eine Spektralschar E_λ, die wir bei der Verallgemeinerung der Diagonaldarstellung kennengelernt haben. λ variiert bei beschränktem A ebenfalls zwischen den Operatorschranken, sonst über die ganze reelle Achse.

Wir untersuchen jetzt den Zusammenhang zwischen den Eigenschaften der Spektralschar E_λ und dem Spektrum $\sigma(A)$. Dieser wird nahegelegt durch die aus Abschn. 13.1 bekannte Tatsache, dass bei vollstetigen Operatoren die Spektralschar E_λ entweder als Funktion von λ konstant bleibt oder bei den λ_i um den Projektor P_i auf den Eigenraum zu λ_i springt. Die Konstanzintervalle gehören (s. Abschn. 14.4) zur Resolventenmenge. Diese Sachverhalte gelten nun allgemein.

Satz

1) Die Sprungpunkte der Spektralschar E_λ eines selbstadjungierten Operators sind die Eigenwerte von A und umgekehrt.
2) Die Konstanzpunkte der Spektralschar sind die innerhalb $[M_1, M_2]$ gelegenen regulären Punkte von A und umgekehrt.

Dabei definieren wir noch einmal die benutzten Bezeichnungen, indem wir uns zugleich einen Überblick über die Abhängigkeit der Spektralschar von λ verschaffen.

Definition

λ heißt *Konstanzpunkt* von E_λ, wenn es ein ε (> 0) gibt, sodass $E_{\lambda+\varepsilon} + E_{\lambda-\varepsilon} = 0$.

λ heißt *Wachstumspunkt*, wenn nicht Konstanzpunkt. Unter den Wachstumspunkten gibt es speziell die *Sprungpunkte*, sofern $E_\lambda - E_{\lambda-0} \neq 0$ ist. Wir sprechen von Punkten stetigen Wachstums oder *Stetigkeitspunkten*, wenn λ Wachstumspunkt ist, aber $E_\lambda - E_{\lambda-0} = 0$.

Nach dem obigen Satz sind die Konstanzpunkte reguläre $z \in \rho(A)$, also Elemente der Resolventenmenge, und folglich bildet die Menge der Wachstumspunkte das Spektrum $\sigma(A)$. Hierin wieder bestimmen die Sprungpunkte das diskrete Spektrum σ_d. Die anderen Wachstumspunkte bilden das kontinuierliche Spektrum σ_c. Häufungspunkte von Eigenwerten gehören stets zum Spektrum, da es kein ε gibt, mit dem die Konstanzpunkt-Definition erfüllt wäre. λ gehört zum wesentlichen Spektrum, falls $\text{Dim}(E_{\lambda+\varepsilon} - E_{\lambda-\varepsilon}) = \infty$ für alle $\varepsilon > 0$.

Da die Spektralschar E_λ irgendwie von 0 auf **1** wachsen muss, ist *das Spektrum $\sigma(A)$ eines selbstadjungierten Operators nicht leer*. Es ist ferner *stets abgeschlossen*, s. o.

Wir wollen nun die wichtigen Aussagen des Satzes einsehen und beweisen. Stets sei dabei $\mu \in [M_1, M_2]$ bzw. $\mu \in (-\infty, +\infty)$, im Variationsbereich der Spektralschar.

1a) Sei μ Sprungpunkt; die Spektralschar springe um $P_\mu \neq 0$, Projektor auf $\mathfrak{r}_\mu$. Indem wir zeigen, dass jeder Vektor $f \in \mathfrak{r}_\mu$ Eigenvektor von A zum Eigenwert μ ist, erkennen wir μ als Eigenwert. $f \in \mathfrak{r}_\mu \Rightarrow P_\mu f = f$. $Af = AP_\mu f = \lim \sum \lambda_i \Delta E_i P_\mu f = \lim \lambda_{i_0} P_\mu f$, da $\Delta E_i P_\mu = 0$ außer für das Intervall Δ_{i_0}, in dem μ liegt; hierfür ist $\Delta E_{i_0} P_\mu = P_\mu$. Es geht nun mit feinerer Zerlegung λ_{i_0} gegen μ, d. h. $Af = \mu f$, q. e. d.

1b) Sei μ Eigenwert, d. h. existiere $f \neq 0$ als Eigenvektor zu μ. Dann muss (!) die Spektralschar E_λ bei μ springen. Denn aus der Eigenwertgleichung folgt $\|(A-\mu)f\|^2 = 0 = \| \int (\lambda - \mu) dE_\lambda f\|^2 = \int (\lambda - \mu)^2 d\|E_\lambda f\|^2 = \overset{\mu-\varepsilon}{\int} \ldots + \overset{\mu+\varepsilon}{\underset{\mu-\varepsilon}{\int}} \ldots + \underset{\mu+\varepsilon}{\int} \ldots$. Da alle drei Summanden positiv sind, müssen sie einzeln Null sein.

$$0 = \int\limits^{\mu-\varepsilon} (\lambda - \mu)^2 d\|E_\lambda f\|^2 \geq \varepsilon^2 \int\limits^{\mu-\varepsilon} d\|E_\lambda f\|^2 = \varepsilon^2 (\|E_{\mu-\varepsilon}f\|^2 - 0), \Rightarrow E_{\mu-\varepsilon}f = 0.$$

$$0 = \int\limits_{\mu+\varepsilon} (\lambda - \mu)^2 d\|E_\lambda f\|^2 \geq \varepsilon^2 (\|f\|^2 - \|E_{\mu+\varepsilon}f\|^2)$$

$$= \varepsilon^2 \|f - E_{\mu+\varepsilon}f\|^2 \Rightarrow E_{\mu+\varepsilon}f = f.$$

Diese Beziehungen gelten für jedes ε, und da die Projektoren in ε monoton sind, existiert $\lim\limits_{\varepsilon \to 0}$ und man findet $(E_\mu - E_{\mu-0})f = f$. Weil $f \neq 0$ war, folgt $E_\mu - E_{\mu-0} \neq 0$, d. h. μ ist tatsächlich ein Sprungpunkt.

2a) Sei μ ein Konstanzpunkt der Spektralschar. Mittels des Kriteriums (14.9') folgt, dass μ regulär ist. Denn für alle $f \in \mathcal{D}_A$ gilt: $\|(A-\mu)f\|^2 = \int (\lambda - \mu)^2 d\|E_\lambda f\|^2 = \overset{\mu-\varepsilon}{\int} \ldots + \overset{\mu+\varepsilon}{\underset{\mu-\varepsilon}{\int}} \ldots + \int_{\mu+\varepsilon} \ldots$. Da μ Konstanzpunkt sein soll, fällt bei geeignetem $\varepsilon > 0$ das mittlere Integral weg. Somit folgt

$$\|(A-\mu)f\|^2 = \overset{\mu-\varepsilon}{\int} \ldots + \overset{\cdots}{\underset{\mu+\varepsilon}{\int}} \geq \varepsilon^2 \{\|E_{\mu-\varepsilon}f\|^2 - 0 + \|f\|^2 - \|E_{\mu+\varepsilon}f\|^2\}$$

$$= \varepsilon^2 (\|f\|^2 - \|(E_{\mu+\varepsilon} - E_{\mu-\varepsilon})f\|^2) = \varepsilon^2 \|f\|^2,$$

denn $E_{\mu+\varepsilon} - E_{\mu-\varepsilon} = 0$. Somit gilt (14.9') mit $\delta \equiv \varepsilon > 0$, also $\mu \in \rho(A)$.

2b) Sei μ regulär, also $\|(A-\mu)f\| \geq \delta \|f\|$ für geeignetes $\delta > 0$. Dann muss es Konstanzpunkt sein. Wäre es das nicht, gäbe es ε mit $0 < \varepsilon < \delta$, sodass $E_{\mu+\varepsilon} - E_{\mu-\varepsilon} \neq 0$ ist. Berechnen wir (14.9') speziell mit $f := (E_{\mu+\varepsilon} - E_{\mu-\varepsilon})g$, so finden wir nach Voraussetzung $\|(A-\mu)(E_{\mu+\varepsilon} - E_{\mu-\varepsilon})g\|^2 \geq \delta^2 \|(E_{\mu+\varepsilon} - E_{\mu-\varepsilon})g\|^2$, sowie durch Ausrechnen

$$\|(A-\mu)(E_{\mu+\varepsilon} - E_{\mu-\varepsilon})g\|^2 = \int\limits_{\mu-\varepsilon}^{\mu+\varepsilon} (\lambda - \mu)^2 d\|E_\lambda g\|^2 \leq \varepsilon^2 \|(E_{\mu+\varepsilon} - E_{\mu-\varepsilon})g\|^2.$$ Folglich $\delta \leq \varepsilon$

im Widerspruch zur Voraussetzung.

14.7 Die Resolvente als holomorphe Funktion

Für reguläre Punkte, also aus der Resolventenmenge, $z \in \rho(A)$ eines linearen Operators A ist, wie wir wissen, die Resolvente $R(z) = (A - z)^{-1}$ ein linear-beschränkter Operator. Wir untersuchen jetzt die Abhängigkeit von $R(z)$ von der komplexen Variablen z innerhalb der Resolventenmenge $\rho(A)$. Die hierfür geltenden Rechenregeln wendet man sehr oft an.

1) Die Resolvente $R(z; A) = (A - z)^{-1}$ von A ist mit A vertauschbar, genauer

$$RA \subseteq AR = 1 + zR, \quad z \in \rho(A). \tag{14.10}$$

Also ist AR sogar linear-beschränkt.

2) $R(z; A)$ vertauscht mit einem anderen Operator B d. u. n. d., wenn A mit B vertauscht. Es genügt, dieses für *ein* $z \in \rho(A)$ zu untersuchen. Insbesondere sind die $R(z)$ zu verschiedenen z vertauschbar, s. sogleich.

3) Für alle $z_1, z_2 \in \rho(A)$ gilt die

$$\boxed{\text{1. Resolventenidentität } R(z_1) - R(z_2) = (z_1 - z_2)R(z_1)R(z_2).} \tag{14.11}$$

Zum Beweis multipliziere man von links mit $(A - z_1)$. Mittels der Resolventenidentität kann man Resolventenprodukte in Summen verwandeln und umgekehrt. Äquivalent ist

$$\boxed{R(z_1) = [1 + (z_1 - z_2)R(z_1)]\, R(z_2).} \tag{14.12}$$

4) Die Resolvente ist für die regulären $z \in \rho(A)$ eine *holomorphe operator-wertige Funktion* von z. Auf die linear-beschränkte Resolvente kann folglich der mächtige Apparat der Funktionentheorie angewendet werden.

Zum Beispiel erkennt man das mithilfe der 1. Resolventenidentität in der Form (14.12), indem man durch Iteration die *erste von-Neumann-Reihe* für die Resolvente ableitet. $R_1 = R_2 + (z_1 - z_2)R_2R_1 = R_2 + (z_1 - z_2)R_2R_2 + (z_1 - z_2)^2 R_2^2 R_1 =$ usw. Sofern die Reihe konvergiert, erhält man

$$\boxed{R(z) = \sum_{n=0}^{\infty} (z - z_0)^n R(z_0)^{n+1}, \quad z, z_0 \in \rho.} \tag{14.13}$$

Sicher ist die Reihe nämlich absolut-konvergent und stellt als Potenzreihe eine holomorphe Funktion dar, sofern $|z - z_0|\, \|R(z_0)\| < 1$. Ist sie gleich $R(z)$? Die Reihe heiße X; wir zeigen $Xg = Rg$ für alle g. Da für $z \in \rho(A)$ jedes g als $(A - z)f$ darstellbar ist, zeigen wir $X(A - z)f = f$ für alle $f \in \mathcal{D}_A$. Dazu benutze man $R(z_0)(A - z)f = [1 + (z_0 - z)R(z_0)]f$.

$$\frac{\mathrm{d}^n}{\mathrm{d}z^n} R(z) = n! R(z)^{n+1}. \tag{14.14}$$

Im Allgemeinen ist $R(z)$ nur in Teilen der K-Ebene holomorph. Diese können zusammenhängen oder nicht. Zum Beispiel kann das Spektrum auf der ganzen reellen Achse liegen und K so zerlegen, dass $R(z)$ zwei in der oberen bzw. unteren Halbebene holomorphe Funktionen darstellt.

5) Oft in der Physik (Strahlungstheorie, Streutheorie, Statistische Physik, usw.) angewendet wird die sog. *2. Resolventenidentität*. Sei $H = H_0 + V$ zerlegt. Dann ist

$$\boxed{\frac{1}{H-z} = \frac{1}{H_0-z} - \frac{1}{H_0-z}V\frac{1}{H-z} = \frac{1}{H_0-z} - \frac{1}{H-z}V\frac{1}{H_0-z},} \tag{14.15a}$$

$$\Leftrightarrow \boxed{R = R_0 - R_0VR = R_0 - RVR_0.} \tag{14.15b}$$

Man multipliziere von links bzw. rechts mit $H_0 - z$ bzw. $H - z$ und studiere die Definitionsbereiche.

(14.15a) und (14.15b) sind der Ausgangspunkt vieler störungstheoretischer Entwicklungen in der Physik:

$R = R_0 - R_0VR = R_0 - R_0VR_0 + R_0VR_0VR =$ usw., d. h. es gilt die *zweite von Neumann-Reihe*

$$\boxed{R = R_0 \sum_{n=0}^{\infty}(-VR_0)^n = \sum_{n=0}^{\infty}(-R_0V)^n R_0} \tag{14.16}$$

Wie für (14.13) zeigt man, dass die Summe in der Tat wie R wirkt, sofern sie konvergiert.

Übungen

6. Resolvente des Hamiltonoperators H und Zeittranslationsoperator e^{-Ht} sind zueinander Laplace-Transformierte.

$$\int_0^{\infty} e^{-iHt-zt}\mathrm{d}t = -iR(iz), \tag{14.17a}$$

$$e^{-iHt} = \frac{1}{2\pi i}\int_C e^{-iwt}R(w)\mathrm{d}w, \quad C \text{ umfasst } \sigma(H). \tag{14.17b}$$

7. Ist A ein linearer, abgeschlossener Operator mit *endlichem* Spektrum $\sigma(A)$, so ist *entweder* $R(z)$ bei $z = \infty$ wesentlich singulär *oder* A ist linear-beschränkt, R holomorph bei ∞ und $R(\infty) = 0$ sowie

$$R(z) = -\frac{1}{z}\sum_{n=0}^{\infty}\left(\frac{1}{z}A\right)^n, \quad z \approx \infty, \tag{14.18}$$

(*Kato*, 1966, Kap. III, 6,3). (Beispiel etwa $\frac{\mathrm{d}}{\mathrm{d}x}$ in Abschn. 14.3, Nummer 2) insbes. (14.5).)

Zählt man einen wesentlich singulären Punkt ∞ mit zum Spektrum, so ist also für einen nicht-beschränkten Operator A der Punkt ∞ *stets* im Spektrum.

14.8 Spektraldarstellung der Resolvente und stieltjessche Umkehrformel

Wie wir wissen, definiert jeder selbstadjungierte Operator eine Spektralschar E_λ. Mit ihrer Hilfe kann man auch eine Spektraldarstellung für die Resolvente $R(z; A)$ angeben. Sie lässt sich leicht finden, wenn man sich der Formel (13.23) für Funktionen eines Operators bedient. Sofern $z \in \rho(A)$ ist $1/(\lambda - z)$ eine beschränkte, stetige Funktion, sodass (da beide Seiten sinnvolle Operatoren sind)

$$R(z) = \frac{1}{A - z} = \int \frac{dE_\lambda}{\lambda - z}. \tag{14.19}$$

Wenn z. B. A sogar vollstetig ist, geht diese Darstellung über in den lösenden Operator (12.16) inhomogener Integralgleichungen, verallgemeinert also den greenschen Operator für den Fall eines beliebigen Spektrums.

Mit der Darstellung (14.19) kann man eine in vielen Anwendungen wichtige *Verknüpfung zwischen greenscher Funktion und Spektralfunktion* gewinnen. Dazu bilden wir den Erwartungswert in einem Zustand f, sodass aus der operator-wertigen holomorphen Funktion $R(z)$ eine komplexwertige holomorphe Funktion wird.

$$G(z) := \langle f|R(z)f\rangle = \int \frac{d\sigma(\lambda)}{\lambda - z}, \quad \text{mit} \quad \sigma(\lambda) =: \|E_\lambda f\|^2. \tag{14.20}$$

▸ Man kann auch mittels dieser Cauchy-Stieltjes-Darstellung explizit nachweisen, dass $G(z)$ in der oberen und unteren Halbebene je eine holomorphe Funktion darstellt; s. z. B. *Smirnow*, 1962, Bd. V, S. 68. Da aus der schwachen Holomorphie die Operatorholomorphie folgt (s. Abschn. 9.3), ist dies auch eine Möglichkeit, die Holomorphie der Resolvente im Regularitätsbereich $\rho(A)$ zu beweisen, siehe Abschn. 14.7, Unterpunkt 4).

Umgekehrt wie aus der Spektralfunktion $\sigma(\lambda)$ die holomorphe greensche Funktion $G(z)$ zu berechnen ist, kann man auch aus der greenschen Funktion die Spektralfunktion ausrechnen! $\sigma(\lambda)$ ist nämlich durch den Sprung von $G(z)$ an der reellen Achse bestimmt. Wir bilden dazu

$$G(\mu + i\varepsilon) - G(\mu - i\varepsilon) = \int d\sigma(\lambda) \left[\frac{1}{\lambda - \mu - i\varepsilon} - \frac{1}{\lambda - \mu + i\varepsilon} \right].$$

Die Klammer [...] ist die Darstellung $\dfrac{2i\varepsilon}{(\lambda - \mu)^2 + \varepsilon^2}$ der δ-Funktion; die rechte Seite ist

also bei stetig differenzierbarer Spektralfunktion gleich $\dfrac{d\sigma(\mu)}{d\mu}$. Die Spektralfunktion selbst

erhält man hieraus durch Aufintegrieren. Das gilt aber sogar auch dann, wenn $\sigma'(\lambda)$ nicht existiert, indem man *erst* integriert.

$$\int\limits_a^b d\mu[G(\mu + i\varepsilon) - G(\mu - i\varepsilon)] = \int d\sigma(\lambda) \int\limits_a^b d\mu \frac{2i\varepsilon}{(\lambda - \mu)^2 + \varepsilon^2}.$$

▸ Sofern die Spektralschar eines beschränkten Operators vorliegt, ist die λ-Integration endlich, also die Reihenfolge der Integrationen zu vertauschen. Bei nicht-beschränkter λ-Integration ist die Vertauschung auch erlaubt, nur umständlicher zu beweisen, s. z. B. *Smirnow*, 1962, Bd. V, S. 69ff.

Das μ-Integral ist für $\varepsilon \to 0$ als Darstellung der Stufenfunktion zu erkennen, also $2i\pi$ wenn $\lambda \in (a, b)$, 0 sonst. Damit haben wir gewonnen die wichtige

Umkehrformel von Stieltjes

Sei $\sigma(\lambda)$ in $(-\infty, +\infty)$ eine Funktion von beschränkter Variation und erzeuge gemäß (14.20) die Cauchy-Stieltjes-Darstellung zweier in $\operatorname{Re} z \lessgtr 0$ holomorpher Funktionen $G(z)$. Dann gilt die Umkehrformel

$$\sigma(b) - \sigma(a) = \lim_{\varepsilon \to 0} \frac{1}{2\pi i} \int\limits_a^b [G(\mu + i\varepsilon) - G(\mu - i\varepsilon)]d\mu, \tag{14.21}$$

sofern a, b Stetigkeitspunkte sind. Falls eine Spektraldichte $\sigma'(\lambda)$ existiert, ist

$$\sigma'(\lambda) = \lim_{\varepsilon \to 0} \frac{1}{2\pi i}[G(\lambda + i\varepsilon) - G(\lambda - i\varepsilon)]. \tag{14.22}$$

▸ An den Unstetigkeitsstellen liegen ja Eigenwerte des Operators vor, die separat behandelt werden.
   Es ist σ durch G eindeutig bestimmt, denn zwei Spektralfunktionen $\sigma_{1,2}$ mit derselben greenschen Funktion erfüllen $\sigma_1(b) - \sigma_1(a) = \sigma_2(b) - \sigma_2(a)$, d. h. $\sigma_1(\mu) - \sigma_2(\mu) = $ const, und wegen $\sigma_{1,2}(-\infty) = 0$ ist const $= 0$. Dies, d. h. im Wesentlichen die stieltjessche Umkehrformel, ist übrigens die Grundidee zum Nachweis der Eindeutigkeit der Spektralschar.
   Analog zu (14.21) lautet die entsprechende Operatorformel

$$E_{\lambda_2} - E_{\lambda_1} = \lim_{\varepsilon \to 0} \frac{1}{2\pi i} \int\limits_{\lambda_1}^{\lambda_2} [R(\mu + i\varepsilon) - R(\mu - i\varepsilon)]d\mu, \tag{14.23}$$

sofern λ_1, λ_2 keine Eigenwerte sind.

14.9   Operatoren mit vollstetiger Resolvente

Eine gute Einsicht in das Spektrum eines Operators A bekommt man, wenn seine Resolvente $R(z; A)$ auf seiner Resolventenmenge $\rho(A)$ nicht nur linear-beschränkt, sondern sogar vollstetig ist!

Es genügt, wenn das an einer einzigen Stelle z_0 der Fall ist, denn an den anderen Stellen $z \in \rho(A)$ ist es dann zwangsläufig auch so. Ist doch $R(z) = [1 + (z - z_0)R(z)]R(z_0)$, (14.12). Rechts steht das Produkt eines vollstetigen Operators mit einem linear-beschränkten, ist also wiederum vollstetig.

Ist aber $R(z_0; A) \equiv R_0$ vollstetig, so hat R_0 ein rein diskretes Spektrum aus höchstens endlichfach entarteten, isolierten Eigenwerten mit einzig möglichem Häufungspunkt 0. Das wiederum erlaubt Rückschlüsse auf das Spektrum von A selbst. Dazu verknüpfen wir $\sigma(R_0)$ via $(R_0 - z)^{-1}$ mit $(A - z)^{-1}$, der Resolvente von A, die $\sigma(A)$ bestimmt.

R_0 vollstetig $\Rightarrow (R_0 - z)^{-1}$ linear-beschränkt für alle $z \notin \sigma(R_0) \Rightarrow z^2(R_0 - z)^{-1} = -z + zR_0(R_0 - z)^{-1}$ linear-beschränkt. Der eindeutig bestimmte, linear-beschränkte Operator $X := -zR_0(R_0 - z)^{-1}$ genügt aber der Gleichung (man forme die Definition um)

$$X - R_0 = \frac{1}{z}XR_0 \quad , z \notin \sigma(R_0) \quad \text{und} \quad z \neq 0.$$

Eben diese erfüllt aber $X = R\left(z_0 + \frac{1}{z}\right)$ wegen der 1. Resolventenidentität (14.11).

Folglich ist $u \equiv z_0 + \frac{1}{z} \in \rho(A)$, sofern $z \in \rho(R_0)$ und $z \neq 0$, bzw. $u_n = z_0 + \frac{1}{z_n}$ sowie eventuell $u = \infty$ bilden das Spektrum von A!

Es ist nirgends die Linear-Beschränktheit von A benutzt worden, sodass die Aussage auch für nicht-beschränkte Operatoren gilt. Wir fassen sie zusammen im

---

Satz

Ist die Resolvente eines abgeschlossenen Operators A im Banach- oder Hilbertraum in einem einzigen Punkt z_0 vollstetig, so ist sie auf der ganzen Resolventenmenge vollstetig. Dann besteht das Spektrum von A selbst höchstens aus isolierten, endlichfachen Eigenwerten mit einzig möglichem Häufungspunkt ∞.

Sofern A (mit vollstetiger Resolvente) sogar beschränkt ist, muss $\mathcal{M}$ endlichdimensional sein (*Karo*, 1966, S. 187).

Damit haben wir ein vorzügliches Werkzeug gefunden, um nachzuprüfen, ob ein gegebener Operator A ein rein diskretes Spektrum hat: Man untersuche, ob seine Resolvente an wenigstens einer Stelle kompakt ist. Als Beispiele (Übung!) diskutiere man $\frac{d}{dx}$ in C, speziell $\mathcal{A}_a$ mit R nach (14.5) sowie $\mathcal{A}_k$ mit R nach (14.7). Operatoren mit vollstetiger Resolvente spielen in den physikalischen Anwendungen eine große Rolle. Viele Differentialoperatoren, insbesondere die der klassischen Randwertprobleme, sind von diesem Typ.

Entwicklung nach eigentlichen und uneigentlichen Eigenvektoren eines selbstadjungierten Operators

Wir haben in Kap. 12 gesehen, dass und wie ein selbstadjungierter *und* vollstetiger Operator im Hilbertraum $\mathcal{H}$ ein v. o. n. S. von Eigenvektoren definiert. Die besondere Brauchbarkeit dieses v. o. n. S. liegt in der Möglichkeit, mit seiner Hilfe den Operator zu diagonalisieren, „auf Hauptachsen" zu bringen. Ausdruck dafür ist die Formel (12.7).

Komplizierter sind die genannten Fragen, wenn ein Operator *nicht* vollstetig und selbstadjungiert ist. Immerhin konnten wir im vorigen Kap. 14 für beliebige lineare Operatoren den Begriff des Spektrums verallgemeinern sowie in Kap. 13 für selbstadjungierte Operatoren (die übrigens auch unbeschränkt sein dürfen) den der Diagonaldarstellung weiterführen, nämlich durch das Spektralintegral (13.13). Inwiefern das eine Verallgemeinerung der Begriffe Eigenvektor, Entwicklung nach Eigenvektoren usw. ermöglicht, soll in diesem Abschnitt studiert werden.

15.1 Eigenvektoren und uneigentliche Eigenvektoren

Wenn wir jetzt versuchen, die bei Eigenvektoren selbstadjungierter Operatoren bekannten Verhältnisse verallgemeinert nachzubilden, werden wir uns immer an dem verbindenden Element der stets möglichen Spektraldarstellung orientieren. Das heißt also, zunächst drücken wir uns in der Sprache der Spektralprojektoren aus und verallgemeinern dann in ihr.

Die Eigenwertgleichung lautete ja

$$A f_\lambda = \lambda f_\lambda, \quad f_\lambda \in \mathcal{D}_A, \quad f_\lambda \neq 0, \quad \lambda \in \mathbb{R}. \tag{15.1}$$

λ ist reell, da A als selbstadjungiert vorausgesetzt wird. Was tun, wenn λ kein Eigenwert ist, jedoch aus dem Spektrum stammt, sprich, nicht aus der Resolventenmenge $\rho(A)$? Um darauf zu kommen, schreiben wir die Eigenwertgleichung zunächst so um, dass die Spektralprojektoren in der Formulierung auftreten.

S. Großmann, *Funktionalanalysis*, DOI 10.1007/978-3-658-02402-4_15,
© Springer Fachmedien Wiesbaden 2014

Die Eigenvektoren f_λ zum Eigenwert λ spannen einen Teilraum $\mathfrak{r}_\lambda$ auf. Der Projektor hierauf sei P_λ. Da $P_\lambda g \in \mathfrak{r}_\lambda$ für alle $g \in \mathcal{H}$, lautet die Eigenwertgleichung (15.1) auch so:

$$AP_\lambda g = \lambda P_\lambda g, \quad P_\lambda \neq 0, \quad \lambda \in R, \tag{15.2}$$

bzw., weil das ja für alle $g \in \mathcal{H}$ gilt,

$$AP_\lambda = \lambda P_\lambda, \quad P_\lambda \neq 0, \quad \lambda \in R. \tag{15.3}$$

Der Projektor P_λ ist nach Abschn. 14.6 aber gerade der Sprung der Spektralschar E_λ von A an der Stelle λ, $P_\lambda = E_\lambda - E_{\lambda-0}$.

Nun erkennt man sofort, wie man verallgemeinern kann, wenn λ *kein* Eigenwert ist, also $E_\lambda - E_{\lambda-0} = 0$ sein sollte: Wir betrachten dann den Projektor

$$\Delta E_\lambda := E_\lambda - E_{\lambda-\varepsilon}, \quad \varepsilon \text{ klein, aber } \varepsilon > 0. \tag{15.4}$$

Falls $\varepsilon \to 0$, ist entweder $\Delta E_\lambda = 0$ oder Projektor P_λ auf einem Eigenraum. Wie ist es für ε klein, aber noch ungleich Null? Mittels der Spektraldarstellung erhalten wir

$$A\Delta E_\lambda = \int_{\lambda-\varepsilon}^{\lambda} \mu dE_\mu \leq \lambda \Delta E_\lambda \quad \text{bzw.} \quad \geq (\lambda - \varepsilon)\Delta E_\lambda,$$

$$\text{also } (\lambda - \varepsilon)\Delta E_\lambda \leq A\Delta E_\lambda \leq \lambda \Delta E_\lambda. \tag{15.5}$$

Wir interpretieren (15.5) so: ΔE_λ ist *Fast-Eigenraumprojektor*, da A *fast* wie die Multiplikation mit λ wirkt. Das gilt, sofern nicht $\Delta E_\lambda = 0$ ist, d. h. $\lambda \in \rho(A)$ gar nicht aus dem Spektrum stammt; in diesem Falle bedeutete (15.5) die triviale Aussage $0 \leq 0 \leq 0$.

Nun von den Projektoren zu den Vektoren! Dazu brauchen wir nur (15.5) auf einen Vektor g anzuwenden (mit Komponente in ΔE_λ) und erhalten einen *Fast-Eigenvektor* $\Delta E_\lambda g$. Natürlich konvergiert $\Delta E_\lambda g$ mit ε, da ΔE_λ monoton fallende Projektorfolge ist (s. Abschn. 10.2). Doch nur, wenn λ echter Eigenwert im Sinne von (15.1) ist, ist $\lim_{\varepsilon \to 0} \Delta E_\lambda g =: f_\lambda \neq 0$, ein echter Eigenvektor, anderenfalls ist der Limes 0. Daran ändert auch eine passende Normierung nichts; z. B. $\dfrac{\Delta E_\lambda g}{\|\Delta E_\lambda g\|}$ kann nicht konvergieren, wenn λ kein Eigenwert ist, da man sonst ja eben doch einen Eigenvektor konstruieren könnte.

Trotzdem hat die Sprechweise *Fast-Eigenvektor* einen weiteren quantitativen Sinn neben (15.5). Nämlich der *Erwartungswert* von A ist streuungsfrei gleich λ, und zwar streng im Limes $\varepsilon \to 0$. Sei nämlich λ nicht Konstanzpunkt im Spektrum $\sigma(A)$, dann ist

$$\frac{\langle \Delta E_\lambda g | A\Delta E_\lambda g \rangle}{\langle \Delta E_\lambda g | \Delta E_\lambda g \rangle} = \langle A \rangle_{\Delta E_\lambda g} \xrightarrow[\varepsilon \to 0]{} \lambda, \tag{15.6}$$

$$\langle (A - \lambda)^2 \rangle_{\Delta E_\lambda g} \xrightarrow[\varepsilon \to 0]{} 0. \tag{15.7}$$

Denn rechnen wir $\langle (A - \lambda)^n \rangle_{\Delta E_\lambda g}$ mittels der Spektraldarstellung aus, so gibt $n = 1, 2$ diese Formeln. Es ist nämlich nach den Regeln aus Abschn. 13.4 und Formel (15.5)

$$\langle (A - \lambda)^n \rangle_{\Delta E_\lambda g} = \frac{1}{\Delta\sigma(\lambda)} \int\limits_{\lambda - \varepsilon}^{\lambda} (\mu - \lambda)^n d\sigma(\mu) \le \varepsilon^n \to 0.$$

Das rechtfertigt unsere Bezeichnungsweise, obwohl im Sinne starker Vektorkonvergenz im Hilbertraum je nach Normierung entweder ein trivialer oder kein Limes existiert, sofern λ kein Eigenwert ist.

Da nun selbstverständlich kein ε ausgezeichnet ist, müsste man konsequenterweise jedes $\Delta E_\lambda g$ mit verschiedenem ε als mehr oder weniger guten Fast-Eigenvektor ansehen. Auch Projektoren $E(I)$ auf anderen Intervallen $I \subset R$, die mehr oder weniger klein sind und λ enthalten, erfüllen natürlich eine analoge wie die entscheidende Gl. (15.5), liefern also Fast-Eigenvektoren $E(I)g$.

▸ Und nicht nur Intervalle, auch Vereinigungen und Durchschnitte, kurz alle Mengen I des *Borelkörpers* $\mathcal{F}$ „in der Nähe" von λ leisten das, wenn man $E(I)$ auf ganz $\mathcal{F}$ ausdehnt (siehe 2.4.2.d) in Abschn. 2.4.2, „Der unitäre Raum" zur Definition des Borelkörpers). In naheliegender Bezeichnungsweise nennen wir eine projektor-wertige Mengenfunktion $E(I)$ ein *Spektralmaß*, wenn für alle $I \in \mathcal{F}$, dem Borelkörper, ein Projektor E definiert ist mit den Eigenschaften: $E(\varnothing) = 0$, $E(R) = 1$, $E\left(\bigcup\limits_n I_n\right) = \sum\limits_n E(I_n)$ für jede endliche oder abzählbare Vereinigung punktfremder $I_n \in \mathcal{F}$.

Damit kein I um λ ausgezeichnet wird, betrachten wir die ganze Menge von Hilbertraumvektoren $E(I)g$ *für alle* $I \in \mathcal{F}$, die sich auf λ zusammenziehen, $I \to \lambda$. Auch beliebige Normierungsfaktoren lassen wir zu, $a(I)$. Diese Menge $\{a(I)E(I)g | I \to \lambda\}$ hat zwar eventuell keinen Häufungspunkt im Hilbertraum, doch eignet sich jedes Element mehr oder weniger gut als Fast-Eigenvektor. Deshalb treffen wir die zweckmäßige

Definition
Die Menge $\{a(I)E(I)g | I \in \mathcal{F}, I \to \lambda\} =: \tilde{g}_\lambda$, bestehend aus Hilbertraumelementen, die für jedes I aus dem Borelkörper $\mathcal{F}$, welches zu einer auf λ kontrahierenden Folge gehört, aus dem von einer Spektralschar E_μ erzeugten Spektralmaß $E(I)$ und einem festen $g \in \mathcal{H}$ erzeugt werden, heiße *uneigentlicher Vektor* $\tilde{g}_\lambda$. Analog heiße $\tilde{a}_\lambda :=$ $\{a(I) | I \in \mathcal{F}, I \to \lambda\}$ *uneigentliche Zahl*.

Sofern die Vektor- bzw. Zahlenfolge einen Limes in $\mathcal{H}$ bzw. K hat, vertritt dieser eigentliche Vektor bzw. die eigentliche Zahl die Folge. In dieser Hinsicht sind die uneigentlichen Vektoren bzw. Zahlen Verallgemeinerungen der eigentlichen.

Wenn etwa λ nicht aus dem Spektrum $\sigma(A)$ stammt, ist $\tilde{g}_\lambda = 0 \in \mathcal{H}$. Ist λ aus dem diskreten Spektrum $\sigma_d(A)$, wäre $\tilde{g}_\lambda = g_\lambda \in \mathcal{H}$ Eigenvektor. Falls $\lambda \in \sigma_c$, dem kontinuierlichen Spektrum von A, verallgemeinert die Definition unsere Überlegungen zu (15.6). Die Eigenschaft von $\tilde{g}_\lambda$, aus einer Menge von Fasteigenvektoren zu bestehen, drücken wir dadurch aus, dass $\tilde{g}_\lambda \neq 0$ als *uneigentlicher Eigenvektor* von A (dessen Spektralschar E_μ ist) bezeichnet wird. Es gilt gemäß (15.6):

$$\langle \tilde{g}_\lambda | A \tilde{g}_\lambda \rangle / \langle \tilde{g}_\lambda | \tilde{g}_\lambda \rangle = \lambda, \quad \text{sofern} \quad \lambda \in \sigma(A). \tag{15.8}$$

15.2 Entartung des Spektrums

Unter der *Entartung* eines (echten) Eigenwertes verstehen wir ja die Dimension des Eigenraumes $\mathfrak{r}_\lambda$. Es gibt so viele linear unabhängige Eigenvektoren zu λ, wie der Entartungsgrad angibt. Wie kann man den Begriff Entartung definieren, wenn uneigentliche Eigenvektoren vorkommen?

Zur Beantwortung formulieren wir natürlich die Frage zunächst wieder in der Sprache der Projektoren. Da $\Delta E_\lambda \to 0$, wenn λ kein Eigenwert ist, sieht man an der Dimension $\text{Dim}(\Delta E_\lambda)$ nichts. Aber der uneigentliche Eigenvektor hängt auch vom erzeugenden Vektor g ab!

Das ist bei eigentlichen Eigenvektoren ebenso. $P_\lambda g$ ist zwar in $\mathfrak{r}_\lambda$ gelegen, sofern g überhaupt eine Komponente in $\mathfrak{r}_\lambda$ hat, könnte aber innerhalb $\mathfrak{r}_\lambda$ verschieden sein, wenn g verändert wird. Nur bei einfachen, d. h. nicht entarteten Eigenwerten, ist $P_\lambda g$ (bis auf eine Normierungsgröße) unabhängig von g, da $P_\lambda g \sim f_\lambda$ immer in einer Richtung liegt. Anderenfalls ist die oben definierte Entartung von λ offenbar gleich der kleinstmöglichen Zahl verschiedener – d. h. linear unabhängiger – g, die linear unabhängige $P_\lambda g$ erzeugen.

Ähnlich wollen wir nun bei uneigentlichen Eigenvektoren vorgehen. Damit man für alle λ dasselbe erzeugende Element g verwenden kann, wählen wir nur $g \in \mathcal{H}$, die in allen Teilräumen $\Delta E_\lambda \mathcal{H}$ Komponenten haben, d. h. $\Delta E_\lambda g \neq 0$ (sofern $\Delta E_\lambda \neq 0$) *für alle* λ. Mit anderen Worten: $E_\lambda g$ ist eine von 0 auf g steigende Funktion, wenn λ zwischen $-\infty$ und $+\infty$ wächst. Wir sagen, *g liege schief* zur Spektralschar E_λ.

Wäre E_λ die Spektralschar eines vollstetigen Operators und jeder Eigenwert einfach, so könnten ja die Eigenvektoren $\Delta E_\lambda g = P_\lambda g$ als v. o. n. S. dienen. Alle möglichen Linearkombinationen der $P_\lambda g$, d. h. aller $E_\lambda g$ für alle λ, spannten dann nach Abschließung ganz $\mathcal{H}$ auf. Ist auch nur ein Eigenwert mehrfach, braucht man mehr als ein g, damit die $E_\lambda g_i$ und alle ihre Linearkombinationen ganz $\mathcal{H}$ aufspannen. Offenbar kommt man mit so viel g aus, wie dem *maximalen Entartungsgrad* der Eigenräume entspricht.

Nun ist wohl klar die allgemeine

Definition

1. Unter der *Vielfachheit des Gesamtspektrums* eines selbstadjungierten Operators A mit der Spektralschar E_λ verstehen wir die Dimension des kleinsten erzeugenden Teilraumes $\mathfrak{r} = \{g\}$ von erzeugenden Vektoren g, d. h. es ist $\mathcal{H}$ die abgeschlossene Hülle aller Linearkombinationen der $E_\lambda g$, für alle λ und alle $g \in \mathfrak{r}$, symbolisch bezeichnet als $\mathcal{H} = [E_\lambda \mathfrak{r}]$.

2. Unter der *Vielfachheit* von A im *Teilintervall I* des Spektrums $\sigma(A)$ verstehen wir die Vielfachheit des Gesamtspektrums des Operators $E(I)A$.

   Offenbar ist bei $I_1 \subseteq I_2$ die Vielfachheit in I_1 höchstens kleiner als die in I_2. Daher nehmen bei einer Folge $I \to \lambda$ die Vielfachheiten höchstens ab; andererseits sind sie beschränkt; es gibt also einen Grenzwert:

3. Unter der *Vielfachheit* des Spektrums $\sigma(A)$ *an einem Punkt* λ verstehen wir den Grenzwert der Vielfachheiten in den Intervallen $\left[\lambda - \dfrac{1}{n}, \lambda + \dfrac{1}{n}\right]$ mit $n \to \infty$. Das ist die Dimension des kleinsten Raumes, der alle $\tilde{g}_\lambda \neq 0$ erzeugen kann.

   Falls λ echter Eigenwert ist, geht diese Definition in die alte über. Falls λ nicht Konstanzpunkt ist, ist $\tilde{g}_\lambda$ immer Null, es existiert also *kein* eigentlicher Eigenvektor.

   Ein *Spektrum* $\sigma(A)$ heiße *einfach*, wenn bereits ein einziger Vektor g ganz $\mathcal{H}$ zu erzeugen vermag, $\mathcal{H} = [E_\lambda g]$. Dann ist *kein eigentlicher oder uneigentlicher Eigenwert entartet.*

   Ein Vektor g, der mittels der Spektralschar E_λ ganz $\mathcal{H}$ erzeugt, heißt *zyklischer Vektor*. Natürlich gibt es auch bei einfachem Spektrum viele verschiedene zyklische Vektoren; jedes g eignet sich, welches schief zur Spektralschar liegt.

▸ **Bemerkung** Ein selbstadjungierter Operator A hat d. u. n. d. ein einfaches Spektrum in $\mathcal{H}$, wenn es einen geeigneten Vektor g gibt, sodass $\{A^n g;$ alle $n = 0, 1, 2, \ldots\} = \mathcal{H}$ ist.

15.3 Zerlegung des Hilbertraumes nach der Spektralschar

Jeder Eigenraum $\mathfrak{r}_\lambda$ eines selbstadjungierten Operators ist unter A invariant, d. h. $A\mathfrak{r}_\lambda \subseteq \mathfrak{r}_\lambda$. Auch gilt, falls $f \perp \mathfrak{r}_\lambda$, dass auch $Af \perp \mathfrak{r}_\lambda$, d. h. auch $\mathcal{H} \ominus \mathfrak{r}_\lambda$ ist invariant unter A. Daher zerlegen wir den ganzen Hilbertraum $\mathcal{H}$ in die Summe der Eigenräume $\mathfrak{r}_{\lambda_i}$ und einen Rest $\mathfrak{r}$.

$$\mathcal{H} = \sum_i \oplus \mathfrak{r}_{\lambda_i} \oplus \mathfrak{r}.$$

In $\mathfrak{r}$ hat die Spektralschar E_λ keine Sprünge, denn $\mathfrak{r}$ enthält nur Vektoren, die senkrecht auf den Eigenvektoren stehen. E_λ steigt in $\mathfrak{r}$ stetig von 0 auf **1**. Sofern $\mathfrak{r} \neq \{0\}$, greifen wir $g_1 \in \mathfrak{r}$ heraus, welches schief zur Spektralschar liegt, also $E_\lambda g_1$ von 0 auf g_1 steigt, wenn λ von $-\infty$

bis $+\infty$ variiert. Hiermit bilden wir $[E_\lambda g_1]$, einen ebenfalls unter A invarianten Teilraum. Sofern dieser nicht schon ganz $\mathfrak{r}$ ist, wählen wir aus dem Rest analog g_2 aus und bilden den invarianten Teilraum $[E_\lambda, g_2]$, usw.

So erhält man eine Zerlegung von $\mathcal{H}$ in

$$\mathcal{H} = \sum_{i \in I} \oplus \mathfrak{r}_{\lambda_i} \oplus \sum_{j \in J} \oplus [E_\lambda g_j]. \tag{15.9}$$

Jeden Vektor $f \in \mathcal{H}$ kann man gemäß Abschn. 2.10.3 in die Teilstücke innerhalb der unter A invarianten Teilräume zerlegen. In jedem $\mathfrak{r}_{\lambda_i}$ lässt sich das Stück f_{λ_i} nach den echten Eigenvektoren von A entwickeln. Kann man in den $[E_\lambda g_j]$ *nach den uneigentlichen Eigenvektoren entwickeln?*

Dazu genügt es offenbar, *einen* Raum $[E_\lambda g]$ zu betrachten, was wir in Abschn. 15.4 tun werden. In diesem hat A ein einfaches Spektrum. Gegebenenfalls muss man noch eine Summe über j ausführen, die für jedes f de facto nur höchstens abzählbar ist, um die Entwicklung von f nach eigentlichen und uneigentlichen Eigenvektoren von A zu erhalten, siehe hierzu Abschn. 15.7.

▸   Man beachte, dass der Zerlegung (15.9) des Hilbertraumes nach der Spektralschar nicht unbedingt eine Zerlegung des Spektrums $\sigma(A)$ entspricht! Wenn z. B. A ein rein diskretes, aber auf der Achse dichtes Spektrum hat, so ist kein Punkt Konstanzpunkt, also σ die *ganze* Achse. In der Zerlegung (15.9) tritt aber nur der diskrete Teil auf, dem kontinuierlichen Spektrum entspricht nichts.

15.4   Entwicklung eines selbstadjungierten Operators mit einfachem, nicht-diskretem Spektrum nach uneigentlichen Eigenvektoren

Sei A selbstadjungiert in $\mathcal{H}$, habe die Spektralschar E_λ ohne Sprungpunkte sowie ein einfaches Spektrum. Das heißt, es gibt einen zyklischen Vektor g, sodass die abgeschlossene lineare Hülle aller $E_\lambda g$ ganz $\mathcal{H}$ ist. Allgemeinere Fälle sind gemäß (15.9) hierauf zurückzuführen. Wir überlegen uns jetzt, wie man die $f \in \mathcal{H}$ nach uneigentlichen Eigenvektoren entwickeln kann, wie sie in Abschn. 15.1 definiert wurden.

Sei $f \in \mathcal{H} = [E_\lambda g]$ Der *zyklische Vektor g* sei in diesem Abschn. 15.4 stets *festgehalten.* Als Element der abgeschlossenen linearen Hülle der $E_\lambda g$ ist f entweder endliche Linearkombination solcher Vektoren oder dadurch beliebig gut approximierbar:

$$f \approx \sum_{i=1}^{n-1} a_i'' E_{\lambda_i} g, \text{ mit geeignetem Koeffizientensatz } a'' \in K. \tag{15.10}$$

Die λ_i definieren eine Zerlegung $\mathfrak{z}$ der reellen Achse, wobei diese Zerlegung noch durch die Festlegung $\lambda_0 < M_1$ und $\lambda_n > M_2$ ergänzt sei. Statt der E_{λ_i} kann man auch die folgenden

ΔE_{λ_i} benutzen: $E_{\lambda_0} = 0$, $E_{\lambda_1} = E_{\lambda_1} - E_{\lambda_0} = \Delta E_1$, $E_{\lambda_2} = E_{\lambda_2} - E_{\lambda_1} + E_{\lambda_1} = \Delta E_2 + \Delta E_1$, usw. Also ist bei geeigneter Zerlegung ₃ und wiederum geeigneten Koeffizienten a_i' zu jedem vorgegebenen ε erreichbar, dass

$$\left\| f - \sum_{i=1}^n a_i' \Delta E_i g \right\| \leq \varepsilon. \tag{15.11}$$

Die a_i' können wir optimal als

$$a_i := \frac{1}{\|\Delta E_i g\|^2} \langle \Delta E_i g | f \rangle$$

wählen. Denn *ist* f sogar endliche Summe, so finden wir diesen Wert durch Bilden des Inneren Produktes mit $\Delta E_i g$ in (15.10). Allgemein ergänze man $\pm a_i$ in (15.11) und nutze aus, dass $\Delta E_i g$ orthogonal zu $f - \sum a_i \Delta E_i g$ steht.

$$\Rightarrow \left\| f - \sum_{i=1}^n a_i \Delta E_i g \right\| \leq \varepsilon. \tag{15.12}$$

Diese Ungleichung kann man nach links durch die Dreiecksungleichung fortsetzen, $\|f\| - \|\sum a_i \Delta E_i g\| \leq \ldots$, sowie völlig analog zu Abschn. 2.7.1 die besselsche Ungleichung ableiten: $\|\sum a_i \Delta E_i g\|^2 \equiv \sum |a_i|^2 \Delta \|E_i g\|^2 \leq \|f\|^2$.

▸ **Zusammengefasst** Zu jedem ε gibt es eine passende Intervall-Einteilung ₃ der reellen Achse, sodass

$$0 \leq \|f\| - \left(\sum_{i=1}^n \left| \frac{\langle \Delta E_i g | f \rangle}{\Delta \|E_i g\|^2} \right|^2 \Delta \|E_i g\|^2 \right)^{\frac{1}{2}} \leq \left\| f - \sum_{i=1}^n \frac{\langle \Delta E_i g | f \rangle}{\Delta \|E_i g\|^2} \Delta E_i g \right\| \leq \varepsilon. \tag{15.13}$$

Dies ist die Fundamentalungleichung zur Begründung der Entwicklung nach uneigentlichen Eigenvektoren. Wir diskutieren sie zunächst für den linken Teil.

$\|E_\lambda g\|^2 =: \sigma(\lambda)$ ist ja die Spektralfunktion des Operators A mit dem zyklischen Vektor g. Als monotone Funktion ist sie f. ü. (fast überall) differenzierbar und $\frac{d\sigma}{d\lambda}$ ist Lebesgue-messbar (s. z. B. *Natanson*, 1961, Satz 5, § 2, Kap.+8). $\langle E_\lambda g | f \rangle$ hat als Summe monotoner Funktionen (siehe nach (13.18)) dieselben Eigenschaften. Also kann man die Ableitung

$$f(\lambda) := \lim \frac{\Delta \langle E_\lambda g | f \rangle}{\Delta \sigma(\lambda)} \equiv \left\{ \left\langle \frac{\Delta E_\lambda g}{\Delta \|E_\lambda g\|^2} \middle| f \right\rangle \right\} \tag{15.14}$$

f. ü. bilden und $f(\lambda)$ ist Lebesgue-messbar, sofern man noch beachtet, dass $\left(\int_I dE_\lambda g \middle| f \right)$ bezüglich $\sigma(I)$ absolut stetig ist, also der Zähler $\langle \Delta E_i g | f \rangle$ zugleich mit dem Nenner $\langle \Delta E_i g | g \rangle$

verschwindet (schwarzsche Ungleichung) und man deshalb die Konstanzintervalle von E_λ auslassen kann.

Die Fundamentalungleichung (15.13) zeigt, dass mit $\varepsilon \to 0$ eine Folge von (eventuell nicht echt) sich verfeinernden Zerlegungen $\mathfrak{z}$ existiert, sodass

$$\|f\|^2 = \int |f(\lambda)|^2 \mathrm{d}\sigma(\lambda). \qquad (15.15)$$

Jedem $f \in \mathcal{H}$ ist also ein $f(\lambda) \in \mathcal{L}_2(R, \mathcal{F}, \sigma) \equiv \mathcal{L}_{2,\sigma}$ zugeordnet, welches auch als uneigentliche Zahl gemäß (15.14) aufgefasst werden kann, obwohl es f. ü. eigentliche Zahl ist. (Daher haben wir auch gleich $f(\lambda)$ statt $\tilde{f}(\lambda)$ geschrieben.) Man kann $f(\lambda)$ auch als Inneres Produkt des uneigentlichen A-Eigenvektors

$$\tilde{\psi}_\lambda := \left\{ \frac{\Delta E_\lambda g}{\Delta \|E_\lambda g\|^2} \right\} \qquad (15.16)$$

mit f lesen,

$$f(\lambda) = \langle \tilde{\psi}_\lambda | f \rangle, \qquad (15.17)$$

was mit (15.14) übereinstimmt. Das legt nahe, auch den rechten Teil der Fundamentalungleichung (15.13) im Limes $\varepsilon \to 0$ als Integral zu schreiben, indem man mit $\Delta \|E_i g\|^2 \equiv \Delta\sigma(\lambda_i)$ erweitert.

Man bekommt im starken Limessinne (d. h. als Hilbertraum-Norm!)[1]

$$f = \int f(\lambda)\tilde{\psi}_\lambda \mathrm{d}\sigma(\lambda) \equiv \int \tilde{\psi}_\lambda \langle \tilde{\psi}_\lambda | f \rangle \mathrm{d}\sigma(\lambda). \qquad (15.18)$$

▸ Natürlich könnten speziell die Integrale auch Summen sein, wenn nämlich $f \in [E_\lambda g]$ eine echte *endliche* Linearkombination ist. Auch könnte man schreiben

$$f = \int f(\lambda)\mathrm{d}E_\lambda g. \qquad (15.19)$$

Doch auch umgekehrt kann man jedem $f(\lambda) \in \mathcal{L}_{2,\sigma}$ mittels (15.18) ein $f \in \mathcal{H}$ zuordnen. Dazu führen wir die Konstruktion (15.10) bzw. (15.11) mit $a_i \equiv f(\lambda_i)$ durch, sodass die Zuordnung für die Stufenfunktionen klar ist. Sie ist evidenterweise linear und wegen (15.15) längentreu, kann also auf ganz $\mathcal{L}_{2,\sigma}$ ausgedehnt werden. Folglich vermitteln die Formeln (15.15) bis (15.18) mathematisch eine isometrische Abbildung von ganz $\mathcal{H}$ auf ganz $\mathcal{L}_{2,\sigma}$,

---

[1] Dieses Integral ist als Limes der in (15.13) stehenden Summe als neuartige Definition aufzufassen, da der „Integrand" von $\mathfrak{z}$ abhängt. Betrachtet man es im gelfandschen Raumtripel, s. Abschn. 15.9, gewinnt man den Anschluss an die übliche Definition.

also $f \leftrightarrow f(\lambda)$, und bedeuten, dass man jedes f nach den uneigentlichen Eigenvektoren $\tilde{\psi}_\lambda$ entwickeln kann! Damit ist unser Ziel erreicht.

Wir ergänzen noch die Berechnung Innerer Produkte. Da die Zuordnung $f \leftrightarrow f(\lambda)$ isometrisch ist, gilt natürlich

$$\boxed{\langle f|g \rangle = \int \overline{f}(\lambda)g(\lambda)\mathrm{d}\sigma(\lambda).} \tag{15.20}$$

Andererseits kann man die linke Seite direkt mit (15.18) ausrechnen, wobei wiederum die Stetigkeit des Inneren Produktes benutzt wird.

$$\langle f|g \rangle = \iint \overline{f}(\lambda)\mathrm{d}\sigma(\lambda)g(\mu)\mathrm{d}\sigma(\mu)\langle \tilde{\psi}_\lambda|\tilde{\psi}_\mu \rangle.$$

Also

$$\int \langle \tilde{\psi}_\lambda|\tilde{\psi}_\mu \rangle g(\mu)\mathrm{d}\sigma(\mu) = g(\lambda) \quad \text{fü.,} \tag{15.21}$$

da die Differenz auf allen $f(\lambda) \in \mathcal{L}_{2,\sigma}$ orthogonal, also der Nullvektor ist. Man kann deshalb das Innere Produkt $\langle \tilde{\psi}_\lambda|\tilde{\psi}_\mu \rangle$ als δ-Distribution bezüglich des Maßes σ ansehen. Der Sinn auch dieser Distribution liegt wieder in der Anwendung auf $g \in \mathcal{L}_{2,\sigma}$!

$$\boxed{\langle \tilde{\psi}_\lambda|\tilde{\psi}_\mu \rangle = \delta_\sigma(\lambda;\mu).} \tag{15.22}$$

Dies ist die *Verallgemeinerung der wechselseitigen Orthonormalität von Eigenvektoren auf die uneigentlichen Eigenvektoren* $\tilde{\psi}_\lambda$. Aber auch die *Verallgemeinerung der Vollständigkeitsrelation* lesen wir aus (15.20) leicht ab, wenn man (15.17) einsetzt:

$$\boxed{\mathbf{1} = \int |\tilde{\psi}_\lambda\rangle\langle\tilde{\psi}_\lambda|\mathrm{d}\sigma(\lambda).} \tag{15.23}$$

(15.22) und (15.23) sind die zu (2.74) und (2.75) analogen Formeln, die die $\tilde{\psi}_\lambda$ als *uneigentliches v. o. n. S.* kennzeichnen. Merkt man sich die Zuordnung

$$\boxed{\varphi_i \leftrightarrow \tilde{\psi}_\lambda, \quad \sum_{i\in I} \leftrightarrow \int \mathrm{d}\sigma(\lambda).} \tag{15.24}$$

so gestaltet sich der praktische Umgang mit einem uneigentlichen v. o. n. S. völlig analog zu dem mit einem eigentlichen. Man betrachte nochmals zusammenfassend die Formeln (15.15) bis (15.24)!

Die ganze hier beschriebene Entwicklung *nach einem uneigentlichen v. o. n. S.* wird bestimmt durch die $\tilde{\psi}_\lambda$ nach (15.16), also durch die Spektralschar E_λ eines selbstadjungierten Operators A. Die $\tilde{\psi}_\lambda$ sind von eben diesem A uneigentliche Eigenvektoren; darauf kommen wir auch in Abschn. 15.8 unter einem anderen Blickwinkel nochmals zurück. Man bezeichnet die Formeln (15.15) bis (15.24) auch als die *A-Darstellung des Hilbertraumes*.

Bisher haben wir zur Erzeugung der uneigentlichen Eigenvektoren bzw. der ganzen *A*-Darstellung des Hilbertraumes den erzeugenden zyklischen Vektor g fest gewählt und dann beibehalten. Wir haben uns deshalb der Frage zuzuwenden, ob $\tilde{\psi}_\lambda$ nicht noch vom erzeugenden zyklischen Vektor g abhängt. Dies wollen wir jetzt untersuchen, siehe Abschn. 15.5.

15.5 Abhängigkeit der A-Darstellung vom erzeugenden zyklischen Vektor

Die *A*-Darstellung des Hilbertraumes $\mathcal{H} = [E_\lambda g]$ wird mittels des zyklischen Vektors g konstruiert, dessen feste Wahl willkürlich war, sofern er nur schief zur Spektralschar E_λ lag. Wie ändern sich die Größen $\tilde{\psi}_\lambda, \sigma(\lambda), f(\lambda), \ldots$, wenn man einen anderen zyklischen Vektor benutzt hätte?

Seien g_1 und g_2 zwei zyklische Vektoren. Die durch sie induzierten *A*-Darstellungen kennzeichnen wir durch die Indizes 1, 2.

1) Zunächst untersuchen wir den Zusammenhang zwischen den Spektralmaßen $\sigma_{1,2} = \|E_\lambda g_{1,2}\|^2$. Hierzu und für die weiteren Fragen ist entscheidend, dass man den Vektor g_1 in der g_2-Darstellung entwickeln kann und umgekehrt.

$$g_1 = \int \tilde{\psi}_2(\lambda')\langle\tilde{\psi}_2(\lambda')|g_1\rangle \mathrm{d}\sigma_2(\lambda'), \tag{15.25}$$

$$g_2 = \int \tilde{\psi}_1(\lambda')\langle\tilde{\psi}_1(\lambda')|g_2\rangle \mathrm{d}\sigma_1(\lambda'). \tag{15.26}$$

Hiermit rechnet man direkt aus, dass

$$\sigma_1(\lambda) = \|E_\lambda g_1\|^2 = \int^\lambda |\langle\tilde{\psi}_2(\lambda')|g_1\rangle|^2 \mathrm{d}\sigma_2(\lambda')$$

und analog umgekehrt. Das heißt, die Spektralfunktion σ_1 ist bezüglich der Spektralfunktion σ_2 absolut stetig (s. Abschn. 3.2) und umgekehrt: Die *Spektralmaße* $\mathrm{d}\sigma_{1,2}$ der Lebesgue-Mengen *sind für zwei zyklische Vektoren äquivalent*:

$$\mathrm{d}\sigma_1(\lambda) = |\langle\tilde{\psi}_2(\lambda)|g_1\rangle|^2 \mathrm{d}\sigma_2(\lambda); \quad \text{analog umgekehrt.} \tag{15.27}$$

$$\Rightarrow \mathrm{d}\sigma_1(\lambda) = |\langle\tilde{\psi}_2(\lambda)|g_1\rangle|^2 |\langle\tilde{\psi}_1(\lambda)|g_2\rangle|^2 \mathrm{d}\sigma_1(\lambda), \text{ also ist}$$

$$|\langle\tilde{\psi}_2(\lambda)|g_1\rangle|^2 |\langle\tilde{\psi}_1(\lambda)|g_2\rangle|^2 = 1 \quad \text{f. ü.} \tag{15.28}$$

Die Spektraldichten des einen bezüglich des anderen Maßes,

$$\frac{\mathrm{d}\sigma_1}{\mathrm{d}\sigma_2} = |\langle\tilde{\psi}_2(\lambda)|g_1\rangle|^2 \neq 0 \quad \text{f. ü.,} \tag{15.29}$$

sind positive, reelle Funktionen, die f. ü. ungleich Null sind. Das ist Ausdruck der Tatsache, dass g_1 zyklischer Vektor ist! Denn es ist ja

$$\langle \tilde{\psi}_2(\lambda)|g_1 \rangle = g_{1(2)}(\lambda) \in \mathcal{L}_{2,\sigma_2}$$

der zyklische Vektor g_1 in der 2-Darstellung.

Offenbar kann man diese Überlegungen auch *umkehren*. Wenn (!) ein Maß $\sigma_1(\lambda)$ einer A-Darstellung mit einem zyklischen Vektor g_1 absolut stetig bezüglich eines anderen Maßes ist, genannt $\sigma_2(\lambda)$, und zwar mit positiver Dichte,

$$\sigma_1(\lambda) = \int^\lambda |h(\mu)|^2 \mathrm{d}\sigma_2(\mu),$$

wobei die Funktion h die Eigenschaften hat

$$h^{-1}(\mu) \neq 0 \quad \text{f. ü. sowie} \quad h^{-1}(\mu) \in \mathcal{L}_{2,\sigma_1},$$

so *gibt* es einen zyklischen Vektor, genannt g_2, dessen Spektralmaß gerade σ_2 ist, $\sigma_2(\lambda) = \|E_\lambda g_2\|^2$.

Denn man kann den Vektor bilden $g_2 := \int \tilde{\psi}_1(\mu) h^{-1}(\mu) \mathrm{d}\sigma_1(\mu) \in \mathcal{H}$. Er existiert wegen der letzten Bedingung, erzeugt das Spektralmaß $\sigma_2(\lambda)$ (nachrechnen!) und ist zyklisch wegen der ersten Bedingung, da mit ihr aus $\langle \chi | [E_\lambda g_2] \rangle = 0$ folgt $\chi = 0$.

2) Die Benutzung aller möglichen zyklischen Vektoren führt somit auf lauter äquivalente (oder gar gleiche) Maße und umgekehrt im soeben besprochenen Sinne. Speziell könnte ein zyklischer Vektor g_2 *gerade das Lebesgue-Maß* $\mathrm{d}\lambda$ erzeugen, welches ja den Intervallen I des Borelkörpers gerade die Intervallänge zuordnet. Das ist d. u. n. d. der Fall, wenn ein beliebiger zyklischer Vektor g_1 ein Spektralmaß $\sigma_1(\lambda) = \|E_\lambda g_1\|^2$ erzeugt, welches bezüglich des Lebesgue-Maßes absolut stetig ist:

$$\sigma_1(\lambda) = \int^\lambda |h(\mu)|^2 \mathrm{d}\mu, \quad h^{-1}(\mu) \neq 0 \quad \text{f. ü.}, \quad h^{-1}(\mu) \in \mathcal{L}_{2,\sigma_1}.$$

Dann ist $\sigma_1(\lambda)$ nicht nur monoton, sondern es fehlt sogar ein singulär stetiger Teil darin! (Der Begriff wurde in Abschn. 3.2 eingeführt.) Die bisher bekannten Spektralscharen sind alle absolut stetig bezüglich des Lebesgue-Maßes. Daher sei *verabredet, stets solche zyklischen Vektoren zu benutzen, dass in den Formeln (15.15) bis (15.24) das Lebesgue-Maß* $\mathrm{d}\lambda$ *zu benutzen ist.*

▶ **Bemerkung** Wenn $\sigma(\lambda) = \lambda$, liegt das Lebesgue-Maß vor und $\mathcal{L}_{2,\sigma}$ ist der $\mathcal{L}_2(-\infty, +\infty)$. Falls $\sigma = 0$ in $\lambda < M_1$, $\sigma = \lambda - a$ in $\lambda \in [a, b]$ und $\sigma = b - a$ in $\lambda > b$, hat man den $\mathcal{L}_2(a, b)$. Sofern σ abzählbar viele Sprünge der Höhe 1 hat, bekommt man den l_2.

3) Den Zusammenhang zwischen den Darstellungen der uneigentlichen Eigenvektoren $\tilde{\psi}_1(\lambda)$ und $\tilde{\psi}_2(\lambda)$ infolge verschiedener zyklischer Vektoren berechnet man leicht explizit (mit (15.25) und (15.29)).

$$\tilde{\psi}(\lambda) = \left\{ \frac{\Delta E_\lambda g_1}{\Delta \sigma_1(\lambda)} \right\} = \left\{ \frac{1}{\Delta \sigma_1(\lambda)} \Delta E_\lambda \int \tilde{\psi}_2(\lambda') \langle \tilde{\psi}_2(\lambda')|g_1 \rangle d\sigma_2(\lambda') \right\}$$

$$= \frac{d\sigma_2}{d\sigma_1} \langle \tilde{\psi}_2(\lambda)|g_1 \rangle \tilde{\psi}_2(\lambda) = \frac{\tilde{\psi}_2(\lambda)}{\langle g_1|\tilde{\psi}_2(\lambda) \rangle}.$$

Also ist

$$\tilde{\psi}_2(\lambda) = \tilde{\psi}_1(\lambda)\langle g_1|\tilde{\psi}_2(\lambda) \rangle \quad \text{bzw.} \quad \tilde{\psi}_1(\lambda) = \tilde{\psi}_2(\lambda)\langle g_2|\tilde{\psi}_1(\lambda) \rangle. \qquad (15.30)$$

4) Daraus folgt sofort der Zusammenhang zwischen den Darstellungen $f_1(\lambda)$ bzw. $f_2(\lambda)$ eines beliebigen Vektors $f \in \mathcal{H}$ bei Benutzung verschiedener zyklischer Vektoren: In $f_1(\lambda) = \langle \tilde{\psi}(\lambda)|f \rangle$ setze man (15.30) ein:

$$f_1(\lambda) = \langle \tilde{\psi}_1(\lambda)|g_2 \rangle f_2(\lambda) \quad \text{bzw.} \quad f_2(\lambda) = \langle \tilde{\psi}_2(\lambda)|g_1 \rangle f_1(\lambda). \qquad (15.31)$$

Man rechnet leicht zur Kontrolle nach, dass erfüllt ist

$$f = \int f_1(\lambda)\tilde{\psi}_1(\lambda)d\sigma_1(\lambda) = \int f_2(\lambda)\tilde{\psi}_2(\lambda)d\sigma_2(\lambda).$$

Die Darstellungen für verschiedene zyklische Vektoren unterscheiden sich also nur um Faktor-Funktionen, $\langle g_1|\tilde{\psi}_2(\lambda) \rangle$ bzw. $\langle g_2|\tilde{\psi}_1(\lambda) \rangle, \neq 0$ f. ü., d. h. um Normierungsfunktionen!

$$f_1(\lambda) = a(\lambda)f_2(\lambda), \qquad (15.32a)$$

$$\tilde{\psi}_1(\lambda) = a(\lambda)\tilde{\psi}_2(\lambda), \quad a(\lambda) \neq 0 \text{ f.ü.} \qquad (15.32b)$$

$$d\sigma_1(\lambda) = \frac{1}{|a(\lambda)|^2}d\sigma_2(\lambda). \qquad (15.32c)$$

Veränderung der Normierungsfunktion bedeutet Übergang zu einem anderen zyklischen Vektor. *Geeignete Normierung erlaubt die Benutzung des Lebesgue-Maßes, sofern die Spektralschar absolut stetig ist.*

Übungen

In $\mathcal{L}_2(0,1)$ ist $g(x) = 1$ ein zyklischer Vektor für den Multiplikationsoperator x; er erzeugt das Lebesgue-Maß.

15.6 Die Wirkung von Operatoren im uneigentlichen v. o. n. S.

Wir wollen jetzt die Wirkung von Operatoren in der *A-Darstellung* untersuchen, d. h. in der Darstellung des Hilbertraumes, die durch die uneigentlichen Eigenvektoren $\tilde{\psi}_\lambda$ nach (15.16) eines selbstadjungierten Operators A mit der Spektralschar E_λ induziert wird. Sie wird durch (15.15) bis (15.24) beschrieben.

Zunächst untersuchen wir *den Operator A selbst in der A-Darstellung*. Wie wirkt A in seiner Eigendarstellung? Da $Af \in \mathcal{H}$, entwickeln wir es nach den $\tilde{\psi}_\lambda$:

$$Af = \int \tilde{\psi}_\lambda \langle \tilde{\psi}_\lambda | Af \rangle \mathrm{d}\sigma(\lambda).$$

Das Innere Produkt $\langle \tilde{\psi}_\lambda | Af \rangle \equiv (Af)(\lambda)$ ist die λ-Darstellung des Bildvektors Af. Man kann sie mithilfe der Spektraldarstellung (13.13) für A leicht umformen. Diese liefert ja die Ungleichung

$$(\lambda - \varepsilon)\Delta E_\lambda \leq A\Delta E_\lambda \leq \lambda \Delta E_\lambda,$$

also

$$\langle \tilde{\psi}_\lambda | Af \rangle = \lim \left\langle \frac{A\Delta E_\lambda g}{\Delta\sigma(\lambda)} \middle| f \right\rangle = \lambda \langle \tilde{\psi}_\lambda | f \rangle = \lambda f(\lambda) \tag{15.33a}$$

$$= \langle \tilde{\psi}_\lambda | \lambda f \rangle. \tag{15.33b}$$

Das heißt, in der *A-Darstellung wirkt A wie der Multiplikationsoperator*:

$$(Af)(\lambda) = \lambda f(\lambda). \tag{15.34}$$

Analog

$$(F(A)f)(\lambda) = F(\lambda)f(\lambda). \tag{15.35}$$

Die *A*-Darstellung diagonalisiert folglich den jeweiligen allgemeinen selbstadjungierten Operator A in der uneigentlichen Darstellung ebenso wie in der eventuellen eigentlichen Darstellung bei Existenz von echten Eigenvektoren. Ausdruck dafür war (12.7) bei vollstetigen selbstadjungierten Operatoren. Analog dazu lesen wir aus

$$Af = \int \tilde{\psi}_\lambda \lambda \langle \tilde{\psi}_\lambda | f \rangle \mathrm{d}\sigma_\lambda \tag{15.36}$$

leicht ab, dass

$$\boxed{A = \int \lambda | \tilde{\psi}_\lambda \rangle \langle \tilde{\psi}_\lambda | \mathrm{d}\sigma_\lambda.} \tag{15.37}$$

Sei B ein anderer Operator (mit geeigneten Eigenschaften). Er wirkt in der A-Darstellung als Integraloperator. Denn

$$\langle \tilde{\psi}_\lambda | Bf \rangle = \langle \tilde{\psi}_\lambda | B \int \tilde{\psi}_\lambda f(\mu) \mathrm{d}\sigma(\mu) \rangle = \int \langle \tilde{\psi}_\lambda | B \tilde{\psi}_\mu \rangle f(\mu) \mathrm{d}\sigma(\mu),$$

da f starker Limes der Lebesgue-Stieltjes-Summen ist und das Integral folglich wegen der Stetigkeit aus dem Inneren Produkt herausgezogen werden kann. B wird somit als in zwei Variablen messbarer Integralkern dargestellt (zwei monotone Funktionen werden differenziert),

$$\langle \tilde{\psi}_\lambda | B \tilde{\psi}_\mu \rangle =: B(\lambda, \mu), \tag{15.38}$$

$$(Bf)(\lambda) \equiv \int B(\lambda, \mu) f(\mu) \mathrm{d}\sigma(\mu). \tag{15.39}$$

Völlig analog zum diskreten Fall kann man die *Umrechnung von der A- in die B-Darstellung* schreiben. Es sei wiederum zur Vereinfachung angenommen, auch B habe ein einfaches Spektrum in $\mathcal{H}$.

$$A\text{-Darstellung:} \quad \tilde{\psi}_\alpha, \quad f(\alpha), \quad \sigma(\alpha) \equiv \left\| E_\alpha^{(A)} g \right\|^2, \ldots; \tag{15.40a}$$

$$B\text{-Darstellung:} \quad \tilde{\chi}_\beta, \quad f(\beta), \quad \sigma(\beta) \equiv \left\| E_\beta^{(B)} g \right\|^2, \ldots. \tag{15.40b}$$

Die Umrechnung geschieht gerade so, wie in Abschn. 10.10 gelernt, nämlich

$$f(\alpha) \equiv \langle \tilde{\psi}_\alpha | f \rangle = \left\langle \tilde{\psi}_\alpha \middle| \int \tilde{\chi}_\beta f(\beta) \mathrm{d}\sigma(\beta) \right\rangle = \int \langle \tilde{\psi}_\alpha | \tilde{\chi}_\beta \rangle f(\beta) \mathrm{d}\sigma(\beta), \tag{15.41a}$$

$$f(\beta) \equiv \langle \tilde{\chi}_\beta | f \rangle = \left\langle \tilde{\chi}_\beta \middle| \int \tilde{\psi}_\alpha f(\alpha) \mathrm{d}\sigma(\alpha) \right\rangle = \int \langle \tilde{\chi}_\beta | \tilde{\psi}_\alpha \rangle f(\alpha) \mathrm{d}\sigma(\alpha). \tag{15.41b}$$

Sie wird *vermittelt durch die Überlappmatrixelemente* der uneigentlichen Eigenvektoren beider Darstellungen, $\langle \tilde{\psi}_\alpha | \tilde{\chi}_\beta \rangle$. Diese sind messbare Funktionen zweier Variabler. Sie sind *die A-Eigenvektoren in der B-Darstellung* bzw. umgekehrt.

15.7 A-Darstellung bei nicht-einfachem Spektrum

Wir hatten seit Abschn. 15.4 vorausgesetzt, der eine Eigendarstellung erzeugende selbstadjungierte Operator A habe ein einfaches, nicht-diskretes Spektrum. Im Allgemeinen liegt sowohl Entartung als auch ein teilweise diskretes und teilweise kontinuierliches Spektrum vor. Dann bedienen wir uns der Zerlegung (15.9) des Hilbertraumes und erzeugen die A-Darstellung teils aus den eigentlichen Eigenvektoren ψ_{α_i} und teils aus den uneigentlichen $\tilde{\psi}_{\alpha,j}$ mit i, j als Entartungsindizes.

$$f(\alpha) = \langle \psi_\alpha | f \rangle, \quad \text{teils diskrete, teils kontinuierliche } \alpha \tag{15.42}$$

$$f = \sum_i f(\alpha_i)\psi_{\alpha_i} + \sum_j \int f(\alpha,j)\tilde{\psi}(\alpha,j)\mathrm{d}\sigma(\alpha,j) \equiv \sum \int f(\alpha)\psi(\alpha) \tag{15.43}$$

$$\langle f | g \rangle = \sum \int \overline{f}(\alpha)g(\alpha), \tag{15.44}$$

$$A = \sum \int \alpha |\psi_\alpha\rangle\langle\psi_\alpha|, \quad \text{usw.} \tag{15.45}$$

15.8   Uneigentliche Eigenvektoren als Eigenfunktionale im gelfandschen Raumtripel

Die uneigentlichen Vektoren $\tilde{\psi}_\lambda = \left\{ \dfrac{\Delta E_\lambda g}{\Delta\sigma(\lambda)} \Big| J \to \lambda \right\}$ sind *keine* Hilbertraum-Elemente! Konvergierte nämlich die normierte Vektorfolge $\Delta E_\lambda g / \|\Delta E_\lambda g\|$, so wäre ja λ Eigenwert, was es gemäß Voraussetzung ja eben nicht sein sollte. Wir hatten die uneigentlichen Vektoren gerade dann benutzt, wenn bzw. wo die Spektralschar *keine* Sprünge, d. h. keine diskreten Eigenwerte hatte.

Obwohl $\tilde{\psi}_\lambda \notin \mathcal{H}$, ist das Integral $\int \tilde{\psi}_\lambda f(\lambda)\mathrm{d}\sigma(\lambda)$ mit $f(\lambda) \in \mathcal{L}_{2,\sigma}$ *doch* ein echtes Hilbertraumelement, siehe (15.18). Das Integral ist Normlimes im Hilbertraum für die entsprechenden Lebesgue-Summen. Mit anderen Worten: *Nach Überintegrieren mit $f(\lambda) \in \mathcal{L}_{2,\sigma}$ ergeben die $\tilde{\psi}_\lambda$ Hilbertraumelemente!* In der Physik nennt man das *Bilden von Wellenpaketen.*

Haben die $\widetilde{\psi}_\lambda$ zwar bezüglich des Hilbertraumes einen „uneigentlichen" *Charakter*, so erhalten wir *eine geeignete Deutung in einem anderen, erweiterten Rahmen.* Dazu führt die Beobachtung, dass die $\widetilde{\psi}_\lambda$ eine Abbildung der $f \in \mathcal{H}$ nach K, die Menge der komplexen Zahlen, vermitteln, nämlich durch $f(\lambda) = \langle \tilde{\psi}_\lambda | f \rangle \in K$. Diese Abbildung ist offenbar bezüglich f linear, d. h. $\tilde{\psi}_\lambda$ *könnte als lineares Funktional interpretiert werden.* Zwar geht das nicht über ganz $\mathcal{H}$, denn die linear-stetigen Funktionale über $\mathcal{H}$ sind ja selbst Hilbertraumelemente, was $\tilde{\psi}_\lambda$ eben *nicht* ist. Dem entspricht, dass $f(\lambda)$ ja nur f. ü. existiert, sofern f beliebig aus $\mathcal{H}$ ist. Aber eine Teilmenge $\mathcal{M} \subset \mathcal{H}$ von hinreichend glatten Funktionen $\varphi(\lambda) \in \mathcal{M}$ gibt für jedes $\tilde{\psi}_\lambda$ einen endlichen Wert in K. Man kann $\tilde{\psi}_\lambda$ folglich *als lineares Funktional über $\mathcal{M} \subset \mathcal{H}$ betrachten!*

Es bietet sich die Benutzung des in Abschn. 7.10 eingeführten *gelfandschen Raumtripels* $\mathcal{M} \subset \mathcal{H} \subset \mathcal{M}^*$ an!

$\mathcal{M}$ sei ein linearer Raum mit geeigneten Eigenschaften; insbesondere sei $\mathcal{M}$ normiert, abzählbar-normiert oder metrisch. Der auf eine dieser Arten definierte Abstandsbegriff ρ erlaube die Anwendung des Prinzips von Banach-Steinhaus gemäß Abschn. 5.4.3. $\mathcal{M}$ sei vollständig bezüglich ρ.

In $\mathcal{M}$ gebe es aber *außerdem* noch ein Inneres Produkt, $\langle\chi|\varphi\rangle$, bezüglich *dessen* $\mathcal{M}$ noch nicht vollständig ist, natürlich aber vervollständigt werden kann. Dies liefert einen Hilbert-raum, $\mathcal{H}$, und es ist:

$$\mathcal{M} \subset \mathcal{H}, \mathcal{M} \text{ dicht in } \mathcal{H} \text{ bezüglich der } \mathcal{H}\text{-Metrik } \langle\varphi|\varphi\rangle. \tag{15.46}$$

Das *Innere Produkt sei nun so*, dass es auch bezüglich der $\mathcal{M}$-Metrik ρ stetig ist, d. h.

$$\text{aus}\quad \varphi_v \underset{\rho}{\Rightarrow} \varphi \Rightarrow \langle\chi|\varphi_v\rangle \to \langle\chi|\varphi\rangle. \tag{15.47}$$

Dann vermitteln alle $\chi \in \mathcal{M}$ via Inneres Produkt linear-stetige Funktionale l_χ über $\mathcal{M}$ mittels $l_\chi(\varphi) := \langle\chi|\varphi\rangle$. Ja sogar jedes $f \in \mathcal{H}$ vermittelt durch $l_f := \langle f|\varphi\rangle$ ein linear-stetiges Funktional. Denn l_f wirkt offenbar linear und ist über ganz $\mathcal{M}$ definiert. Es ist auch stetig bzgl. ρ, nämlich als punktweiser Limes einer Folge linear-stetiger Funktionale. Das gewährleistet das Prinzip von *Banach* und *Steinhaus*, s. Abschn. 5.4.3.

Denn sei $f \in \mathcal{H}$ beliebig, dann existiert wegen (7.45a) und (7.45b) eine Folge $\chi_n \in \mathcal{M}$ und $\chi_n \underset{\mathcal{H}}{\Rightarrow} f$. Da $l_{\chi_n}(\varphi) = \langle\chi_n|\varphi\rangle \to \langle f|\varphi\rangle \equiv l_f(\varphi)$ und in sich konvergent, $\Rightarrow |l_{\chi_n}(\varphi)| < c_\varphi$ für alle $\varphi \in \mathcal{M}$, d. h. punktweise. Also ist die Folge l_{χ_n} gleichmäßig stetig, d. h. auch l_f stetig über $\mathcal{M}$ in der $\mathcal{M}$-Metrik.

Da jedes f ein linear-stetiges Funktional induziert, ist $\mathcal{H} \subset \mathcal{M}^*$. Es liegt also ein *gelfandsches Raumtripel* vor

$$\mathcal{M} \subset \mathcal{H} \subset \mathcal{M}^*$$

Konkrete Beispiele hierfür haben wir bereits in Abschn. 7.10 kennengelernt.

$\mathcal{M}^*$ enthält mehr Elemente und hat auch eine andere Metrik als $\mathcal{H}$, denn $\mathcal{M}$ enthält weniger Elemente und hat ebenfalls eine andere Metrik, nämlich ρ. Daher *kann* im Sinne der $\mathcal{M}^*$-Metrik $\Delta E_\lambda g/\Delta\sigma(\lambda)$ konvergieren, obwohl das in der $\mathcal{H}$-Metrik nicht der Fall ist. Ob das so ist, hängt von der Wahl des Raumes $\mathcal{M}$ ab.

Falls aber $\Delta E_\lambda g/\Delta\sigma(\lambda)$ in $\mathcal{M}^*$ konvergiert, sind die *uneigentlichen Eigenvektoren* $\tilde\psi_\lambda$ zu verstehen als *Eigenfunktionale* bzw. *Eigendistributionen* über $\mathcal{M}$! Dieser *Eigencharakter* ist nämlich genau der Inhalt der Gl. (15.33b), die als Funktionalgleichung geschrieben lautet:

$$\tilde\psi_\lambda(A\varphi) = \tilde\psi_\lambda(\lambda\varphi), \quad \text{für alle}\quad \varphi \in \mathcal{M}, \tag{15.48}$$

d. h.

$$A\tilde\psi_\lambda = \lambda\tilde\psi_\lambda, \quad \text{Distributionsgleichung}, \quad \tilde\psi_\lambda \in \mathcal{M}^*. \tag{15.49}$$

Eigentlich hätte man $A^*\tilde\psi_\lambda$ im Distributionssinn zu schreiben, doch da $\mathcal{M}^* \supset \mathcal{M}$ und $A^* = A$ auf $\mathcal{M}$, betrachten wir A^* als Erweiterung von A auf $\mathcal{M}^*$ und behalten die Bezeichnung A bei.

Die Gl. (15.49) tritt in den physikalischen Anwendungen oft auf, z. B. die Schrödinger-gleichung im kontinuierlichen Teil des Hamiltonoperator-Spektrums ist gerade von dieser Form.

Nämlich falls der Hilbertraum $\mathcal{H} = \mathcal{L}_2(-\infty, +\infty)$, E_λ die Spektralschar des selbstad-jungierten Hamiltonoperators H, $g(x)$ der zyklische Vektor aus $\mathcal{H}$, ist $\tilde{\psi}_\lambda = \Delta(E_\lambda g(x))/\Delta\sigma(\lambda) \equiv \tilde{\psi}_\lambda(x)$. Im nicht-diskreten Spektrum, d. h. für die Energien $\lambda \geq 0$, *liefert die Schrö-dingergleichung*

$$H\tilde{\psi}_\lambda(x) = \lambda\tilde{\psi}_\lambda(x)$$

keine Hilbertraumelemente $\tilde{\psi}_\lambda(x)$, sondern linear-stetige Funktionale über einer in $\mathcal{H}$ dich-ten Teilmenge $\mathcal{M}$. Erst durch Bilden von Wellenpaketen mittels der $\tilde{\psi}_\lambda(x)$ bekommt man $f \in \mathcal{H}$!

Der praktische Weg, die uneigentlichen Eigenvektoren zu finden, ist also der über die Lösung einer Distributionsgleichung. Unsere Ergebnisse aus Abschn. 15.4 über die Voll-ständigkeit der uneigentlichen Eigenvektoren besagen, dass die Menge der Eigendistri-butionen eines selbstadjungierten Operators A zusammen mit den Eigenfunktionen des diskreten Spektrums ein vollständiges System bildet, und zwar in genau dem Sinne, der durch die Formeln (15.15) bis (15.24) bzw. (15.43) bis (15.45) quantitativ beschrieben wird (parsevalsche Gleichung usw.). Man hat also viele der auftretenden Differentialaufgaben der mathematischen Physik im *Raume der verallgemeinerten Funktionen, d. h. Distributio-nen, d. h. linear-stetigen Funktionale zu lösen!* Daher haben wir in Kap. 7 gelernt, sie zu gebrauchen. Manchmal sind die verallgemeinerten Lösungen reguläre, d. h. gewöhnliche, stetige, vielleicht sogar differenzierbare Funktionen. Zum Beispiel haben gewöhnliche Dif-ferentialgleichungen ohne Singularitäten unter den verallgemeinerten Funktionen keine anderen Lösungen als die regulären, siehe z. B. *Gelfand, Schilow,* 1960, Bd. I, Kap. I.

Wann gelten nun alle diese Überlegungen? Eben wenn die Folge $\Delta E_\lambda g/\Delta\sigma(\lambda)$ in $\mathcal{M}^*$ konvergiert! Dies wäre aber genau die Ableitung einer funktional-wertigen Funktion $l_\lambda :=$ $E_\lambda g$. Deren schwache Ableitung ist laut (15.14) $f(\lambda)$. Sie existiert, da $\langle E_\lambda g|f\rangle$ Summe mo-notoner Funktionen, also von beschränkter Variation ist.

Deshalb benutzt man nun für $\mathcal{M}$ im gelfandschen Raumtripel einen *nuklearen Raum* entsprechend folgender

---

Definition

Ein nuklearer Raum ist ein Raum, in dem jede funktional-wertige Funktion l_λ ($l_\lambda \in \mathcal{M}^*$), die hinsichtlich λ von schwach beschränkter Variation ist, sogar von stark beschränkter Variation ist!

Dann kann man wie üblich beweisen (z. B. *Gelfand, Schilow,* 1964, Bd. 111, Kap. IV, § 2.1 für separable Räume), dass $\dfrac{\partial l_\lambda}{\partial\sigma(\lambda)} \in \mathcal{M}^*$ fast überall existiert in bezug auf jedes nicht-negative, absolut stetige Maß $\sigma(\lambda)$ über dem Borelkörper. Es wirkt wie (15.17), nämlich

$$\frac{\partial l_\lambda}{\partial \sigma(\lambda)}(\varphi) = \frac{\partial}{\partial \sigma(\lambda)} l_\lambda(\varphi). \tag{15.50}$$

Die *Nuklearität* von $\mathcal{M}$ macht also ein gelfandsches Raumtripel $\mathcal{M} \subset \mathcal{H} \subset \mathcal{M}^*$ geeignet zu einer befriedigenden Behandlung des Eigenwertproblems selbstadjungierter Operatoren. Wir haben sie so definiert, dass man diese Eigenschaft als evidenterweise notwendig erkennt. Man kann äquivalente, andere Definitionen geben und die Eigenschaften nuklearer Räume ausführlich studieren; der Leser sei auf *Gelfand, Wilenkin*, 1964, Bd. IV, Kap. I, § 3, verwiesen.

Nuklearität hat manche weitreichenden Konsequenzen. Zum Beispiel ist ein nuklearer Raum $\mathcal{M}$ gewiss *separabel*. Und er ist *vollkommen* (Definition eines *vollkommenen Raumes*: Jede beschränkte Menge ist kompakt. $\mathcal{M}$ kann also *nicht* als unendlich-dimensionaler Banachraum gewählt werden, da dieser nicht vollkommen ist. Die Benutzung abzählbar-normierter Räume ist somit kein Zufall, sondern *sehr zweckmäßig*, da diese vollkommen sein können!); schwache und starke Konvergenz in $\mathcal{M}$ aber auch in $\mathcal{M}^*$ stimmen überein; usw.

Sofern der untersuchte Operator A auf ganz $\mathcal{M}$ definiert und dort symmetrisch ist, $\langle\chi|A\varphi\rangle = \langle A\chi|\varphi\rangle$, ist A auf $\mathcal{M}$ im Sinne der $\mathcal{M}$-Metrik sogar linear-beschränkt! Denn wegen der Vollkommenheit ist A stetig bzgl. ρ: Sei $\varphi_\nu \underset{\rho}{\Rightarrow} \varphi$; für jedes $\chi \in \mathcal{M}$ ist $\langle\chi|A\varphi_\nu\rangle = \langle A\chi|\varphi_\nu\rangle \to \langle A\chi|\varphi\rangle = \langle\chi|A\varphi\rangle$; $A\varphi_\nu$ konvergiert also schwach und wegen der Vollkommenheit sogar stark in $\mathcal{M}$. Folglich lässt sich die gut ausgearbeitete Theorie linear-beschränkter Operatoren auf A über $\mathcal{M}$ anwenden. Insbesondere ist A^* auf $\mathcal{M}^*$ linear-beschränkt und wegen $\mathcal{M} \subset \mathcal{M}^*$ als Erweiterung von A überall definiert, s. o.

Unser wichtiges Ergebnis lautet also zusammengefasst:

Satz

Ein symmetrischer, linear-beschränkter Operator A in einem nuklearen Raum $\mathcal{M}$, der im zugehörigen gelfandschen Raumtripel $\mathcal{M} \subset \mathcal{H} \subset \mathcal{M}^*$ zu einem selbstadjungierten (in $\mathcal{H}$ *nicht* notwendig beschränkten) Operator $A = A^*$ erweitert werden kann, hat in $\mathcal{M}^*$ ein vollständiges System von Eigenfunktionalen, $\tilde{\psi}_\lambda$, die auch durch die Spektralschar E_λ von A in $\mathcal{H}$ zu erzeugen sind. Es gelten die Formeln (15.15) bis (15.24) bzw. (15.42) bis (15.45).

15.9 Das Spektrum selbstadjungierter Operatoren: Zusammenfassung

Wegen der besonderen Wichtigkeit des Spektrums von selbstadjungierten Operatoren und seiner Eigenschaften für viele physikalische Fragestellungen lohnt sich eine übersichtliche

Zusammenfassung. Sie dient auch noch einer geringfügigen Erweiterung. (Man mag auch hierzu weitere Literatur befragen, z. B. *Kato* 1966.)

Sei A ein selbstadjungierter Operator über einem Hilbertraum $\mathcal{H}$. Dann hat er eine Spektraldarstellung

$$A = \int\limits_{-\infty}^{+\infty} \lambda\, \mathrm{d}E_\lambda,$$

wobei E_λ (s)eine von rechts stetige Spektralschar ist und $P_\lambda := E_\lambda - E_{\lambda-}$ einen Projektor zu λ bezeichnet; λ ist reell, $-\infty < \lambda < +\infty$.

1. Dann ist λ genau dann Eigenwert von A, wenn $P_\lambda \neq 0$. Die Spektralschar macht dann bei λ einen Sprung.

   Die Menge aller Eigenwerte λ bildet das *Punktspektrum* oder *diskrete Spektrum* σ_d von A. Wenn $\mathcal{H}$ separabel ist, enthält σ_d höchstens abzählbar unendlich viele Elemente (Eigenwerte), alle aber sind reell.

   Eigenwerte müssen nicht isolierte, wohl aber reelle Punkte sein.

2. Das *kontinuierliche Spektrum* σ_c von A ist sein in $\mathcal{H}_d^+$ gelegenes Spektrum, wobei $\mathcal{H}_d = \sum\limits_{\lambda \in \sigma_d} P_\lambda \mathcal{H}$, d. h. es ist das Spektrum von A im Komplement des (Teil-)Raumes, in dem A ein rein diskretes Spektrum hat.

   Zum Spektrum gehören alle $z \in K$, für die $R(z) = (A - z)^{-1}$ irgendeinen „Makel" hat: $R(z)$ existiert nicht; $R(z)$ existiert zwar, ist aber nicht beschränkt oder nicht in ganz $\mathcal{H}$ definiert. Wenn $R(z)$ nicht existiert, ist z sogar Eigenwert. Das Spektrum selbstadjungierter Operatoren liegt auf der reellen Achse.

3. Zerlegungen des Spektrums: Das kontinuierliche Spektrum σ_c eines selbstadjungierten Operators A besteht i. Allg. aus zwei Teilen. Sie heißen

   a) das absolut-stetige Spektrum,

   b) das singulär-stetige Spektrum.

   Einen Überblick über die entsprechenden Zerlegungen des Hilbertraums gibt folgende Formel.

$$\mathcal{H} = \underbrace{\mathcal{H}_{\text{absolut stetig}} \oplus \overbrace{\mathcal{H}_{\text{singulär stetig}} \oplus \mathcal{H}_{\text{diskret (punkt)}}}^{\mathcal{H}_{\text{singulär}}}}_{\mathcal{H}_{\text{kontinuierlich}}}$$

Man fasst das absolut-stetige und das singulär-stetige Spektrum zum *kontinuierlichen Spektrum* σ_0 zusammen. Die Vereinigung des singulär-stetigen mit dem diskreten oder Punktspektrum σ_d heißt auch *singuläres Spektrum*.

Daher gelten folgende Definitionen:

Definition

Sei E_λ die Spektralschar des Operators A. Sei I eine Borelmenge, d. h. ein Element des Borelkörpers $\mathcal{F}$, $\sigma(I)$ das Spektralmaß von I, nicht-negativ und abzählbar additiv auf den Borelmengen. $\sigma(I)$ heißt absolut-stetig, wenn es absolut-stetig bezüglich des Lebesgues-Maßes ist.

$\sigma(I)$ ist genau dann absolut-stetig, wenn aus Lebesgues-Maß 0 für eine Menge folgt, dass auch ihr Spektralmaß 0 ist.

Ein Spektralmaß heißt singulär-stetig genau dann, wenn es eine Borelmenge I_0 mit Lebesgues-Maß 0 gibt, so dass $\sigma(I) = \sigma(I \cap I_0)$ für alle I gilt.

$\mathcal{H}_{\text{absolut-stetig}}$ und $\mathcal{H}_{\text{singulär}}$ sind abgeschlossene Teilmannigfaltigkeiten von $\mathcal{H}$ und zueinander orthogonal.

▸ **Hinweis** Die Menge der isolierten Eigenwerte endlicher Vielfachheit bzw. Multiplizität bildet das sogenannte einfache oder simple Spektrum. Es ist $\sigma_s \subseteq \sigma_d$. Der restliche bzw. komplementäre Teil heißt das wesentliche (essentielle) Spektrum σ_e.

λ ist Teil des wesentlichen Spektrums σ_e genau dann, wenn $\dim\{E_\lambda - E_{\lambda-\varepsilon}\} = \infty$ für alle $\varepsilon > 0$ ist.

σ_e umfasst das kontinuierliche Spektrum, d. h. $\sigma_e \geq \sigma_c$.

Nicht-beschränkte lineare Operatoren

16

Wir haben die vollstetigen Operatoren als den „einfachsten" Typ von Operatoren kennengelernt und sodann die „nächst-einfache" Klasse der linear-beschränkten Operatoren behandelt. Dafür waren gewisse Verallgemeinerungen der Begriffsbildungen nötig – z. B. Spektrum, Spektralschar, Eigenfunktional –, die jedoch manchmal nicht direkt auf die Linear-Beschränktheit Bezug nahmen. Das erlaubte eine weitergehendere Anwendung dieser Begriffe als auf linear-beschränkte Operatoren; glücklicherweise, denn viele physikalisch wichtige Operatoren sind nicht beschränkt, wie uns schon bekannt ist, siehe insbesondere die Kap. 4 und 5. Deshalb wollen wir uns jetzt *von der Voraussetzung der Beschränktheit eines Operators lösen* und die bei nicht-beschränkten Operatoren möglichen Resultate untersuchen. Wohl aber soll stets die *Linearität* der betrachteten Operatoren *vorausgesetzt werden*. Nicht-lineare Operatoren wird man i. Allg. mittels der Funktionalableitung (Kap. 8) zu linearisieren trachten.

Nicht-beschränkte lineare Operatoren sind bekanntlich auch nicht stetig, s. Abschn. 5.1. Sie sind i. Allg. auch nicht überall definiert, da sonst eine kleine Zusatzeigenschaft genügt, sodass sie doch beschränkt wären, s. Abschn. 5.6. Daher spielen die Definitionsbereiche $\mathcal{D}_A$ nicht-beschränkter Operatoren A auf $\mathcal{D}_A$ eine wichtige Rolle! (Bei linear-beschränkten Operatoren A ist verabredungsgemäß stets $\mathcal{D}_A = \mathcal{M}$.) Der Leser rufe sich die allgemeine Definition von Operatoren und die beim Umgang mit ihnen wesentlichen Begriffe (Kap. 4, Kap. 5) ins Gedächtnis zurück, besonders den des abgeschlossenen Operators (Abschn. 4.7, 5.1 bis 5.3, 5.6).

16.1 Der adjungierte Operator

16.1.1 Definition des adjungierten Operators

Eine zentrale Rolle spielt (weiterhin) der Begriff des zu A auf $\mathcal{D}_A$ adjungierten Operators A^* auf $\mathcal{D}_{A^*}$. Wir haben ihn bisher unter wesentlicher Benutzung der Beschränktheit

S. Großmann, *Funktionalanalysis*, DOI 10.1007/978-3-658-02402-4_16,
© Springer Fachmedien Wiesbaden 2014

definiert, nämlich mithilfe des rieszschen Darstellungssatzes linear-stetiger Funktionale, s. Abschn. 10.1.1. Wie kann man diese Begriffsbildung verallgemeinern?

Nach wie vor ist $f \mapsto \langle g|Af \rangle$ eine Abbildung von $f \in \mathcal{D}_A$ nach K, also ein Funktional. Da A auf $\mathcal{D}_A$ linear vorausgesetzt wird, ist es ein lineares Funktional auf $\mathcal{D}_A$, aber eben *nicht* linear-stetig, sofern A auf $\mathcal{D}_A \subset \mathcal{H}$ auf einem kleineren Definitionsbereich als dem gesamten Raum $\mathcal{H}$ definiert und unbeschränkt ist (falls $\mathcal{D}_A = \mathcal{H}$ und A unbeschränkt, ist es zumindest nicht für jedes g linear-stetig, da sonst dem Kriterium 5) aus Abschn. 5.6 widersprochen würde). Daher kann es zwar *nicht für alle* $f \in \mathcal{H}$ als $\langle \tilde{g}|f \rangle$ dargestellt werden (dies wäre linear-stetig), doch für die *kleinere Menge* der $f \in \mathcal{D}_A$ könnte es vielleicht trotzdem ein geeignetes $\tilde{g} = \tilde{g}(A, g)$ geben, sodass

$$\langle g|Af \rangle = \langle \tilde{g}|f \rangle \quad \text{für alle} \quad f \in \mathcal{D}_A. \tag{16.1}$$

Zum Beispiel für $g = 0$ leistet das $\tilde{g} = 0$. Vielleicht gibt es sogar mehrere $\tilde{g}$ zu einem g? Das ist d. u. n. d. möglich, wenn $\langle \tilde{g}_1|f \rangle = \langle \tilde{g}_2|f \rangle$ für alle $f \in \mathcal{D}_A$, d. h. $\langle \tilde{g}_1 - \tilde{g}_2|\mathcal{D}_A \rangle = 0$. Genau wenn $\mathcal{D}_A$ nicht dicht in $\mathcal{H}$ ist, *gibt* es $\tilde{g}_1 - \tilde{g}_2 \neq 0$, die das erfüllen; mit $\tilde{g}$ ist dann auch $\tilde{g} + r$ mit $r \perp \mathcal{D}_A$ in (16.1) zu benutzen.

Damit also $\tilde{g}$ *eindeutig* durch g bestimmt ist, muss $\mathcal{D}_A$ *dicht* in $\mathcal{H}$ sein. Damit es überhaupt ein $\tilde{g}$ geben kann, muss A auf $\mathcal{D}_A$ *linear* sein, denn $\langle \tilde{g}|f \rangle$ ist das auf alle Fälle. *Deshalb setzen wir im Folgenden stets dicht definierte, lineare Operatoren voraus!*

Ob man allerdings außer dem genannten Beispiel $g = 0$ noch andere $g \in \mathcal{H}$ findet, für die es ein $\tilde{g}$ – dann jedoch eindeutig – gibt, ist nicht gesagt. Wäre A linear-beschränkt, so würde das der rieszsche Satz garantieren, sogar für alle $g \in \mathcal{H}$. Mit der Preisgabe der Beschränktheit wird die Menge der geeigneten g im Allgemeinen kleiner sein, vielleicht sogar überhaupt nur $0 \in \mathcal{H}$ enthalten.

Sofern es zu einem g allerdings ein $\tilde{g}(A; g)$ gibt, welches (16.1) erfüllt, ist $g \to \tilde{g}$ eine Zuordnungs- bzw. Operationsvorschrift, definierbar für genau alle g, die ein $\tilde{g}$ gemäß (16.1) besitzen. Die Menge aller dieser g kann man als (maximal gewählten) Definitionsbereich der Zuordnungsvorschrift auffassen.

All das fassen wir zusammen in der

Definition

Jedem linearen, dicht definierten Operator A auf $\mathcal{D}_A$ lässt sich ein *adjungierter Operator* A^* auf $\mathcal{D}_{A^*}$ zuordnen ($\equiv$ adjungieren) durch

$$\mathcal{D}_{A^*} := \{ g|g \in \mathcal{H} \text{ so, dass } \tilde{g} \text{ existiert mit } \langle g|Af \rangle = \langle \tilde{g}|f \rangle \text{ für alle } f \in \mathcal{D}_A \}$$
$$\text{als Definitionsbereich,} \tag{16.2a}$$

$$A^* g := \tilde{g}(A; g) \text{ als Operationsvorschrift.} \tag{16.2b}$$

Kurz:

$$\boxed{\langle A^* g|f \rangle := \langle g|Af \rangle \quad \text{für alle} \quad f \in \mathcal{D}_A \quad \text{und alle} \quad g \in \mathcal{D}_{A^*}} \tag{16.3}$$

Man beachte, dass A^* auf $\mathcal{D}_{A^*}$ *maximal* definiert ist, d. h. *alle* g in $\mathcal{D}_{A^*}$ enthalten sein sollen, die ein $\tilde{g}$ nach (16.1) besitzen! Man beachte ferner, dass das Konzept des adjungierten Operators nur für lineare, dicht definierte Operatoren verallgemeinert werden konnte.

▶ Analog modifiziert gültig bleibt die Bemerkung am Ende von Abschn. 10.1.1 über die Einführung eines adjungierten Operators im Banachraum bei beliebigem Bildraum.

16.1.2 Eigenschaften des adjungierten Operators

1) A^* auf $\mathcal{D}_{A^*}$ ist ein *linearer Operator.* Denn: Seien $g_{1,2} \in \mathcal{D}_{A^*}$, dann auch $a_1 g_1 + a_2 g_2 \in \mathcal{D}_{A^*}$, weil

$$\langle a_1 g_1 + a_2 g_2 | Af \rangle = (\overline{a}_1 \langle A^* g_1 | + \overline{a}_2 \langle A^* g_2 |) | f \rangle$$
$$= \langle a_1 A^* g_1 + a_2 A^* g_2 | f \rangle.$$

Die additiv-homogene Wirkung von A^* liest man hieraus leicht ab.
Während A^* ebenso wie A linear ist, *muss der adjungierte Operator jedoch keineswegs dicht definiert sein!*

2) A^* auf $\mathcal{D}_{A^*}$ ist ein *abgeschlossener Operator* (gleichgültig, ob A auf $\mathcal{D}_A$ das war oder nicht!).
Denn: Seien die Folgen $g_n \in \mathcal{D}_{A^*}$ *und* $A^* g_n$ in sich konvergent, dann folgt wegen der Stetigkeit des Inneren Produktes aus $\langle A^* g_n | f \rangle = \langle g_n | Af \rangle$ im Limes, dass $\langle \tilde{g} | f \rangle = \langle g | Af \rangle$, d. h. $g \in \mathcal{D}_{A^*}$ und $A^* g = \tilde{g} := \lim A^* g_n$.

3)

$$A_1 \subseteq A_2 \Rightarrow A_1^* \supseteq A_2^*, \tag{16.4}$$

d. h. durch Erweitern von A_1 auf A_2 wird der jeweils dazugehörige Adjungierte höchstens eingeschränkt bzw. durch Einschränken der Adjungierte der Ausgangsoperator höchstens erweitert. (Übung)

4)

$$(aA)^* = \overline{a} A^*, \tag{16.5}$$
$$(A \cdot z\mathbf{1})^* = A^* - \overline{z}\mathbf{1}, \tag{16.6}$$
$$(A_1 + A_2)^* \supseteq A_1^* + A_2^*, \tag{16.7}$$
$$(A_1 A_2)^* \supseteq A_2^* A_1^*. \tag{16.8}$$

(Übung)

5) Sei A^* zu A adjungiert und möge A eine Abschließung $\overline{A}$ haben. Dann ist auch

$$\boxed{(\overline{A})^* \equiv \overline{A}^* = A^*.}$$ (16.9)

Denn: Da $A \subseteq \overline{A}$, ist wegen (16.4) $A^* \supseteq \overline{A}^*$. Doch es gilt auch $A^* \subseteq \overline{A}^*$:
$g \in \mathcal{D}_{A^*} \Rightarrow \langle A^*g|f\rangle = \langle g|Af\rangle$ für alle $f \in \mathcal{D}_A$. Darf man auch alle $f \in \mathcal{D}_{\overline{A}}$ zulassen? Ja, denn bei der Abschließung kommen nur solche f hinzu, die Limites A-konvergenter Folgen $\{f_n\}$ sind; für f_n, Af_n gilt obige Gleichung, also wegen der Stetigkeit des Inneren Produktes auch im Limes.

6) Sei A linear, dicht definiert und existiere A^{-1} ebenfalls linear und dicht definiert ($\Rightarrow A^*, (A^{-1})^*$ existieren). Dann gilt

$$(A^{-1})^* = (A^*)^{-1}.$$ (16.10)

Denn: In $\langle g|f\rangle$ benutze man $A^{-1}Af = f$ auf $\mathcal{D}_A$ bzw. $AA^{-1}f = f$ auf $\mathcal{W}_A$. Dann ist für alle $g \in \mathcal{D}_{(A^{-1})^*}$ gerade $\langle g|f\rangle = \langle(A^{-1})^*g|Af\rangle$, d. h. $A^*(A^{-1})^*g = g$ auf $\mathcal{D}_{(A^{-1})^*}$; analog $(A^{-1})^*A^*g = g$ auf $\mathcal{D}_{A^*}$; also spielt $(A^{-1})^*$ die Rolle von $(A^*)^{-1}$, q. e. d.

7) Wenn A^{**} existiert, gilt

$$\boxed{A^{**} \supseteq A.}$$ (16.11)

Natürlich existiert A^{**} d. u. n. d., wenn A^* nicht nur, wie schon erwiesen, linear, sondern auch dicht definiert ist. Dann aber folgt aus $f \in \mathcal{D}_A$, dass $f \in \mathcal{D}_{A^{**}}$. Dazu bilde man die konjugiert-komplexe Gleichung zu (16.3),

$$\langle f|A^*g\rangle = \langle Af|g\rangle \quad \text{für alle} \quad g \in \mathcal{D}_{A^*} \Rightarrow f \in \mathcal{D}_{(A^*)^*} \quad \text{und} \quad (A^*)^*f = Af.$$

Weil A^{**} gemäß 2) abgeschlossen ist, *kann* also A^{**} nur existieren, wenn A abschließbar ist, da ja wegen (16.11) eine abgeschlossene Erweiterung möglich ist. Es gilt aber auch die Umkehrung. Dies klärt der

8) **Satz** Ein (linearer, dicht definierter) Operator A gestattet d. u. n. d. eine Abschließung $\overline{A}$, wenn A^{**} existiert.
Es ist dann

$$\boxed{\overline{A} = A^{**}.}$$ (16.12)

Der Beweis sei auf Abschn. 16.1.4, Nummer a) verschoben, wo ein bequemes Hilfsmittel dafür zur Verfügung stehen wird. Hier noch einige Folgerungen aus (16.12):

9) Wenn man die Abschließung eines Operators zu konstruieren sucht, kann man das durch Bilden von A^{**} tun!

$$A \text{ ist d. u. n. d. schon abgeschlossen, wenn } A = A^{**} \text{ ist.}$$ (16.13)

10) Wenn A^{**} existiert, dann auch A^{***}, und es gilt

$$A^{***} = A^*. \tag{16.14}$$

Denn: Da A^{**} existiert, gilt (16.12), wovon man die adjungierte Gleichung bilde; dies ist möglich, da $\overline{A}$ als Erweiterung von A erst recht dicht definiert ist; nun noch (16.9) verwenden.

16.1.3 Beispiele adjungierter Operatoren

In Abschn. 5.2.2, Nummer c) wurden verschiedene Differentiationsoperatoren $\dfrac{\mathrm{d}}{\mathrm{d}x}$ auf gewissen Definitionsbereichen betrachtet, siehe $\mathcal{A}$ gemäß (5.3) und $\mathcal{A}_a, \dots$ gemäß (5.13) bis (5.16). Wir suchen als Beispiel $\mathcal{A}^*$. Es zeigt sich

$$\left(\frac{\mathrm{d}}{\mathrm{d}x} \text{ auf maximalem } \mathcal{D}\right)^* = -\frac{\mathrm{d}}{\mathrm{d}x} \text{ auf } \mathcal{D}_{ab}. \tag{16.15}$$

Denn: $\langle g|Af \rangle = \int_a^b \overline{g}(x)f'(x)\mathrm{d}\mu(x)$; sofern g auch vollstetig und $\dfrac{\mathrm{d}g}{\mathrm{d}x} \in \mathcal{L}_2$ ist, kann man partiell integrieren; $\dots = \langle -Ag|f \rangle + \overline{g}(x)f(x)\Big|_a^b$; die Randterme verschwinden für alle $f \in \mathcal{D}$, wenn $g(a) = g(b) = 0$; somit $\mathcal{D}_{ab} \subseteq \mathcal{D}_{A^*}$.

Tatsächlich gilt sogar die Gleichheit und damit (16.15), denn wir überlegen uns nun, dass $\mathcal{D}_{A^*} \subseteq \mathcal{D}_{ab}$: Sei $g \in \mathcal{D}_{A^*}$, $A^*g \equiv \tilde{g}$ und $\int_a^x \tilde{g}(x')\mathrm{d}\mu(x') \equiv G(x)$. (16.3) liefert dann $\int \overline{g}f'\mathrm{d}\mu = \int \overline{\tilde{g}}f\mathrm{d}\mu = \int \overline{G'}f\mathrm{d}\mu = -\int \overline{G}f'\mathrm{d}\mu + G(b)f(b)$, also $\int \overline{(g+G)}f'\mathrm{d}\mu = G(b)f(b)$. Nun durchläuft die Menge der f' ganz $\mathcal{H}$, für die $f \in \mathcal{D}$ und $f(b) = 0$; denn sei $h \in \mathcal{H}$ beliebig, so ist $\int^b h(x')\mathrm{d}\mu(x')$ ein solches f. Folglich ist $g = -G$, also g absolut stetig und $g' = -G' = -\tilde{g} \in \mathcal{H}$; ferner $g(a) = -G(a) = 0$ gemäß Definition sowie $g(b) = -G(b) = 0$, da $G(b)f(b) = 0$ wegen $g + G = 0$, s. soeben, und in $\mathcal{D}$ auch f mit $f(b) \neq 0$ vorkommen. Somit ist in der Tat $g \in \mathcal{D}_{ab}$.

Wählen wir statt $\dfrac{\mathrm{d}}{\mathrm{d}x}$ die (physikalisch mehr interessierende) Operationsvorschrift $\dfrac{1}{i}\dfrac{\mathrm{d}}{\mathrm{d}x}$, so ist (bei *gleicher Bezeichnung* der Operatoren)

$$\mathcal{A}^* = \mathcal{A}_{ab}, \tag{16.16a}$$

$$\mathcal{A}_{ab}^* = \mathcal{A}, \tag{16.16b}$$

$$\mathcal{A}_a^* = \mathcal{A}_b, \tag{16.16c}$$

$$\mathcal{A}_b^* = \mathcal{A}_a, \tag{16.16d}$$

$$\mathcal{A}_k^* = \mathcal{A}_{\overline{k}^{-1}}. \tag{16.16e}$$

Falls $k = e^{i\alpha}$, insbesondere $k = 1$, ist also $\dfrac{1}{i}\dfrac{d}{dx}$ auf $\mathcal{D}_k$ selbstadjungiert. (16.16b) folgt aus (16.16a) durch Adjunktion; diese ist möglich, da A^{**} existiert, weil A abgeschlossen ist, siehe Abschn. 5.2.2, Nummer a). Die beiden nächsten Zeilen folgen ähnlich. Auf (16.16e) kommen wir nochmals zurück, s. Abschn. 17.2.1, insbesondere (17.5).

16.1.4   Der Operatorgraph des adjungierten Operators

Der Operatorgraph von A^* auf $\mathcal{D}_{A^*}$, $\mathcal{A}^* \equiv \mathcal{A}(A^*) = \{(g, A^*g)|g \in \mathcal{D}_{A^*}\}$, ist mit dem Operatorgraphen $\mathcal{A}$ von A auf $\mathcal{D}_A$ durch (16.3) verknüpft. Um das auszunutzen, führen wir im Produktraum $\mathcal{H} \times \mathcal{H}$ ein Inneres Produkt ein durch (s. Abschn. 2.11):

$$\langle (\psi_1, \chi_1)|(\psi_2|\chi_2)\rangle := \langle\psi_1|\psi_2\rangle + \langle\chi_1|\chi_2\rangle. \tag{16.17}$$

Nun lautet (16.3)

$$0 = \langle A^*g|f\rangle - \langle g|Af\rangle = \langle (A^*g, -g)|(f, Af)\rangle.$$

Rechts stehen gerade die Elemente aus $\mathcal{A}$; links nicht direkt die aus $\mathcal{A}^*$, jedoch ein-eindeutig durch sie bestimmte. Die Zuordnung $(\psi, \chi) \leftrightarrow (\chi, -\psi)$ bildet ganz $\mathcal{H} \times \mathcal{H}$ auf sich ab und ist längentreu, folglich (s. Abschn. 10.4) unitär. Zweimalige Anwendung ist Multiplikation mit $(-\mathbf{1})$, deshalb betrachten wir lieber

$$\mathcal{U}(\psi, \chi) := (i\chi, -i\psi) \quad \text{ist unitär,} \quad \mathcal{U}^2 = \mathbf{1}. \tag{16.18}$$

Dann ist $\langle \mathcal{U}\mathcal{A}^*|\mathcal{A}\rangle = \langle \mathcal{A}^*|\mathcal{U}\mathcal{A}\rangle = 0$. Da $\mathcal{D}_{A^*}$ maximal gewählt wurde und $\mathcal{A}^*$ abgeschlossener Teilraum ist, gilt folglich

$$\mathcal{A}^* = (\mathcal{H} \times \mathcal{H}) \ominus \mathcal{U}\overline{\mathcal{A}}. \tag{16.19}$$

Man beachte, dass zwar $\mathcal{A}^*$ als maximales Orthogonalkomplement abgeschlossen ist, jedoch $\mathcal{A}$ nicht notwendig abgeschlossen sein muss. Natürlich existiert $\overline{\mathcal{A}}$, muss aber nicht unbedingt Operatorgraph sein.

Mithilfe der Darstellung (16.19) des adjungierten Operators können wir leicht zwei Aussagen einsehen, die uns schon gute Dienste geleistet haben.

a) **Beweis (des Satzes zu (16.12))** Sei *zunächst* A abgeschlossen angenommen. Wir beweisen die Existenz von A^{**} sowie $A^{**} = A$: Aus $\overline{\mathcal{A}} = \mathcal{A} \Rightarrow \mathcal{A}^* = (\mathcal{H} \times \mathcal{H}) \ominus \mathcal{U}\mathcal{A} \Rightarrow \mathcal{U}\mathcal{A} = (\mathcal{H} \times \mathcal{H}) \ominus \mathcal{A}^* \Rightarrow \mathcal{A} = (\mathcal{H} \times \mathcal{H}) \ominus \mathcal{U}\mathcal{A}^*$. Da links ein Operatorgraph steht, ist auch die rechte Seite ein Operatorgraph und zwar gemäß (16.19) genau $\mathcal{A}^{**}$. Somit existiert $\mathcal{A}^{**}$ und ist gleich $\mathcal{A}$.

Sei $\mathcal{A}$ nicht abgeschlossen, jedoch abschließbar zu $\overline{\mathcal{A}}$. Dann ist, siehe soeben, $\overline{\mathcal{A}} = \overline{\mathcal{A}}^{**} = (\overline{\mathcal{A}}^*)^* = \mathcal{A}^{**}$, d. h. A^{**} existiert und ist gleich $\overline{A}$.

b) **Beweis (des Theorems vom abgeschlossenen Graphen (closed graph theorem))** Ist ein linearer, überall definierter Operator abgeschlossen, so ist er beschränkt (s. Abschn. 5.6).

Entscheidend ist die gerade bewiesene Aussage (16.12)! A^* existiert, da A linear und dicht, sogar überall definiert ist. Weil A abgeschlossen ist, existiert sogar A^{**}, also $\mathcal{D}_{A^*}$ ist dicht in $\mathcal{H}$! A^* auf $\mathcal{D}_{A^*}$ ist aber nicht nur abgeschlossen, sondern sogar beschränkt, s. sogleich! Für beschränkte, abgeschlossene Operatoren ist $\mathcal{D}_{A^*} = \overline{\mathcal{D}}_{A^*}$, also $\mathcal{D}_{A^*} = \mathcal{H}$, d. h. A^* ist linear-beschränkt. Folglich auch $(A^*)^* = A$, wieder nach (16.12), linear-beschränkt!

A^* auf $\mathcal{D}_{A^*}$ muss beschränkt sein: Gäbe es eine Folge $g_n \in \mathcal{D}_{A^*}$ und $\|A^* g_n\|/\|g_n\| =: c_n \to \infty$, so hätten die linear-stetigen Funktionale $l_n(f) := \left\langle A^* \dfrac{g_n}{\|g_n\|} \middle| f \right\rangle$ einerseits beliebig große Normen, $\|l_n\| = c_n \to \infty$, andererseits nach dem Prinzip von *Banach* und *Steinhaus* gleichmäßig beschränkte Normen: $|l_n(f)| = \left| \left\langle \dfrac{g_n}{\|g_n\|} \middle| Af \right\rangle \right| \le \|Af\| \equiv c_f \Rightarrow \|l_n\| \le c < \infty$.

16.2 Symmetrische Operatoren

Eine besondere Rolle bei den beschränkten Operatoren spielten und spielen die selbstadjungierten. Kennzeichnend für sie ist die Beziehung $\langle g|Af \rangle = \langle Ag|f \rangle$ für alle $f, g \in \mathcal{H}$. Bei den nicht-beschränkten A auf $\mathcal{D}_A$ ist man geneigt, einfach statt $\mathcal{H}$ nur $\mathcal{D}_A$ zu setzen. Bei den nicht-beschränkten A braucht aber nicht etwa A auf $\mathcal{D}_A$ gleich A^* auf $\mathcal{D}_{A^*}$ zu sein! Denn es könnte in $\mathcal{D}_{A^*}$ noch mehr Elemente als in $\mathcal{D}_A$ geben, für die es ein $\tilde{g} \equiv A^*g$ gibt, sodass $\langle g|Af \rangle = \langle \tilde{g}|f \rangle$ für alle $f \in \mathcal{D}_A$. Denn $\mathcal{D}_{A^*}$ war (s. o.) *maximal* definiert!

Bei nicht-beschränkten Operatoren ist es daher zweckmäßig, einen neuen Begriff einzuführen, welcher wegen seiner leichten Prüfbarkeit in konkreten Fällen bedeutsam ist.

> **Definition**
>
> Ein linearer, dicht definierter Operator A auf $\mathcal{D}_A$ heißt *symmetrisch*, wenn gilt
>
> $$\langle g|Af \rangle = \langle Ag|f \rangle \quad \text{für alle} \quad f, g \in \mathcal{D}_A. \tag{16.20}$$

Etwa $\dfrac{1}{i} \dfrac{d}{dx}$ auf $\mathcal{D}_{ab}$ ist symmetrisch, auch x auf $\mathcal{D}_x$. Symmetrische Operatoren haben rein reelle Erwartungswerte: s. Abschn. 10.2.

Eigenschaften symmetrischer Operatoren:

1) Ein symmetrischer Operator A besitzt stets einen Adjungierten, A^*, der ihn umfasst, $A \subseteq A^*$.

2) A ist sogar d. u. n. d. symmetrisch, wenn $A \subseteq A^*$. Man kann also als eine äquivalente Definition geben:

$$\boxed{A \text{ symmetrisch } \Leftrightarrow A \subseteq A^*.} \tag{16.21}$$

3) Ein symmetrischer Operator braucht nicht abgeschlossen zu sein, *ist* jedoch stets abschließbar! (Denn es gibt eine abgeschlossene Erweiterung, nämlich A^*.)

4) Für einen symmetrischen Operator existiert stets A^{**}, ist selbst symmetrisch sowie abgeschlossen, und es gilt:

$$\boxed{A \text{ symmetrisch } \Rightarrow A \subseteq A^{**} \subseteq A^*.} \tag{16.22}$$

▶   Denn: Ein symmetrischer Operator ist abschließbar, also existiert A^{**} gemäß Abschn. 16.1.2, Punkt 8). A^{**} ist linear und dicht definiert (da gleich $\overline{A}$), und es gilt $A^{**} \subseteq A^* = (A^{**})^*$, wie aus Adjunktion von (16.21) folgt; dies garantiert zugleich die Symmetrie gemäß 2). Die linke Inklusion der Behauptung wird durch $A \subseteq \overline{A} = A^{**}$ mit (16.12) bewiesen.

5) Jede *symmetrische Erweiterung* $\tilde{A}$ von A ist stets in A^* enthalten.

$$A \subseteq \tilde{A}, \tilde{A} \text{ symmetrisch } \Rightarrow A \subseteq \tilde{A} \subseteq \tilde{A}^* \subseteq A^*. \tag{16.23}$$

Denn man wende (16.4) und (16.21) für $\tilde{A}$ an.

Es gibt mindestens eine, allerdings nicht notwendig echte symmetrische Erweiterung symmetrischer Operatoren A, nämlich A^{**}. Diese ist sogar abgeschlossen. Es *kann* sein, dass man durch fortgesetztes symmetrisches Erweitern von A zu $\tilde{A}$ schließlich $\tilde{A} = \tilde{A}^*$ erhält. Doch Beispiele zeigen, dass man eventuell nicht mehr *symmetrisch* erweitern kann und trotzdem $\tilde{A}$ echt kleiner als $\tilde{A}^*$ ist. Dies legt nahe die

Definition Ein symmetrischer Operator A heißt *maximal* bzw. *maximal-symmetrisch*, wenn er keine echten symmetrischen Erweiterungen hat.

Sofern A maximal-symmetrisch ist, muss A abgeschlossen sein und $A = A^{**}$. Trotzdem könnte, wie gesagt, $A = A^{**} \subset A^*$ sein.

Definition Ein Operator A heißt *hypermaximal-symmetrisch* oder auch *selbstadjungiert*, falls

$$A = A^{**} = A^* \tag{16.24}$$

gilt.

Bemerkung – *Übungen*

a) Ein symmetrischer, überall definierter Operator ist abgeschlossen und folglich linear-beschränkt.

b) A symmetrisch, dann sind alle existierenden positiven oder negativen Potenzen auch symmetrisch.

c) A symmetrisch und beschränkt, dann ist die abgeschlossene symmetrische Erweiterung $A^{**} = \overline{A}$ linear-beschränkt, d. h. A ist wesentlich selbstadjungiert.

Zur *Untersuchung des Spektrums* benötigt man, wie besprochen, die Resolvente. Ihr Definitionsbereich ist $(A - z)\mathcal{D}_A$. Wir untersuchen diesen jetzt für symmetrische Operatoren, die wir sogleich als abgeschlossen voraussetzen. Denn physikalische Operatoren sind einerseits i. Allg. abgeschlossen und andererseits kann man symmetrische Operatoren stets symmetrisch abschließen, nämlich durch A^{**}.

6) Für einen symmetrischen, abgeschlossenen Operator A ist der Wertebereich von $A - z$,

$$\mathfrak{r}_z := (A - z)\mathcal{D}_A \subseteq \mathcal{H}, \quad \mathrm{Im}\, z \neq 0, \tag{16.25}$$

ein abgeschlossener Teilraum.

Denn: Gemäß Abschn. 14.5 sind die echt komplexen z für einen symmetrischen Operator Punkte regulären Typs, d. h. es gilt (14.9). Folglich existiert die Resolvente $R(z, A)$ und ist beschränkt, wie früher gezeigt worden ist. Da A abgeschlossen ist, ist das auch $R(A)$. Der Definitionsbereich eines abgeschlossenen und beschränkten linearen Operators ist aber ein abgeschlossener Teilraum, q. e. d.

Man kann nun zeigen, dass die Dimension von $\mathfrak{r}_z$ in der oberen bzw. unteren Halbebene von K jeweils unabhängig von z ist. (Siehe z. B. *Kato*, 1966, Kap. V, 3.4, oder *Smirnow*, 1962, Bd. V, S. 543). Daher genügt es, speziell $z = \pm i$ zu wählen.

Definition Die Dimension $m_\pm$ der Resträume $\mathcal{H} \ominus \mathfrak{r}_\pm$ der Definitionsbereiche für die Resolvente eines symmetrischen, abgeschlossenen Operators A, $\mathfrak{r}_\pm =: (A \mp i)\mathcal{D}_A$, heißen *Defektindizes* von A. Es ist zugleich $m_\pm = \mathrm{Dim}\, \mathcal{H} \times \mathfrak{r}_z$ für $\mathrm{Im}\, z \gtrless 0$.

Anmerkung Sollte A nicht abgeschlossen sein, tritt $\mathcal{D}_{\overline{A}}$ an Stelle von $\mathcal{D}_A$. – Wenn A die Defektindizes (m_+, m_-) hat, sind (m_-, m_+) diejenigen von $-A$.

Genau dann, wenn $m = 0$, ist $\mathcal{W}_{A-z} = \mathcal{D}_R = \mathcal{H}$. Dann aber existiert $R(A, z)$ nicht nur und ist beschränkt, sondern ist auch überall definiert. Somit gibt es für *das Spektrum symmetrischer, abgeschlossener Operatoren A* folgende vier Möglichkeiten:

a) $m_+ > 0$, $m_- > 0$, das Spektrum $\sigma(A)$ ist die ganze komplexe Ebene, die Resolventenmenge $\rho(A)$ ist leer.

b) $m_+ = 0$, $m_- > 0$, das Spektrum $\sigma(A)$ ist die abgeschlossene untere Halbebene, die Resolventenmenge $\rho(A)$ die offene obere Halbebene.

c) $m_+ > 0$, $m_- = 0$, umgekehrt zu b)

d) $m_+ = 0 = m_-$, das Spektrum $\sigma(A)$ liegt *nur* auf der reellen Achse, die offene obere wie die offene untere Halbebene gehören zur Resolventenmenge $\rho(A)$.

Da gerade der letzte Fall charakteristisch für die selbstadjungierten Operatoren ist, siehe Abschn. 14.5, erkennt man schon, dass gerade die symmetrischen Operatoren mit beiden Defektindizes 0 die selbstadjungierten sein könnten. Ferner wird klar, warum nur in diesem Falle ein Spektralsatz möglich ist: sonst wäre ja nicht nur über die reelle Achse zu integrieren, da das Spektrum nicht auf sie beschränkt bleibt, falls m_+ und/oder m_- ungleich 0 ist.

16.3 Selbstadjungierte Operatoren

Zu Beginn eine wiederholende

Definition

Ein linearer, dicht definierter Operator A auf $\mathcal{D}_A$ heißt *selbstadjungiert* oder *hypermaximal-symmetrisch*, wenn

$$\mathcal{D}_A = \mathcal{D}_{A^*} \quad \text{und} \quad A = A^*,$$

d. h.

$$\langle g|Af\rangle = \langle Ag|f\rangle \quad \text{für alle} \quad f, g \in \mathcal{D}_A = \mathcal{D}_{A^*}. \tag{16.26}$$

Selbstadjungierte Operatoren sind symmetrisch, nicht aber notwendig umgekehrt. *Sie sind* auf jeden Fall *abgeschlossen*, da A^* das ist. Für Anwendungen, insbesondere im gelfandschen Raumtripel, ist der folgende Fall wichtig:

Definition

Ein linearer, dicht definierter Operator A auf $\mathcal{D}_A$ heißt *im Wesentlichen selbstadjungiert*, wenn seine Abschließung $\overline{A}$ selbstadjungiert ist: $\overline{A} = \overline{A}^* = A^* = A^{**}$.

▷   Für *symmetrische Operatoren* A sind folgende Aussagen äquivalent:

   a) A im Wesentlichen selbstadjungiert $(\overline{A} = \overline{A}^* = A^*)$,
   b) A^* ist symmetrisch $(A^* \subseteq (A^*)^* = \overline{A}$; sowieso $\overline{A} \subseteq A^*)$,
   c) A^* ist selbstadjungiert $(A^{**}(= \overline{A}) = A^*)$,
   d) A^{**} ist selbstadjungiert $(A^{**}(= \overline{A}) = A^{***} = A^*)$.

Angeregt durch die Untersuchungen des Spektrums symmetrischer Operatoren kann man folgende *Kriterien für Selbstadjungiertheit* finden, die zu gleich als *äquivalente Definitionen* verwendbar sind.

Satz

Ein (linearer, dicht definierter) symmetrischer Operator A ist d. u. n. d. selbstadjungiert, wenn $\mathfrak{r}_+ = \mathfrak{r}_- = \mathcal{H}$ ist, wobei $\mathfrak{r}_\pm \equiv (A \mp i)\mathcal{D}_A$.

Statt i darf man auch ein beliebiges z mit $\operatorname{Im} z \gtrless 0$ wählen.
Denn:

a) „Nur dann" ist eigentlich schon klar, weil im Falle $A = A^*$ der Operator A abgeschlossen ist und $\mathfrak{r}_\pm = \mathcal{H}$ sein muss, weil sonst mindestens ein Defektindex ungleich Null ist, also das Spektrum nicht auf der reellen Achse läge. Wir können aber den dazu geführten Beweis hier nochmals direkt skizzieren: $\mathfrak{r}_\pm \subset \mathcal{H} \Leftrightarrow$ es existiert $h \neq 0$ und $h \perp \mathfrak{r}_\pm \Leftrightarrow$ $\langle h|(A \mp i)\mathcal{D}_A \rangle = 0 \Leftrightarrow \langle \pm ih|\mathcal{D}_a \rangle = \langle h|A\mathcal{D}_A \rangle$, also ist $h \in \mathcal{D}_{A^*}$ und $A^*h = Ah = \pm ih$, d. h. h wäre Eigenvektor zu komplexem Eigenwert; das ist unmöglich. Vollkommen analog kann man für $z \neq i$ (jedoch $\operatorname{Im} z \gtrless 0$) schließen.

b) „Dann" ist gezeigt, wenn wir aus $\mathfrak{r}_\pm = \mathcal{H}$ die Beziehung $A^* \subseteq A$ nachweisen können, da sowieso $A \subseteq A^*$ wegen der Symmetrie von A gilt, (16.21). Sei $g \in \mathcal{D}_{A^*} \Rightarrow \tilde{g} \equiv A^*g$ erfüllt $\langle \tilde{g}|\mathcal{D}_A \rangle = \langle g|A\mathcal{D}_A \rangle$ also $\langle g|(A \mp i)\mathcal{D}_A \rangle = \langle \tilde{g} \pm ig|\mathcal{D}_A \rangle$; weil $(A \pm i)\mathcal{D}_A = \mathcal{H}$ sein soll, gibt es (mindestens) ein $f \in \mathcal{D}_A$, sodass $\tilde{g} + ig = (A+i)f_1$ und $\tilde{g} - ig = (A-i)f_2$ darstellbar ist; wegen der Symmetrie gilt $\langle g|(A \mp i)\mathcal{D}_A \rangle = \langle f|(A \mp i)\mathcal{D}_A \rangle$, also $g = f \in \mathcal{D}_A$, q. e. d.

Satz

Ein (linearer, dicht definierter) symmetrischer Operator A ist d. u. n. d. selbstadjungiert, wenn $(A \mp i)^{-1}$ existieren und $(A \mp i)^{-1}\mathcal{H} = \mathcal{D}_A$ ist.

Klar durch Rückführung auf den vorigen Satz. Zur Übung beweise man folgenden

---

Satz

Sofern $\mathcal{W}_A \equiv A\mathcal{D}_A$ eines symmetrischen Operators ganz $\mathcal{H}$ ist, ist A sogar selbstadjungiert. (Man schließe wie zu b)).

Zusatz

Ein (linearer, dicht definierter) symmetrischer Operator A ist d. u. n. d. wesentlich selbstadjungiert, wenn $\mathfrak{r}_\pm = (A \mp i)\mathcal{D}_A$ in $\mathcal{H}$ dicht liegen.

Übungen

Sei A selbstadjungiert; wenn A^{-1} existiert, ist es auch selbstadjungiert.

16.4 Die Cayley-Transformierte

Die gewonnenen Kriterien für Selbstadjungiertheit kann man unter einem etwas anderen Blickwinkel betrachten, der die Ausdehnung des Spektralsatzes für selbstadjungiert-beschränkte Operatoren auf nicht-beschränkte erlauben wird.

Genau für selbstadjungierte, symmetrische A war ja $(A \mp i)\mathcal{D}_A \equiv \mathfrak{r}_\pm = \mathcal{H}$. Das aber erlaubt eine Abbildung *jedes* $h \in \mathcal{H}$ durch $(A+i)^{-1}h$ nach $\mathcal{D}_A$; u. z. wird ganz $\mathcal{D}_A$ erreicht, wenn h in ganz $\mathcal{H}$ variiert. Die weitere Abbildung von $\mathcal{D}_A$ durch $(A-i)$ liefert wieder ganz $\mathcal{H}$, sodass schließlich durch Hintereinanderausführen ganz $\mathcal{H}$ auf ganz $\mathcal{H}$ abgebildet wird. Allgemeiner: Falls A symmetrisch und abgeschlossen ist, wird ganz $\mathfrak{r}_-$ auf ganz $\mathfrak{r}_+$

abgebildet. Die Abbildungsvorschrift $(A - i)(A + i)^{-1}$ ist natürlich linear; sie erhält aber sogar die Länge von h! Denn es ist $\|(A + i)f\|^2 = \|(A - i)f\|^2 (= \|Af\|^2 + \|f\|^2)$; man setze nun $f = (A + i)^{-1}h$.

▸ **Zusammengefasst** Der einem abgeschlossenen, symmetrischen Operator A auf $\mathcal{D}_A$ zugeordnete Operator

$$C_A := (A - i)(A + i)^{-1} \quad \text{von } \mathfrak{r}_- \text{ auf } \mathfrak{r}_+, \tag{16.27}$$

genannt die *Cayley-Transformierte* von A, ist ein isometrischer Operator. *Insbesondere:* Die Cayley-Transformierte eines symmetrischen Operators A ist d. u. n. d. unitär, wenn A selbstadjungiert ist.

Man kann aber auch umgekehrt aus der Cayley-Transformierten C_A den Operator A wieder zurückgewinnen.

Nämlich aus $(A + i)^{-1}h =: f \in \mathcal{D}_A$, d. h. $h = (A + i)f$ und $(A - i)f = C_A h$ folgen (addieren und subtrahieren)

$$2Af = (1 + C_A)h, \quad h \in \mathfrak{r}_-, \tag{16.28}$$

$$2if = (1 - C_A)h, \quad h \in \mathfrak{r}_-. \tag{16.29}$$

Man kann nun in (16.28) h durch f aus (16.29) ausdrücken, da $(1 - C_A)^{-1}$ auf $\mathcal{D}_A$ (nach $\mathfrak{r}_-$) existiert. (Nämlich: $1 - C_A$ ist ein linearer Operator und hat als einzigen Eigenwert 0, da aus $(1 - C_A)h = 0 \Rightarrow f = 0 \Rightarrow h = (A + i)f = 0$.) Somit ist

$$A = i(1 + C_A)(1 - C_A)^{-1} \quad \text{auf} \quad \mathcal{D}_A \tag{16.30}$$

die *Cayley-Rücktransformation*.

Bemerkt sei noch, dass für h in ganz $\mathfrak{r}_-$ variierend auch $(A + i)^{-1}h = f$ durch ganz $\mathcal{D}_A$ läuft, nämlich laut Definition von $\mathfrak{r}_-$. Also lautet (16.29) auch so:

$$\mathcal{D}_A = (1 - C_A)\mathfrak{r}_-. \tag{16.31}$$

Dies ist nützlich für die Frage, ob nur manche isometrischen Operatoren als Cayley-Transformierte auftreten oder ob *jede* Isometrie – dann mittels (16.30) eindeutig – einen symmetrischen – gemäß (16.30) automatisch abgeschlossenen – Operator bestimmt. Das klärt der

---

Satz

Sei T ein (beliebiger) isometrischer Operator von $\mathfrak{r} \subseteq \mathcal{H}$ auf $\mathfrak{r}' \subseteq \mathcal{H}$. Wenn $\mathcal{D} := (1 - T)\mathfrak{r}$ dicht in $\mathcal{H}$ ist, stellt $A_T := i(1 + T)(1 - T)^{-1}$ auf $\mathcal{D}$ einen symmetrischen, abgeschlossenen Operator dar, dessen Cayley-Transformierte eben T ist.

▸ Denn A_T ist ein sinnvoller Operator, da $(1 - T)^{-1}$ existiert (und dann natürlich auf $\mathcal{D}$) und er ist symmetrisch auf $\mathcal{D}$. Nämlich: Aus $(1 - T)h = 0 \Rightarrow h = 0$, da $\langle \mathcal{D}|h \rangle = \langle (1 - T)\mathfrak{r}|h \rangle = \langle \mathfrak{r}|h \rangle - \langle \mathfrak{r}'|h \rangle = \langle \mathfrak{r}'|Th - h \rangle = 0$ und $\mathcal{D}$ dicht in $\mathcal{H}$ ist.

Symmetrie: $\langle A_T f_1|f_2 \rangle = \langle i(1 + T)h_1|(1 - T)h_2 \rangle$

$$= -i[\langle h_1|h_2 \rangle + \langle Th_1|h_2 \rangle - \langle h_1|Th_2 \rangle - \langle Th_1|Th_2 \rangle] \quad \text{(Isometrie ausnutzen)}$$

$$= -i[\langle Th_1|Th_2 \rangle + \langle Th_1|h_2 \rangle - \langle h_1|Th_2 \rangle - \langle h_1|h_2 \rangle] = \langle f_1|A_T f_2 \rangle.$$

Mithilfe der Cayley-Transformierten kann man nun zwei wichtige Fragen klären: Einmal versteht man die Vorgänge bei Erweiterung symmetrischer Operatoren, s. Abschn. 16.5, zum anderen kann man die Spektraldarstellung für nicht-beschränkte Operatoren gewinnen, s. Abschn. 18.1.

16.5   Erweiterung symmetrischer Operatoren

Gegeben ein symmetrischer, abgeschlossener Operator A auf $\mathcal{D}_A$. Sofern er nicht schon maximal-symmetrisch ist, wird man ihn symmetrisch zu erweitern trachten, etwa zu $\tilde{A}$ auf $\mathcal{D}_{\tilde{A}}$. Ziel ist, ihn zu einem selbstadjungierten Operator zu erweitern, sofern das überhaupt geht.

Wir studieren die Erweiterung mittels der zugehörigen Cayley-Transformierten. Sie mögen C_A bzw. $C_{\tilde{A}}$ heißen. Da $\tilde{A}$ eine Erweiterung von A ist, kann auch nur $\tilde{\mathfrak{r}}_\mp \supseteq \mathfrak{r}_\mp$ sein und $C_{\tilde{A}}$ auf $\mathfrak{r}_-$ wie C_A wirken, d. h. $C_{\tilde{A}}$ ist Erweiterung von C_A. Andererseits ist $C_{\tilde{A}}$ ebenso wie C_A isometrisch, d. h. $\mathfrak{r}_\mp$ ist um ein Orthogonalkomplement zu $\tilde{\mathfrak{r}}_\mp$ ergänzt worden: $\tilde{\mathfrak{r}}_\mp \equiv \mathfrak{r}_\mp \oplus \mathfrak{s}_\mp$.

Es muss sogar Dim $\mathfrak{s}_- = $ Dim $\mathfrak{s}_+$ sein, denn isometrische Operatoren führen orthogonale Vektoren in orthogonale über und umgekehrt, da das Inverse existiert. *Die Defektindizes $m_\mp$ nehmen also bei der Erweiterung beide um den gleichen Betrag ab,* nämlich um Dim $\mathfrak{s}_\mp$ (endlich oder unendlich)!

Aber auch umgekehrt führt eine beliebige Erweiterung der Isometrie C_A von $\mathfrak{r}_-$ nach $\mathfrak{r}_+$ auf zwei (gleich-dimensionale, sonst beliebige) Komplemente $\mathfrak{s}_\mp$ zu $\tilde{C}_A$ von $\mathfrak{r}_- \oplus \mathfrak{s}_-$ nach $\mathfrak{r}_+ \oplus \mathfrak{s}_+$ zu einer Erweiterung $\tilde{A} \supset A$. Das garantiert der letzte Satz im vorigen Abschn. 16.4. Solange also nicht einer oder gar beide Defektindizes $m_\mp$ des symmetrischen, abgeschlossenen Operators A Null sind, kann man durch isometrische Erweiterung seiner Cayley-Transformierten symmetrische Erweiterungen $\tilde{A}$ gewinnen, und zwar auf beliebig vielfache Art. Dazu ordne man einfach ein o. n. S. aus $\mathcal{H} \ominus \mathfrak{r}_-$ einem gleich mächtigen o. n. S. aus $\mathcal{H} \ominus \mathfrak{r}_+$ zu und setze linear fort; je nach Wahl der o. n. S. erhält man i. Allg. verschiedene Fortsetzungen.

▸ **Zusammengefasst** Ein symmetrischer, abgeschlossener Operator A auf $\mathcal{D}_A$ ist genau dann maximal, wenn wenigstens einer seiner Defektindizes 0 ist. Er ist hypermaximal, d. h. selbstadjungiert genau dann, wenn beide Defektindizes 0 sind.

Eine maximal-symmetrische Erweiterung ist stets (i. Allg. auf vielfache Art) mittels der Cayley-Transformierten zu bilden.

Eine selbstadjungierte Erweiterung gibt es d. u. n. d., wenn A *gleiche* Defektindizes $m_+ = m_-$ hat.

Übung

Reelle, symmetrische Operatoren in $\mathcal{L}_2$ haben gleiche Defektindizes. A heißt reell, wenn mit $f(x) \in \mathcal{D}_A$ auch $\overline{f}(x) \in \mathcal{D}_A$ sowie $A\overline{f} = \overline{Af}$ gilt.

▷ **Anwendung (J. von Neumann, K. O. Friedrichs, M. H. Stone, M. Krein)** Ein symmetrischer und streng positiver Operator A lässt sich *stets* zu einem selbstadjungierten Operator $\tilde{A} = \tilde{A}^*$ mit gleicher unterer Schranke $M > 0$ erweitern. Es existiert dann sogar $\tilde{A}^{-1}$.

Für die Möglichkeit selbstadjungierter Erweiterung genügt auch eine beliebige Schranke oder auch Halb-Beschränktheit nach oben.

Für einen konstruktiven Beweis sei auf die Literatur verwiesen, z. B. *Riesz, Sz.-Nagy*, 1956, *G. Hellwig*, 1964, usw.

16.6 Kriterien für Selbstadjungiertheit; Stabilität der Selbstadjungiertheit gegen Störungen

Für die Anwendungen ist es nun wichtig, einem vorgegebenen Operator anzusehen, ob er selbstadjungiert ist. Dann nämlich ist das Spektrum auf die reelle Achse beschränkt und gilt der Spektralsatz. Im Allgemeinen ist es relativ leicht, die Symmetrie eines Operators A auf $\mathcal{D}_A$ zu prüfen. Dagegen bereitet das Aufsuchen des Adjungierten A^* auf $\mathcal{D}_{A^*}$ oft beträchtliche Schwierigkeiten, da $\mathcal{D}_{A^*}$ *maximal* definiert ist; wir haben das am Beispiel von $\frac{1}{i}\frac{\mathrm{d}}{\mathrm{d}x}$ in Abschn. 16.1.3 kennengelernt.

Daher hat sich ein Verfahren sehr bewährt, welches von einem einmal als selbstadjungiert ausgewiesenen Operator $A = A^*$ ausgehend andere interessierende Operatoren als $A + B$ darstellt und aufgrund relativ einfacher Merkmale von B die Selbstadjungiertheit von $A + B$ garantiert. Anders gesehen: *Ein selbstadjungierter Operator A bleibt selbstadjungiert, wenn man ein B mit gewissen Eigenschaften addiert,* d. h. die *Selbstadjungiertheit* ist *stabil* unter der *Addition gewisser Operatoren,* genannt *Störungen.*

Wir verdanken dieses Verfahren *F. Rellich* (Math. Ann. 116, 1937, 555) sowie in einem für Anwendungen i. Allg. hinreichend breiten Rahmen *T. Ikebe* und *T. Kato* (Arch. Rat. Mech. Analys. 9, 1962, 77; siehe auch *T. Kato*, 1966).

Satz (Stabilitätssatz für Selbstadjungiertheit)

Sei A auf $\mathcal{D}_A$ ein selbstadjungierter Operator in $\mathcal{H}$. Dann ist auch $A + B$ selbstadjungiert, *sofern* B symmetrisch und A-beschränkt ist mit A-Norm (echt) kleiner als 1.

Insbesondere ist $A + B$ dann selbstadjungiert, wenn B beschränkt und symmetrisch ist mit $\mathcal{D}_B \supseteq \mathcal{D}_A$.

Die neben der selbstverständlichen Minimalforderung der Symmetrie entscheidende Eigenschaft von B, die die Stabilität der Selbstadjungiertheit gewährleistet, ist so *definiert*:

Definition

Ein Operator B auf $\mathcal{D}_B$ heißt *A-beschränkt* oder *relativ zu A beschränkt*, wenn $\mathcal{D}_B \supseteq \mathcal{D}_A$ und (a, b reell, positiv)

$$\|Bf\|^2 \le a^2 \|f\|^2 + b^2 \|Af\|^2 \quad \text{für alle} \quad f \in \mathcal{D}_A. \tag{16.32}$$

Die kleinstmögliche Zahl b heißt *A-Norm von B*.

Es ist dann auch

$$\|Bf\| \le a\|f\| + b\|Af\| \tag{16.33}$$

(man ergänze in (16.32) $2ab\|f\|\,\|Af\|$).

Offenbar ist ein *beschränkter* Operator B relativ zu jedem A mit $\mathcal{D}_A \subseteq \mathcal{D}_B$ *A-beschränkt* und zwar mit A-Norm 0. Man kann nämlich (16.32) mit $a = \|B\|$ und $b = 0$ erfüllen.

▶ **Beweis (des Stabilitätssatzes)** Offenbar ist $A+B$ auf $\mathcal{D}_A$ definiert und dort auch symmetrisch. Ferner ist für alle $f \in \mathcal{D}_A$ der Betrag von $\|Bf\|^2 \le a^2\|f\|^2 + b^2\|Af\|^2 \equiv \|bAf \mp iaf\|^2 = b^2 \left\|\left(A - \left(\pm i\dfrac{a}{b}\right)\right)f\right\|^2$ wegen der A-Beschränktheit und der Symmetrie von A; man kann $b > 0$ wählen, weil man damit die A-Beschränktheit eventuell nur schwächer ausnutzt als möglich.

Da A selbstadjungiert ist, liegt $z_\pm = \pm i\dfrac{a}{b}$ in der Resolventenmenge, d. h. $(A - z_\pm)^{-1} =: R_\pm$ existiert und ist linear-beschränkt. Mit $(A - z_\pm)f =: g$ liefert die A-Beschränktheit $\|BR_\pm g\| \le b\|g\|$, d. h. $BR_\pm$ ist beschränkt, sogar linear-beschränkt, weil $(A - z_\pm)\mathcal{D}_A = \mathcal{H}$, siehe den ersten Satz aus Abschn. 16.3. Die Schranke ist b; nach Voraussetzung $b < 1$, also existiert $(1 + BR_\pm)^{-1}$ und ist linear-beschränkt, s. Abschn. 5.4, Nr. 5). Deshalb muss $1 + BR_\pm$ auf ganz $\mathcal{H}$ abbilden, d. h. $(1 + BR_\pm)(A - z_\pm)\mathcal{D}_A = \mathcal{H}$. Weil aber $(1 + BR_\pm)(A - z_\pm) = A + B - z_\pm$ ist, liefert das Kriterium des ersten Satzes aus 16.3, dass $A + B$ selbstadjungiert sein muss. Q. e. d.   □

Um die Deutung der uneigentlichen Eigenfunktionen als Eigendistributionen im gelfandschen Raumtripel vornehmen zu können, ist es oft zweckmäßig, A auf einem *kleineren* Definitionsbereich $\mathcal{D}_A$ zu betrachten als für die Selbstadjungiertheit nötig. Dann benutzt man folgende abgeschwächte Form der Stabilität:

Satz (Stabilitätssatz für wesentliche Selbstadjungiertheit)

Sei A auf $\mathcal{D}_A$ wesentlich selbstadjungiert in $\mathcal{H}$. Dann ist $A + B$ wesentlich selbstadjungiert, *sofern* B symmetrisch und A-beschränkt ist mit A-Norm (echt) kleiner als 1.

Es ist ferner der Abschluss $\overline{(A + B)} = \overline{A} + \overline{B}$.

Insbesondere gilt die Aussage für beschränkte symmetrische B mit $\mathcal{D}_B \supseteq \mathcal{D}_A$.

Der *Beweis* erfolgt durch Rückführung auf den Stabilitätssatz für Selbstadjungiertheit: Da $\overline{A}$ existiert und (da symmetrisch) auch $\overline{B}$, zeigen wir zunächst, dass $\overline{B}$ sogar $\overline{A}$-beschränkt ist u. z. mit derselben Norm wie B relativ zu A. Dazu prüfen wir erst, ob $\mathcal{D}_{\overline{B}} \supseteq \mathcal{D}_{\overline{A}}$ ist: Natürlich gilt $\mathcal{D}_{\overline{B}} \supset \mathcal{D}_A$; in $\mathcal{D}_{\overline{A}}$ sind aber ferner noch solche f, die durch A-konvergente Folgen $f_n \Rightarrow f$, $Af_n \Rightarrow Af$ zu erreichen sind. Ist dann auch $f \in \mathcal{D}_{\overline{B}}$? Ja, denn mit f_n konvergiert auch Bf_n in sich: $\|B(f_n - f_m)\|^2 \leq a^2 \|f_- f_m\|^2 + b^2 \|A(f_n - f_m)\|^2 \to 0$, weil $f_n - f_m \in \mathcal{D}_A$ und dort A-Beschränktheit gültig; nun $m \to \infty$. Die gleiche $\overline{A}$- wie A-Norm folgt aus $\|Bf_n\|^2 \leq a^2 \|f_n\|^2 + b^2 \|Af_n\|^2$ für alle f_n, also auch im (existierenden!) Limes $n \to \infty$.

Somit ist $\overline{A} + \overline{B}$ selbstadjungiert, nämlich nach dem (erst jetzt benutzten) vorigen Satz; erst recht ist $\overline{A} + \overline{B}$ abgeschlossen, also eine abgeschlossene Erweiterung von $A + B$. Da die kleinste abgeschlossene Erweiterung $\overline{(A + B)}$ ist, $\Rightarrow \overline{A} + \overline{B} \supseteq \overline{(A + B)}$. Doch ist auch $\overline{A} + \overline{B} \subseteq \overline{(A + B)}$, woraus die zweite Behauptung folgt: Denn wegen $(A+B)f_n = Af_n + Bf_n \Rightarrow \overline{A}f + \overline{B}f$, folgt aus $f \in \mathcal{D}_{\overline{A+B}}$, dass $f \in \mathcal{D}_{\overline{A}+\overline{B}}$. Q. e. d.

Diese Sätze liefern kräftige Hilfsmittel zur *eindeutigen* Konstruktion selbstadjungierter Operatoren aus bekannten Bausteinen. Demgegenüber liefert das Verfahren der Erweiterung (Abschn. 16.5) i. Allg. viele mögliche selbstadjungierte A. Erst zusätzliche physikalische Gesichtspunkte gestatten eine Auswahl. (Siehe etwa das Beispiel $\mathcal{A}_{ab}$ aus Abschn. 16.1.3, welches symmetrisch ist und unendlich viele selbstadjungierte Erweiterungen hat, $\mathcal{A}_k$, mit $k = e^{i\alpha}$.)

16.7 Stabilität des Spektrums gegen Störungen

Naheliegend ist die Frage, ob die Stabilität der Selbstadjungiertheit gegenüber Störungen auch für das Spektrum gilt. Da dies ein Problem der hier nicht mehr zu behandelnden Störungtheorie, die Antwort aber von großer physikalischer Wichtigkeit ist, sollen nur die Resultate ohne die Begründungen gegeben werden.

Zwar betrachtet man in den Anwendungen i. Allg. selbstadjungierte Operatoren, doch kann man allgemeiner sagen:

Satz (T. Kato)

Das wesentliche Spektrum ist invariant gegenüber relativ-kompakten Störungen. Genau: Sei A ein abgeschlossener Operator und B sei A-kompakt. Dann ist auch $A + B$ abgeschlossen auf $\mathcal{D}_{A+B} = \mathcal{D}_A$ und es haben A sowie $A + B$ dasselbe wesentliche Spektrum.

Dabei wird die entscheidende Eigenschaft von B beschrieben durch die

Definition

B auf $\mathcal{D}_B$ heißt *kompakt* ($\equiv$ vollstetig) relativ zu A auf $\mathcal{D}_A$ im Banachraum $\mathcal{M}$, kurz *A-kompakt*, wenn $\mathcal{D}_B \supseteq \mathcal{D}_A$ und, falls $\{f_n\} \subseteq \mathcal{D}_A$ und $\{Af_n\}$ beschränkt sind, ist die Folge $\{Bf_n\}$ kompakt.

Wenn nun B auch A-kompakt ist, ist es erst recht A-beschränkt.

Zum Beweis sei verwiesen auf *T. Kato*, 1966, insbesondere S. 244 und S. 194.

Speziell für selbstadjungierte Operatoren gab schon *H. Weyl* den z. B. in *Riesz, Sz-Nagy*, 1956, S. 350, oder in *Smirnow*, 1962, bewiesenen

Satz

Addiert man zu einem selbstadjungierten Operator A einen vollstetigen, selbstadjungierten Operator B, so bleibt das wesentliche Spektrum invariant.

Als *physikalisches Anwendungsbeispiel* sei der linearisierte boltzmannsche Stoßoperator (Abschn. 1.4) gewählt. Er besteht aus einer Summe von vollstetigen Operatoren mit einem Multiplikationsoperator. Letzterer hat ein rein kontinuierliches Spektrum; durch die Integraloperatoren kann dieses zwar in sich verändert werden (Umwandlungen zwischen den Typen von Verdichtungspunkten, die ja das wesentliche Spektrum ausmachen), doch nicht seine Lage. Es können nur simple Punkte hinzukommen, in diesem Falle z. B. der 5-fache Eigenwert 0. Bei weiterer Störung spaltet dieser auf und spiegelt gedämpfte Schallwellen wider. (Ausführliche Diskussion siehe z. B. *Grad*, 1963, oder *Skvortsov*, Soviet Physics JETP 22, 1966, 864; 25, 1967, 853.)

Die erwähnte Umwandlungsmöglichkeit verschiedener Typen von Verdichtungspunkten regelt die Aussage (*H. Weyl, J. von Neumann*):

▸   Sei A selbstadjungiert im separablen Hilbertraum $\mathcal{H}$. Dann gibt es stets selbstadjungierte, vollstetige B, sogar aus der Hilbert-Schmidt-Klasse und sogar mit Hilbert-Schmidt (H.-S.)-Norm $\|B\|_{HS} < \varepsilon$ für beliebiges $\varepsilon(> 0)$, sodass $A + B$ reines Punktspektrum hat.

Wegen des vorigen Stabilitätssatzes ist das Punktspektrum, soweit es aus dem wesentlichen Spektrum hervorgegangen ist, natürlich dicht und evtl. unendlichfach entartet. Für einen Beweis sei der Leser z. B. auf *T. Kato*, 1966, S. 523, verwiesen.

Physikalische Beispiele nicht-beschränkter Operatoren

17

Wir wollen in diesem Kapitel einige physikalisch besonders interessierende Operatoren besprechen: Die Multiplikation mit x (Ortsoperator), die Differentiation $\frac{1}{i}\frac{d}{dx}$ (Impulsoperator) und einige elliptische Differentialoperatoren (zum Beispiel die Schrödingeroperatoren).

Zum Teil haben wir sie bereits in früheren Abschnitten als Beispiele angeführt; dann sei wegen der Beweise auf jene verwiesen. Als Hilbertraum verwenden wir in diesem Kapitel stets den $\mathcal{L}_2(a, b)$ mit dem Lebesgue-Maß, und zwar für ein endliches, halb- oder beidseitig unendliches Intervall von a bis b.

17.1 Der Ortsoperator

Die Operationsvorschrift $(xf)(x) = xf(x)$ auf $\mathcal{D}_x = \mathcal{L}_2(a, b)$ repräsentiert für ein endliches Intervall einen selbstadjungiert-beschränkten Operator.

Im unendlichen Intervall wähle man als Definitionsbereich $\mathcal{D}_x := \{f | f \in \mathcal{L}_2, xf \in \mathcal{L}_2\}$; dann ist der Multiplikationsoperator dicht definiert (da $\mathcal{D}_x \supset \{\Delta_N(x)f(x)\}$ gemäß Abschn. 3.2, Nr. 1), ist symmetrisch, unbeschränkt, abgeschlossen sowie selbstadjungiert.

▸ Bezüglich des zu x adjungierten Operators x^* gilt: Sowieso ist $x \subseteq x^*$, aber auch $x^* \subseteq x$; denn sei $g \in \mathcal{D}_{x^*}$ und $x^*g \equiv \tilde{g} \in \mathcal{L}_2$, so $\int \bar{f}(\tilde{g} - xg)dx = 0$ für alle $f \in \mathcal{D}_x$; also $xg = \tilde{g} \in \mathcal{L}_2$, d. h. $g \in \mathcal{D}_x$ sowie $x^* = x$.

Das Spektrum des Multiplikationsoperators x ist nicht-diskret und bedeckt das ganze Intervall $[a, b]$ bzw. $(-\infty, +\infty)$, siehe Abschn. 14.3.

S. Großmann, *Funktionalanalysis*, DOI 10.1007/978-3-658-02402-4_17,
© Springer Fachmedien Wiesbaden 2014

17.2 Der Impulsoperator

Die Operationsvorschrift sei $\dfrac{1}{i}\dfrac{d}{dx}$ auf den Definitionsbereichen $\mathcal{D}, \mathcal{D}_a, \mathcal{D}_b, \mathcal{D}_{ab}, \mathcal{D}_k$ und $\dot{\mathcal{D}}$ gemäß Abschn. 5.2.2, c). Diese enthalten die absolut stetigen Funktionen mit Ableitung in $\mathcal{L}_2$ und eventuellen Randbedingungen bzw. die $f \in \mathcal{L}_2$ mit Distributionsableitung $\partial f \in \mathcal{L}_2$, siehe Abschn. 7.10, insbesondere W_2^1 nach (7.62). Die jeweiligen Operatoren seien mit $p, p_a, \dots$ bezeichnet.

17.2.1 p im endlichen Intervall

Wir betrachten zunächst p_{ab}, d. h. $\dfrac{1}{i}\dfrac{d}{dx}$ auf $\mathcal{D}_{ab}$. Dieser Operator ist linear, dicht definiert (da $C_0^\infty(a, b) \subset \mathcal{D}_{ab}$, also schon dicht in $\mathcal{D}_{ab}$ liegt, Abschn. 3.2) sowie symmetrisch (partiell integrieren, keine Randterme) und abgeschlossen (Abschn. 5.2.2, a); Randbedingungen sind nicht bedeutsam, da sie bei Limites erhalten bleiben). p_{ab} ist unbeschränkt, z. B. auf der Folge $f_n = \sin n\pi \dfrac{x - a}{b - a}$.

p_{ab} muss als symmetrischer Operator einen adjungierten Operator haben; dieser wurde bereits in Abschn. 16.1.3, Formel (16.16b) bestimmt und lautet:

$$p_{ab}^{*} = p \supset p_{ab}. \tag{17.1}$$

p_{ab} ist folglich *nicht* selbstadjungiert. (Zur Übung bestimme man p_{ab}^{*} direkt unter Berücksichtigung der anderen Randbedingungen als bei p, siehe oben)

Da p_{ab} abgeschlossen ist, gilt

$$p_{ab}^{**} = p_{ab}. \tag{17.2}$$

Der maximale Impulsoperator p ist *nicht einmal symmetrisch*, geschweige denn selbstadjungiert. Denn aus (17.1) folgt

$$p^{*} \subset p, \tag{17.3}$$

das Kriterium (16.21) ist also verletzt. (Direkt zu verstehen: beim partiellen Integrieren bleiben im Allgemeinen Randterme übrig.)

Ebensowenig sind p_a oder p_b symmetrisch.

Wir bestimmen jetzt die Defektindizes des symmetrischen Operators p_{ab}. Sie lauten $(m_+, m_-) = (1, 1)$; also *kann* p_{ab} zu einem selbstadjungierten Operator erweitert werden.

▸   Denn: $m_\pm$ sind die Dimensionen der Orthogonalkomplemente von $(p_{ab} \mp i)\mathcal{D}_{ab} = \left(\dfrac{d}{dx} \pm 1\right)\mathcal{D}_{ab}$. Diese enthalten alle h mit $\left\langle h \middle| \left(\dfrac{d}{dx} \pm 1\right)\mathcal{D}_{ab} \right\rangle =$

$0 = \pm \langle h | \mathcal{D}_{ab} \rangle + \left(h \left| \dfrac{d}{dx} \mathcal{D}_{ab} \right. \right)$; offenbar stammt somit $h \in \mathcal{D}$; also darf man partiell integrieren; weil $\mathcal{D}_{ab}$ dicht ist in $\mathcal{H}$, folgt $h = Ce^{\pm x} \in \mathcal{L}_2$; da für h keine Randbedingungen nötig sind, spannen die Funktionen $e^{\pm x}$ je eindimensionale Räume auf.

Das Spektrum von p_{ab} ist folglich die ganze komplexe Ebene, doch gibt es – wegen der Randbedingungen – *keine* Eigenvektoren (siehe schon Abschn. 14.3 bzw. 16.2, Ende).

▸ **Bemerkung** p_{ab}^2 hat Eigenvektoren ($\sim \sin \omega x$).

Wir suchen nun *symmetrische Erweiterungen* $\tilde{p}$ von p_{ab}. Da sie alle in $p_{ab}^* = p$ enthalten sein müssen (Abschn. 16.2. Nr. 5)), ist die Operationsvorschrift jedenfalls $\dfrac{1}{i} \dfrac{d}{dx}$; man kann also nur $\mathcal{D}_{ab}$ erweitern und dies auch nur hinsichtlich der Randbedingungen, da man in $\mathcal{D}$ bleiben muss. Aus der Forderung der Symmetrie der Erweiterung folgt ferner

$$\langle \tilde{p} g | f \rangle = \langle g | \tilde{p} f \rangle \Rightarrow \tilde{g}(b) f(b) = \tilde{g}(a) f(a). \tag{17.4}$$

Da speziell $f = g$ wählbar ist, $\Rightarrow |\overline{g}(b)| = |\overline{g}(a)|$ in $\mathcal{D}_{\tilde{p}}$. Offenbar würde $g(a) = 0$ deshalb *keine* Erweiterung liefern; somit muss gelten

$$f(a) = k f(b) \quad \text{mit} \quad |k| = 1 \quad \text{für die} \quad f \in \mathcal{D}_{\tilde{p}}.$$

Folglich sind genau die p_k mit $k = e^{i\alpha}$, bezeichnet als p_α, die *symmetrischen* Erweiterungen von p_{ab}. ($k \neq e^{i\alpha}$ erweitert auch, jedoch nicht symmetrisch.)

Die Erweiterung ist direkt. Also müssen die p_α die Defektindizes $(0, 0)$ haben und deshalb selbstadjungiert sein. Man sieht das auch nach dem soeben, beim Berechnen von $m_\pm = 1$, geschilderten Verfahren unmittelbar: wegen der Randbedingung muss diesmal die Konstante in h Null sein, also $C = 0$.

Je nach Wahl von α gibt es also (kontinuierlich) viele selbstadjungierte Erweiterungen p_α von p_{ab}:

$$p_\alpha = \dfrac{1}{i} \dfrac{d}{dx} \quad \text{auf} \quad \mathcal{D}_\alpha = \{ f | f \in \mathcal{L}_2, f' \in \mathcal{L}_2, f(a) = e^{i\alpha} f(b) \}. \tag{17.5}$$

Sie sind tatsächlich alle verschieden, da sie verschiedene Eigenwerte haben:

$$\text{Aus} \quad p_\alpha f_\lambda = \lambda f_\lambda \quad \text{folgt} \quad \lambda_n = \dfrac{\alpha + 2\pi n}{a - b}, \quad n = 0, \pm 1, \dots. \tag{17.6}$$

In der Physik benutzt man speziell den Fall $\alpha = 0$, d. h. *rein periodische Randbedingungen für den selbstadjungierten Operator* $\dfrac{1}{i} \dfrac{d}{dx}$.

In Kap. 14 haben wir gelernt, dass die Resolvente von p_α im Regularitätsbereich vollstetig ist, also das Spektrum $\sigma(p_\alpha)$ *nur* die isolierten, einfachen Eigenwerte (17.6) umfasst. Dies kongruiert mit dem Vollständigkeitssatz der eigentlichen (und evtl. uneigentlichen) Eigenvektoren, da die f_λ gemäß Abschn. 3.3.2 ein vollständiges System bilden.

17.2.2 p im halbseitig unendlichen Intervall

Sei als Hilbertraum z. B. $\mathcal{L}_2(0, \infty)$ gewählt. Dann ist eine Randbedingung nur noch bei 0 möglich.

p auf $\mathcal{D}$, maximal definiert, ist nicht symmetrisch; p_a auf $\mathcal{D}_a$ ($a = 0$) ist linear, dicht definiert, maximal-symmetrisch, jedoch *nicht* selbstadjungiert. Denn die Defektindizes sind in diesem Falle $(m_+, m_-) = (0, 1)$. Auf dem Halbstrahl *gibt* es folglich *keinen* selbstadjungierten Operator mit der Vorschrift $\dfrac{1}{i}\dfrac{d}{dx}$. Diese Einsicht wird vielleicht manche Leser überraschen. In physikalischen Anwendungen ist darauf zu achten.

17.2.3 p in $\mathcal{L}_2(-\infty, +\infty)$

$$p = \frac{1}{i}\frac{d}{dx} \quad \text{auf} \quad \mathcal{D} = \{f \,|\, f, \partial f \in \mathcal{L}_2\} \tag{17.7}$$

ist linear, dicht definiert, symmetrisch, mit Defektindizes $(0, 0)$, folglich *selbstadjungiert* und daher abgeschlossen, aber unbeschränkt.

Das Spektrum ist rein kontinuierlich und bedeckt die ganze reelle Achse.

Der minimale Operator $\dot{p}$ auf C_0^∞ ist nicht abgeschlossen, aber wesentlich selbstadjungiert. (Denn: $\dot{p}^* = p$ ableiten; es folgt $\dot{p}^{**} \equiv \bar{\dot{p}} = p^* = p$.)

Quantenmechanische Anwendung: Die Wellenfunktionen im Definitionsbereich von p müssen in endlichen Gebieten beschränkt sein (da stetig). Die Amplituden von Kugelwellen mit $\dfrac{f(r)}{r}$ müssen deshalb also $f(0) = 0$ erfüllen.

17.3 Schrödingeroperatoren

Oft spielen in der Physik Differentialausdrücke 2-ter Ordnung eine Rolle, die über verschiedenen Funktionenräumen in Gebieten $E \subseteq R^3$ mit verschiedenen Randbedingungen definiert und damit zu verschiedenen Operatoren werden. Wir wollen nur zwei für die Quantenmechanik wichtige Fälle beispielhaft herausgreifen und einige Resultate ohne ausführliche Beweise angeben. Dies möge die vielfältige Anwendbarkeit des Gelernten illustrieren.

17.3.1 Der Laplace-Operator im R^3

Wir betrachten die Operationsvorschrift $\Delta = \sum\limits_{j=1}^{3} \dfrac{\partial^2}{x_j^2}$, anzuwenden auf Funktionen $f(\mathbf{r})$ mit $\mathbf{r} = (x_1, x_2, x_3) \in R^3$. Als einfachsten (minimalen) Definitionsbereich wird man Funktionen betrachten, die hinreichend glatt und differenzierbar sind sowie (für die Bedürfnisse der Quantenmechanik) in $\mathcal{L}_2(R^3)$ liegen. Das erfüllt $\dot{\mathcal{D}} = \{f | f \in C_0^\infty(R^3)\}$, der Raum der beliebig oft differenzierbaren Funktionen mit kompaktem Träger.

$$\dot{H}_0 := -\Delta \quad \text{auf} \quad \dot{\mathcal{D}} = \{f | f \in C_0^\infty(R^3)\} \tag{17.8}$$

ist wesentlich selbstadjungiert. Sein Abschluss in $\mathcal{L}_2$ wird in der Physik u. a. etwa als der selbstadjungierte Operator der kinetischen Energie benutzt.

$$H_0 = H_0^* := \overline{\dot{H}_0} = \dot{H}_0^{**}. \tag{17.9}$$

Auch die Abschließung von $\tilde{H}_0 := -\Delta$ auf $\tilde{\mathcal{D}} = \{f | f \in C^2, f \in \mathcal{L}_2\}$ ergibt H_0; jedoch ist $\dot{H}_0 \subset \tilde{H}_0 \subset H_0$.

Man kann H_0 auch so charakterisieren (muss dann aber (17.9) nachweisen, s. z. B. *Kato*, 1966, S. 300, oder *Smirnow*, 1962, V, § 188 Nr. 6; 7): Nach dem Fouriertheorem (Abschn. 3.5) ist jedem $f(\mathbf{r}) \in \mathcal{L}_2$ ein $\tilde{f}(\mathbf{k}) \in \mathcal{L}_2$ zugeordnet; die Abbildung ist unitär, $\tilde{f} \equiv Uf$. Es ist $U(-\Delta f) = \mathbf{k}^2 \tilde{f}$ für die $f(\mathbf{r}) \in C_0^\infty$. Nun wird der Operator $\mathbf{k}^2$ von UC_0^∞ erweitert auf den maximalen Bereich; dort ist $\mathbf{k}^2$ selbstadjungiert. Das unitäre Urbild unter U ergibt dann H_0.

$$H_0 = U^{-1}\mathbf{k}^2 U \quad \text{auf} \quad \mathcal{D}_{H_0} = \left\{f | \tilde{f}(\mathbf{k}) = Uf \in \mathcal{L}_2, \mathbf{k}^2\tilde{f}(\mathbf{k}) \in \mathcal{L}_2\right\}. \tag{17.10}$$

$\mathcal{D}_{H_0}$ kann man auch im $\mathbf{r}$-Raum leicht beschreiben. Mit $\mathbf{k}^2\tilde{f} \in \mathcal{L}_2$ ist auch $k_\nu k_\mu \tilde{f} \in \mathcal{L}_2(\nu, \mu = 1,2,3)$; somit existiert insbesondere $\langle \tilde{f} | k_\nu^2 \tilde{f} \rangle < \infty$, d. h. $k_\nu \tilde{f} \in \mathcal{L}_2$. Die Fourierrücktransformation dieser Beziehungen heißt aber, dass mit $f \in \mathcal{L}_2$ auch die verallgemeinerten Ableitungen $\partial_\nu f \in \mathcal{L}_2$ und $\partial_\nu \partial_\mu f \in \mathcal{L}_2$, sind, also $\mathcal{D}_{H_0}$ ein Sobolev-Raum ist, s. (7.62),

$$\mathcal{D}_{H_0} = \{f | f, \partial_\nu f, \partial_\nu \partial_\mu f \in \mathcal{L}_2(R^\infty)\}. \tag{17.11}$$

▸   Denn z. B.: $k_\nu \tilde{f} \in \mathcal{L}_2$ bedeutet, $\tilde{l}(\tilde{\varphi}) \equiv \int \overline{k_\nu \tilde{f}(\mathbf{k})} \tilde{\varphi}(\mathbf{k}) d\mathbf{k}$ ist ein linear-stetiges Funktional, etwa über $\mathcal{S}$. Da $k_\nu \tilde{\varphi}(\mathbf{k}) = \left(\frac{1}{i}\partial_\nu \varphi\right)$ s. Abschn. 7.8, Beispiel 2), ist $\tilde{l}(\tilde{\varphi}) = l_f\left(\frac{1}{i}\partial_\nu \varphi\right) = l_{\frac{1}{i}\partial_\nu f}(\varphi)$. Analoges gilt für die höheren Ableitungen.

Man sieht, dass man auch für p aus Abschn. 17.2.3 dasselbe Verfahren der Fouriertransformation hätte benutzen können. Man lernt außerdem die Unitär-Äquivalenz von p und x. Ferner ist offensichtlich

$$H_0 = p^2. \tag{17.12}$$

Die $f \in \mathcal{D}_{H_0}$ sind also glatter als beliebige Hilbertraumelemente, denn sie sind absolut stetig mit absolut stetiger Ableitung. Genau deshalb fordert man beim *Lösen der Schrödingergleichung* in der Quantenmechanik stets

a) die Stetigkeit der Wellenfunktion und ihrer 1. Ableitung. Dadurch bestimmt man eventuell die Eigenwerte von $H_0\psi = E\psi$.

b) $\int_\infty |\psi|^2 d\mathbf{r} < \infty$ sowie insbesondere lokal-summabel. Dies schränkt mögliche Singularitäten $\psi \sim 1/r^n$ für $r \to 0$ ein: $n < \dfrac{3}{2}$.

c) Für je zwei Lösungen der Schrödingergleichung ψ_1, ψ_2 aus $\mathcal{D}_{p^2}$ ist $\langle\psi_1|p\psi_2\rangle = \langle p\psi_1|\psi_2\rangle$,

$\Rightarrow \int_\infty \nabla(\overline{\psi_1}\psi_2) d\mathbf{r} = 0$,

$$\Rightarrow \oint_{|\mathbf{r}|=\varepsilon} \overrightarrow{dF_r}(\overline{\psi_1}\psi_2) \xrightarrow[\varepsilon \to 0]{} 0, \quad \Rightarrow r^2 \overline{\psi_1}\psi_2 \xrightarrow[r]{} 0 : n < 1.$$

d) Da $\psi_{1,2} \in \mathcal{D}_{p^2}$, ist auch noch $\langle\psi_1|p^2\psi_1\rangle = \langle p\psi_1|p\psi_1\rangle$,

$$\Rightarrow \int \nabla \cdot (\overline{\psi_1}\nabla\psi_2) d\mathbf{r} = 0, \quad r^2\overline{\psi_1}\partial_r\psi_2 \xrightarrow[r]{} 0 : n < \frac{1}{2}.$$

Diese Bedingungen helfen, unphysikalische Lösungen der Schrödingergleichung durch geeignete Randbedingungen auszuschließen. So wird z. B. die Randbedingung $\varphi_l(0) = 0$ mit ($\varphi_l \equiv r\psi_l$) der l-Wellen-Schrödingergleichung für $l \geq 1$ durch b) und für $l = 0$ durch d) erzwungen, s. auch Abschn. 17.2.3 Ende.

17.3.2 Teilchen im Potentialfeld

Als Operationsvorschrift dient $-\Delta + V(\mathbf{r})$. Diese Form legt es nahe, die Selbstadjungiertheit auf $\mathcal{D}_H$ dadurch zu beweisen, dass man $V(\mathbf{r})$ als relativ zu H_0 beschränkt nachweist – symmetrisch sind reelle Multiplikationsoperatoren sowieso – und die Stabilitätssätze aus Abschn. 16.6 anwendet!

Zweckmäßigerweise geht man wieder von dem minimalen Operator

$$\dot{H} := -\Delta + V(\mathbf{r}) \quad \text{auf} \quad C_0^\infty(R^3) \tag{17.13}$$

aus. Er ist für relativ zu Δ beschränkte V wesentlich selbstadjungiert. Seine selbstadjungierte Erweiterung ist

$$H = H_0 + V(\mathbf{r}) \quad \text{auf} \quad \mathcal{D}_H = \mathcal{D}_{H_0} \subseteq \mathcal{D}_V. \tag{17.14}$$

H ist von unten beschränkt, da Halbbeschränktheit ähnliche Stabilität besitzt wie Selbstadjungiertheit (s. z. B. *Kato*, 1966, Kap. V, § 4.4). Sofern $V(\mathbf{r})$ sogar H_0-kompakt ist, bleibt das wesentliche Spektrum von H auf der nicht-negativen reellen Achse, da H_0 dort sein (rein kontinuierliches) Spektrum hat. Gebundene Zustände ($E < 0$) sind isoliert und höchstens endlichfach.

Hinreichend allgemeine Eigenschaften von $V(\mathbf{r})$, die all dies garantieren, sind von *T. Ikebe, T. Kato* (Arch. Rat. Mech. Analys. 9, 1962, 77; s. auch *T. Kato*, Suppl. Progr. Theor. Phys. 40, 1967, 3) formuliert worden. Eine Erweiterung und Ausdehnung auf zusätzliche Störungen ist von *K. Jörgens* (Math. Zeitschr. 96, 1967, 355) erarbeitet worden, so dass ein für die meisten physikalischen Anwendungen hinreichend breiter Kriterienrahmen zur Verfügung steht (der frühere Kriterien i. Allg. enthält).

Zum Beispiel ist hinreichend, dass $V(\mathbf{r})$ als $q_1(\mathbf{r}) + q_2(\mathbf{r})$ darstellbar ist, wobei $q_1 \in \mathcal{L}_2(R^3)$ und $q_2 \in \mathcal{L}_\infty(R^3)$. Für die Zusätze ist hinreichend, wenn $q_2 \to 0$ für $|\mathbf{r}| \to \infty$.

Unter Berücksichtigung elektro-magnetischer Felder lautet das

Hauptresultat

$$L := \sum_{v=1}^{m} (i\partial_v + A_v(x))^2 + V(x) \quad \text{auf} \quad C_0^\infty(R^m) \tag{17.15}$$

ist offenbar symmetrisch, falls das Vektorpotential A_v und das Potential V reell sind, A_v stetig differenzierbar, V lokal quadrat-summabel. $m = 3$ beschreibt die Einteilchen-, $m = 3N$ die Mehrteilchenprobleme. V kann, muss aber nicht als $\sum_{i<j} V_{ij}$ darstellbar sein; die folgenden Eigenschaften von V sind dann i. Allg. von V_{ij} zu fordern.

L ist wesentlich selbstadjungiert, falls gilt:

a) A_v reell sowie $A_v \in C^1$ und $\operatorname{div} A \equiv \sum_{v=1}^{m} \partial_v A_v = 0$ für alle $x \in R^m$ oder $A_v \in C^2$.

b) V darstellbar als $V(x) = q_1(x) + q_2(x)$, reell,
$q_1 \in Q_{\alpha,\mathrm{loc}}$; $q_2 \in Q_\alpha$ für ein $\alpha > 0$;
$q_1(x) \geq -\tilde{q}(|x|)$ mit positiver, monoton wachsender Funktion
$\tilde{q}(|x|)$, für die $\int^{\infty} \tilde{q}(t)^{-\frac{1}{2}} dt = \infty$ ist.
Ist q außerdem beschränkt, dann ist L nach unten beschränkt.

Dabei gilt folgende

Definition

$Q_{\alpha,\mathrm{loc}} = \{f \mid f \in \mathcal{L}_{2,\mathrm{loc}}$ und $\int\limits_{|x-y|\leq 1} |f(y)|^2 |x - y|^{4-m-\alpha} dy \equiv M(x) < \infty$, alle $x, M(x)$
lokal beschränkt)}; $\mathcal{L}_{2,\mathrm{loc}}$ ist der Raum der lokal quadrat-summablen Funktionen. Falls $\alpha \leq 4 - m$, ist $Q_{\alpha,\mathrm{loc}} = \mathcal{L}_{2,\mathrm{loc}}$. $Q_\alpha \subset Q_{\alpha,\mathrm{loc}}$ enthält nur die f, für die $M(x)$ gleichmäßig durch ein M beschränkt ist.

▸ **Bemerkung** Analoge Aussagen kann man für die Dirac-Gleichung und für die Klein-Gordon-Gleichung gewinnen; siehe z. B. *Kato*, 1966, oder *Jörgens*, Preprint 1967.

Man sieht also, wie wesentlich die Ergebnisse der Funktionalanalysis für das Verständnis vieler physikalischer Probleme sind. Manchmal kommt man auch ohne funktionalanalytische Begründung aus, oft aber ist ihre Kenntnis wichtig oder unverzichtbar.

Spektraldarstellung selbstadjungierter Operatoren

18

In Kap. 13 haben wir für selbstadjungiert-beschränkte sowie für unitäre Operatoren eine Spektraldarstellung angegeben, die eine sehr nützliche Verallgemeinerung des Eigenwert- und Eigenfunktions-Begriffs erlaubte. Bei den Überlegungen zum Spektrum und zur Entwicklung nach Eigenfunktionen bzw. Eigenfunktionalen ist aber die Beschränktheit von A oft unwichtig gewesen. Wesentlich war allerdings die Selbstadjungiertheit; denn z. B. schon bei nur symmetrischen und bei nicht hypermaximal-symmetrischen Operatoren bedeckt das Spektrum *mehr* als nur die reelle Achse. Wir überlegen uns jetzt die Verallgemeinerung des Spektralsatzes auf nicht beschränkte, jedoch selbstadjungierte Operatoren.

18.1 Der Spektralsatz

Sei $A = A^*$ selbstadjungiert, aber nicht notwendig beschränkt. Dann ist die zugehörige Cayley-Transformierte C_A gemäß (16.27) *unitär*! Sie definiert also eine Spektralschar E_α mit den in Abschn. 13.3 genannten Eigenschaften und hat die Darstellung $C_A = \int\limits_0^{2\pi} e^{i\alpha} dE_\alpha$ gemäß (13.25). Mittels der Cayley-Transformierten ist also genau wegen der Selbstadjungiertheit von A bereits eindeutig eine Spektralschar definiert und zwar für $\alpha \in [0, 2\pi]$, $E_0 = 0$, $E_{2\pi} = 1$.

Da die Cayley-Transformierte rückwärts wiederum A auf $\mathcal{D}_A$ bestimmt, (16.30), sollte auch die Spektralschar E_α den Operator A darzustellen gestatten. Bilden wir versuchsweise $\int\limits_0^{2\pi} i(1 + e^{i\alpha})(1 - e^{i\alpha})^{-1} dE_\alpha$, so hat dieses Integral jedoch zunächst keinen Sinn, da der Integrand, $-\cot\dfrac{\alpha}{2}$, *nicht* beschränkt ist, wenn E_α tatsächlich von 0 an bzw. bis 2π hin veränderlich ist.

Wohl aber kann man dem Integral *in Anwendung auf* $f \in \mathcal{D}_A$ einen Sinn geben! Sei nämlich $f \in \mathcal{D}_A$; dann ist es laut (16.31) darstellbar als $f = (1 - C_A)g$ und $g \in \mathfrak{r}_- \equiv \mathcal{H}$

S. Großmann, *Funktionalanalysis*, DOI 10.1007/978-3-658-02402-4_18,
© Springer Fachmedien Wiesbaden 2014

wegen der Unitarität von C_A.

$$\Rightarrow E_\alpha f = \int\limits_0^\alpha \left(1 - e^{i\alpha'}\right) dE_{\alpha'} g \quad \text{sowie} \quad d\|E_\alpha f\|^2 = 4\sin^2\left(\frac{\alpha}{2}\right) d\|E_\alpha g\|^2;$$

$$\Rightarrow \cot^2\left(\frac{\alpha}{2}\right) d\|E_\alpha f\|^2 = 4\cos^2\left(\frac{\alpha}{2}\right) d\|E_\alpha g\|^2 \text{ kann über } \alpha \text{ von } 0 \text{ bis } 2\pi \text{ integriert werden,}$$

$$\int\limits_0^{2\pi} \cot^2\left(\frac{\alpha}{2}\right) d\|E_\alpha f\|^2 < \infty \quad \text{für alle} \quad f \in \mathcal{D}_A. \tag{18.1}$$

Definiert man nun durch den *starken Limes*

$$\lim_{\substack{\alpha_1 \to 0 \\ \alpha_2 \to 2\pi}} \int_{\alpha_1}^{\alpha_2} \left(-\cot\frac{\alpha}{2}\right) dE_\alpha f =: \tilde{A}f \tag{18.2}$$

einen Operator $\tilde{A}$ mit dem Definitionsbereich

$$\mathcal{D}_{\tilde{A}} = \left\{ f \,\middle|\, \int_0^{2\pi} \cot^2\left(\frac{\alpha}{2}\right) d\|E_\alpha f\|^2 < \infty \right\}, \tag{18.3}$$

so ist $\tilde{A}$ linear, dicht definiert und symmetrisch.

▸ Denn: $(E_{\alpha_2} - E_{\alpha_1})g \in \mathcal{D}_{\tilde{A}}$ für alle $\alpha_1 > 0$, $\alpha_2 < 2\pi$ und $\|g - (E_{\alpha_2} - E_{\alpha_1})g\|^2 = \|((1 - E_{\alpha_2})g + E_{\alpha_1}g\|^2 = \|(1 - E_{\alpha_2}g\|^2 + \|E_{\alpha_1}g\|^2 \to 0$ für $\alpha_2 \to 2\pi$ und $\alpha_1 \to 0$. – Die Symmetrie prüft man leicht auf $\mathcal{D}_{\tilde{A}}$, da Limes und Inneres Produkt vertauschen sowie $\cot\frac{\alpha}{2}$ reell ist. – Die Bedingung in der Definition von $\mathcal{D}_{\tilde{A}}$ garantiert, dass $\tilde{A}f \in \mathcal{H}$ existiert, weil ihretwegen das Integral bezüglich α_1, α_2 in sich konvergent ist (nachrechnen), und umgekehrt muss die Bedingung in $\mathcal{D}_{\tilde{A}}$ gelten, sofern der starke Limes $\tilde{A}f$ existiert, da Cauchyfolgen beschränkt sind, also

$$\left\|\int_{\alpha_1}^{\alpha_2} \cot\left(\frac{\alpha}{2}\right) dE_\alpha f\right\|^2 = \int_{\alpha_1}^{\alpha_2} \cot^2\left(\frac{\alpha}{2}\right) d\|E_\alpha f\|^2 < C.$$

Da nun aber $A \subseteq \tilde{A}$, siehe (18.1), jedoch A hypermaximal-symmetrisch, muss $A = \tilde{A}$ sein!

Definieren wir nun noch

$$-\cot\frac{\alpha}{2} =: \lambda, \quad E_{\alpha = -2\operatorname{arccot}\lambda} =: E_\lambda, \tag{18.4}$$

so haben wir folgendes Resultat:

Satz (Spektralsatz)

Jeder (beschränkte oder unbeschränkte) selbstadjungierte Operator $A = A^*$ auf $\mathcal{D}_A = \mathcal{D}_{A^*}$ definiert eindeutig eine Spektralschar E_λ, die ihn darstellt durch

$$A = \int_{-\infty}^{+\infty} \lambda dE_\lambda = \text{starker Limes}_{\substack{M_1 \to -\infty \\ M_2 \to +\infty}} \int_{M_1}^{M_2} \lambda dE_\lambda. \tag{18.5}$$

Der Definitionsbereich von A ist gekennzeichnet durch

$$\mathcal{D}_A = \left\{ f \Big| f \in \mathcal{H}, \quad \lim \int_{M_1}^{M_2} \lambda dE_\lambda f \text{ existiert} \right\} \tag{18.6a}$$

$$= \left\{ f \Big| f \in \mathcal{H}, \quad \int_{-\infty}^{+\infty} \lambda^2 d\|E_\lambda f\|^2 < \infty \right\}. \tag{18.6b}$$

Die E_λ vertauschen mit A für alle λ.

Noch einige Bemerkungen:

a) Das *endliche* Integral von M_1 bis M_2 ist als Integral ein *Normlimes* von Summen im altbekannten Riemann-Stieltjes-Sinne; die Folge der Integrale mit verschiedenen M_i konvergiert stark, nicht im Normsinne.

b) E_λ „reicht" bei unbeschränktem A tatsächlich bis $-\infty$ und / oder bis $+\infty$; denn ΔE_λ projiziert ja auf den Teilraum, wo A ungefähr wie λ wirkt, darf also entweder bis $+\infty$ und/oder $-\infty$ nicht 0 sein.

c) Falls A beschränkt ist, entfällt das Bilden des starken Limes, da ab unterer Schranke $\tilde{M}_1$ bzw. oberer Schranke $\tilde{M}_2$ das Integral unverändert bleibt, weil $E_\lambda = 0$ für $\lambda < \tilde{M}_1$ und $E_\lambda = 1$ für $\tilde{M}_1 \leq \lambda$. Die Bedingungen (18.6a) und (18.6b) ergeben dann natürlich $\mathcal{D}_A = \mathcal{H}$.

d) $\lim_{\lambda \to -\infty} E_\lambda = 0$ und $\lim_{\lambda \to +\infty} E_\lambda = 1$ existieren als monotone Projektorenlimites in der Tat (im starken Sinne!).

e) Vertauschbarkeit von A mit E_λ gilt wegen der Vertauschbarkeit mit der Cayley-Transformation C_A.

f) Funktionen von A definiert man durch

$$F(A) = \int F(\lambda) dE_\lambda \quad \text{auf} \quad \mathcal{D}_{F(A)} = \left\{ f \Big| \int |F(\lambda)|^2 d\|E_\lambda f\|^2 < \infty \right\}. \tag{18.7}$$

Falls $F(\lambda)$ reell, ist $F(A)$ selbstadjungiert; sofern $F(\lambda)$ beschränkt, ist $F(A)$ beschränkter Operator.

18.2   Vertauschbare Operatoren

Für die Anwendungen sehr nützlich sind Kenntnisse über miteinander verbindende Eigenschaften von *Operatoren*, die *vertauschbar* sind. Bei nicht-beschränkten Operatoren ist die Definition der Vertauschbarkeit zunächst problematisch, da die Definitionsbereiche der Produkte zu beachten sind. Beschränkt man sich auf selbstadjungierte Operatoren, so kann man *unter Benutzung der Spektraldarstellung* die Eigenschaften vertauschbarer Operatoren recht gut übersehen.

Was verstehen wir unter Vertauschbarkeit von Operatoren?

Definition

a) *A, B* seien *beide* linear-beschränkt, also jeweils in ganz $\mathcal{H}$ definiert.

   A und *B* heißen *vertauschbar*, wenn $AB = BA$ für alle $f \in \mathcal{H}$ ist.

b) Sei *A* auf $\mathcal{D}_A$ definiert, aber nicht linear-beschränkt, wohl jedoch sei *B* linear-beschränkt.

   A heißt mit *B* *vertauschbar*, wenn $AB \supseteq BA$ ist, d. h. mit $f \in \mathcal{D}_A$ ist auch $Bf \in \mathcal{D}_A$ und $ABf = BAf$ für alle $f \in \mathcal{D}_A$.

▸ **Folgerung** Vertauscht *B* mit $A_1, A_2, \ldots, A_n, \ldots$, so auch mit $A_1 + A_2$, mit $A_1 A_2$, mit A_1^{-1} und $\lim A_n$ (sofern vorhanden); B^* vertauscht mit A^*. Analog bei vertauschten Rollen.

Um zu einer Verallgemeinerung auf beliebige, allerdings selbstadjungierte Operatoren zu kommen, verknüpfen wir die Vertauschbarkeitsdefinition mit der Spektraldarstellung. Denn die Spektralschar besteht ja aus Projektoren, also linear-beschränkten Operatoren, für die Teil a) der Definition bequem anwendbar ist.

Satz 18.1

Ein linear-beschränkter Operator *B* vertauscht mit einem selbstadjungierten Operator *A* dann und nur dann, wenn *B* mit der Spektralschar E_λ von *A* vertauscht, $[B, E_\lambda] = 0$ für alle λ.

Gleichbedeutend ist: Ein linear-beschränkter Operator *B* vertauscht mit einem selbstadjungierten Operator *A* dann und nur dann, wenn *B* mit der Resolvente $R(A, z)$ für wenigstens ein reguläres *z* aus der Resolventenmenge, $z \in \rho(A)$, vertauscht, $[B, R(A, z)] = 0$.

Denn: Sei $ABf = BAf$ für alle $f \in \mathcal{D}_A$, $\Leftrightarrow (A - z)Bf = B(A - z)f$; da *A* selbstadjungiert, ist $\mathcal{D}_A = (A - z)^{-1}\mathcal{H}$, siehe Abschn. 16.3, sofern $z \in \rho(A)$; $\Leftrightarrow (A - z)BRg = Bg$ für alle $g \in \mathcal{H}$, $\Leftrightarrow BR = RB$ durch Multiplikation mit *R* von links.

Hieraus gewinnen wir nun leicht die erste Formulierung des Satzes. Da *B* und $R = \int \dfrac{dE_\lambda}{\lambda - z}$ linear-beschränkt sind, gilt $\int \dfrac{d\langle f | BE_\lambda g \rangle}{\lambda - z} = \int \dfrac{d\langle f | E_\lambda Bg \rangle}{\lambda - z}$; wegen der stieltjesschen Umkehrformel (14.8) sind die Belegfunktionen $\langle f | E_\lambda Bg \rangle = \langle f | BE_\lambda g \rangle$ gleich für alle $f, g \in \mathcal{H}$, also auch die Operatoren, q. e. d.

Mittels dieses Satzes kann man die *Vertauschbarkeit verallgemeinert definieren*; E_λ ist ja linear-beschränkt, so dass man B beliebig selbstadjungiert zulassen darf.

Definition

c) Zwei selbstadjungierte Operatoren A und B heißen *vertauschbar*, wenn ihre Spektralscharen vertauschen,

$$\left[E_\lambda^A, E_\mu^B\right] = 0 \quad \text{für alle} \quad \lambda, \mu.$$

Bei den jeweils spezielleren Voraussetzungen gilt c) $\Rightarrow$ b) $\Rightarrow$ a).

Übung

A, vollstetig-selbstadjungiert, vertausche mit unitärem oder selbstadjungiertem U mit rein kontinuierlichem Spektrum. Dann ist $A = 0$.

Eine wichtige Verallgemeinerung der aus dem R^n bekannten Möglichkeit, vertauschbare selbstadjungierte Matrizen gemeinsam zu diagonalisieren, enthält folgender

Satz 18.2

Zwei vertauschbare selbstadjungierte Operatoren A und B mit rein diskretem Spektrum besitzen ein gemeinsames System von Eigenvektoren, lassen sich also gemeinsam „auf Hauptachsen" bringen.

Denn: A vertauschbar mit $B \Leftrightarrow \left[E_\lambda^A, E_\mu^B\right] = 0$ für alle λ, μ; diskretes Spektrum heißt, die Spektralscharen sind durch die Projektoren P_i^A, P_j^B auf die Eigenräume zu kennzeichnen; $\left[P_i^A, P_j^B\right] = 0$; deshalb ist $Q_{ij} := P_i^A P_j^B$ Projektor; da $Q_{ij} \le P_i^A, \le P_j^B$, sind die $\psi \in Q_{ij}\mathcal{H}$ sowohl zu A als auch zu B Eigenvektoren; mit je einem v. o. n. S. aus allen $Q_{ij}\mathcal{H}$ kann man A zugleich mit B diagonalisieren.

Zusatz

Vertauschen selbstadjungierte Operatoren $A_1, A_2, \ldots, A_n$ mit jeweils rein diskretem Spektrum paarweise, so gibt es ein allen A_i gemeinsames v. o. n. S. von Eigenvektoren.

Physikalische Anwendungsbeispiele: Der lineare Boltzmann-Operator L oder oft der Hamilton-Operator H sind mit den Drehungen $U_\omega = e^{i\omega\mathcal{M}}$ vertauschbar, Abschn. 1.4. Daher kann man ihre Eigenfunktionen zugleich als Eigenfunktionen des Drehimpulsoperators $\mathcal{M}$ schreiben, siehe Abschn. 1.4.

Wie ist es, falls entweder einer oder gar beide Operatoren kontinuierliches Spektrum haben? Hilfe für die Antwort geben die folgenden Aussagen:

Wir wissen, dass ein selbstadjungierter Operator A mit Funktionen $F(A)$ vertauscht; haben sie doch eine gemeinsame Spektralschar! Den vorigen Satz kann man aber auch so ausdrücken: Weil A mit B vertauscht, gibt es eine gemeinsame Spektralschar, in diesem Falle durch die Q_{ij} induziert. Deshalb fragen wir uns: Ist daher A Funktion von B oder allgemeiner, sind beide Operatoren Funktionen eines gemeinsamen Ahnherrn unter den Operatoren? Hierauf antwortet der folgende Satz:

Satz 18.3

Die Operatoren $A_1, A_2, \ldots, A_n$ seien selbstadjungiert-beschränkt und haben rein diskretes Spektrum. Dann gibt es stets (mindestens) einen selbstadjungiert-beschränkten Operator A, sodass alle $A_i = F_i(A)$ geeignete Funktionen von A sind. Man kann A sogar vollstetig wählen.

▸ **Beweis** Beweis per constructionem: Alle A_i haben ein gemeinsames Eigenvektorensystem φ_ν; dieses ist ein v. o. n. S. Wir definieren durch $A := \sum_\nu x_\nu |\varphi_\nu\rangle\langle\varphi_\nu|$ einen Operator: Wenn die $\{x_\nu\}$ beschränkt sind, folgt A linear-beschränkt; wenn alle x_ν reell $\Rightarrow A$ selbstadjungiert; $x_\nu \xrightarrow[\nu\to\infty]{} 0$ und für alle ν verschieden $\Rightarrow A$ vollstetig. Nun konstruieren wir jedes A_i als Funktion von A : α_ν^i sei der Eigenwert von A_i auf φ_ν; $F_i(x_\nu) := \alpha_\nu^i$ für alle ν bei jeweils festem i definiert eine beschränkte Funktion auf diskreten Punkten; messbar fortgesetzt auf R^1 leistet $F_i(\lambda)$ alles.   □

Verallgemeinerung 18.1 (J. von Neumann, Ann. Math. 32, 1931, 191)

Zu einer Menge $\{A_\alpha\}$ von selbstadjungiert-beschränkten Operatoren, die paarweise vertauschen, gibt es stets einen selbstadjungiert-beschränkten Operator A, sodass alle $A_\alpha = F_\alpha(A)$ geeignete Funktionen von A sind. ($\mathcal{H}$ wie oben separabel vorausgesetzt.)

Nicht nur die Zahl der A_α ist beliebig, sondern auch ihr jeweiliges Spektrum! Also können wir unsere obige Frage nunmehr für die beschränkten Operatoren auch bei nichtdiskretem Spektrum beantworten:

Konstruiert man die uneigentlichen Eigenvektoren mithilfe der für A und B *gemeinsamen* Spektralschar, so sind *in der dadurch induzierten Darstellung des Hilbertraumes* beide Operatoren diagonal, $A(\lambda)$ und $B(\lambda)$; die $\tilde\psi_\lambda$ sind Eigendistributionen für A *und* B.

Überdenkt man nochmals den Beweis des Satzes (18.9) für den speziellen Fall, in dem einer der Operatoren, z. B. A, ein nicht-entartetes Spektrum hätte, dann ist $Q_{ij} = P_i^A$ (oder 0), also die Eigenvektoren von A *automatisch* auch solche von B! Ferner sind alle Eigenwerte a_ν verschieden, können also als die x_ν des Beweises zu Satz (18.10) benutzt werden. Daher definiert $F(a_\nu) =: b_\nu$ den Operator B als Funktion $F(A)$!

Auch diese Erkenntnis kann man auf beliebiges, eventuell nicht-diskretes Spektrum erweitern:

Satz 18.4

Sofern ein linear-beschränkter Operator B mit einem selbstadjungierten (nicht notwendig beschränkten) Operator A vertauschbar ist *und A ein einfaches Spektrum hat*, ist $B = F(A)$ eine (geeignete) Funktion von A.

Denn: Aus der Einfachheit des Spektrums von A folgt die Existenz eines zyklischen Vektors g. Jedes $f \in \mathcal{H}$ ist darzustellen als $f = \int f(\lambda) dE_\lambda g$ siehe Abschn. 15.4. Anwendung des linear-beschränkten B liefert $Bf = \int f(\lambda) dBE_\lambda g$. Da $BE_\lambda g = E_\lambda Bg$ (Vertauschbarkeit), entwickeln wir $Bg \equiv \int F(\mu) dE_\mu g$; weil $Bg \in \mathcal{H}$, ist $F(\mu)$ messbar und aus $\mathcal{L}_{2,\sigma}$. Es folgt $dBE_\lambda g = F(\lambda) dE_\lambda g$ durch Ausrechnen, also $Bf = \int f(\lambda) F(\lambda) dE_\lambda g$, d. h. $\langle \lambda | Bf \rangle = F(\lambda) f(\lambda)$. Dies ist gerade die A-Darstellung von B. Weil $F(\lambda)$ auch eine beschränkte Funktion sein muss (was man sich aus der definierenden Gleichung überlege), ist $B = F(A)$.

Wie nun, falls A *kein* einfaches Spektrum hat? Dann *kann* die Aussage falsch sein, es sei denn:

Satz 18.5 (F. Riesz, J. von Neumann)

Ein linear-beschränkter Operator B vertausche mit einem selbstadjungierten Operator A. B ist d. u. n. d. eine Funktion von A, *wenn B mit jedem Operator T vertauschbar ist*, der seinerseits mit A kommutiert.

▸ Wegen eines Beweises sowie bezgl. Verallgemeinerungen sei auf *J. von Neumann*, Math. Ann. 102, 1929, 370, sowie die oben zitierte Arbeit verwiesen. Der Leser sei ferner hingewiesen auf die hieraus erwachsene Verwendung algebraischer Methoden im Zusammenhang mit der Funktionalanalysis. Sie haben große Bedeutung in der Physik erlangt. (Siehe z. B. *M. A. Neumark*, 1959, oder *Dixmier*, 1957; *R. Haag*, Lecture Notes, Pacific Summer School, Hawai, 1965.)

18.3 Die Spur und ihre Eigenschaften

In Abschn. 11.4 ist der Begriff der *Spur als Summe der Diagonalelemente* eines Operators in irgendeiner Basis $\{\varphi_i\}$ eingeführt worden,

$$\mathrm{Sp}\, W = \sum_i \langle \varphi_i | W \varphi_i \rangle. \tag{18.8}$$

Wir hatten einige Eigenschaften der Spur kennengelernt, die allerdings nur für eine relativ spezielle Klasse von Operatoren gültig waren, s. o. Oft braucht man allgemeinere Operatoren W. Wir wollen deshalb mithilfe der Spektraldarstellung die Definition der Spur verallgemeinern. Zuvor soll – ebenfalls als Anwendung des Spektralsatzes – noch die Frage der Existenz von (18.8) allgemeiner als früher geprüft werden (s. insbesondere *J. Langerholc*, J. Math. Phys. 6, 1965, 1210).

Wir wollen auch jetzt wieder $\mathcal{H}$ als separabel voraussetzen.

Satz

Sei W ein selbstadjungierter, positiver Operator. Sofern es *wenigstens ein* v. o. n. S. $\{\varphi_i\}$ gibt, welches in $\mathcal{D}_W$ liegt, und $\mathrm{Sp}\, W \equiv \sum_i \langle \varphi_i | W \varphi_i \rangle < \infty$, ist W sogar linear-beschränkt.

Dann aber liefern unsere früheren Ergebnisse, Abschn. 11.4 (da $W^{\frac{1}{2}}$ existiert) folgende:

Zusätze

a) W ist vollstetig, sogar aus der Hilbert-Schmidt-Klasse.

b) Die Spur ist unabhängig von der Basis (also unitär invariant).

c) Es existiert für jeden selbstadjungiert-beschränkten Operator A (unabhängig von der Basis)

$$\mathrm{Sp}(WA) = \mathrm{Sp}(AW) = \sum_\nu w_\nu \langle \chi_\nu | A \chi_\nu \rangle, \qquad (18.9)$$

wobei $W = \sum_\nu w_\nu |\chi_\nu\rangle\langle\chi_\nu|$ die Diagonaldarstellung des vollstetigen Operators W ist, siehe (12.7) und (12.9).

d) $\mathrm{Sp}(WA)$ ist linear in A, erhält die Ordnungsrelation und ist stetig in A (und zwar bezüglich aller drei Konvergenztypen, wegen (11.30)).

▶ **Beweise** Die Voraussetzung erlaubt die Darstellung $W = \int\limits_0^\lambda \lambda \mathrm{d}E_\lambda^W$. Da W mit seiner Spektralschar E_λ^W vertauscht, ist auch $WE_\lambda^W \geq 0$ und daher $W \geq W - WE_\lambda^W = (1-E_\lambda^W)W = \int\limits_\lambda^\infty \lambda' \mathrm{d}E_{\lambda'}^W \geq \lambda(1-E_\lambda^W)$. Somit gilt $\infty > \mathrm{Sp}\,W \geq \lambda \mathrm{Sp}(1-E_\lambda^W)$ für jedes λ, d. h. $\mathrm{Sp}(1-E_\lambda^W) \equiv d_\lambda \to 0$ für $\lambda \to \infty$. Es ist aber – siehe sogleich – dieses d_λ gerade die Dimension des Raumes $\mathfrak{r}_\lambda$, auf den $1 - E_\lambda^W$ projiziert. Diese muss folglich endlich sein, daher die d_λ natürliche Zahlen und diskret sein; also bedeutet $d_\lambda \to 0$, dass $d_\lambda = 0$ ab $\lambda \geq \lambda_0$, für ein geeignetes λ_0. Mit anderen Worten: $E_\lambda^W = 1$ für $\lambda \geq \lambda_0$, d. h. $W = \int\limits_0^{\lambda_0} \lambda \mathrm{d}E_\lambda^W$ ist linear-beschränkt.

Nachzuholen ist: $\infty > d_\lambda \equiv \mathrm{Sp}(1-E_\lambda^W) = \sum\limits_{i=1}^\infty \sum\limits_k |\langle\psi_k|\varphi_i\rangle|^2 = \sum\limits_k \|\psi_k\|^2 = \sum\limits_k 1 = \mathrm{Dim}\,(1 - E_\lambda^W)\mathcal{H}$, wobei ψ_k ein v. o. n. S. im Teilraum $(1 - E_\lambda^W)\mathcal{H}$ ist. (Umordnung der Summe ist erlaubt, da sie absolut konvergent ist; dann Anwendung der parsevalschen Gleichung, da $\{\varphi_i\}$ v. o. n. S. ist.) Q. e. d.   □

Für die Aussagen über $\mathrm{Sp}(WA)$ ist die Beschränktheit von A nicht etwa eine unnötige, nur durch das Beweisverfahren bedingte Voraussetzung. Falls A nämlich nicht-beschränkt ist, hängt $\sum x_i$ mit $x_i \equiv \langle\varphi_i|WA\varphi_i\rangle$ sehr wohl von der Basis ab! Zum Beispiel kann schon die unitäre Abbildung einer Umnummerierung der φ_i eine neue Basis ergeben, für die $\sum x_i \neq \sum x_k$, sofern die Reihe nicht umzuordnen ist; solche x_i lassen sich für unbeschränkte A konstruieren.

Wie kann man nun aber für unbeschränkte A (z. B. den Hamiltonoperator der Quantenmechanik) sinnvollerweise $\mathrm{Sp}(WA)$ definieren? Es ist naheliegend, für selbstadjungierte Operatoren A deren Spektraldarstellung zu benutzen, d. h. als eine ausgezeichnete Basis die (eigentliche oder uneigentliche) Eigenbasis von $A \equiv \int \lambda \mathrm{d}E_\lambda$ zu verwenden!

Definition

$$\text{Sp}(WA) := \int\limits_{-\infty}^{+\infty} \lambda \, d(\text{Sp}\, WE_\lambda) \equiv \int\limits_{-\infty}^{+\infty} \lambda \, d\sigma(\lambda), \quad \text{mit} \quad \sigma(\lambda) \equiv \text{Sp}(WE_\lambda), \qquad (18.10)$$

$$A \text{ selbstadjungiert, } W \text{ positiv, selbstadjungiert, aus der H.-S.-Klasse.} \qquad (18.11)$$

$\sigma(\lambda)$ ist nach der alten Definition (18.8) bzw. (18.9) bildbar und ist eine monotone (nicht fallende) Verteilungsfunktion, mit $\sigma(-\infty) = 0$, $\sigma(+\infty) = 1$ und stetig von rechts.

$\text{Sp}(WA)$ existiert, ist evtl. ausgedehnt, reellwertig, sofern $\int\limits_{0}^{\infty} \ldots$ oder/und $\int\limits_{-\infty}^{0} \ldots$ vorhanden ist. Falls A sogar beschränkt ist, kann man wegen der Normkonvergenz des Spektralintegrals und der Stetigkeit des engeren Spurbegriffes die Formel (18.10) *beweisen*; d. h. wir haben eine echte Verallgemeinerung vorgenommen. Man *definiert* folgerichtig $\text{Sp}(AW) = \text{Sp}(WA)$, da $\sigma(\lambda) = \text{Sp}(WE_\lambda) = \text{Sp}\,E_\lambda W$ unabhängig von der Reihenfolge ist.

Sofern die Eigenvektoren des vollstetigen Operators W in $\mathcal{D}_A$ liegen, gilt (Übung)

$$\text{Sp}(WA) = \int \lambda \, d\sigma(\lambda) = \sum w_\nu \langle \chi_\nu | A \chi_\nu \rangle, \quad \chi_\nu \in \mathcal{D}_A. \qquad (18.12)$$

Es ist zwar $\text{Sp}(WaA) = a\text{Sp}\,WA$, jedoch gilt die Additivität

$$\text{Sp}(W(A_1 + A_2)) = \text{Sp}(WA_1) + \text{Sp}(WA_2) \text{ nur, falls } A_1, A_2 \text{ vertauschbar sind.} \quad (18.13)$$

▸   Weitere Eigenschaften dieser Spurdefinition siehe auch bei *Neumark*, 1959, § 37.

Wir beenden hiermit die Tour durch die Funktionalanalysis, mitten im Lauf. Vieles Interessantes hat sie noch zu bieten, aber das für den physikalischen Alltag Benötigte sollte angesprochen worden sein. Und es sollte auch deutlich sein, wie vielfältig funktionalanalytische Kenntnisse in der Physik benötigt werden und für ein tieferes Verständnis wichtig sind.

Literatur

Achieser, N. I., u. I. M. Glasmann: Theorie der linearen Operatoren im Hilbertraum. Akademie-Verlag, Berlin 1954

Berezin, F. A.: The Method of Second Quantization. Academic Press, New York–London 1966

Collatz, L.: Funktionalanalysis und numerische Mathematik. Die Grundlehren der math. Wissenschaften in Einzeldarst., Bd. 120. Springer-Verlag, Berlin–Göttingen–Heidelberg 1964

Courant, R., u. D. Hilbert: Methods of Mathematical Physics, Bd. I U. II. Interscience Publ., New York 1953 und 1962

Dixmier, J.: Les Algebres d'operateurs dans l'Espace Hilbertian. Gauthier-Villars, Paris 1957

Dunford, N. u. J. T. Schwartz: Linear Operators, I, II, III, Interscience, New York 1958/63/71

Friedrichs, K. O.: Spectral Theory of Operators in Hilbert Space, Springer, New York etc. 1973

Geijand, J. M. u. G. E. Schilow: Verallgemeinerte Funktionen I–IV, Deutscher Verlag der Wissenschaften, Berlin 1960/62/64/64

Goldberg, S.: Unbounded linear Operators. McGraw-Hill Book Comp., New York 1966

Grad, H. in: Rarefied Gas Dynamics, Proc. 3rd Int. Symp. on Raref. Gas Dyn. in Paris 1.962, Ed. J. A. Lauermann, Vol. I, S. 26–59. Academic Press, New York–London 1963

Halmos, P. R.: Measure Theory, D. van Nostrand, New York 1950

Halmos, P. R.: Introduction to Hilbert Space, 2nd Ed., Chelsea h b l. Comp., New York 1957

Halmos, P. R.: A Hilbert Space Problem Book, Springer, New York etc. 1974

Hellwig, G.: Differentialoperatoren der mathematischen Physik. Springer-Verlag, Berlin–Göttingen–Heidelberg 1964

Heuser, H.: Funktionalanalysis, B. G. Teubner, Stuttgart 1975

Hille, E. u. R. S. Phillips: Functionalanalysis and Semigroups, 2nd Ed., American Mathem. Soc., Providence 1965

Hille, E.: Methods in Classical and Functional Analysis, Addison Wesley, Massachusetts 1972

Jauch, M. J. u. B. Misra: Helv. Phys. Acta 38, 1965, 30

Jörgens, K.: Lineare Integraloperatoren, B. G. Teubner, Stuttgart 1970

S. Großmann, *Funktionalanalysis*, DOI 10.1007/978-3-658-02402-4,
© Springer Fachmedien Wiesbaden 2014

Jörgens, K. u. J. Weidmann: Spectral Properties of Hamilton Operators, Springer, New York etc. 1976 (Lect. Notes Math. 313)

Kantorowitsch, L. W. u. G. P. Akilow: Funktionalanalysis in Normierten Räumen. Akademie-Verlag, Berlin 1964

Kato, T.: Perturbation Theory for Linear Operators. Die Grundlehren der math. Wissenschaften in Einzeldarstl., Bd. 132. Springer-Verlag, Berlin–Heidelberg–New York 1966

Kirsch, W. u. F. Martinelli: Comm. Math. Phys. 85, 329 (1982); dito 89, 27 (1983); J. Phys. A: Math. Gen. 15, 2139 (1982) über Zufallspotentiale in Schrödinger Operatoren

Ladyshenskaja, O. A.: Funktionalanalytische Untersuchungen der Navier-Stokesschen Gleichungen. Math. Lehrb. U. Monographien, II. Abt. Bd. 19. Adademie-Verlag, Berlin 1965

Lighthill, M. J.: Einführung in die Theorie der Fourier-Analysis und der Verallgemeinerten Funktionen. B. I. Hochschultaschenbücher, Bd. 139. Bibliographisches Institut, Mannheim 1966

Ljusternik, L. A. u. W. I. Soboleu: Elemente der Funktionalanalysis. Akademie-Verlag, Berlin 1965

Loeve, M.: Probability Theory, 3rd Ed., D. van Nostrand Comp., Princeton 1963

Ludwig, G.: Foundations of Quantum Mechanics I, II, Springer-Verlag, New York, etc. 1985/85

Ludwig, G.: An Axiomatic Basis for Quantum Mechanics I, II, Springer-Verlag, New York etc., 1985/87

Marchand, J. P.: Distributions, An Outline. North Holland Publ. Comp., Amsterdam 1962

Meschkowski, H.: Reihenentwicklungen in der Mathematischen Physik. B. I. Hochschultaschenbücher, Bd. 51. Bibliographisches Institut, Mannheim 1963

Meschkowski, H.: Hilbert'sche Räume mit Kernfunktion. Die Grundlehren der math. Wissenschaften in Einzeldarstl., Bd. 113. Springer-Verlag, Berlin–Göttingen–Heidelberg 1962

Messiah, A.: Quantum Mechanics, Vol. I u. II. North Holland Pub. Comp., Amsterdam 1961/2

Müller, C.: Grundprobleme der mathematischen Theorie elektromagnetischer Schwingungen. Die Grundlehren der math. Wissenschaften in Einzeldarst., Bd. 88. Springer-Verlag, Berlin 1957

Muschelischwili, N. J.: Singuläre Integral-Gleichungen, Akademie-Verlag, Berlin 1965

Natanson, I. P.: Theorie der Funktionen einer reellen Veränderlichen. Akamemie-Verlag, Berlin 1961

Neumark, M. A.: Lineare Differentialoperatoren. Akademie-Verlag, Berlin 1963

Neumark, M. A.: Normierte Algebren. Deutscher Verlag der Wissenschaften, Berlin 1959

Nikodym, O. M.: The Mathematical Apparatus for Quantum Theories. Die Grundlehren der math. Wissenschaften in Einzeldarst., Bd. 129. Springer-Verlag, Berlin–Heidelberg–New York 1966

Putnam, C. R.: Commutation Properties of Hilbert Space Operators and Related Topics. Erg. d. Math. u. ihrer Grenzgebiete, Bd. 36. Springer-Verlag, Berlin–New York 1967

Riesz, F. u. B. Sz.-Nagy: Vorlesungen über Funktionalanalysis. Deutscher Verlag der Wissenschaften, Berlin 1956

Royden, H. L.: Real Analysis. The Macmillan Company, New York 1963

Schlechter, M.: Spectra of Partial Differential Operators, North Holland, Amsterdam 1971

Smirnow, W. I.: Lehrgang der höheren Mathematik, insbes. Bd. V. Deutscher Verlag der Wissenschaften, Berlin 1962

Sobolev, S. L.: Einige Anwendungen der Funktionalanalysis in der mathematischen Physik. Akademie-Verlag, Berlin 1964

Stone, M. H.: Linear Transformations in Hilbert Space, Amer. Math. Society, New York 1964

Sz.-Nagy, B.: Introduction to Real Functions and Orthogonal-Expansions. University Press, Oxford–New York 1965

Taylor, A. E.: Introduction to Functional Analysis, 6th Ed., John Wiley & Sons, Inc., New York–London–Sidney 1967

Titchmarsh, E. C.: Introduction to the Theory of Fourier Integrals, 2nd Ed., Clarendon Press, Oxford 1962

Weidmann, J.: Lineare Operatoren in Hilberträumen, Teubner, Stuttgart 1976

Yosida, K.: Functional Analysis. Die Grundlehren der math. Wissenschaften in Einzeldarst., Bd. 123. Springer-Verlag, Berlin–Göttingen–Heidelberg 1965

Zaanen, A. C.: Linear Analysis. North Holland Publ. Comp. Amsterdam 1960

Sachverzeichnis